Handelsblatt
FACHMEDIEN

Dr. Marco Olavarria

Orgazign

Organisationen lebenswert gestalten

SCHRITT FÜR SCHRITT ZUM
ERFOLGREICHEN ORGANISATIONSDESIGN

Download-Bereich

Exklusiv für Leser dieses Buches

Dieses Buch ist für die praktische Umsetzung konzipiert worden. Damit Sie die in diesem Buch vorgestellten Planungsvorlagen sofort in der Praxis einsetzen können, finden Sie diese sowie einige nützliche Zusatzdokumente auf der Microsite zu diesem Buch.

Gehen Sie auf **www.orgazign.online** und klicken Sie dort auf den Download-Bereich. Mit dem unten genannten Passwort gelangen Sie zu den Dokumenten.

Passwort: Orgazign2718

„Jeder muss in seiner Arbeit den Mittelpunkt seines Lebens finden und von dort aus strahlenförmig wachsen können, soweit es geht."

Rainer Maria Rilke

„Organisations that are designed with the close involvement of stakeholders are more likely to be effective than those that are designed in a closed room by a few people."

Naomi Stanford (Stanford, 2015)

Vorwort

Wo Menschen sich Arbeit teilen, stellt sich fortlaufend die Frage nach der „richtigen" Aufteilung der Tätigkeiten und der Entscheidungsbefugnisse – also der bestmöglichen Zusammen-Arbeit. Veränderungen am Servicekonzept, neue regulative Bestimmungen, der Weggang von Mitarbeitern mit bestimmten Fähigkeiten – all diese und viele weitere Faktoren beeinflussen die optimale Arbeitsteilung zwischen den handelnden Personen. Bereits die kleinsten Organisationseinheiten sind immer wieder von solchen Veränderungen betroffen. Aber auch in größeren Einheiten gibt es viele Entwicklungen, die ein Streben nach Veränderung auslösen: Es wird eine neue Strategie verfolgt, neue Führungskräfte möchten ihre Erfahrungen in der Organisation abbilden, es werden Schwächen und Hindernisse bei den Prozessen erkannt, die wirtschaftliche Situation erfordert eine Kostenreduktion und so weiter. Die Frage nach der bestgeeigneten Organisation stellt sich immer wieder, gerade in Zeiten, in denen der Ruf nach größerer Agilität immer lauter wird.

Doch wie kann man die am besten geeignete Organisationsform bestimmen oder sich dieser doch zumindest annähern? Mitunter reichen kleine Anpassungen an den Abläufen. In anderen Fällen sind weit größere Veränderungen erforderlich und zielführend.

Die Managementliteratur stellt in verschiedensten Disziplinen Ansätze zur Verfügung, die uns dabei unterstützen, neue Wege zu entdecken und zu beschreiten. Qualitäts- und Prozessmanagement geben Hinweise für eine Verbesserung der Abläufe. Die Organisationslehre stellt Input zur Verfügung, nach welchen Grundsätzen sich Organisationen organisieren können. Zum Beispiel liegen viele Erkenntnisse darüber vor, welche Vor- und Nachteile hierarchische Organisationsformen mit sich bringen. Und eine Reihe von Autoren erkunden neue Organisationsprinzipien und deren Auswirkungen auf die Menschen und den wirtschaftlichen Erfolg. Und doch bleibt eine Frage offen:

„Was genau muss ich tun, um unser Organisationsdesign und somit unsere Zusammenarbeit zu verbessern?"

Dieses Buch möchte auf diese Frage eine Antwort geben. Es stellt mit Orgazign eine Methode zur Verfügung, die systematisch durch den Prozess der Entwicklung eines besseren Organisationsdesigns führt. Denn alle Menschen in der Organisation können vor der Aufgabe stehen, die Arbeitsteilung in oder zwischen Teams verändern zu müssen. Doch bei weitem nicht alle sind ausgebildete Organisationsdesigner oder -entwickler!

Allzu oft sehen wir Führungskräfte, die ihre Organisation durch die Entwicklung einer neuen Grundstruktur voranbringen möchten. Häufiges Hilfsmittel hierbei ist das Denken in Organigrammen. Dieses intuitive Vorgehen erscheint einfach und sinnvoll, kann man doch mit wenigen Mitteln wie einem Flipchart, einem Stift und dem gesunden Menschenverstand schnell Fortschritte erzielen. Zumindest auf dem Papier. Aber leider ist das Denken in Organigrammen mit vielen Nachteilen behaftet. Allzu leicht steht die Optimierung aus der Top-down-Perspektive im Fokus, obwohl es darum gehen sollte, dass möglichst alle Organisationsmitglieder, und nicht nur das Top-Management, ihre Arbeit wirkungsvoller und mit mehr Freude und Engagement ausführen. Aber auch auf operativer Ebene kommt der Wunsch nach einer besseren Zusammenarbeit immer wieder auf. „Wenn die Nachbarabteilung diese oder jene Aufgabe übernehmen würde, wäre unsere Situation schon viel besser“, ist eine in diesem Zusammenhang häufig geäußerte These. Doch leider ist auch dies ein nicht immer ausreichender Ansatz, da Probleme auf diese Weise eher verschoben als gelöst werden.

Und so arbeiten viele Menschen in wenig inspirierenden Umfeldern: Gerade einmal 15 Prozent der Arbeitnehmer verspüren eine hohe emotionale Bindung an ihren Arbeitgeber und arbeiten mit großem Engagement. Ebenso viele befinden sich in der „inneren Kündigung“. Und die große Mehrheit von 70 Prozent weist lediglich eine geringe emotionale Bindung und somit ein geringes Engagement auf. So die Ergebnisse des Gallup Engagement Index für Deutschland in 2016 (Nink, 2017).

Aber warum fällt es so schwer, wirklich lebenswerte Organisationen zu gestalten? Vielleicht ist es ein wenig wie mit der Werbung oder dem Trainieren der Fußballnationalmannschaft. Alle „wissen“, ob diese oder jene Werbung gut ist. Und alle „wissen“, wer wann hätte eingewechselt werden müssen. Und doch gehört zur Gestaltung einer wirkungsvollen Werbung und zur Gestaltung eines Gewinnerteams mehr als das Vertrauen in den eigenen Geschmack oder die Vorliebe für den einen oder den anderen Spieler: nämlich eine gute Portion Fachwissen und Erfahrung.

Woher nimmt der Teamleiter als ausgebildeter Naturwissenschaftler oder der Geschäftsführer als ausgebildeter Finanzexperte dieses im besten Sinne „handwerkliche Können“ zur Gestaltung der Organisation? Wie kann sich ein „Teilzeit-Organisationsgestalter“ für diese

Aufgabe fit machen? Wie können die vielen Menschen, die sich immer mal wieder in der Rolle des Organisationsgestalters wiederfinden, ihre Organisation lebenswert gestalten – lebenswert für die Menschen in der Organisation und lebenswert im Hinblick auf die Organisation selbst? Egal, ob die Zusammenarbeit in einem kleinen Team verbessert werden soll oder eine neue Grundstruktur für das gesamte Unternehmen entwickelt werden soll. Und egal, ob die aktuelle Organisation einem bürokratischen, einem postmodernen oder irgendeinem anderen Ansatz folgt.

Gefragt ist eine Methode, die es den Anwendern ermöglicht, ihre Organisation lebenswert zu gestalten. Eine Art Bauplan, eine Vorgehensweise, die Schritt für Schritt zu einer besseren als der Ist-Organisation führt und die Organisation in die Lage versetzt, dynamisch in einer sich ändernden Umwelt zu agieren.

Genau das ist das Ziel von Orgazign. Mit Orgazign durchlaufen Sie den Prozess zur Entwicklung Ihres Organisationsdesigns in einem erprobten methodischen Rahmen. Orgazign stellt Ihnen die erforderlichen Arbeitsmittel zur Verfügung, um Ihre Organisation entlang der Erfolgsfaktoren für gutes Organisationsdesign zu gestalten. Mit Orgazign betrachten Sie in einer logischen Abfolge die wichtigsten Gestaltungselemente für ein geeignetes Organisationsdesign und erhalten Denkanstöße zur Verbesserung Ihrer eigenen Situation. Sei es die Zusammenarbeit in Ihrem Team, die Zusammenarbeit mit anderen Bereichen oder die Entwicklung einer neuen Gesamtstruktur Ihrer Institution.

Die Inspiration zur Entwicklung von Orgazign entstammt der von Alexander Osterwalder und Yves Pigneur entwickelten Methode „Business Model Generation“ (Osterwalder & Pigneur, 2011) und (Osterwalder u.a., 2014). Diese stellt auf bestechend einfache Weise ein Denkraster zur Optimierung bestehender und zur Entwicklung neuer Geschäftsmodelle zur Verfügung. Dies ist auch das Ziel von Orgazign: Es geht nicht darum, eine neue Organisationsform oder -philosophie zu entwickeln oder zu propagieren. Es geht darum, verfügbares Wissen über das Design von Organisationen anwendbar zu machen. Es geht darum, dass möglichst viele Mitarbeiter ihren gesunden Menschenverstand einbringen, um gute Lösungen von und für die Menschen zu entwickeln und so Organisationen gemeinsam lebenswerter gestalten!

Inhalt

3. Anwenden 246

Sie erhalten weitere wertvolle methodische Hinweise zur Anwendung des Orgazign-Prozesses.

4. Umsetzen 308

Sie erfahren, wie Sie die Ergebnisse Ihres Orgazign-Prozesses umsetzen.

Glossar

Bevor es losgeht, finden Sie hier kurze Erläuterungen zu wichtigen Begriffen.

Organisationsdesign
Ein Organisationsdesign ist das Ergebnis eines Prozesses zum Entwurf und der bewussten Gestaltung formaler, strukturgebender organisatorischer Elemente in einer Institution.

Orgazign-Prozess
Bezeichnet die Durchführung eines Prozesses zur Entwicklung und Umsetzung eines neuen oder angepassten Organisationsdesigns nach der in diesem Buch vorgestellten Orgazign-Methode.

Organisationseinheit
Ein Orgazign-Prozess betrachtet eine vorab definierte Organisationseinheit. Dies kann die gesamte Institution oder einen Ausschnitt der Institution umfassen, also zum Beispiel eine Gruppe oder mehrere Gruppen, eine oder mehrere Abteilung(en), eine oder mehrere Hauptabteilung(en) etc.

Verantwortungsbereich
Die innerhalb der betrachteten Organisationseinheit bestehenden oder gebildeten Organe werden als Verantwortungsbereich bezeichnet. Verantwortungsbereiche können die verschiedensten Ausprägungen annehmen, wie zum Beispiel eine Gruppe, eine Stabsstelle, eine Abteilung in der Linie, aber auch Kreise oder Rollen in agilen Organisationsformen.

Stelle
In einer Stelle werden Verantwortlichkeiten beziehungsweise Aufgaben auf Dauer gebündelt. Sie wird von einer Person oder per Jobsharing mehreren Personen eingenommen.

Gruppe
Eine Gruppe besteht aus mehreren Stellen. Der Gruppe wird wiederum ein Bündel an Verantwortlichkeiten respektive Aufgaben zugewiesen, die auf Dauer angelegt sind.

Abteilung
Eine Abteilung umfasst mehrere Stellen, kann aber auch aus verschiedenen Gruppen bestehen. Ihre Verantwortlichkeiten und Aufgaben sind auf Dauer angelegt. Eine Abteilung hat einen Abteilungsleiter, der definierte Weisungsbefugnisse gegenüber den Mitarbeitern der Abteilung hat.

Stab
Stäbe übernehmen unterstützende Funktionen, insbesondere zur Entscheidungsvorbereitung und fachlichen Beratung, ohne über Entscheidungs- und Weisungskompetenz zu verfügen.

Pyramidal-hierarchische Organisationsform
Abteilungen und Stäbe sind typische Organe in pyramidal-hierarchischen Organisationsformen. In diesen Organisationsformen ist Macht ungleich verteilt. So werden die einzelnen Organe jeweils von einer leitenden Person geführt, der Weisungsbefugnisse gegenüber den Mitarbeitenden zugewiesen werden. Weiterhin werden übergeordnete Organe mit Weisungsbefugnissen gegenüber untergeordneten Organen ausgestattet. Der Grad der Selbstorganisation ist relativ gering.

Primärorganisation
Die Primärorganisation stellt die Grundstruktur der Institution dar und dient der möglichst effizienten, arbeitsteiligen Leistungserstellung im Hinblick auf Routineaufgaben. Typische Elemente der Primärorganisation sind Stäbe, Abteilungen, Hauptabteilungen und so fort.

Sekundärorganisation
Typische Elemente der Sekundärorganisation sind zum Beispiel Arbeitsgruppen, Gremien und Projektteams. Die Sekundärorganisation nimmt Sonderaufgaben, für die die Primärorganisation nicht oder wenig geeignet ist, wahr. Weiterhin verbindet sie in der Primärorganisation nicht miteinander verbundene Organe und unterstützt so die bereichsübergreifende Koordination. So können sich Vertreter aus einer Abteilung in Division D mit Vertretern aus Abteilungen in Division F in einem Gremium abstimmen.

Agile Organisationsform
Agile Organisationsformen dienen der Umsetzung agiler Prinzipien, wie zum Beispiel möglichst große Adaptionsfähigkeit, ein hohes Maß an Selbstorganisation von Teams, möglichst dialogische Kommunikation zwischen den Beteiligten auf Basis hoher Transparenz sowie die Förderung der intrinsischen Motivation aller Mitarbeitenden. Hierarchie spielt in agilen Organisationsformen eine geringere Rolle, jedoch streben nicht alle agilen Organisationsformen nach Hierarchiefreiheit. Dies manifestiert sich zum Beispiel in der Aufgabe des Konzepts der „Stelle" zugunsten des Konzepts der „Rolle". Mitarbeitende besetzen mithin keine Stelle, sondern nehmen verschiedene Rollen wahr, die flexibel wechseln können. Zudem setzen agile Organisationsformen häufig auf crossfunktionale Teams mit umfänglichen Entscheidungskompetenzen oder gar auf eine hierarchiefreie Zusammenarbeit in Kreisen statt Abteilungen.

01 Einleitung

1.1
Worum es geht und warum Organisationsdesign wichtig ist

Orgazign ist die richtige Methode für Sie, wenn Sie…

… Ihre Arbeit in einem ungeeigneten Umfeld erbringen müssen.

Sie kennen dieses Gefühl nur zu gut…

- Unsere Arbeitsabläufe sind kompliziert und fehleranfällig.
- Ich verbringe zu viel Zeit in Meetings und muss meine Arbeitsschritte mit zu vielen anderen Beteiligten abstimmen.
- Es dauert immer wieder sehr (zu) lange, bis eine Entscheidung gefällt wird.
- Ich habe regelmäßig zu wenig Zeit für direkt produktive Tätigkeiten.
- Ich soll immer mehr Verantwortung übernehmen, bin aber nicht eingebunden in die entscheidenden Kommunikationsflüsse.
- Die Kommunikation zwischen den Teams wird von den räumlichen Gegebenheiten eher behindert als gefördert.

… in Ihrer Arbeit von ständiger Reorganisation behindert werden.

Sie treffen immer wieder auf die gleichen Reorganisations-Phänomene…

- Die Ziele der Reorganisation sind unklar.
- Die Strukturen werden in immer kürzeren Zyklen neu gestaltet.
- Die Strukturen sind stärker an handelnden Personen als an den Anforderungen der Tätigkeiten ausgerichtet.
- Bei der Entwicklung der Organisationsstrukturen spielen Hierarchie und Eigeninteressen eine große Rolle.
- Die Durchführung der Reorganisation trifft auf Widerstand oder gar Gleichgültigkeit.

… die Organisation „nebenbei" optimieren sollen.

… erleben mussten, dass Reorganisationsprojekte nicht zu dem gewünschten Erfolg geführt und letztlich nur Kraft und Ressourcen verschwendet haben.

Sie sind konfrontiert mit einer oder mehreren der folgenden Herausforderungen…

- Sie möchten die Strukturen in Ihrem Verantwortungsbereich neben dem Tagesgeschäft zügig optimieren, ohne dass eine Methode zur Hand ist.
- Sie möchten die Mitarbeiter in die Entwicklung eines neuen Modells einbinden.
- Die Veränderung der Strukturen allein würde keine zufriedenstellende Lösung darstellen.
- Die Einbringung ausgewiesenen Organisations-Know-hows wäre hilfreich.

Was verstehen wir unter „Organisation“?

Organisation, die: Der Funktionstüchtigkeit einer Institution […] dienende [planmäßige] Zusammensetzung, Struktur, Beschaffenheit

Quelle: Duden.de

- Institutionen wie Unternehmen, Non-Profit-Organisationen oder öffentliche Verwaltungen gliedern ihre Mitglieder in Organe
- Diese werden zum Beispiel als Divisionen, Abteilungen, Kreise oder Teams bezeichnet

ABC AG

- Arbeitsanweisungen
- Budgets
- Organisationshandbuch
- Planungs- und Zielprozesse
- Richtlinien
- Stellenzuweisung*

- Den Organen, Stellen und Rollen werden Verantwortlichkeiten, Rechte (zum Beispiel Entscheidungsbefugnisse) und Pflichten zugewiesen
- Dies erfolgt mittels verschiedener strukturgebender formaler Elemente, wie zum Beispiel Arbeitsanweisungen

* Weitere eingesetzte strukturgebende Elemente sind Anträge, Ausführungsvorschriften, Projektmanagement-Verfahren, Prozessbeschreibungen, Qualitätsmanagementsysteme, Werksnormen usw.

Die Organisation sorgt für eine gemeinsame Grundausrichtung und reduziert die Komplexität für die in der Institution Tätigen

Die strukturgebenden Elemente vermitteln den in der Institution Tätigen, welche **Erwartungen an ihr Verhalten** bestehen und sorgen so für eine Grundausrichtung. Und sie erfüllen einen weiteren wichtigen Zweck: Sie **reduzieren die Komplexität,** indem sie Entscheidungen vorwegnehmen und auch Aussagen beinhalten, was zu unterlassen ist. Ein Beispiel: Wenn geregelt ist, mit wem sich A im Falle von Z austauschen muss, ist ebenfalls geregelt, mit wem A in diesem Fall nicht kommunizieren muss.

„Folgendes Verhalten wird erwartet, wenn ein bestimmter Impuls wahrgenommen wird: ..."

„Es wird erwartet, dass folgende Zwecke und Ziele verfolgt werden: ..."

„Die Einhaltung folgender Kommunikationswege wird erwartet: ..."

„Die Ausführung der Tätigkeiten mit folgendem Personal wird erwartet: ..."

Und was verstehen wir unter „Design" im Zusammenhang mit „Organisation"?

Design, das: [...] funktionale Gestaltgebung [...], Entwurf

Quelle: Duden.de

- Die strukturgebenden Elemente einer Organisation können im Sinne einer „funktionalen Gestaltgebung" arrangiert werden
- Sie müssen jedoch von den Handelnden interpretiert, verstanden und umgesetzt werden
- Hierbei müssen Widersprüche aufgelöst, Dilemmata entschieden und Anpassungen aufgrund sich fortlaufend ändernder Rahmenbedingungen vorgenommen werden

Arbeitsanweisungen
Budgets
Organisationshandbuch
Planungs- und Zielprozesse
Richtlinien
Stellenzuweisung

ABC AG

Informale Abstimmung
(Fehl-) Annahmen
Fehlendes Know-how
Kompetenzgerangel
Machtspiele
Vorauseilender Gehorsam

- Neben formalen bestehen informale Erwartungen, die zu wiederkehrenden Verhaltensweisen führen
- Letztere sind für eine Organisation prägend, die gelebte Organisation weicht von der formalen ab
- Die informale Organisation ist einer funktionalen Gestaltung nicht direkt zugänglich; sie bildet sich in der Interaktion zwischen den Beteiligten aus

Organisationsdesign, das:

Ergebnis des Entwurfs und der fortlaufenden Weiterentwicklung der formalen, strukturgebenden und somit erwartungsvermittelnden Elemente einer Institution

Ein Organisationsdesign ist das Ergebnis eines Prozesses zum Entwurf und der bewussten Gestaltung formaler, strukturgebender organisatorischer Elemente mit dem Ziel der Vermittlung von Erwartungen an die in der Institution handelnden Personen. Diese müssen sich im Zusammenspiel mit informalen Gestaltungselementen bewähren und in aller Regel fortlaufend angepasst und weiterentwickelt werden. Das Organisationsdesign fokussiert auf den nächsten als angemessen oder erforderlich wahrgenommenen Entwicklungsschritt. Es kann kleine Organisationseinheiten wie ein Team, aber auch weite Teile einer Institution wie eine Division oder gar die gesamte Institution umfassen.

Mithin richtet das Organisationsdesign den Blick auf folgende Fragestellungen:

- Sind die strukturgebenden formalen organisatorischen Elemente zielführend und funktional, sodass Wettbewerbsvorteile realisiert werden?
- Wo bestehen Unklarheiten, zum Beispiel hinsichtlich Verantwortlichkeiten und Entscheidungsprozessen? Wo bestehen Hindernisse und Frustrationen, zum Beispiel aufgrund unnötiger Hierarchien?
- Wo bestehen Verbesserungspotenziale zur Steigerung der Flexibilität und zur Förderung einer wirkungsvollen Koordination und Zusammenarbeit zwischen den Beteiligten?
- Mit Hilfe welcher neuen oder weiterentwickelten Gestaltung der strukturgebenden Elemente können diese Veränderungen bestmöglich angestoßen und Probleme gelindert sowie Verbesserungspotenziale realisiert werden?
- Welche Veränderungen der formalen strukturgebenden Elemente können in einem nächsten Schritt realistisch ungesetzt werden?
- Wie und inwiefern kann auch die informale Ebene durch Veränderungen der strukturgebenden Elemente beeinflusst werden, zum Beispiel zur Förderung einer agilen Haltung?

Beim Design einer Organisation kann mithin nicht davon ausgegangen werden, dass

- lineare Ursache-Wirkungs-Zusammenhänge zwischen Veränderungen am Design und dem Verhalten der Menschen in der Institution bestehen;
- ein einmal entwickeltes Design dauerhafte Lösungen mit sich bringen wird;
- es sich um eine einmalige oder sporadische Aufgabe handelt.

Gerade in einer von zunehmender Dynamik geprägten Welt stellen sich immer wieder Herausforderungen, die nur mit einem weiterentwickelten Organisationsdesign erfolgreich gelöst werden können. Die sich immer weiter beschleunigende technologische Entwicklung ist hier ebenso ein Treiber wie steigende Anforderungen der Kunden und Stakeholder – an Preise, Qualität, Nachhaltigkeit und weitere aus deren Sicht wichtige Faktoren. Viele Unternehmen spüren aber auch einen zunehmenden Veränderungsdruck aufgrund des Wettbewerbs. Insbesondere neue Wettbewerber, die mit neuen Geschäftsmodellen und exakt auf diese Geschäftsmodelle zugeschnittenen Strukturen am Markt agieren, stellen für viele angestammte Anbieter eine große Herausforderung dar. Tradierte Branchenstrukturen und -spielregeln lösen sich auf beziehungsweise verlieren an Bedeutung.

In vielen Branchen stellen zudem sich ändernde regulative Rahmenbedingungen einen starken Treiber für Veränderung dar.

Diese Veränderungen werden gern unter dem Stichwort „VUCA“ zusammengefasst. Sie führen zu einer Vielzahl an Anforderungen an eine Organisation, sich in einer Welt zu behaupten, die geprägt ist durch:

Volatility | Volatilität

Ausmaß der Schwankungen nach dem Eintritt eines Sachverhalts

Uncertainty | Unsicherheit

Eintrittswahrscheinlichkeit, Zeitpunkt und Auswirkungen sind unbekannt

Complexity | Komplexität

Eine Vielzahl von Variablen interagiert dynamisch bei geringer Transparenz

Ambiguity | Ambiguität

Die kausalen Zusammenhänge sind unklar, es gibt keine Präzedenzfälle

In dynamischen Zeiten ist der Wunsch nach evolutionären Ansätzen groß

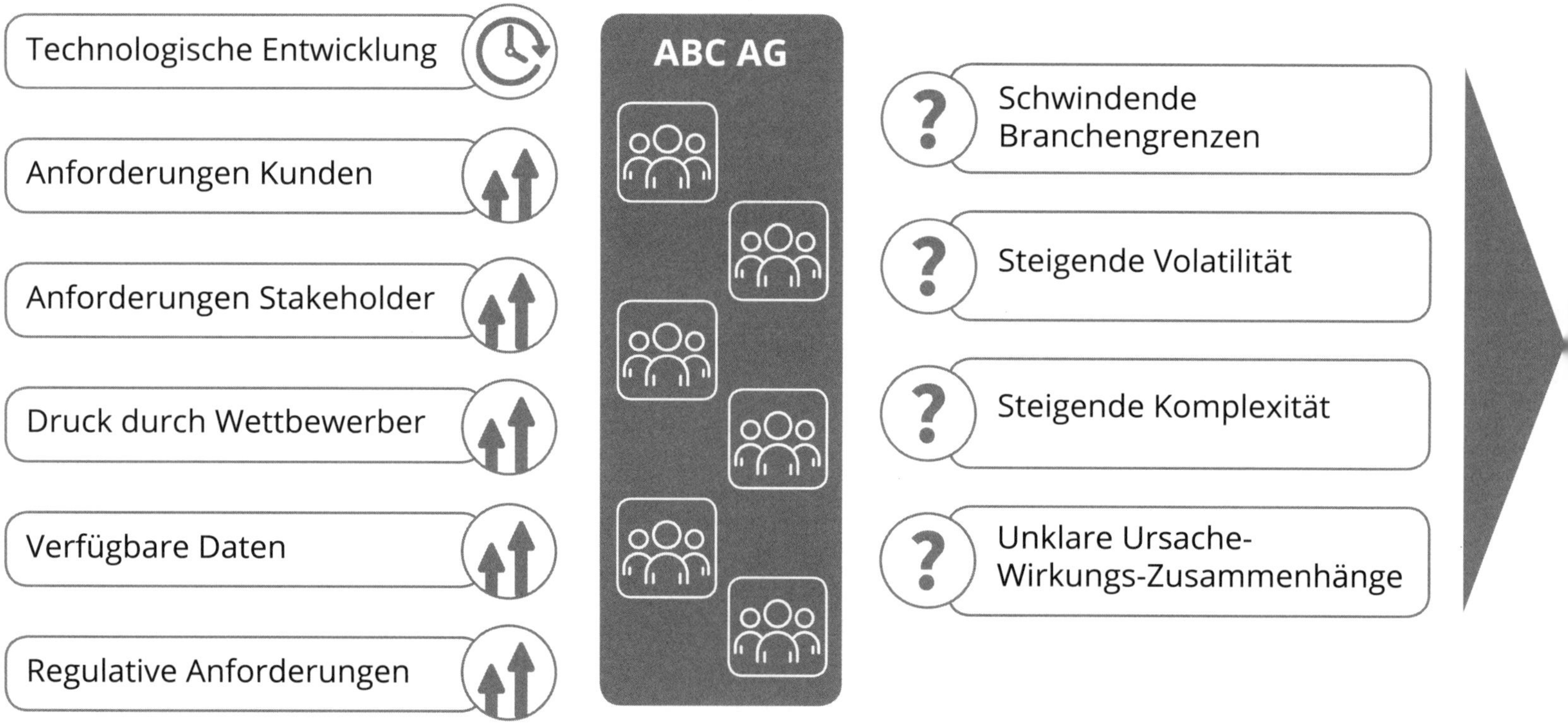

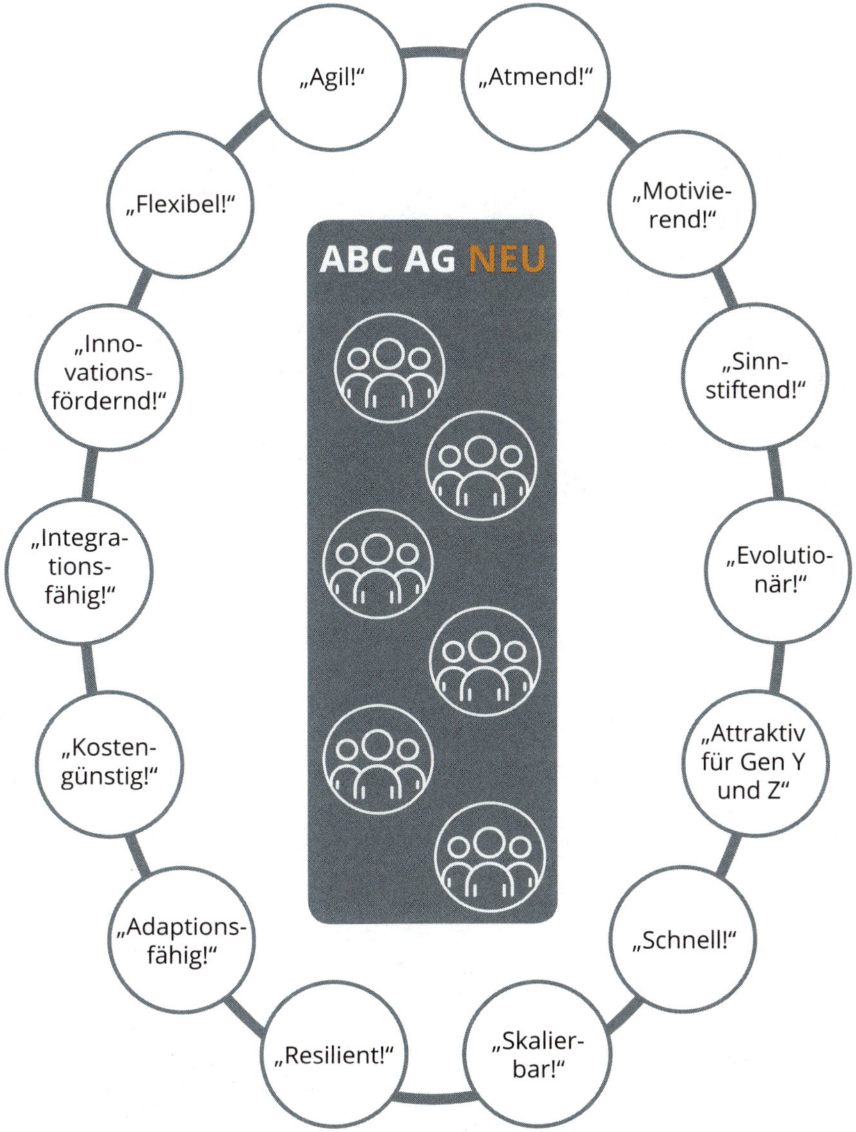

Die zunehmenden Herausforderungen führen zu vielen, zum Teil widersprüchlichen Anforderungen an die Organisation von Institutionen. Die Organisation soll flexibel und anpassungsfähig sein und gleichzeitig kostengünstig. Sie soll skalierbar sein und gleichzeitig sinnstiftend. Sie soll attraktiv sein für junge Generationen, ohne die Motivation älterer Mitarbeiter zu gefährden. Und dies alles bei ständigen Veränderungen im Umfeld.

Es ist unschwer zu erkennen, dass das Organisationsdesign in dieser Situation an Bedeutung gewinnt. Und dass wirkungsvolles Organisationsdesign nicht eine einmalige oder sporadische Gestaltgebung sein kann, sondern immer auch die kontinuierliche Weiterentwicklung der Organisation im Blick haben muss.

Dieses dem Orgazign-Prozess zugrunde liegende Verständnis des Organisationsdesigns unterstützt das Meistern der Herausforderungen in zunehmend dynamischen Zeiten.

Aber wie sieht es in der Realität vieler Institutionen aus? Häufig herrschen die berühmten „historisch gewachsenen Strukturen“. Also eine Organisation, die von den in der Vergangenheit getroffenen Entscheidungen geprägt ist und sich nicht konsequent an den aktuellen Rahmenbedingungen und Anforderungen orientiert. Mitunter erfolgen jedoch auch fortlaufend umfängliche Reorganisationen, sodass die Mitarbeitenden sich beständig mitten in einer Reorganisation oder kurz vor einer Reorganisation befinden.

Das Land der „historisch gewachsenen Strukturen“

Wir mussten aufgrund von Machtspielen ein Kompromissmodell entwickeln.“

„An dieser Stelle haben wir die Strukturen um diese (oder war es jene?) Person gestrickt.“

„Hier hat die Vermischung privater und beruflicher Beziehungen eine Unwucht in der Organisation entstehen lassen.“

„Diese Struktur ist auf eine Führungskraft zurückzuführen, die einen grösseren Wirkungskreis gefordert hat, das Unternehmen aber mittlerweile verlassen hat.“

„Das war im Kern eine gute Idee, leider sind wir auf halbem Wege stehen geblieben und haben sie nicht konsequent umgesetzt.“

„Hier mussten wir schnell handeln, das haben wir mal eben reorganisiert, weil [... setzen Sie hier Ihre persönliche Lieblingsausrede ein].“

Das Land der „fortlaufenden umfänglichen Reorganisation“

„Das Grundmodell schien so attraktiv und so klar, dass wir es versäumt haben, alle wichtigen Faktoren auf Konsistenz zu prüfen – nun hängen wir in einer langen Phase der Nacharbeit und der Unsicherheit.“

„Wir folgten der Vorstellung, dass die Organisation einer justierbaren Maschine gleicht – die Realität ist leider eine andere und der Widerstand an vielen Stellen hat uns direkt in die nächste Reorganisation geführt.“

„Wir wollten einfach zu viel auf einmal grundlegend verändern – die Strukturen, unsere Führungsprinzipien, die Steuerungslogik, einfach alles. Jetzt nähern wir uns mehr und mehr dem Ausgangspunkt an und überlegen, wie wir die ursprünglichen Ziele dennoch erreichen können.“

Schlechtes Organisationsdesign

Unklare Verantwortlichkeiten

- Das Organisationsdesign weist die Verantwortlichkeiten nicht klar oder nicht eindeutig zu
- Zugewiesene Verantwortlichkeiten gehen nicht mit ausreichenden Entscheidungskompetenzen einher
- Es ist unklar, was es bedeutet, „für etwas verantwortlich zu sein"

Ungeeignete Entscheidungswege und -prozesse

- Das Organisationsdesign ordnet Entscheidungskompetenzen nicht oder ungeeignet zu
- Die Entscheidungsprozesse sind nicht oder ungeeignet gestaltet

Starker Fokus auf Einzelbereiche

- Das Organisationsdesign weist keine ausreichenden Elemente zur Abstimmung zwischen den Bereichen auf
- Es fördert so das „Silo-Denken" und die Fokussierung auf den jeweils eigenen Verantwortungsbereich

Mangelnde Flexibilität

- Im Organisationsdesign ist die kontinuierliche Weiterentwicklung des Designs nicht verankert
- Veränderungen des Organisationsdesigns können nur schwerfällig und langsam realisiert werden

Starker Fokus auf Hierarchie

- Das Organisationsdesign weist unnötige Hierarchieebenen auf
- Das Organisationsdesign beinhaltet zu viele steuernde Einheiten

Gleichmacherei

- Das Organisationsdesign basiert für die gesamte Institution auf den gleichen Organisationsprinzipien
- Das Organisationsdesign unterstützt die Wahrnehmung besonderer Aufgaben in Einzelbereichen nicht

Prinzipen guten Organisationsdesigns

Klare Verantwortlichkeiten

- Das Organisationsdesign weist die Verantwortlichkeiten klar und eindeutig zu
- Eindeutig und geeignet zugewiesene Entscheidungskompetenzen ermöglichen die Wahrnehmung der Verantwortlichkeiten

Aktive Gestaltung der Entscheidungswege und -prozesse

- Das Organisationsdesign nimmt eine ausgewogene und geeignete Zuordnung der Entscheidungskompetenzen vor
- Das Organisationsdesign sieht je nach Art der Entscheidung geeignete Entscheidungsprozesse vor

Starker Fokus auf Zusammenarbeit

- Das Organisationsdesign weist geeignete Elemente zur Abstimmung zwischen den Bereichen auf
- Das Organisationsdesign fördert so die Zusammenarbeit zwischen den Bereichen

Evolutionäre Entwicklung

- Das Organisationsdesign sieht Elemente zur Sicherstellung der eigenen Weiterentwicklung vor
- Veränderungen des Organisationsdesigns können schnell und relativ einfach vorgenommen werden

Starker Fokus auf Kompetenz

- Das Organisationsdesign weist eine angemessene Anzahl Hierarchieebenen auf
- Es besteht eine angemessene Anzahl steuernder Einheiten

Situativer Ansatz

- Das Organisationsdesign setzt bei Bedarf unterschiedliche Organisationsprinzipien ein
- Das Organisationsdesign bietet bei Bedarf Nischen für Spezialisten, die besondere Arbeitsumfelder brauchen

Doch wie überwinden Sie die vielen Hürden? Der Orgazign-Prozess hilft Ihnen…

… das für Ihre Organisation beste Modell zu entwickeln

Erlangen Sie Klarheit über die wichtigsten organisatorischen Herausforderungen. Und gestalten Sie auf dieser Basis Ihre Organisation entlang der wirklich wichtigen Faktoren: Sie fokussieren auf die Prozesse, die Kommunikationsflüsse zwischen den Beteiligten sowie die Entscheidungsfindung – inklusive der aktiven Gestaltung der Entscheidungswege und der Entscheidungsprozesse. So schaffen Sie klare Verantwortlichkeiten und fördern die Zusammenarbeit zwischen den Bereichen. Sie ziehen verschiedene Organisationsprinzipien und Organisationsformen in Betracht. So entwickeln Sie ein funktionsfähiges Organisationsmodell, das die Zielerreichung und die Umsetzung der Strategie bestmöglich unterstützt.

… das Organisationsmodell bestmöglich in die Realität zu überführen

Die Arbeit endet nicht mit der Erstellung eines Organigramms. Vielmehr erfolgt die Betrachtung aller wichtigen Komponenten eines Organisationsdesigns, wie der Ziel-, Anreiz- und Feedbackinstrumente, aber auch der Regelwerke. Und auch die Überführung Ihres Organisationsmodells in die räumliche Realität wird unterstützt. So findet Ihr Modell seinen Weg vom Papier in die Arbeitsräume und wird dort tatsächlich gelebt. Sie gestalten ein geeignetes Umfeld und unterstützen die effiziente Zusammenarbeit der Beteiligten direkt.

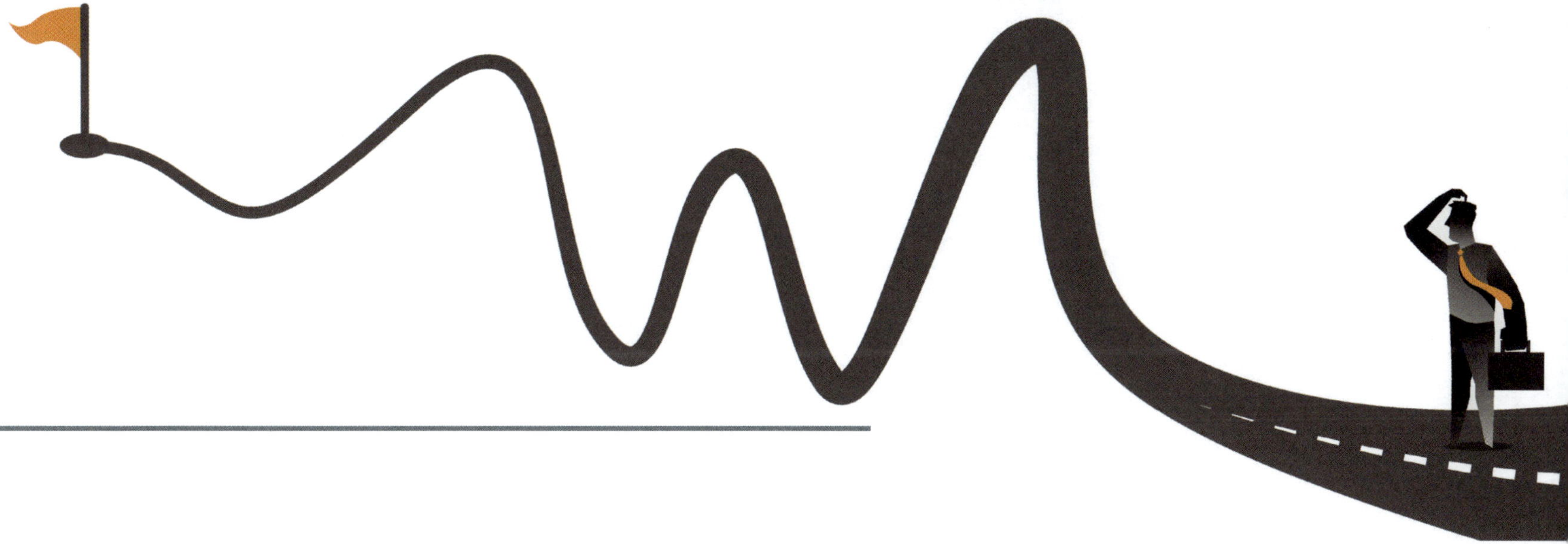

... auf Basis des erforderlichen Know-hows im Team zu arbeiten

Optimieren Sie Ihre Ansätze gemeinsam mit den Stakeholdern und machen Sie diese zu Gestaltern. Sie arbeiten auf Basis einer gemeinsamen Sprache und ausgestattet mit dem erforderlichen Know-how zur Modellierung verschiedener Ansätze und Lösungen. Sie arbeiten gemeinsam in einem strukturierten Dialog entlang definierter Parameter und erhalten die erforderliche Unterstützung, um das komplexe Thema des Organisationsdesigns gemeinsam zu meistern. Und Sie legen so gleichzeitig die Basis für die fortlaufende Weiterentwicklung Ihres Designs.

... Schritt für Schritt eine zukunftsgewandte Organisation zu entwickeln, in der Menschen gern und erfolgreich tätig sind.

1.2

Wie es funktioniert: Übersicht über den Orgazign-Prozess

Was der Orgazign-Prozess leistet

Impulse zur Verbesserung der Organisation können jederzeit entstehen. Vielleicht erkennt ein Mitarbeiter wiederkehrende Fehler, die in der Organisation seines Teams begründet sind. Oder eine Führungskraft verspürt Unzufriedenheit mit der Organisation in ihrem Bereich, weil die Vielzahl operativer Tätigkeiten eine angemessene Bearbeitung wichtiger Führungsaufgaben nicht zulässt. Vielleicht erhält ein Mitarbeiter im Kundenservice einen Hinweis darauf, dass langwierige Abstimmungsprozesse einen Schlüsselkunden zunehmend frustrieren. Wo auch immer sie entstehen – Hinweise auf organisatorische Schwachstellen sollten so früh wie möglich aufgegriffen und bearbeitet werden.

Mitunter können entsprechende Probleme durch einfache Maßnahmen wie einer einmaligen Absprache zwischen zwei Teams schnell behoben werden. Zuweilen sind aber auch umfänglichere und tiefer greifende Veränderungen erforderlich. Nicht immer ist sofort erkennbar, welche Elemente der Organisation angepasst werden sollten, um das Problem zu beseitigen beziehungsweise die Verbesserungspotenziale zu realisieren. Gegebenenfalls müssen verschiedene Gestaltungselemente wie die Abteilungsstruktur und die abteilungsübergreifende Entscheidungsstruktur angepasst und in bessere Übereinstimmung zueinander gebracht werden und Beteiligte mit unterschiedlichen Sichtweisen und Interessen müssen ihre Verhaltensweisen anpassen.

Wer seine Organisation wirkungsvoll weiterentwickeln möchte, benötigt daher das richtige Handwerkszeug. Der Orgazign-Prozess unterstützt Teams dabei, gut durchdachte Entwürfe zu entwickeln, die

- auf den nächsten angemessenen Schritt der Weiterentwicklung der Organisation fokussieren,
- sich am Machbaren orientieren,
- verschiedene Perspektiven einbeziehen und
- an der Sache und nicht an einzelnen Personen und deren Ambitionen orientiert sind.

Entsprechend werden die verschiedenen Gestaltungselemente umfassend berücksichtigt:

- der Entwurf der Organe und ihrer Verantwortlichkeiten, wie zum Beispiel Kreise oder Abteilungen, Teams und Stellen;
- der Entwurf von Foren der Zusammenarbeit und der regelmäßigen Kommunikation zwischen den Organen, wie zum Beispiel Arbeitsgruppen oder feste Abstimmungs- und Konferenzstrukturen;
- die Formulierung von Erwartungen und Regeln hinsichtlich der Kommunikation zwischen den Mitgliedern der Institution;
- die Formulierung von Erwartungen und Regeln hinsichtlich der Entscheidungsfindung und der Konfliktlösung beispielsweise bei der Priorisierung operativer Vorgänge oder der Festlegung und Verwendung von Budgets;
- die Gestaltung von Ziel-, Anreiz- und Feedbackinstrumenten;
- die Formulierung von Regelwerken und weiteren formalen Gestaltungselementen;
- Methoden zur Unterstützung der operativen Tätigkeiten, zum Beispiel agile Methoden wie Scrum oder Kanban zur Projekt- oder zur Arbeitsorganisation;
- die Gestaltung der physischen und digitalen Arbeitsräume.

Zudem können Sie den Orgazign-Prozess zur fortlaufenden Weiterentwicklung Ihres Organisationsdesigns verwenden (siehe Anwendungsfall „Fortlaufende Optimierung“, Seite 276).

Gestaltungselemente des Orgazign-Prozesses

Der Orgazign-Prozess gestaltet den Handlungs- und Erwartungsrahmen, in dem die Vision, die Ziele und die Strategie bestmöglich erreicht werden und Menschen wirkungsvoll und lebenswert arbeiten können.

Vision, Unternehmensziele

Strukturen

Die betrachtete Organisationseinheit wird in einzelne Organe wie zum Beispiel Stellen, Gruppen, Abteilungen, Rollen oder Kreise gegliedert. Den einzelnen Organen werden Verantwortlichkeiten zugewiesen:

- In welche Organe gliedern wir unsere Organisation?
- Welche Organe sollen welche Verantwortung wahrnehmen?
- Welchen Organen werden welche Rechte und welche Pflichten zugeordnet?

Steuerung

Einzelnen Organen werden Entscheidungsrechte und Steuerungsaufgaben zugeordnet:

- Wie gestalten wir die Koordination zwischen den Organen und innerhalb der Organe?
- Welche Organe erhalten welche Entscheidungs- und Steuerungsrechte?
- Welches Führungsprinzip kommt zur Anwendung?
- Wie entwickeln wir unser Organisationsdesign kontinuierlich weiter?

Kommunikationsflüsse

Innerhalb der Organe und zwischen den Organen ist eine geeignete Kommunikation erforderlich:

- Welche Organe haben welche Pflichten hinsichtlich der Kommunikation mit anderen?
- Welche Organe haben welche Rechte hinsichtlich der Kommunikation mit anderen?
- Mit Hilfe welcher regelmäßiger Meetings fördern wir die Kommunikation?

und Unternehmensstrategie

Ziele, Anreize und Feedback

Erwartungen an das Verhalten innerhalb der Organisation können durch Ziele, Anreize und Feedback transportiert werden:

- Welche Planungsinstrumente sollen welche Organe wie anwenden?
- Welche Feedbackinstrumente sollen welche Organe wie anwenden?
- Sollen Anreize geboten werden? Wenn ja, welche?

Regeln und Richtlinien

Regeln und Richtlinien formulieren Erwartungen an das Verhalten in der Organisation direkt:

- Welche Sachverhalte müssen aufgrund rechtlicher Bestimmungen mit Regeln/Richtlinien versehen werden?
- Welche weiteren Sachverhalte sollen mit Regeln/Richtlinien versehen werden?
- Welche Spielregeln für die Zusammenarbeit sollen gelten?

Arbeitsgestaltung

Die operative Ausführung der Tätigkeiten in den Organen kann unterschiedlich organisiert werden:

- Wie sollen welche Organe die Ausführung ihrer operativen Tätigkeiten planen und organisieren?
- Welche Methoden sollen eingesetzt werden?
- Welche Arbeitsformen, wie zum Beispiel Job-Sharing, Teilzeit-Modelle oder Telearbeit, sollen in welchen Organen zum Einsatz gelangen?

Raumgestaltung

Die Gestaltung des physischen und des digitalen Raums, in dem die Tätigkeiten ausgeführt werden, beeinflusst das Verhalten der Tätigen:

- Wie sollen wir die zur Verfügung stehenden Räume gestalten?
- Welche Mitarbeitenden sollen welche Räume wie nutzen?
- Welche sind unsere wichtigsten digitalen Räume?

Der Orgazign-Prozess…

… bietet Ihnen ein aufeinander abgestimmtes und umfassendes Set an Werkzeugen. Im Mittelpunkt stehen drei Planungsvorlagen, die Canvases. Diese und weitere im Verlauf des Buchs vorgestellten Arbeitshilfen bieten Ihnen das für die Entwicklung eines erfolgreichen Organisationsdesigns erforderliche Know-how in direkt anwendbarer Form: zum Beispiel Werkzeuge zur Entscheidungsfindung bei der Modellentwicklung und zur Optimierung Ihres Modells.

… macht keine Vorgaben zum Organisationsprinzip. Von pyramidalhierarchischen Ansätzen bis hin zu agilen Organisationsformen können Sie alle Ansätze auf Anwendbarkeit in Ihrer Organisation prüfen, konzipieren und umsetzen.

… ist über alle Branchen und Funktionen anwendbar.

… macht die Komplexität des Themas durch eine logische Bearbeitungsabfolge von Bausteinen beherrschbar.

… kann im Team, aber auch in Einzelarbeit eingesetzt werden.

… erlaubt eine schnelle Einschätzung der organisatorischen Herausforderungen und in Frage kommenden Lösungsansätze.

… endet nicht mit der Erstellung eines Organigramms, sondern umfasst die Gestaltung des Steuerungssystems, der Ziel-, Anreiz- und Feedbackinstrumente, der Regeln und Richtlinien sowie die Arbeitsgestaltung und die Raumplanung.

… arbeitet entlang der Erfolgsfaktoren für ein erfolgreiches Organisationsdesign und unterstützt Sie bei der Prüfung, ob das von Ihnen entwickelte Design diese und die wichtigsten Hygienefaktoren angemessen berücksichtigt.

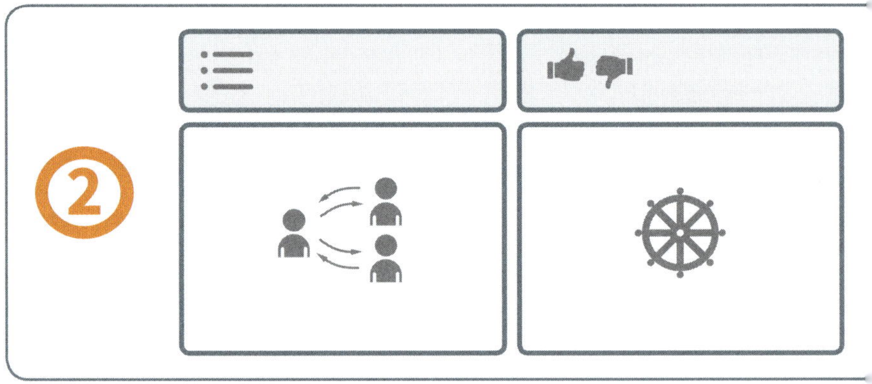

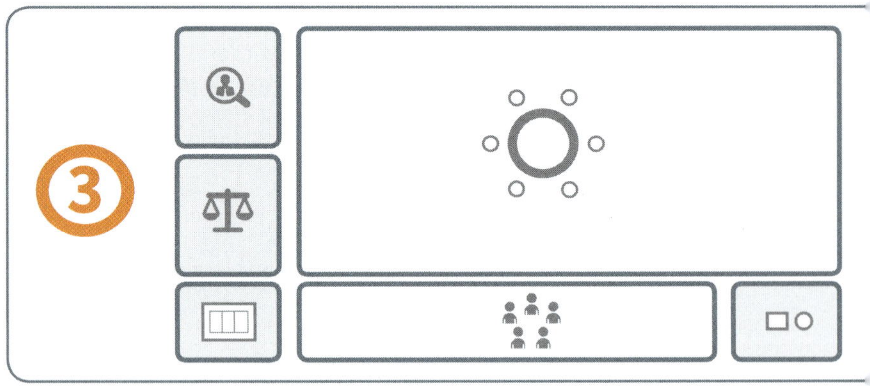

Organizational Challenges Canvas. Richten Sie den Blick auf die Strategie und die wichtigsten Outputs sowie die hierfür erforderlichen Leistungsprozesse. Identifizieren Sie die Probleme und Verbesserungspotenziale und sorgen Sie so für Klarheit, welche Veränderungen am Organisationsdesign zielführend sind und welche Leitlinien Sie dorthin führen.

- **Hindernisse**
- **Fördernisse**
- **Leitlinien**

Organization Model Canvas. Prüfen Sie, mit welchen Designkriterien Sie ein neues, verbessertes Organisationsdesign entwickeln können. Vergegenwärtigen Sie sich, welche Entscheidungen zukünftig wie getroffen werden. Und entwickeln und bewerten Sie verschiedene Modelle, indem Sie Verantwortungsbereiche definieren und die resultierenden Kommunikationsflüsse sichtbar machen.

- **Strukturen**
- **Steuerung**
- **Kommunikationsflüsse**

Organizational Design Canvas. Verbessern Sie Ihr Portfolio der Ziel-, Anreiz- und Feedbackinstrumente sowie der Regeln. Optimieren Sie die Arbeitsorganisation und überführen Sie Ihr Modell in die verfügbaren Räume, sodass bestmögliche Arbeitsbedingungen entstehen und die Kommunikation zwischen den Bereichen gefördert wird. Definieren Sie abschließend die Regelkommunikation für ein umfassend optimiertes Organisationsdesign.

- **Anreiz- und Feedbacksysteme**
- **Regeln und Richtlinien**
- **Arbeitsgestaltung**
- **Raumgestaltung**

Erfolgs- und Hygienefaktoren im Orgazign-Prozess

Der Orgazign-Prozess lenkt die Aufmerksamkeit mit den Canvases auf die wichtigsten Erfolgsfaktoren.

Erfolgsfaktoren

Werden die Erfolgsfaktoren angemessen im Organisationsdesign berücksichtigt, kann das Design die Zielerreichung nachhaltig unterstützen und erfolgreich sein – es sei denn, es verstößt gegen die Hygienefaktoren.

Werden die Erfolgsfaktoren nicht angemessen im Organisationsdesign berücksichtigt, wird das Design keine echten Verbesserungen mit sich bringen oder gar scheitern.

Hygienefaktoren

Werden die Hygienefaktoren nicht berücksichtigt, wird das Design scheitern. Zum Beispiel wird eine zu große Führungsspanne des Managements die Entscheidungsprozesse verlangsamen und die Handlungsfähigkeit der Organisation einschränken.

Werden nur die Hygienefaktoren erfüllt, wird das Design ebenfalls scheitern. Ein Organisationsdesign, das eine angemessene Führungsspanne aufweist, ist noch lange kein Erfolgsmodell.

Der Orgazign-Prozess unterstützt die Erfüllung der Hygienefaktoren durch weitere Arbeitshilfen.

Erfolgsfaktoren des Organisationsdesigns

Orgazign strebt die Entwicklung einer wirkungsvollen, lebenswerten Organisation an, die die Zielerreichung und die Umsetzung der Strategie bestmöglich unterstützt.

Erfolgsfaktor: Intrinsische Motivation

Ein gutes Organisationsdesign lässt die **intrinsische Motivation** aller Organisationsmitglieder bestmöglich wirken und berücksichtigt dies bei der Gestaltung von Verantwortungsbereichen, Kommunikationsflüssen, Steuerungssystemen, Anreiz- und Feedbacksystemen, Prozessen, aber auch der Raumgestaltung.

Erfolgsfaktor: Prozesse

Ein gutes Organisationsdesign ermöglicht effektive und effiziente **Prozesse** der Leistungserbringung, der Abstimmung und der Steuerung und leistet somit einen wesentlichen Beitrag zur Wirtschaftlichkeit des Unternehmens.

Erfolgsfaktor: Übereinstimmung

Ein gutes Organisationsdesign weist eine hohe **Übereinstimmung** zwischen dem Organisationsmodell und der eigenen Strategie, den Anforderungen der Umwelt und den Anforderungen der Stakeholder, insbesondere der bestehenden und potenzieller Mitarbeiter, auf. Es folgt dem hierzu bestgeeigneten Organisationsprinzip.

Erfolgsfaktor: Kommunikation

Die **Kommunikation** zwischen den Beteiligten dient dem koordinierten Vorgehen und wirkt sich auf die Motivation und die Prozesse aus. Wichtig sind die aktive Gestaltung der formalen und der Regelkommunikation sowie die Unterstützung einer zielführenden informellen Kommunikation.

Erfolgsfaktor: Entscheidungen

Auch die Art und Weise, wie **Entscheidungen** in einer Organisation gefällt werden, wirkt sich auf die Motivation der Beteiligten und die Qualität der Prozesse aus. Ein gutes Organisationsdesign gestaltet daher das Vorgehen zur Entscheidungsfindung, also die erwünschten Entscheidungswege und -verfahren.

Erfolgsfaktor: Klarheit

Klarheit ist eine zentrale Anforderung an das Organisationsdesign. Alle Organe und Personen sollten die an sie gestellten Erwartungen kennen, verstehen und erfüllen können. Hierzu müssen die Rollen in der Organisation bekannt, einfach nachvollziehbar und ausführbar sein. Dies erfordert kongruente Verantwortlichkeiten, Pflichten und Rechte.

Zusammenfassung

Organisationsdesign – Was es nicht ist

Ein neues Organigramm. Das Denken in Organigrammen führt zum Denken in Hierarchien. Ein Organigramm zeigt, wer an wen berichtet, welche Abteilungen, Gruppen und gegebenenfalls Stabs-und Linienstellen es gibt. Mitunter wird auch aufgeführt, wie viele Personen oder Stellen sich hinter den einzelnen Bereichen verbergen. Was es dagegen nicht aufzeigt, sind

- die Ziele, Strategien, Werte, Prinzipien und die angestrebten Outputs einer Organisation,
- das Vorgehen, um zu Entscheidungen zu gelangen,
- der erwartete Verlauf der Kommunikation zwischen den Verantwortungsbereichen,
- die (Kern-)Prozesse einer Organisation,
- die hierzu erforderlichen und förderlichen Arbeitsbeziehungen,
- die räumliche Umsetzung des Organigramms
- und vieles mehr...

Eine einseitige Ausrichtung auf formale Strukturen. Zur Steuerung der Leistungsprozesse in einer Organisation sind formale Strukturen wichtig. Aber sie sind nur ein Gestaltungsfaktor unter vielen. Die einseitige Fokussierung auf die formalen Strukturen ist einer der Gründe für immer wiederkehrende Reorganisationen, da sie mitunter Symptome und nicht Ursachen behandelt.

Eine einseitige Ausrichtung auf die Primärorganisation. Eine Organisation hat mehr Organe als die Stabs- und Linienfunktionen. Diese im Organigramm abgebildeten Elemente werden in der Realität durch Gremien, Projekte und informelle Elemente ergänzt.

Organisationsdesign – Was es sein sollte

Ein ganzheitlicher Ansatz. Die Vision, die Unternehmensziele und die Strategie bilden den Rahmen für das Organisationsdesign. Aufgabe des Organisationsdesigns ist es, die Zielerreichung bestmöglich zu unterstützen und hierzu einen möglichst klaren Erwartungs- und Handlungsrahmen zu entwerfen. Dem Organisationsdesign stehen hierfür verschiedene Elemente zur Verfügung:

- die Organisationsstrukturen inklusive der Führungsorganisation, die sich an Organisationsmustern von bürokratischen Modellen bis hin zu Ansätzen der Selbstorganisation orientieren können,
- Methoden und Maßnahmen zur Steuerung und Koordination sowie zur Entscheidungsfindung,
- Gestaltung der Kommunikationsflüsse,
- Gestaltung der Ziel-, Anreiz und Feedbacksysteme,
- Festlegung von Regeln und Richtlinien,
- Methoden zur Arbeitsgestaltung,
- die Gestaltung der zur Verfügung stehenden Räume.

Orgazign betrachtet die Gestaltungselemente umfassend und entwickelt unter Berücksichtigung der Organisationskultur möglichst passgenaue Arrangements dieser Elemente.

Ein spürbar neues Arbeitsumfeld. Ein neues Organigramm kann ein Ergebnis der Entwicklung eines neuen Organisationsdesigns sein. Entscheidend ist, dass die Mitarbeitenden Veränderungen in ihren Handlungsweisen und ihren täglichen Tätigkeiten vornehmen. Die Kommunikation und die Entscheidungsfindung sollen anders verlaufen, die Arbeitsabläufe angepasst werden. Ein gutes Organisationsdesign unterstützt Verhaltensänderungen der Beteiligten und schafft das hierfür geeignete Arbeitsumfeld.

Ein praktikabler Ansatz. Ein gutes Organisationsdesign ist für alle Beteiligten umsetzbar. Es sollte mehr Fragen beantworten als aufwerfen. Es vermittelt die Erwartungen an die Beteiligten daher möglichst eindeutig und berücksichtigt die Bedürfnisse der Stakeholder.

Wie gehe ich vor?

Der Orgazign-Prozess geht davon aus, dass die Einbindung der Stakeholder die Entwicklung eines erfolgreichen Organisationsdesigns in den allermeisten Fällen fördert. So fließen mit der Einbindung verschiedener Stakeholder(-Gruppen) unterschiedliche Perspektiven in die Bewertung der Ist-Situation und die Entwicklung von neuen Ansätzen ein. Indem Personen aus verschiedenen Bereichen und Hierarchieebenen eingebunden werden, werden auch mögliche Widerstände transparent und es kann ein besseres Gefühl dafür entwickelt werden, welches Ausmaß der Veränderung für die Institution tragfähig ist.

Die Methode ist daher so aufgebaut, dass alle Arbeitsschritte im Team bearbeitet werden können – aber nicht müssen. Ein effizienter Prozess zur Entwicklung eines neuen Organisationsdesigns kann in drei Phasen durchlaufen werden:

I. Planen und vorbereiten
II. Designen und iterieren
III. Umsetzen

In der Übersicht auf der rechten Seite sehen Sie die verschiedenen Schritte, die in den drei Phasen anfallen.

Für das Kernstück, Phase II „Designen und iterieren", wurden die Canvases entwickelt. Das Vorgehen wird im Kapitel „Gestalten" ab Seite 56 und im Kapitel „Anwenden" ab Seite 246 ausführlich dargestellt. Im Kapitel „Anwenden" finden Sie auch Hinweise auf Anwendungsfälle und konkrete Prozessbeispiele.

In Phase III „Umsetzen" erfolgt eine Detailplanung, um das zuvor entwickelte Modell in die Realität zu überführen. Dies umfasst zum Beispiel die Planung von Kapazitäten in den einzelnen Bereichen, die Klärung der Stellen- und Rollenbesetzung sowie den Aufbau und die Weiterentwicklung fachlicher und persönlicher Kompetenzen. Weiterhin gilt es, den Umsetzungsprozess zu planen und zu initiieren. Diese Schritte werden im Kapitel „Umsetzen" ab Seite 308 dargelegt.

Um einen erfolgreichen Prozess zum Neuentwurf des Organisationsdesigns aufzusetzen, sollten jedoch zunächst die Ziele und der Umfang klar definiert sein. Dies ist Aufgabe in Phase I „Planen und vorbereiten". Im folgenden Kapitel 1.3 erfahren Sie, wie Sie konkret in dieser ersten Phase vorgehen können. Folgen Sie den Schritten und Sie sind bereits mittendrin im Orgazign-Prozess!

Der Orgazign-Prozess in der Übersicht

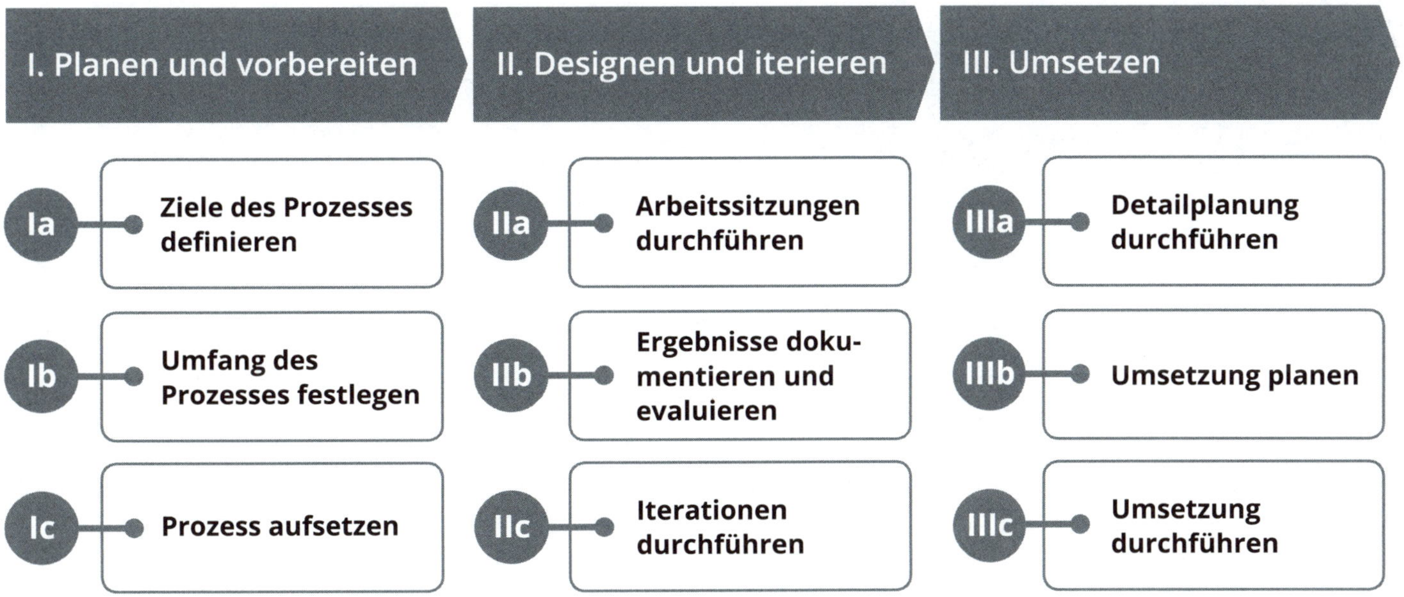

1.3
Der Startpunkt: Planen und vorbereiten

Der Orgazign-Prozess: Phase I

I. Planen und vorbereiten

Ia

Ziele des Prozesses definieren

- Warum möchten wir das Organisationsdesign neu gestalten?
- Was möchten wir mit einem neuen Organisations-design erreichen?

Ib

Umfang des Prozesses festlegen

- Welche Bereiche umfasst der Prozess?
- Möchten wir für das Gesamtunternehmen, einen Geschäftsbereich, eine Abteilung oder ein Team ein neues Design entwickeln?

Ic

Prozess aufsetzen

- Wie und mit wem führen wir den Prozess durch?
- Welche vorbereitenden Maßnahmen sollten wir treffen?

Erster Schritt in Phase I: Ziele des Prozesses definieren

Es gibt viele Anlässe für die Entwicklung eines neuen Organisationsdesigns. Die wirtschaftliche Lage kann zu einer Kostenreduktion zwingen. Ebenso kann eine Wachstumsstrategie ein neues Organisationsdesign erfordern. Die „gewachsenen" Strukturen können in puncto Effektivität und Effizienz an ihre Grenzen stoßen. Die Zufriedenheit der Mitarbeiter kann spürbar gesunken, die Fluktuation gestiegen sein. Vielleicht sollen aber auch die Innovationskraft der Organisation und ihre Attraktivität für junge Talente erhöht werden. Oder ein Umzug steht an, mit der Chance, das Arbeitsumfeld neu zu gestalten – und so weiter.

Der Aufwand für die Entwicklung und Umsetzung eines neuen Organisationsdesigns wird häufig unterschätzt. Letztlich erfordert die Umsetzung eines neuen Organisationsdesigns das Durchbrechen von Gewohnheiten, also das Verlernen der bisherigen Verfahren und das Erlernen neuer Verhaltensweisen sowie die Integration dieser Verhaltensweisen in den Arbeitsalltag. Diese Vorgänge sind mitunter nur gegen Widerstände und mit einem erheblichen Einsatz zu leisten. Daher ist es empfehlenswert, nicht nur den Anlass, sondern auch die Ziele des Prozesses entlang der folgenden Punkte klar zu benennen:

1. **Strategische Ziele**
2. **Funktionale Ziele**
3. **Kulturelle Ziele und**
4. **Wirtschaftliche Ziele**

Strategische Ziele

Ziel eines Orgazign-Prozesses kann es sein, eine bessere Passung zwischen der Unternehmensstrategie und der Organisation herzustellen oder marktbezogene Engpassfaktoren, wie zum Beispiel einen Mangel an Talenten, Leistungsträgern oder Fachkräften, aufzulösen. Vielleicht geht es Ihnen aber auch darum, die Kooperationsfähigkeit der eigenen Organisation zu steigern, um so mittels Zusammenarbeit mit anderen Marktchancen nutzen zu können.

Stellen Sie sich bei der Formulierung Ihrer Ziele daher zunächst folgende Frage:

LEITFRAGE

Kann, soll oder muss die Übereinstimmung zwischen unserem Organisationsdesign und
- **der eigenen Strategie,**
- **den relevanten Märkten und Umwelten sowie**
- **den relevanten Stakeholdern**

verbessert werden?

Funktionale Ziele

Funktionale Ziele beziehen sich auf die Zweckmäßigkeit des Organisationsdesigns. Vielleicht ist erkennbar, dass die Organisationsstrukturen zu komplex sind und zu Doppelarbeiten führen? Vielleicht ist die Steuerung innerhalb der Strukturen sehr aufwendig? Vielleicht sind die Kommunikationsflüsse und die Zusammenarbeit zwischen verschiedenen Bereichen merklich fehleranfälliger geworden? Oder die Anreizsysteme entfalten mittlerweile unerwünschte Effekte wie einen zu starken Fokus auf Einzelaspekte statt auf das Gesamtoptimum?

Stellen Sie sich bei der Formulierung der Ziele daher auch folgende Fragen:

LEITFRAGEN

Wie können wir die Zweckmäßigkeit des Organisationsdesigns steigern?

Welche Ziele hinsichtlich der Steigerung der Zweckmäßigkeit verfolgen wir?

Weiterhin sollten Sie bei den funktionalen Zielen einen Blick auf die Fähigkeiten Ihrer Institution richten. Eine Institution kann ebenso wie einzelne Personen verschiedene Fähigkeiten ausprägen – oder eben nicht. Institutionelle Fähigkeiten hängen nicht von einzelnen handelnden Personen ab. Es sind Fähigkeiten, welche die Institution durch das spezielle Zusammenwirken von breit verankertem Wissen, etablierten Vorgehensweisen sowie verfügbaren Technologien und weiteren Ressourcen abrufen und wiederkehrend so einsetzen kann, dass Herausforderungen und Aufgaben erfolgreich gemeistert werden. Institutionelle Fähigkeiten können zum Beispiel in den folgenden Bereichen angesiedelt sein:

- Prozesskompetenz: Die Institution kann zum Beispiel Innovationsprozesse, Fertigungsprozesse oder Marktbearbeitungsprozesse besser, kostengünstiger und schneller als der Wettbewerb durchführen.
- Methoden- und Verfahrenskompetenz: Die Institution kann bestimmte Methoden, Verfahren oder Technologien überlegen ausführen.
- Produktkompetenz: Die Institution verfügt über die Fähigkeit, überlegene Produkte und Lösungen zu entwickeln.
- Integrationskompetenz: Die Institution hat besondere Fähigkeiten im Bereich „Mergers and Acquisitions“ entwickelt, sie identifiziert zielsicher geeignete Integrationskandidaten, führt die Integrationsprozesse erfolgreich durch und verfügt über die hierzu erforderlichen Mittel.
- Qualitätssicherungskompetenz: Die Institution ist in der Lage, ein gleichbleibend hohes Qualitätsniveau anzubieten.
- Markterweiterungskompetenz: Die Institution ist in der Lage, die von ihr bedienten internationalen Märkte ständig auszuweiten.
- Zielgruppenkompetenz: Die Institution hat in der Zusammenarbeit mit einer bestimmten Zielgruppe besondere Fähigkeiten entwickelt.

Bei sich ändernden Rahmenbedingungen können sich förderliche Fähigkeiten allerdings in hinderliche Faktoren wandeln, zum Beispiel wenn zu lange an „bewährten“ Vorgehensweisen festgehalten wird, obwohl sich die Marktregeln verändert haben. Das Organisationsdesign kann institutionelle Fähigkeiten also fördern, aber auch hemmen. Und es kann zur Ausprägung neuer institutioneller Fähigkeiten beitragen. Daher sollten Sie die für Ihre Institution beziehungsweise Organisationseinheit wichtigsten institutionellen Fähigkeiten betrachten und auf Basis der folgenden Frage funktionale Ziele für den Orgazign-Prozess ableiten:

LEITFRAGE

Welche institutionellen Fähigkeiten wollen wir mit dem Orgazign-Prozess fördern, also absichern, ausbauen oder aufbauen?

Kulturelle Ziele

Die Entwicklung eines neuen Organisationsdesigns erfolgt immer im Rahmen der Unternehmenskultur, also der prägenden Werte und Verhaltensmuster einer Institution. Diese werden von unterschiedlichen Faktoren beeinflusst, wobei dem Verhalten des Top-Managements eine besondere Rolle zukommt. Gestaltungselemente des Organisationsdesigns können einen Einfluss auf Verhaltensmuster und Werte ausüben und kulturelle Veränderungen unterstützen. Entsprechend können für einen Orgazign-Prozess auch kulturelle Ziele eine Rolle spielen:

LEITFRAGE

Welche kulturelle Veränderung streben wir an und welchen Beitrag kann und soll ein neues Organisationsdesign hierzu beisteuern?

Wirtschaftliche Ziele

Bei den wirtschaftlichen Zielen können Kostenziele eine Rolle spielen – zum Beispiel die Reduktion der Kosten insgesamt, die Senkung bestimmter Kostenarten oder die Umwandlung von Fixkosten in variable Kosten. Weiterhin können Umsatzziele und Ziele im Hinblick auf weitere finanzwirtschaftliche Größen relevant sein.

LEITFRAGE

Welche wirtschaftlichen Rahmenbedingungen müssen wir beachten und welche wirtschaftlichen Ziele sind für den Orgazign-Prozess relevant?

In vielen Fällen werden verschiedene Zielarten, zum Beispiel strategische und funktionale Ziele, eine Rolle spielen. Werden mehrere Ziele verfolgt, ist eine Priorisierung der Ziele hilfreich.

Unabhängig von Art und Anzahl der verfolgten Ziele sollte zwischen dem Anlass für das Aufsetzen eines Orgazign-Prozesses, den Zielen des Prozesses und möglichen Lösungsansätzen unterschieden werden. Hierbei unterstützt Sie die Orgazign-Zielkarte. Mit dieser können Sie die für den Prozess grundlegenden Überlegungen strukturiert darstellen und prüfen, ob ein überzeugender Grund für die Entwicklung eines neuen Organisationsdesigns vorliegt.

Hierzu noch ein Hinweis: Viele Teams neigen dazu, lediglich Veränderungsziele zu formulieren. Es kann aber hilfreich sein, bewusst zu überlegen, ob Sie auch Bewahrungsziele in Ihren Zielkanon aufnehmen möchten. Dies unterstützt die Fokussierung auf das Machbare.

Struktur einer Zielkarte

ORGAZIGN-ZIELKARTE

Projektname	Erstellt durch	Datum

Schritt 1: Anlässe

Wir starten einen Orgazign-Prozess, weil wir festgestellt haben dass:

Schritt 2: Ziele

Mit dem Orgazign-Prozess möchten wir folgende Ziele erreichen:

Strategische Ziele	Funktionale Ziele
Kulturelle Ziele	**Wirtschaftliche Ziele**

Schritt 3: Thesen

Wir glauben, dass wir Folgendes verbessern müssen, um unsere Ziele zu erreichen:

Und so könnte eine ausgefüllte Zielkarte aussehen:

ORGAZIGN-ZIELKARTE

Projektname	Erstellt durch	Datum
New Org	Org-Team	11 / 1

Schritt 1: Anlässe

Wir starten einen Orgazign-Prozess, weil wir festgestellt haben dass:

1. unsere Erlöse sinken
2. wir unsere Turnaround-Strategie in der aktuellen Struktur nicht umsetzen können
3. wir unsere Innovationskraft deutlich steigern müssen

Schritt 2: Ziele

Mit dem Orgazign-Prozess möchten wir folgende Ziele erreichen:

Strategische Ziele	Funktionale Ziele
Neues Produktportfolio zur Erlössteigerung umsetzen	Schneller neue Angebote entwickeln Eigenes Handeln deutlich stärker auf die Zielgruppenbedürfnisse ausrichten

Kulturelle Ziele	Wirtschaftliche Ziele
Auf gemeinsame Ziele ausrichten Agilität steigern	Prozesskosten senken Umsatz steigern

Schritt 3: Thesen

Wir glauben, dass wir Folgendes verbessern müssen, um unsere Ziele zu erreichen:

Wir müssen die Handlungsfähigkeit steigern, indem wir Reibungsverluste der heutigen Struktur auflösen und marktorientierte, autonome Einheiten schaffen.

Zweiter Schritt in Phase I: Umfang des Prozesses festlegen

Der Orgazign-Prozess kann in den verschiedensten Umfeldern angewendet werden. Die Methode kann innerhalb klassischer Linienstrukturen zum Beispiel zur Verbesserung der Zusammenarbeit innerhalb eines Teams oder einer Abteilung ebenso angewandt werden wie für die umfängliche Neugestaltung der Organisation des Gesamtunternehmens. In nicht-hierarchischen Organisationsformen kann sie zum Beispiel zur Gestaltung des Zuschnitts eines Geschäftsbereichs, eines Kreises oder einer Rolle verwendet werden. Nach der Festlegung der Ziele sollte daher der exakte Umfang bestimmt werden.

LEITFRAGE

Um unsere Ziele zu erreichen: Welche Teile der Institution müssen wir im Rahmen des Orgazign-Prozesses betrachten?

Mit Hilfe dieser Leitfrage legen Sie also fest, welche Organisationseinheit betrachtet wird (siehe Abbildung auf Seite 52). Gegenstand des Orgazign-Prozesses können sein:

- bestehende Einheiten, die neu organisiert werden sollen;
- die Zusammenführung bestehender Einheiten;

Festlegung des Umfangs: Mögliche Einsatzbereiche des Orgazign-Prozesses

In hierarchischen Strukturen

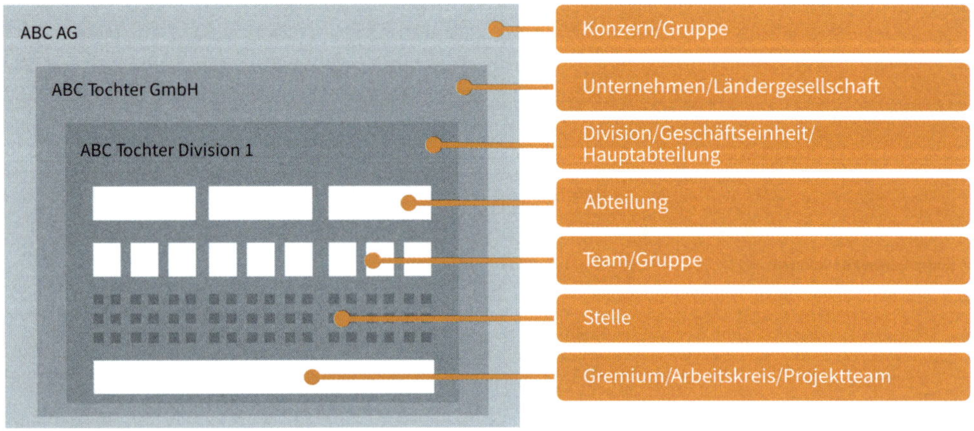

In nicht-hierarchischen Strukturen*

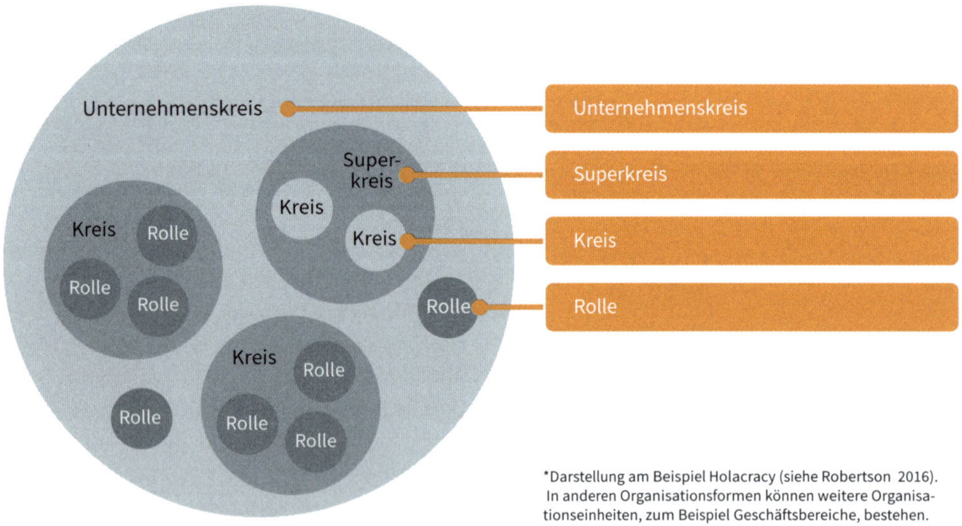

*Darstellung am Beispiel Holacracy (siehe Robertson 2016). In anderen Organisationsformen können weitere Organisationseinheiten, zum Beispiel Geschäftsbereiche, bestehen.

- der Aufbau von Strukturen für neue Aktivitäten, für die bislang keine Organisation besteht.

Hinweis

Organisationseinheit und Verantwortungsbereich
Ihr Orgazign-Prozess kann die Gesamtorganisation oder einen Teil der Organisation umfassen. Der ausgewählte Bereich wird nachfolgend als „Organisationseinheit" bezeichnet. Die Organe innerhalb einer Organisationseinheit werden als „Verantwortungsbereich" bezeichnet. Verantwortungsbereiche können die verschiedensten Ausprägungen annehmen – zum Beispiel eine Stabsstelle, eine Abteilung in der Linie, aber auch Kreise oder Rollen.

Mitunter soll aber auch eine konkrete Aufgabenstellung betrachtet werden, zum Beispiel:

- Wie organisieren wir in unserem Unternehmen das Datenmanagement?
- Wie verankern wir das Innovationsmanagement in unserem Unternehmen?
- Wie organisieren wir das Management unseres Projektportfolios?
- Wie gestalten wir die bereichsübergreifende Abstimmung und die hierzu eingesetzten Organe, wie zum Beispiel Gremien?
- Schließlich sollte besprochen werden, ob es gute Gründe für das Ausschließen bestimmter Betrachtungen und Lösungsoptionen gibt.

LEITFRAGE

Gibt es gute Gründe dafür, bestimmte Optionen und/oder Bereiche von vornherein aus der Betrachtung auszuklammern?

So kann das Team, das den Prozess durchführen soll, auf Basis klarer Ziele und Erwartungen arbeiten. Mögliche Begrenzungen können sich zum Beispiel ergeben hinsichtlich (Nagel, 2014, S. 128):

- Organisationseinheiten, die nicht betrachtet und verändert werden dürfen,
- internen Schnittstellen und Schnittstellen zu Schlüsselkunden oder -lieferanten, die nicht veränderbar sind,
- Rollen oder Funktionen, die beibehalten werden müssen,
- nicht zu verändernden Systemen und Prozessen.

Sofern entsprechende Restriktionen gelten, sollten die Beteiligten die Beweggründe für das Ausschließen von Bereichen und Optionen kennen und diese nachvollziehen können. Für den Orgazign-Prozess ist zudem wichtig, dass sich die Beteiligten keine Restriktionen selbst auferlegen. Sonst drohen wiederkehrende, letztlich unfruchtbare Diskussionen zu vermeintlichen oder tatsächlichen Grenzen und Denkverboten, die einem wirklich guten Ergebnis im Weg stehen können.

Dritter Schritt in Phase I: Prozess aufsetzen

Letzter Schritt in Phase I des Orgazign-Prozesses ist das Festlegen des Teams, das ihn durchführen soll. Dieses sollte je nach Ziel und Umfang des Prozesses festgelegt werden. Hilfreich bei der Festlegung der Teilnehmer ist zudem die Identifikation der Stakeholder. Dies sind zum einen die betroffenen Führungskräfte und Mitarbeiter. Aber auch interne Kunden können für die erfolgreiche Durchführung des Orgazign-Prozesses wichtig sein, ebenso wie interne und externe Dienstleister.

LEITFRAGEN

Soll die gesamte Organisationseinheit, also zum Beispiel die gesamte Abteilung, eingebunden werden?

Wenn nicht alle Betroffenen eingebunden werden können oder sollen, wie nehmen wir eine sinnvolle Auswahl vor?

Wer kann die Rolle des Moderators einnehmen?

Haben wir kritische Köpfe an Bord, die die Dinge gern konstruktiv hinterfragen?

Und wie binden wir die Mitarbeitervertretung in den Prozess ein?

Berücksichtigen Sie bei Ihren Überlegungen zum Team, dass die Entwicklung eines neuen Organisationsdesigns unmittelbare Auswirkungen auf die Beteiligten haben kann:

- Ein neuer Zuschnitt der Verantwortungsbereiche kann die Beziehungen zu den Kollegen, gewohnte Routinen im Arbeitsablauf, im Extremfall gar die aktuell bekleidete Position gefährden.
- Änderungen bei den Anreizsystemen können aktuell genossene Privilegien infrage stellen.
- Eine neue Raumplanung kann als schmerzlich empfundener Verlust des „eigenen" Büros führen.
- Und so weiter ...

Wenn Sie den Orgazign-Prozess mit Ihrem Team oder Teilen Ihres Teams durchlaufen möchten, sollten Sie sich daher vergegenwärtigen, dass die Beteiligten ein sehr starkes Engagement mitbringen können. Was spricht also dafür, was dagegen, diesen Prozess mit den unmittelbar Betroffenen durchzuführen? Eine Übersicht über mögliche Vorteile und Chancen sowie Nachteile und Risiken zeigt die Abbildung „Das Für und Wider der Arbeit im und mit dem Team" auf der nächsten Seite. Hiernach überwiegen die Chancen. Jedoch sind die möglichen negativen Effekte ernst zu nehmen. Daher sollte der Einsatz eines Moderators geprüft werden. Mit Unterstützung eines neutralen Moderators kann zum Beispiel zu Beginn des Prozesses ein Austausch über die Interessen der Beteiligten durchgeführt werden (siehe hierzu die auf Seite 289 dargestellte Methode „Offenlegung der Interessen"). Sind diese allen Beteiligten bekannt, wirken sie nicht im Verborgenen und können in der gemeinsamen Arbeit berücksichtigt werden. Und wie Stefan Kühl und Judith

Das Für und Wider der Arbeit im und mit dem Team

+ Die Beteiligten werden früh in den Veränderungsprozess eingebunden, das Verständnis für Veränderungsbedarf wird frühzeitig gefördert
+ Die Beteiligten durchlaufen die typischen Veränderungsphasen von der initialen Ablehnung bis hin zur emotionalen Akzeptanz gemeinsam
+ Die Beteiligten können neue Lösungen mitgestalten, der „Nicht hier erfunden"-Effekt wird vermieden
+ Aktuelle Hindernisse werden aus verschiedenen Perspektiven benannt und bewertet
+ Mögliche Lösungsansätze werden aus verschiedenen Perspektiven gedacht und bewertet
+ Der Austausch im Team befördert die Entwicklung kreativer Ansätze
+ Die Einbindung in den Gestaltungsprozess fördert die Akzeptanz der Ergebnisse und das Verantwortlichkeitsgefühl für das Gelingen der Umsetzung
+ Der Input aus den verschiedenen Ebenen führt zu einer realistischeren Planung
+ Der Übergang von der Planung zur Umsetzung kann nahtlos gestaltet werden

– Eigeninteressen der einzelnen Beteiligten verhindern eine offene Diskussion und die Entwicklung neuer, kreativer und weitreichender Lösungsansätze
– Sachlich gut geeignete Lösungsansätze werden aus Angst vor eigenen Nachteilen nicht geäußert
– Negative soziale Dynamiken im Team werden nicht offen geäußert und übertragen sich auf das neue Modell
– Dominante Teammitglieder setzen sich mit ihren Eigeninteressen durch und verhindern die Betrachtung sachlich geeigneter Lösungsansätze
– Es entsteht ein höherer Aufwand in der Gestaltungsphase
– Die Gestaltungsphase erstreckt sich zum Beispiel aufgrund von Terminkonflikten über einen längeren Zeitraum

Muster anmerken: „Selbstorganisation kann hilfreich sein, weil Lösungen vor Ort entwickelt werden; häufig gewährleistet jedoch die Fremdorganisation eine höhere Originalität der Lösung" (Kühl & Muster, 2016, S. 40). Die Einbindung eines neutralen Moderators kann diese Aspekte vereinen.

Letztlich sind neben der Festlegung des Teams die in jedem Projekt üblichen Vorbereitungsmaßnahmen durchzuführen. Dies umfasst zum Beispiel:

> Projektorganisation: Projektsponsor bzw. -auftraggeber, Berichts-, Entscheidungs- und Eskalationswege;
> Projektplanung: Start- und Endtermin, einzelne Arbeitsschritte, Workshop-Termine, Ressourcenplanung, Meilensteine;
> Kommunikation des Vorhabens an die Mitarbeiter der Institution und an die Stakeholder;
> Planung und Vorbereitung der Arbeitssitzungen und
> Vorbereitung der Arbeitsmittel.

Auf dieser Basis erfolgt der Übergang zur Erarbeitung des neuen Organisationsdesigns.

Bevor Sie loslegen: Hinweise zur Rolle des Managements im Orgazign-Prozess
Der Orgazign-Prozess ermöglicht es, die Aufgabe des Organisationsdesigns im Team zu bewältigen. Vielleicht arbeiten Sie in einem Team, das mit Mitgliedern verschiedener Hierarchieebenen besetzt ist? Dann wäre es von Vorteil, wenn Sie vor dem Start in den Prozess die Rolle des Managements in diesem Team reflektieren würden. Denn bei allem guten Willen, im Team hierarchiefrei zu arbeiten: In der Realität fällt es allen Beteiligten nicht immer leicht, die Rolle des Einzelnen in seiner Hauptfunktion von seiner Rolle als Teammitglied zu trennen. Es droht das HiPPO-Syndrom!

Eine zu starke Ausrichtung an der Meinung Einzelner ist jedoch bei steigender Komplexität und sinkender Klarheit hinsichtlich Ursache-Wirkungs-Zusammenhängen nicht förderlich (siehe die Ausführungen zu „VUCA" auf Seite 23). Vielmehr sollte das Management darauf achten, nicht zum entscheidenden Engpass in der eigenen Organisation zu werden – zum Beispiel hinsichtlich der Entscheidungsqualität.

Das HiPPO-Syndrom

HiPPO: Highest Paid Person's Opinion

Das HiPPO-Syndrom tritt auf, wenn Personen im Rahmen von Besprechungen oder Abstimmungen die Meinung der hochrangigsten Teilnehmer annehmen oder trotz abweichender eigener Auffassung dulden.

Auf die Frage „Wie oft haben Sie in den letzten zwölf Monaten bei der Arbeit trotz schwerer Bedenken diese gegenüber Ihrem Vorgesetzten/Ihrer Vorgesetzten nicht geäußert?" antworten 20 Prozent mit „Dreimal und häufiger" (Nink, 2017, S. 23).

Engpassfaktor Management

Wo in immer kürzerer Zeit immer mehr Entscheidungen gefällt werden müssen, die zudem immer stärker Expertenwissen erfordern, wird das Management schnell zum kritischen Engpass. Zu späte oder gar keine Entscheidungen führen nicht nur zu verpassten Chancen, sondern bergen auch das Risiko des Entstehens ungeeigneter Arbeitsumfelder für viele Organisationsmitglieder. Denn nicht gefällte oder nicht kommunizierte Entscheidungen ziehen vielfältigen Mehraufwand nach sich: nachfragen, sich mit anderen abstimmen, andere vertrösten, alternative Vorgehensweisen entwickeln, Hilfsauffahrten bauen und wieder beseitigen – es zeigt sich der berühmte Rattenschwanz. Wenn die Beweggründe für Entscheidungen von anderen in der Organisation nicht nachvollzogen werden können, kann dies ein geringeres Engagement bei den für die Umsetzung Verantwortlichen und Demotivation auch bei weiteren Organisationsmitgliedern zur Folge haben. Dadurch verschlechtert sich das Arbeitsumfeld für die Beteiligten. Und: Entscheidungen, die sich im Nachgang als Fehlentscheidung herausstellen und aufgrund der großen Distanz zwischen Ausführenden und Entscheidern zu spät oder gar nicht revidiert werden, bringen das Risiko von Fehlinvestitionen, Mehrkosten und unzufriedenen Kunden mit sich. Die so verschwendeten Mittel fehlen an anderer Stelle und die Unzufriedenheit der Kunden bleibt wiederum nicht ohne Auswirkungen auf das Arbeitsumfeld in der Organisation.

Wenn Sie diesen Entwicklungen in Ihrem Orgazign-Prozess mit neuen Entscheidungsstrukturen entgegenwirken möchten, ist ein entsprechendes Verhalten des Managements während des Prozesses ein erster wichtiger Schritt in diese Richtung!

02 Gestalten

Der Orgazign-Prozess: Phase II

Nachdem Sie in Phase I die Ziele Ihres Orgazign-Prozesses definiert und priorisiert sowie das Team und das Vorgehen festgelegt haben, erfolgt in Phase II der Entwurf eines neuen, optimierten Organisationsdesigns.

Der Orgazign-Prozess stellt Ihnen hierfür mit den Canvases Planungsvorlagen zur Verfügung, die es Ihnen ermöglichen, sich Schritt für Schritt zur bestmöglichen Lösung vorzuarbeiten.

Planen Sie hierzu ausreichend Zeit ein, denn die besten Ideen brauchen genau das: Zeit. Gönnen Sie sich und dem Team zwischen den einzelnen Arbeitssitzungen eine ausreichende Inkubationszeit, um die verschiedenen Aspekte reflektieren zu können, wirken zu lassen und neue, noch bessere Ideen zu entwickeln!

II. Designen und iterieren

IIa

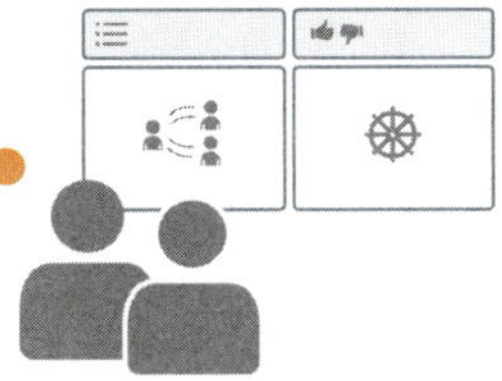

Arbeitssitzungen durchführen

> Welches sind die wichtigsten Herausforderungen?
> Welche Entwürfe wählen wir für unser Organisationsmodell?

IIb

Ergebnisse dokumentieren und evaluieren

> Welche Ergebnisse haben wir erzielt?
> Welche Punkte sind noch offen?
> Wo bestehen noch Lücken und Unsicherheiten?

IIc

Iterationen durchführen

> Wie können wir welche Elemente unseres Organisationsdesigns verbessern?
> Welche weiteren Alternativen gibt es?
> Wie bewerten wir diese?

Arbeiten mit den Canvases

Im Orgazign-Prozess durchlaufen Sie nacheinander drei Planungsvorlagen: die Canvases. Diese bauen aufeinander auf: Im ersten Canvas nehmen Sie die Ist-Situation auf und erarbeiten Ihre Leitlinien für die Entwicklung eines neuen Organisationsdesigns. Mit dem zweiten Canvas gestalten Sie dann Ihr Organisationsmodell. Im dritten Canvas optimieren Sie schließlich weitere Gestaltungselemente für ein insgesamt stimmiges Organisationsdesign. Auf der Folgeseite erhalten Sie bereits einen Einblick in die Canvases und deren jeweilige Zielsetzung.

Jeder Canvas ist unterteilt in einzelne Bausteine. Die Bausteine enthalten die wichtigsten Schritte zum Entwurf eines verbesserten Organisationsdesigns. Je Baustein finden Sie bei allen Canvases Hinweise zur Bearbeitung und inhaltliche Impulse. Sie können die Canvases allein, zu zweit oder in Gruppen bearbeiten.

In den folgenden Abschnitten erhalten Sie eine Übersicht über die drei Canvases – Baustein für Baustein. So erhalten Sie das erforderliche Grundwissen und Tipps zur Durchführung eines Orgazign-Prozesses entlang der folgenden Fragen:

- Worum geht es bei diesem Baustein?
- Was ist bei der Bearbeitung dieses Bausteins zu beachten?
- Wie sollte ich bei der Bearbeitung des Bausteins konkret vorgehen?

Der Orgazign-Prozess stellt drei Canvases zur Entwicklung Ihres Organisationsdesigns zur Verfügung

2.1

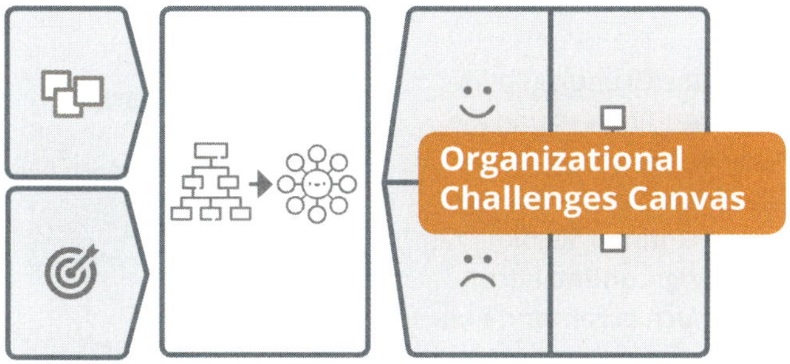

Mit dem Organizational Challenges Canvas erarbeiten Sie die organisatorischen Herausforderungen und Leitlinien, die Sie zu einem verbesserten Organisationsdesign führen.

2.2

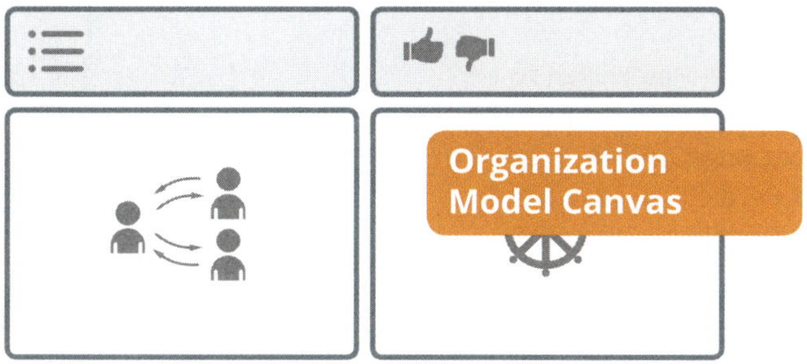

Mit dem Organization Model Canvas entwickeln Sie die Grundstruktur Ihres Organisationsmodells inklusive der Kommunikationsströme und der Entscheidungsprozesse.

2.3

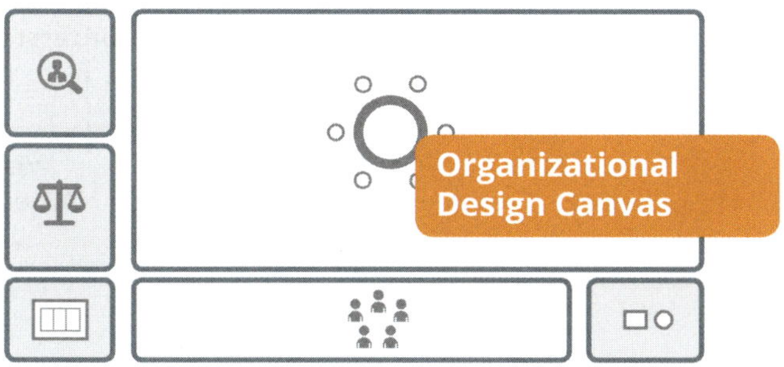

Mit dem Organizational Design Canvas gestalten Sie unter anderem die Ziel-, Anreiz- und Feedbackinstrumente, das Regelwerk sowie die Regelkommunikation. Und Sie entwickeln ein Raumkonzept, das Ihr Organisationsmodell lebendig werden lässt.

Weitere Hilfsmittel

Das Fallbeispiel

Ihren Weg durch den Orgazign-Prozess begleitet ergänzend ein Fallbeispiel, das das Vorgehen anschaulich darstellt. Das Fallbeispiel ist konstruiert und basiert auf Erfahrungen aus der Beratung verschiedenster Medienunternehmen. Diese sind von der digitalen Transformation besonders betroffen. Das Fallbeispiel stellt die Arbeit eines fiktiven Teams dar, das die digitale Transformation erfolgreich meistern möchte. Das folgende Zeichen weist Sie auf entsprechende Inhalte hin:

FALLBEISPIEL TEAM MEDIEN

Zudem werden bei besonders wichtigen Bausteinen weitere Beispiele aus anderen Umfeldern dargestellt, um wichtige Grundlagen zu veranschaulichen.

Der Download-Bereich

Nutzen Sie das Buch, um die Grundlagen für die Arbeit mit dem Orgazign-Prozess und die Entwicklung Ihres Organisationsdesigns zu schaffen. Damit Sie Ihr Wissen in der Praxis direkt anwenden können, können Sie die Canvases auf **www.orgazign.online** herunterladen. Hier finden Sie auch ergänzende Impulsfragen, die Sie und Ihr Team bei der Arbeit mit den Canvases unterstützen.

Um Zugang zu den Online-Materialien zu erhalten, gehen Sie zunächst auf die Microsite des Buches: **www.orgazign.online**. Wenn Sie dort auf „Download-Bereich“ klicken, werden Sie aufgefordert, Ihr Passwort einzugeben. Dieses finden Sie am Anfang dieses Buches, vor dem Vorwort.

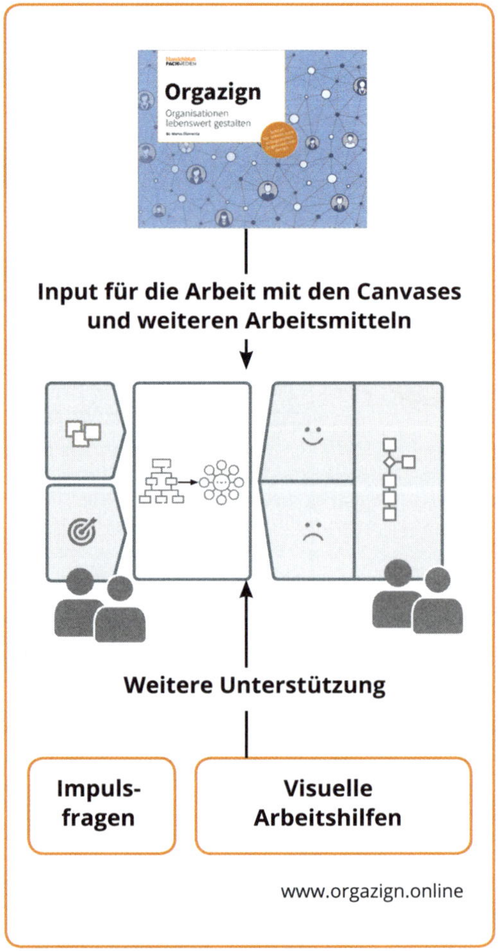

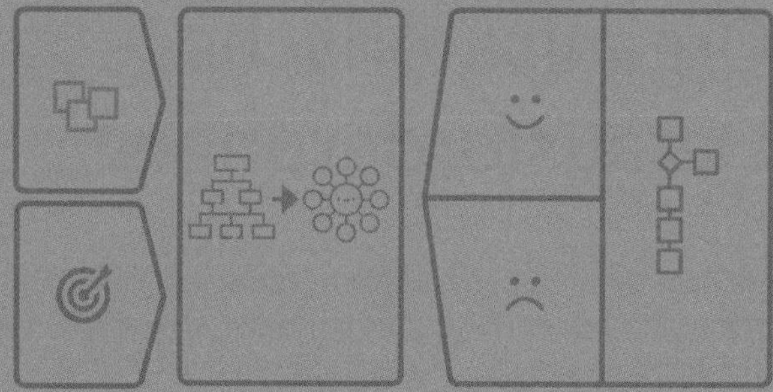

2.1 Die wichtigsten Herausforderungen erkennen: **Der Organizational Challenges Canvas**

Organisatorische Herausforderungen

Mit dem **Organizational Challenges Canvas** identifizieren Sie Ihre organisatorischen Herausforderungen und erarbeiten die Leitlinien für den weiteren Orgazign-Prozess. Hierzu beschreiben Sie die durch die Organisationseinheit erbrachten **Outputs**, also die von dieser Organisationseinheit ausgelieferten Leistungs- und Produktionsergebnisse. Indem Sie zusätzlich die **Outcomes**, also den Zweck und die angestrebte Wirkung des Handelns der Organisationseinheit herausarbeiten, erfolgt der Designprozess auf Basis Ihrer aktuellen Strategie.

Die Benennung der anzustrebenden Veränderungen des Organisationsdesigns im Baustein **Leitlinien** unterstützt die Angleichung von Strategie und Organisationsdesign. Hier geht es darum, eine möglichst gute Übereinstimmung des Organisationsdesigns mit den eigenen Zielen und Strategien, aber auch den Entwicklungen in der relevanten Umwelt zu erzielen.

Die Benennung von **Hindernissen** und **Fördernissen** gibt den Beteiligten Raum, ihre Probleme mit der bestehenden Organisation darzulegen und Anregungen für das neue Organisationsdesign einzubringen. Bei den **Hindernissen** blicken Sie auf die Ist-Situation und identifizieren Mängel sowie hieraus resultierende unerwünschte Effekte und Ergebnisse. Bei den **Fördernissen** wird der Blick in die Zukunft gerichtet und die mit einem neuen Organisationsdesign angestrebten Verbesserungen werden benannt.

Die Beschreibung der zur Erstellung der Outputs erforderlichen **Prozesse** stellt eine prozessorientierte Sicht im Designprozess sicher.

Outputs: Was produzieren wir? Welche Halbfertig- und Fertigerzeugnisse liefern wir an interne und externe Kunden aus?

Leitlinien: Was sollten wir an der Organisation verändern, um eine Übereinstimmung dieser mit der Umwelt und unseren Zielen zu erreichen?

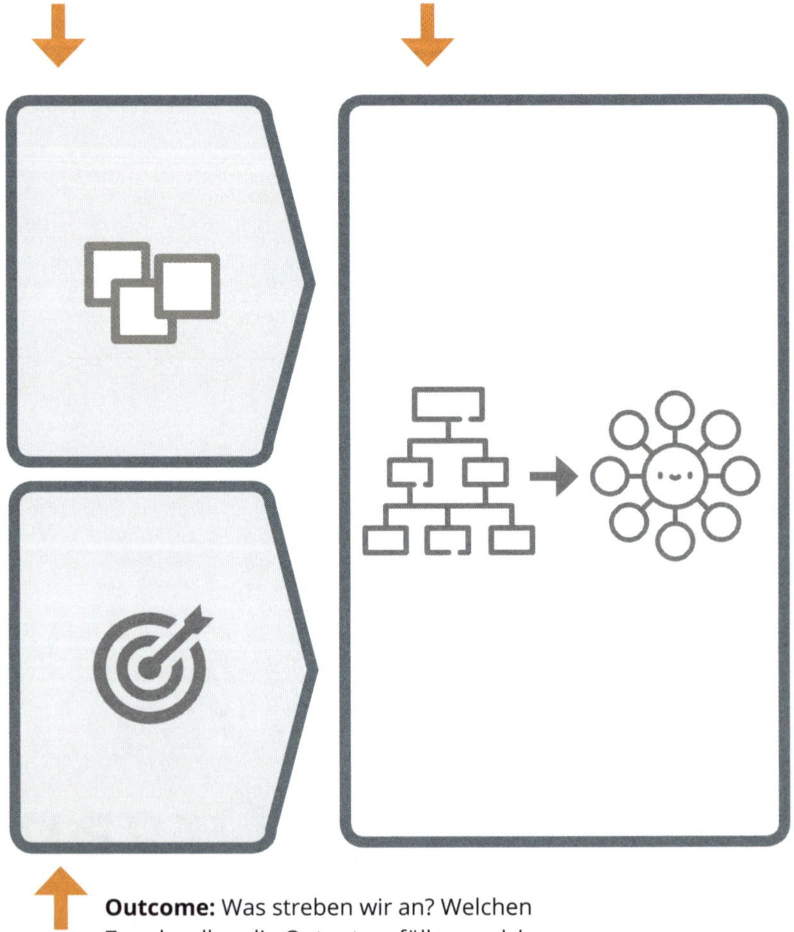

Outcome: Was streben wir an? Welchen Zweck sollen die Outputs erfüllen, welche Wirkung sollen sie entfalten?

Fördernisse: Wie können wir noch besser werden? Welche Verbesserungen sind denkbar?

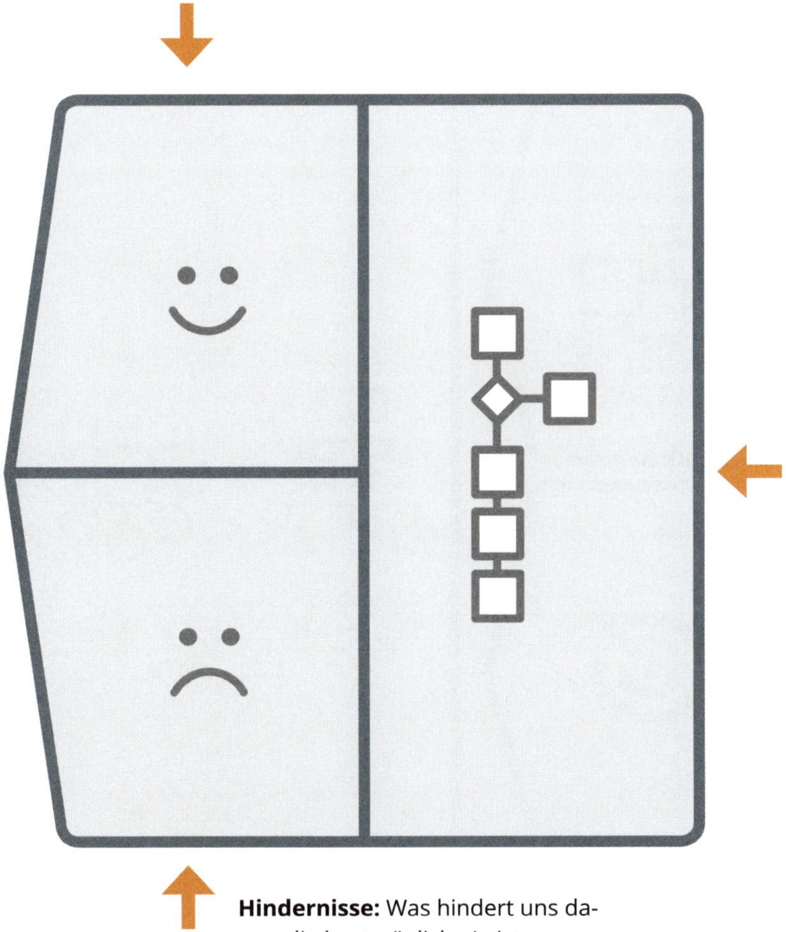

Prozesse: Wie erstellen wir die Outputs? Welche sind unsere Kernprozesse?

Hindernisse: Was hindert uns daran, die bestmögliche Leistung zu erbringen?

Im Organizational Challenges Canvas berücksichtigte Erfolgsfaktoren:

- Übereinstimmung zwischen dem Organisationsdesign und den Anforderungen der Strategie, der Stakeholder und der Umwelt
- Prozessorientierung durch Aufnahme der Kernprozesse zur Leistungserbringung und zur Steuerung
- Förderung der intrinsischen Motivation durch Aufnahme der Fördernisse und Hindernisse aus Sicht der Stakeholder

Reihenfolge der Bearbeitung

Startpunkt ist die Benennung der Outputs. So werden das Leistungsspektrum und wichtige strategische Initiativen sichtbar und im Organisationsdesign berücksichtigt.

Zweiter Schritt ist die Erarbeitung der Outcomes. So werden der Zweck und die angestrebte Wirkung des eigenen Handelns sichtbar und bei der Entwicklung des Organisationsdesigns berücksichtigt.

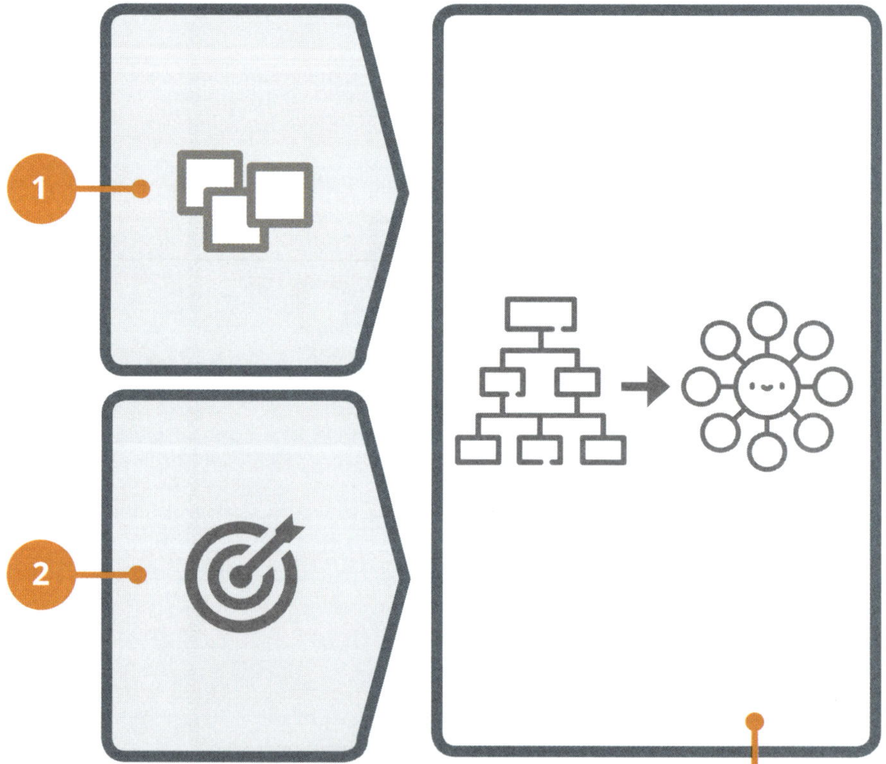

5

Letzter Schritt im Organizational Challenges Canvas ist die Erarbeitung der Leitlinien. So werden die Erkenntnisse aus den Schritten eins bis vier in konkrete Anforderungen an das künftige Organisationsdesign überführt.

Schritt vier ist die Identifikation von Fördernissen und Hindernissen. Dieser Schritt läuft häufig parallel zu Schritt drei und führt zu wichtigen Erkenntnissen zum Veränderungsbedarf und möglichen Ansätzen für ein besseres Organisationsdesign.

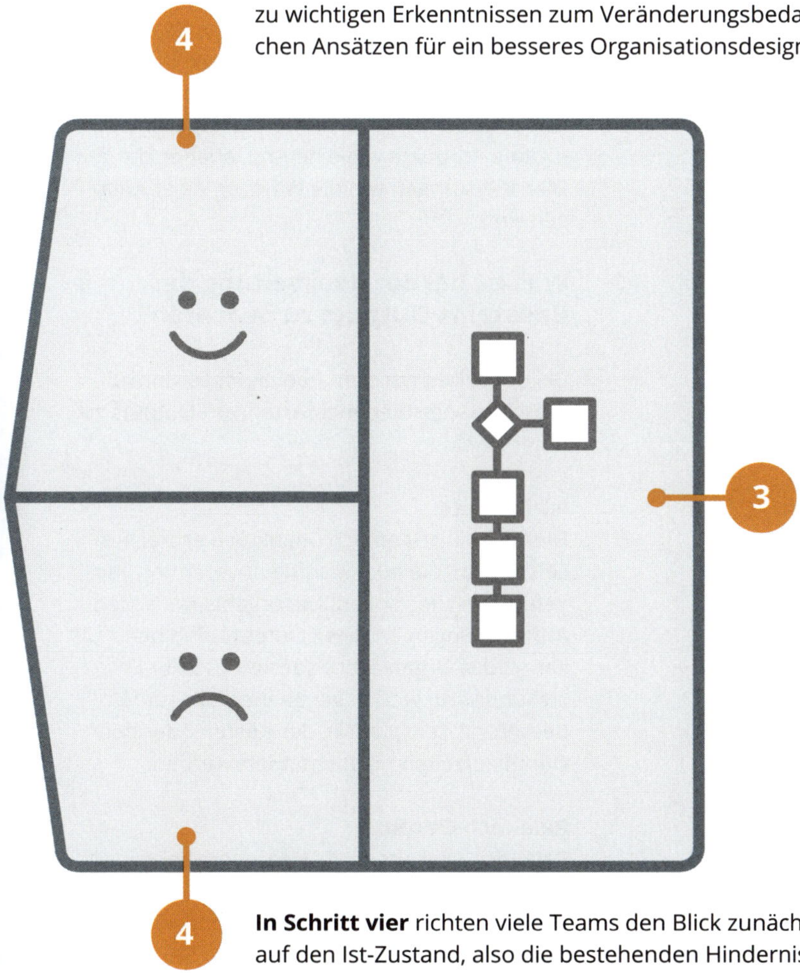

Die Benennung der Prozesse ist der dritte Schritt. So wird transparent, welche Arbeitsabläufe zur Erstellung der Outputs erforderlich sind. Anhand der Prozesse können Sie Stärken und Schwächen der Ist-Situation reflektieren sowie Fördernisse und Hindernisse ableiten (siehe Schritt vier).

In Schritt vier richten viele Teams den Blick zunächst auf den Ist-Zustand, also die bestehenden Hindernisse. Dann folgen der Blick in die Zukunft und die Erarbeitung der Fördernisse.

1 Outputs

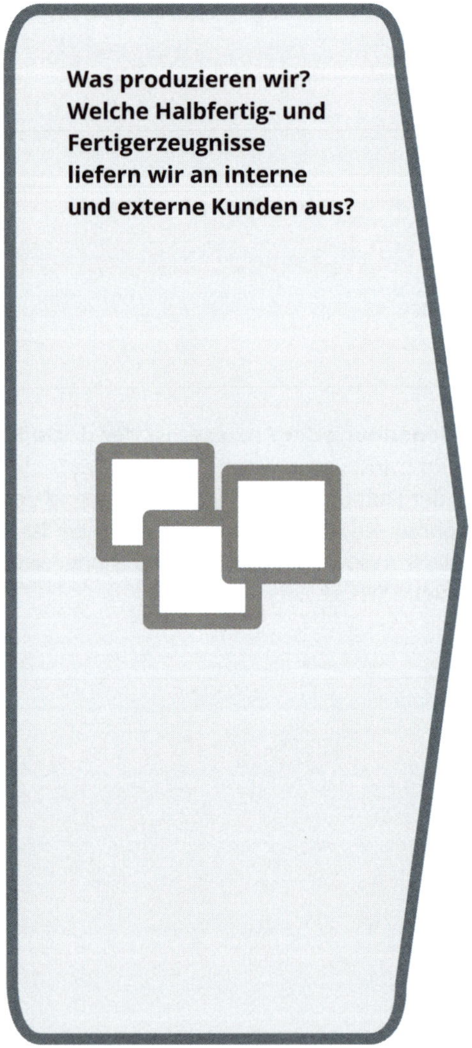

Worum geht es beim Baustein Outputs?

Outputs sind die Halbfertig- oder Fertigerzeugnisse, die die betrachtete Organisationseinheit für interne und/oder externe Kunden erstellt und an diese ausliefert. Outputs können physische Produkte wie ein Kugellager, digitale Produkte wie eine App, aber auch Dienstleistungen wie die Wartung einer Anlage sein.

Was ist bei der Bearbeitung des Bausteins Outputs zu beachten?

Bei der Arbeit mit dem Canvas ist es sinnvoll, zwischen verschiedenen Arten von Outputs zu unterscheiden.

Ist-Outputs
Hierbei handelt es sich um aktuell erbrachte Leistungen, die auch künftig unverändert fortgeführt werden sollen. Die organisatorischen Anforderungen an diese Outputs sind bekannt, das Organisationsdesign zu ihrer Erstellung kann jedoch gegebenenfalls zur Verbesserung der Qualität, der Kosten oder der Durchlaufzeiten noch optimiert werden.

Relaunch-Outputs
Relaunch-Outputs sind Leistungen, bei denen eine für das Organisationsdesign relevante Veränderung geplant ist. Anpassungen des Organisationsdesigns können zum Beispiel bei den folgenden Veränderungen angeraten sein:

- Der Output wird auf neuen Märkten vermarktet, auf denen das Unternehmen beziehungsweise der Geschäftsbereich bislang nicht tätig ist. Dies kann vielfältige Auswirkungen auf die Organisation haben, zum Beispiel müssen gegebenenfalls neue Organisationseinheiten geschaffen und neue interkulturelle Kompetenzen aufgebaut werden.
- Der Output wird an neue Zielgruppen vermarktet, sodass veränderte Markbearbeitungsstrategien erforderlich werden. Diese können zu neuen Arbeitsabläufen führen, die im Organisationsdesign berücksichtigt werden müssen.
- Der Output wird um neue Funktionen erweitert. Gegebenenfalls muss eine Anpassung der Arbeitsabläufe erfolgen und neue Kommunikationsflüsse werden erforderlich.
- Der Output wird zukünftig mit Hilfe neuer Verfahren oder neuer Technologien erstellt, die die Entwicklung neuer Prozesse und den Aufbau neuer Kompetenzen erfordern.
- Der Output muss aufgrund neuer externer Anforderungen wie zum Beispiel neuer gesetzlicher Bestimmungen oder neuer Standards angepasst werden.
- Der Output muss aufgrund veränderter interner Anforderungen angepasst werden.

Neue Outputs
Gänzlich neue Outputs können für das zukünftige Organisationsdesign ebenfalls sehr wichtig sein. Sie können zu einer erhöhten Arbeitslast führen, neue oder angepasste Arbeitsabläufe oder gar neue Kompetenzen können erforderlich werden.

TIPP

Die Einordnung bestehender Outputs in die Kategorien „Ist-Output" oder „Relaunch-Output" ist nicht in allen Fällen sofort eindeutig. So können an einem Output kleine Anpassungen vorgesehen sein, ohne dass dies bislang als „Relaunch" dieses Outputs aufgefasst worden ist. Wenn diese Änderungen jedoch Auswirkungen auf die Arbeitslast, die Kommunikationsflüsse, die Prozesse und/oder die notwendigen fachlichen Kompetenzen haben, sollte dieser Output als Relaunch-Output eingeordnet werden. Denn in diesen Fällen können die geplanten Veränderungen das Organisationsdesign beeinflussen.

Priorisieren der Outputs
Institutionen erstellen mitunter viele Outputs. So kann ein Industriebetrieb leicht auf mehrere Tausend Artikel kommen. Die Auflistung all dieser Artikel ist nicht sinnvoll:
Es muss ein angemessenes Abstraktionsniveau gewahrt werden. Hierzu können zum Beispiel Produktgruppen, die ähnliche Anforderungen an das Organisationsdesign stellen, gebildet werden.

In aller Regel ist zudem eine Priorisierung der Outputs sinnvoll, sodass der Designprozess fokussiert erfolgen kann.

Ziel der Priorisierung ist die Identifikation der Outputs, die eine hohe Relevanz für den Orgazign-Prozess aufweisen. Dies ist zum Beispiel der Fall, wenn der Leistungserstellungsprozess für einen Output optimierbar ist oder neu gestaltet werden soll beziehungsweise muss.

Relevanz der Outputs für den Designprozess
Um die Relevanz von Outputs zu bewerten, können Sie sich wiederum an den folgenden Faktoren orientieren:

- Auswirkungen auf die Arbeitslast in der betrachteten Organisationseinheit
- Auswirkungen auf die Kommunikationsflüsse in der betrachteten Organisationseinheit sowie zu den Output-Empfängern und weiteren Schnittstellen
- Auswirkungen auf die erforderlichen Kompetenzen
- Auswirkungen auf die Prozesse zur Leistungserstellung

Arbeitslast
Wenn die auf einen Output verwendete Kapazität zum Beispiel aus Kostengründen deutlich reduziert werden muss, erfordert dies in der Regel organisatorische Anpassungen. Dies gilt auch, wenn die Arbeitslast aufgrund einer planmäßig steigenden Output-Menge zunehmen wird. Das von Ihnen entworfene Organisationsdesign sollte diese und ähnliche Entwicklungen berücksichtigen und hierzu Lösungen entwerfen. Outputs, die absehbar mit starken Veränderungen der Arbeitslast einhergehen, sollten daher hoch priorisiert werden.

Kommunikationsflüsse
Insbesondere der Relaunch eines bestehenden Outputs und die Einführung eines neuen Outputs können eine Anpassung der Kommunikationsflüsse oder die Etablierung neuer Kommunikationsflüsse erfordern. Hierauf sollten Sie im Orgazign-Prozess achten, da dies im künftigen Organisationsdesign berücksichtigt werden sollte.

Entsprechend sind auch Outputs, die veränderte oder neue Kommunikationsflüsse erfordern, hoch zu priorisieren.

Prozesse
Bei allen Arten von Outputs, also auch den Ist-Outputs, können Anlässe für eine Veränderung der Prozesse bestehen. So kann zum Beispiel der Einsatz neuer Verfahren oder Technologien sowohl bei Ist-Outputs als auch bei Relaunch- und neuen Outputs umfängliche organisatorische Anpassungen erfordern. Daher sind Outputs, die zu stark veränderten oder neuen Prozessen führen können, hoch zu priorisieren.

Kompetenzen
Der Relaunch bestehender und die Einführung neuer Outputs erfordert gegebenenfalls die Ausweitung bestehender oder den Aufbau neuer fachlicher oder persönlicher Kompetenzen. Sofern es sich um gänzlich neue und nicht lediglich eine leichte Erweiterung bestehender Kompetenzen handelt, sollte das neue Organisationsdesign dem gerecht werden. Daher sind Outputs, die neue Kompetenzen erforderlich machen, Kandidaten für eine hohe Priorisierung.

FALLBEISPIEL TEAM MEDIEN

Wie wird der Baustein Outputs bearbeitet?

Sie bearbeiten den Baustein Outputs in drei Schritten. Startpunkt ist die Sammlung der bestehenden und der geplanten neuen Outputs der Organisationseinheit. Häufig werden in einer Organisationseinheit sehr viele Outputs gesammelt, sodass in einem zweiten Schritt eine Priorisierung erfolgt. Im dritten Schritt werden die priorisierten Outputs auf dem Canvas dargestellt. Wie dies praktisch vonstattengeht, wird anhand des Fallbeispiels „Team Medien" dargestellt.

Nachdem die Ziele für den Orgazign-Prozess geklärt und die Mitwirkenden bestimmt wurden, startet das Team Medien nun in die erste Arbeitssitzung. Hierfür hat das Team seinen Arbeitsraum mit ausreichend Stellwänden, Ausdrucken des Organizational Challenges Canvas, Flipcharts, Haftnotizen und Stiften ausgestattet.

Das Team beginnt mit der Bearbeitung des Bausteins Outputs. Hierzu notieren alle Teammitglieder bestehende Outputs auf Haftnotizen und bringen diese auf dem Canvas an.

LEITFRAGE

Welche Outputs erbringen wir heute, welche Leistungs- und Produktionsergebnisse liefern wir an Dritte aus?

Nach einer kurzen Diskussion einigt sich das Team darauf, Produktkategorien zu verwenden. Also werden nicht alle vier bis fünf im Laufe eines Jahres produzierten Sonderhefte einzeln aufgeführt, sondern als Produktkategorie „Sonderhefte" benannt. Auch die verschiedenen Formate für Anzeigen möchte das Team zunächst in einer Produktkategorie zusammenfassen. Ein Teammitglied weist jedoch zurecht darauf hin, dass sich sowohl die Vermarktungs- als auch die Abwicklungsprozesse für Printanzeigen von denen für digitale Werbeformen deutlich unterscheiden. Daher werden „Anzeigen Print" und „Anzeigen Digital" als zwei verschiedene Outputs aufgenommen.
Die Einordnung der bestehenden Outputs in die Kategorien „Ist-Outputs" und „Relaunch-Outputs" erfordert vereinzelt eine Abstimmung.

LEITFRAGE

Für welche dieser Outputs sind Veränderungen geplant, die spürbare Auswirkungen haben werden auf die künftige(n)

- Arbeitslast,
- Kommunikationsflüsse,
- Prozesse,
- Kompetenzen?

Das Team möchte klären, ob kleinere geplante Veränderungen bereits die Zuordnung in die Kategorie „Relaunch-Output" rechtfertigen. Hierzu prüft es, ob sich die vorgesehenen Veränderungen auf die Arbeitslast, die Kommunikationsflüsse, die erforderlichen Kompetenzen oder die Prozesse auswirken. So kann schnell über die Zuordnung entschieden werden.

Schließlich werden die geplanten neuen Outputs gesammelt.

LEITFRAGE

Welche neuen Outputs werden wir zukünftig erbringen?

FALLBEISPIEL TEAM MEDIEN

Sammlung der Outputs

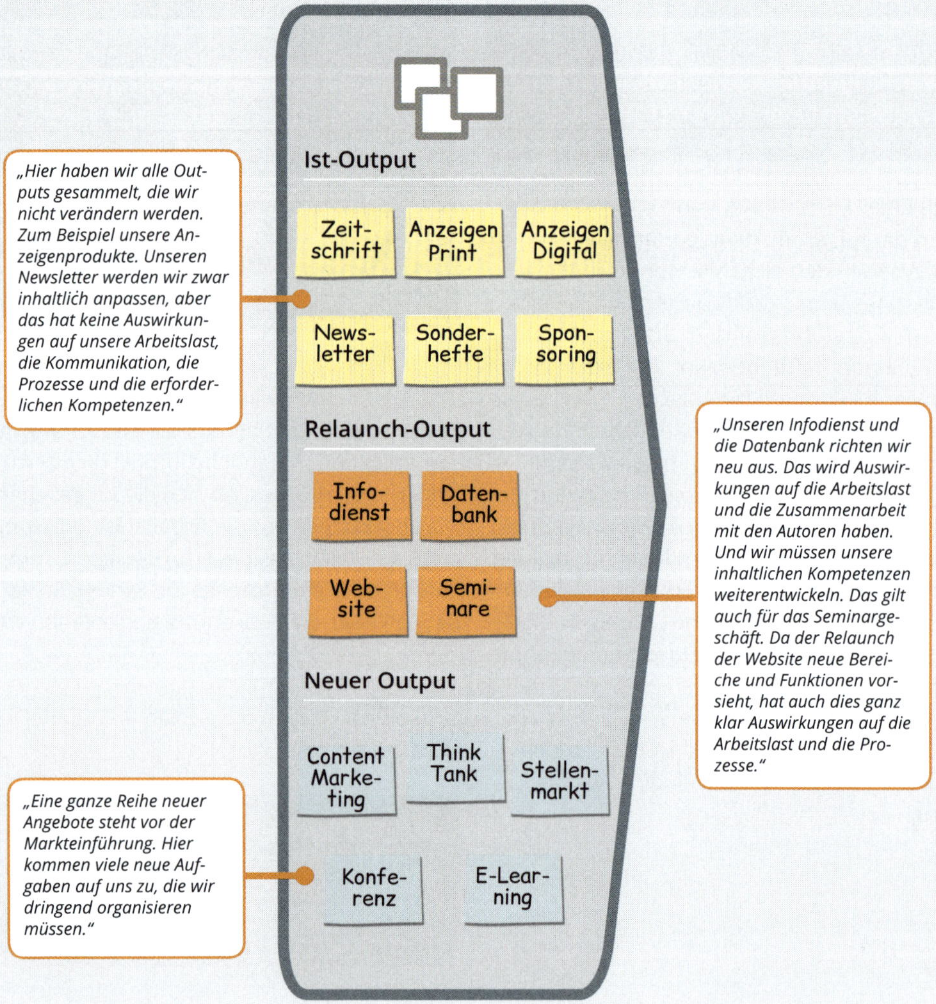

Die Ergebnisse dieser Bearbeitung zeigt die Abbildung „Sammlung der Outputs". Nach Sammlung aller Outputs platziert das Team ein Flipchart neben dem Canvas mit einer Skala von „wichtig" bis „weniger wichtig".

TIPP

Dieser Arbeitsschritt ist nur dann erforderlich, wenn Sie so viele Outputs gesammelt haben, dass diese nicht mehr mit vertretbarem Aufwand erfasst werden können. Ist die Zahl der gesammelten Outputs übersichtlich, können Sie auf diesen Schritt verzichten. Dies gilt auch für die weiteren Bausteine.

Nun bearbeitet das Team gemeinsam die Frage:

LEITFRAGE

Welcher unserer Outputs ist für die Entwicklung des neuen Organisationsdesigns am wichtigsten? Welcher der Outputs hat die stärksten Auswirkungen auf die künftige(n)

- Arbeitslast,
- Kommunikationsflüsse,
- Prozesse,
- Kompetenzen?

Das Team einigt sich darauf, dass zunächst jedes Teammitglied den für ihn wichtigsten Output benennen soll. Bei der ersten Nennung besteht schnell Einigkeit, sodass eine zweite und dritte Runde (und so weiter) durchgeführt wird, bis die wichtigsten Outputs identifiziert sind. Bei abweichenden Meinungen erfolgen ein kurzer Austausch und eine Abstimmung im Team – mal mündlich, mal mittels Kleben von Punkten.

Die Abbildung „Priorisierung der Outputs" zeigt das Ergebnis dieses Arbeitsschrittes.

TIPP

Sie können die Priorisierung auch anhand anderer Kriterien vornehmen. So können Sie die Outputs auch entlang ihres relativen Umsatzanteils oder Ergebnisbeitrags oder entlang ihrer Bedeutung für die Erreichung Ihrer Ziele priorisieren.

Nach Abschluss der Priorisierung überträgt das Team die in diesem Fall sieben für den Orgazign-Prozess wichtigsten Outputs zurück auf den Canvas. Im weiteren Verlauf des Prozesses wird das Team ein besonderes Augenmerk auf diese Outputs werfen – ohne die weiteren Outputs aus dem Blick zu verlieren. Daher werden die Haftnotizen mit den nicht priorisierten Outputs gut sichtbar im Raum platziert.

Priorisierung der Outputs

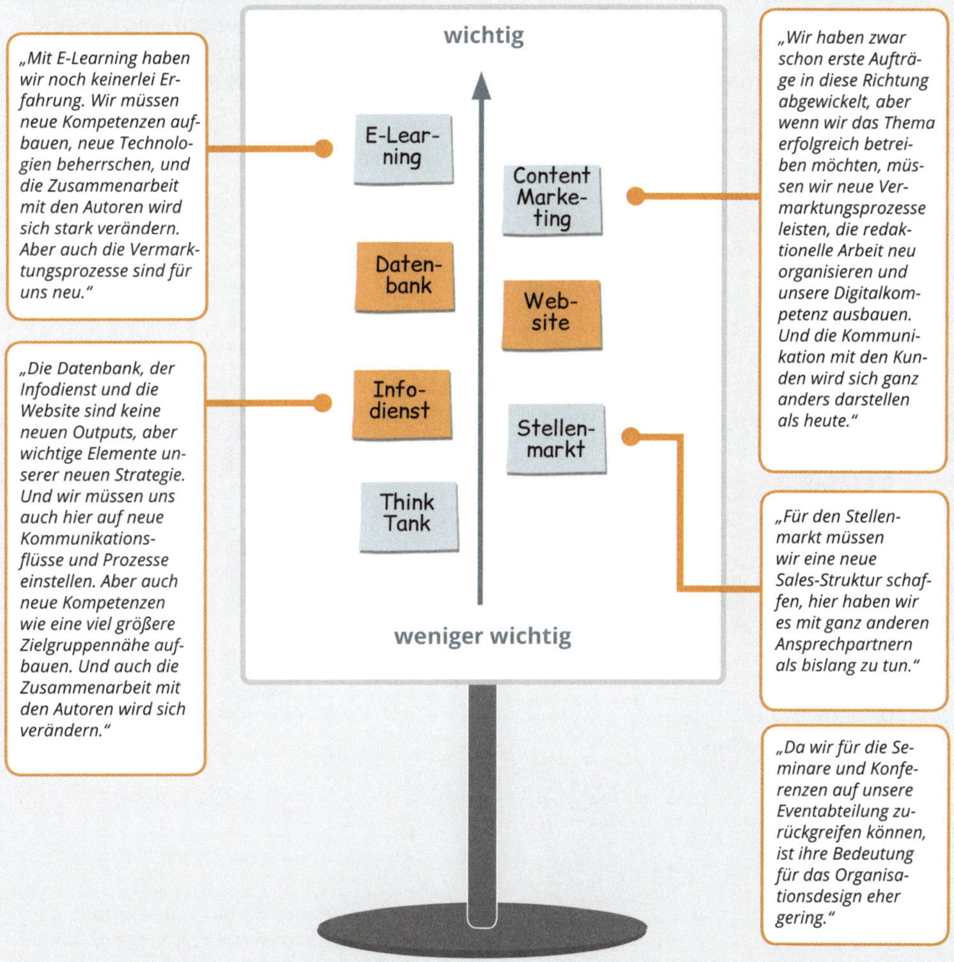

FALLBEISPIEL TEAM MEDIEN

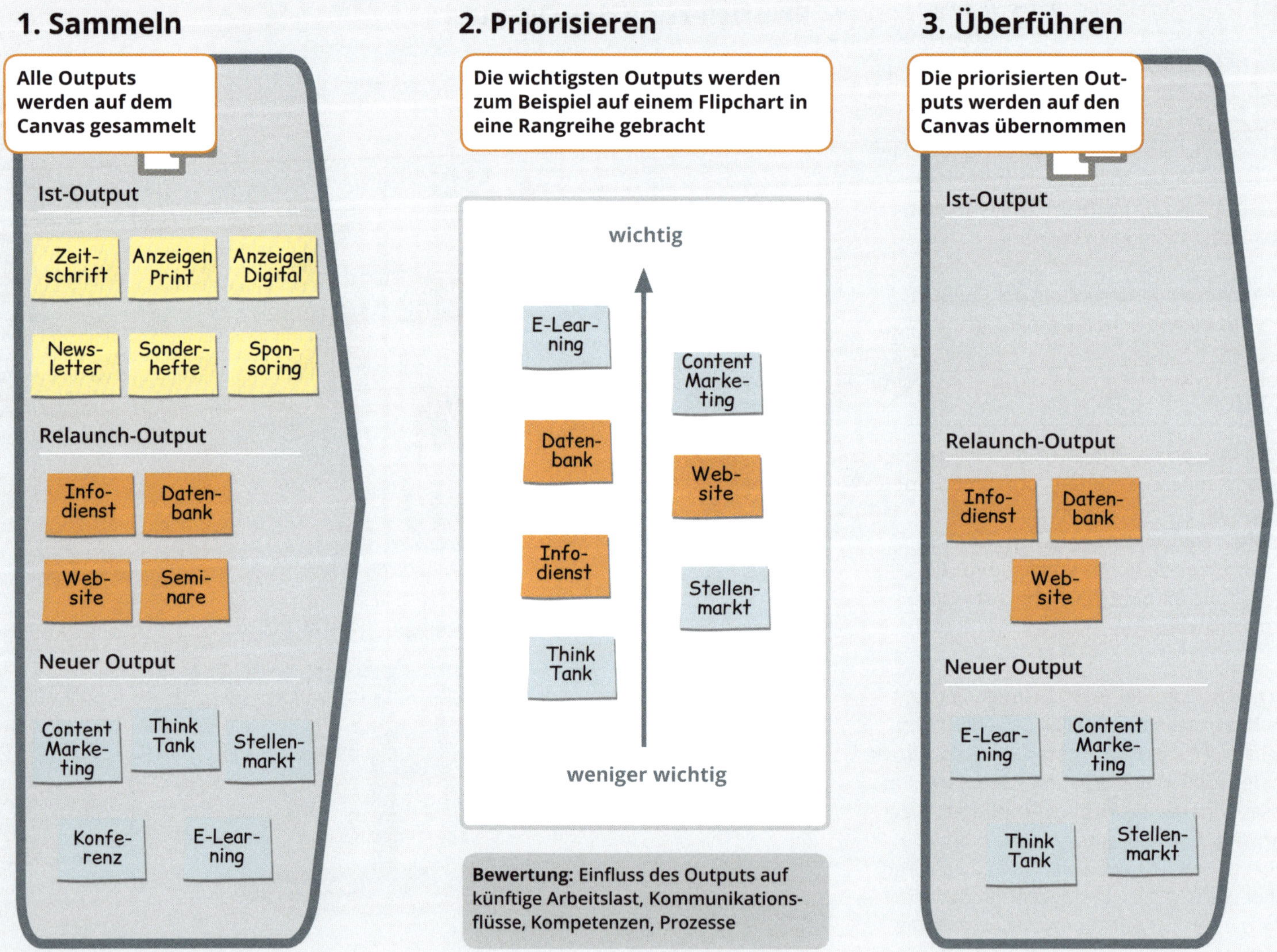

1. Sammeln

Zunächst werden alle Outputs auf einem angemessenen Abstraktionsniveau auf dem Canvas gesammelt.

2. Priorisieren

In einem zweiten Schritt erfolgt die Priorisierung. Es wird eine Rangreihe der für die Entwicklung des Organisationsdesigns relevantesten Outputs gebildet.

3. Überführen

Im dritten Schritt werden die nicht priorisierten Outputs vom Canvas genommen und die für das Organisationsdesign wichtigsten Outputs in den Canvas rückübertragen.

Die nicht priorisierten Outputs sollten möglichst sichtbar im Arbeitsraum verbleiben.

Hinweise zur Priorisierung

Die Priorisierung der Outputs erlaubt die Fokussierung auf die für das zukünftige Organisationsdesign wichtigsten Einflussfaktoren. So wird vermieden, dass die Beteiligten zeitgleich zu viele Aspekte im Blick behalten müssen.

Die nicht priorisierten Outputs sollten aufbewahrt und im weiteren Verlauf betrachtet werden, denn das Organisationsdesign muss die Erstellung auch dieser Outputs bestmöglich unterstützen. Zudem kann auch die Betrachtung nicht priorisierter Outputs den Designprozess unterstützen: So können sich wichtige Probleme des bestehenden Organisationsdesigns in einem nicht priorisierten Output besonders klar manifestieren.

Die nicht priorisierten Outputs können in späteren Arbeitsschritten zum Beispiel zur Qualitätssicherung und zur Durchführung der Detailplanung genutzt werden.

Sie haben nun den Einstieg in die Gestaltung eines besseren Organisationsdesigns geschafft! Sie haben nun eine Übersicht darüber, was die betrachtete Organisationseinheit aktuell produziert und absehbar produzieren wird. Dies ist aus zwei Gründen ein wichtiger Schritt: Zum einen muss das Organisationsdesign so gestaltet sein, dass alle Outputs in der angestrebten Zeit, in der gewünschten Qualität und zu den Zielkosten erstellt werden können. Sie werden bei der Entwicklung Ihres Organisationsmodells in späteren Phasen mit Sicherheit auf diese Übersicht zurückkommen. So können Sie Ihre Ansätze auf Vollständigkeit und Funktionalität prüfen. Zum anderen gibt Ihnen die Betrachtung des Output-Portfolios wichtige Hinweise auf die Strategie der Organisationseinheit. Dieser Aspekt wird im folgenden Baustein Outcomes weiter ausgearbeitet.

2 Outcomes

Was streben wir an? Welchen Zweck sollen die Outputs erfüllen, welche Wirkung sollen sie entfalten?

Worum geht es beim Baustein Outcomes?

Im Baustein **Outcomes** geht es um das Warum. Es geht um die Ziele und Effekte, die mit der Erstellung der Outputs angestrebt werden. Somit stehen hier andere Fragen im Fokus als bei der Festlegung der Ziele für den Orgazign-Prozess selbst. Hier geht es um den Zweck, den die betrachtete Organisationseinheit erfüllt, und die Ziele, die sie anstrebt.

Die Formulierung der angestrebten Outcomes unterstützt Sie bei der Erarbeitung eines neuen Organisationsdesigns auf vielfältige Weise:

> Alle Beteiligten haben ein gemeinsames Verständnis über die weitere Ausrichtung der betrachteten Organisationseinheit. Sind der Zweck und die Ziele unklar, wird es schwierig sein, sich auf geeignete neue Ansätze zu einigen.

> Sie können die Eignung Ihrer bestehenden Organisation sowie deren Stärken und Schwächen im Hinblick auf die Ziele und Strategien bewerten. Der Veränderungsbedarf wird klarer, die Veränderungsbereitschaft bei den Beteiligten wird erhöht.

> Sie können das neue Organisationsdesign mit Blick auf die zukünftigen Anforderungen entwerfen. Ihre Outputs sollen den Ansprüchen von Premiumkunden auf einem Weltklasseniveau genügen? Mit hoher Wahrscheinlichkeit wird Ihr Organisationsdesign in diesem Fall anders ausfallen, als würden Sie nach qualitativ durchschnittlichen Outputs zu geringen Kosten streben.

> Sie können mit motivierenden Outcomes innovative Lösungen für Ihr Organisationsdesign fördern und Unterstützungspotenziale für die spätere Umsetzung aktivieren. Vielleicht wird der eine oder andere Mitarbeitende mit einem Ziel wie „Wir streben an, die interne Serviceeinheit mit der höchsten Kundenzufriedenheit zu sein" engagierter agieren als ohne explizites Ziel?

> Sie können bewerten, ob und an welchen Stellen Ihr zukünftiges Organisationsdesign einen Ressourcenüberschuss oder „Organizational Slack" vorsehen sollte. Als Slack werden in der Organisationslehre Ressourcen bezeichnet, die zur Leistungserstellung nicht zwingend erforderlich sind, also überschüssige oder Pufferressourcen darstellen. Zum Beispiel im Hinblick auf Innovationsprozesse kann das Vorhalten von Slack Initiativen und Projekte mit experimentellem Charakter unterstützen.

Was ist bei der Bearbeitung des Bausteins Outcomes zu beachten?

Aus den folgenden Perspektiven heraus können Sie die für Ihr Organisationsdesign wichtigsten Outcomes erarbeiten:

> Kundenperspektive: Welche Wirkung möchten wir mit unseren Outputs bei den Abnehmern beziehungsweise unseren internen und/oder externen Kunden erzielen? Welche Beschaffenheit unserer Outputs streben wir an?

> Marktperspektive: Welche Effekte auf den Markt und die weiteren Marktteilnehmer wie Lieferanten und Wettbewerber möchten wir mit unseren Outputs bewirken?

> Wir-Effekte: Welches sind die für uns selbst relevanten Ziele?

Effekte können hierbei zum Beispiel auf den folgenden Ebenen angestrebt werden:

> auf funktionaler Ebene,

> auf emotionaler und sozialer Ebene und

> auf wirtschaftlicher Ebene.

FALLBEISPIEL TEAM MEDIEN

Formulierung der angestrebten Outcomes: Team Medien

	Kundenperspektive: angestrebte Wirkung bei Kunden	**Marktperspektive:** angestrebte Wirkung auf die weiteren Marktteilnehmer	**Unsere Perspektive:** für uns selbst relevante Ziele
Funktionale Ebene	*„Unsere Kunden fällen Entscheidungen trotz unsicherer Zeiten bestens informiert."*	*„Wir erreichen mit der einzigartigen Kombination unserer Angebote eine Alleinstellung."*	
Emotionale und soziale Ebene	*„Unsere Kunden erleben das tiefe Eintauchen in komplexe Zusammenhänge als wohltuende und wichtige Abwechslung zum agilen Alltag."*	*„Wir binden die wichtigsten Autoren/Kontributoren mit einer einmaligen Plattform und bauen so Einstiegsbarrieren für unsere Wettbewerber auf."*	*„Wir erlangen eine größere Relevanz bei unseren Zielgruppen als je zuvor."*
Wirtschaftliche Ebene	*„Unsere Kunden reduzieren ihren Aufwand zur Informationsbeschaffung drastisch."*	*„Wir erzielen Zahlungsbereitschaft für unsere Angebote, weil diese exklusiv sind und konkrete Hilfestellung geben."*	*„Mit unseren neuen hochpreisigen Angeboten schaffen wir den Turnaround hin zu steigenden Erlösen."*

Die Abbildung zeigt für das Beispiel des Teams Medien, wie Outcomes formuliert werden können (auf der nächsten Seite finden Sie ein weiteres Beispiel aus dem Umfeld Industrie).
Bei der Erarbeitung der Outcomes ist es nicht entscheidend, alle Felder zu füllen oder eine hundertprozentig korrekte Einordnung einzelner Aspekte in die Kategorien zu erreichen. Nehmen Sie das Schema, oder gern auch ein anderes, einfach als ein mögliches Hilfsmittel. Und prüfen Sie zunächst, ob Sie tatsächlich „bei null" beginnen müssen. Sofern Ihre Institution oder die betrachtete Organisationseinheit über eine klare Vision verfügt, prüfen Sie zunächst, ob diese die Fragen zur Bearbeitung des Bausteins Outcomes bereits beantwortet. Eine weitere mögliche Basis für die Formulierung der Outcomes ist die aktuelle Strategie der Organisationseinheit oder auch größerer Einheiten, in die die betrachtete Organisationseinheit eingebettet ist. Gegebenenfalls können Sie Aussagen hieraus in den Baustein Outcomes übernehmen oder zumindest wesentliche Aspekte verarbeiten.

TIPP

Das Organisationsdesign sollte die Umsetzung der Strategie bestmöglich unterstützen. Optimal ist es daher, einen Orgazign-Prozess auf Basis einer aktuell gültigen und klar formulierten Strategie durchzuführen. Dies ist jedoch nicht die Regel. Hiervon sollten Sie sich keinesfalls aufhalten lassen; es ist nicht zwingend erforderlich, alle Ziele und Strategien exakt vorab auszuformulieren. Vielmehr reicht bereits die Kenntnis der wichtigsten Ziele und strategischen Stoßrichtungen zur Durchführung eines Orgazign-Prozesses aus.

Die Anzahl der angestrebten Outcomes ist erfahrungsgemäß geringer als die Anzahl der Outputs. Sollten Sie dennoch viele Outcomes gesammelt haben, empfiehlt sich auch hier eine Priorisierung. Diese kann auf Basis eines einfachen Kriteriums erfolgen: der Bedeutung der verschiedenen Outcomes für das Team.

Formulierung der angestrebten Outcomes: Beispiel „Industrie"

	Kundenperspektive: angestrebte Wirkung bei Abnehmern/Kunden	**Marktperspektive:** angestrebte Wirkung auf die weiteren Marktteilnehmer	**Unsere Perspektive:** für uns selbst relevante Ziele
Funktionale Ebene	*„Unsere Outputs bieten den Kunden größtmögliche Fehlerfreiheit."*	*„Wir bleiben hinsichtlich der geringen Fehlerquote gegenüber allen Wettbewerbern führend."*	*„Wir erschließen neue Zielgruppen im Segment XYZ."*
Emotionale und soziale Ebene	*„Wir haben die entspanntesten Kunden, sie lieben unsere Lieferzuverlässigkeit und das Gefühl der Sicherheit."*	*„Die Händler lieben uns, weil sie sich auf uns zu 100 % verlassen können."*	*„Unser überlegenes Qualitätsmanagement macht uns stolz und zum attraktivsten Arbeitgeber der Branche."*
Wirtschaftliche Ebene	*„Mit unseren Lösungen haben die Kunden immer die geringsten Gesamtbetriebskosten."*	*„Der Wettbewerb hat beständig höhere Service- und Logistikkosten."*	*„Wir erwirtschaften nachhaltig ein höheres EBIT als der Gesamtkonzern."*

FALLBEISPIEL TEAM MEDIEN

Wie wird der Baustein Outcomes bearbeitet?

Der Baustein Outcomes wird in den gleichen drei Schritten wie der Baustein Outputs bearbeitet: Startpunkt ist die Sammlung relevanter Outcomes, im zweiten Schritt erfolgt eine Priorisierung und im dritten Schritt die Übertragung der für den Orgazign-Prozess wichtigsten Outcomes auf den Organizational Challenges Canvas.

TIPP

Bitte beachten Sie bei der Bearbeitung dieses Bausteins, dass Sie sich in einem Prozess zur Gestaltung der Organisation und nicht in einem Strategieentwicklungsprozess befinden! Es geht nicht darum, die bestehende Strategie infrage zu stellen oder gar eine neue Strategie zu entwickeln. Vielmehr geht es darum, sich die wichtigsten Aspekte der bestehenden Strategie bewusst zu machen. So können Sie ein Organisationsdesign entwickeln, das die Umsetzung der Strategie bestmöglich unterstützt.

Zum Einstieg in die Bearbeitung des Bausteins betrachtet das Team Medien die Kundenperspektive. Hierzu kann jedes Teammitglied Input zu den folgenden Leitfragen einbringen:

LEITFRAGEN

Welche Wirkung wollen wir mit unseren Outputs bei unseren internen und externen Kunden erzielen:

- *Funktional: Was sollen unsere Kunden mit unseren Outputs (besser) bewerkstelligen können?*
- *Emotional und sozial: Inwiefern sollen unsere Kunden emotionale und/oder soziale Unterstützung erhalten?*
- *Wirtschaftlich: Welche wirtschaftlichen Effekte für unsere Kunden streben wir an?*

Die weiteren Teammitglieder prüfen, ob dieser Input ihrem Verständnis der aktuellen Strategie entspricht. Ist dies nicht der Fall, werden entsprechende Einwände eingebracht und kurz besprochen. Das Team achtet hierbei darauf, dass keine Diskussion über Vor- und Nachteile der Strategie entsteht oder gar Vorschläge für eine neue strategische Ausrichtung entwickelt werden. Es stellt so sicher, dass eines erreicht wird: Alle am Orgazign-Prozess Beteiligten haben das gleiche Verständnis hinsichtlich des Zwecks und der Ziele.

Dies ist auch das Ziel bei der Betrachtung der Marktperspektive:

LEITFRAGEN

Welche Wirkung wollen wir mit unseren Outputs am Markt und im Wettbewerb erzielen:

- *Funktional: Was macht unsere Outputs besser als die der Konkurrenz?*
- *Emotional und sozial: Welche emotionalen und sozialen Wettbewerbsvorteile streben wir an?*
- *Wirtschaftlich: Welche wirtschaftlichen Vorteile gegenüber der Konkurrenz streben wir an?*

Schließlich betrachtet das Team noch die eigene Perspektive:

LEITFRAGEN

Welche Wirkung wollen wir insbesondere mit dem Relaunch von Outputs und neuen Outputs für uns erzielen:

- *Funktional: Welchen sachlichen Zweck verfolgen wir?*
- *Emotional und sozial: Welche emotionale und soziale Wirkung streben wir für uns selbst an?*
- *Wirtschaftlich: Welche wirtschaftlichen Vorteile für uns streben wir an?*

FALLBEISPIEL TEAM MEDIEN

Die Beantwortung der Fragen im Fallbeispiel Medien führt zu den Ergebnissen, die in der Abbildung „Sammlung der Outcomes“ (rechts) und in der Abbildung „Formulierung der angestrebten Outcomes: Team Medien“ auf Seite 77 dargestellt sind.

Nach der Sammlung entscheidet sich das Team, auch die Outcomes zu priorisieren. Das Team ist sich einig, dass dies aufgrund der lediglich sieben gesammelten Punkte nicht zwingend erforderlich ist. Es möchte aber prüfen, ob nun ein wirklich gemeinsames Verständnis gegeben ist und welche Outcomes für das Team in besonderem Maße motivierend wirken können.

Sammlung der Outcomes

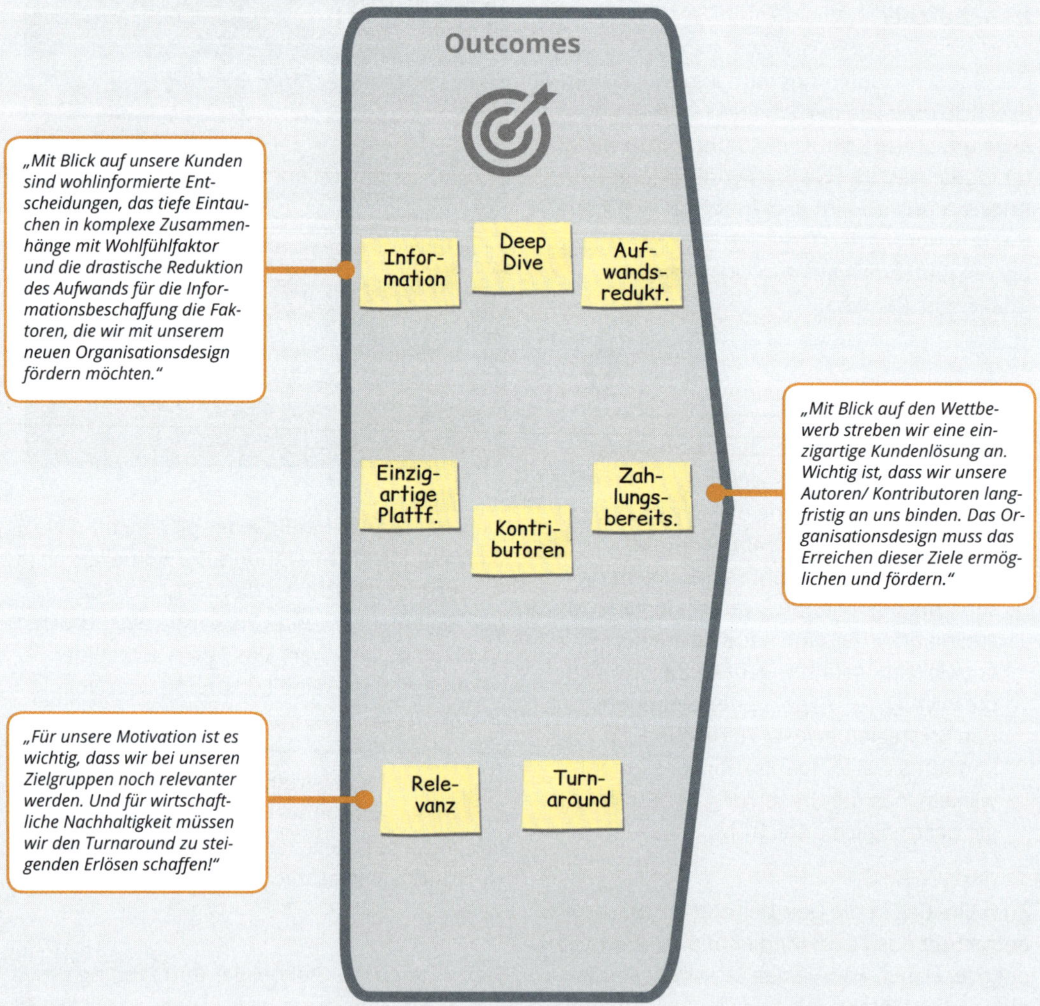

Hierzu platziert das Team wiederum ein Flipchart neben dem Canvas mit einer Skala von „Ist uns sehr wichtig“ bis „Ist für uns weniger wichtig“. Nun bearbeitet das Team gemeinsam die Frage:

LEITFRAGEN

Welcher der Outcomes ist für uns am wichtigsten? Welcher am zweitwichtigsten? Und so weiter.

Das Team verfährt wieder so, dass zunächst jedes Teammitglied einen Kandidaten für den wichtigsten Outcome benennt. So entsteht schnell ein erstes Meinungsbild und alle Teammitglieder kommen zu Wort. Die Abbildung „Priorisierung der Outcomes“ zeigt das Ergebnis dieses Arbeitsschrittes.

Nach Abschluss der Priorisierung überträgt das Team die wichtigsten Outcomes zurück auf den Canvas. Die Haftnotizen mit den nicht priorisierten Outcomes werden gut sichtbar im Raum platziert.

Priorisierung der Outcomes

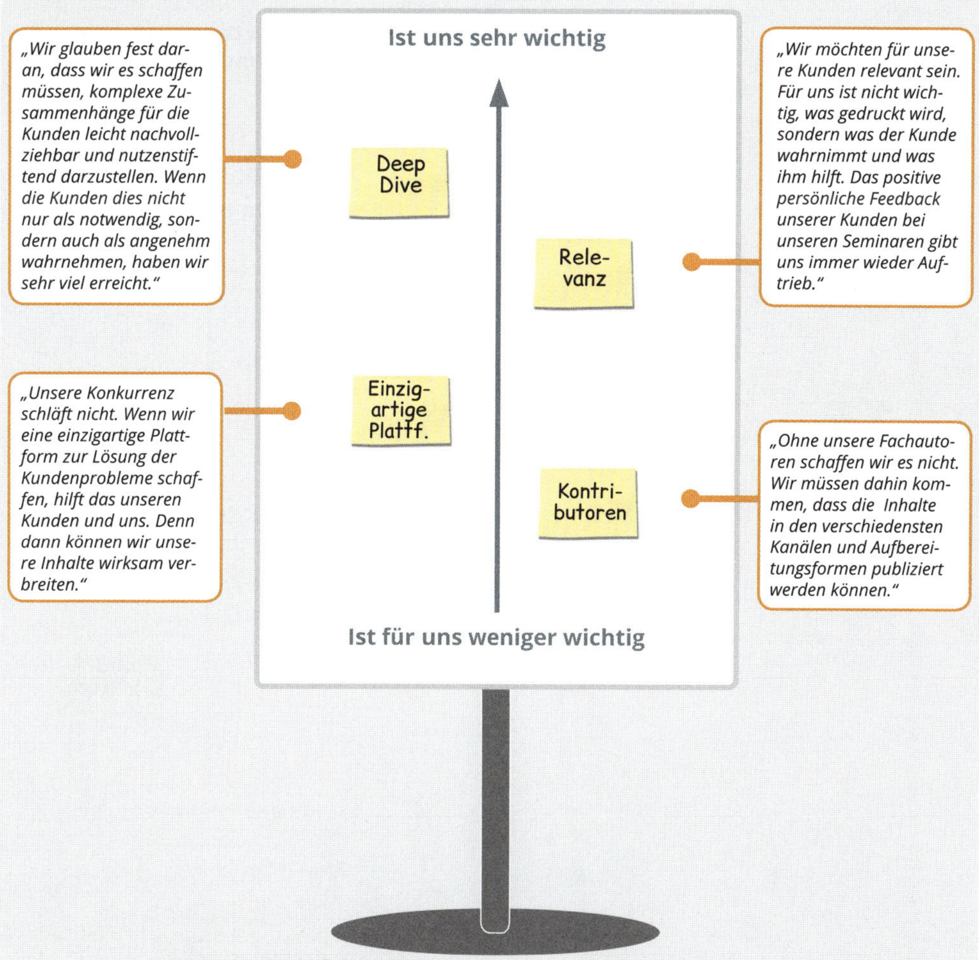

FALLBEISPIEL TEAM MEDIEN

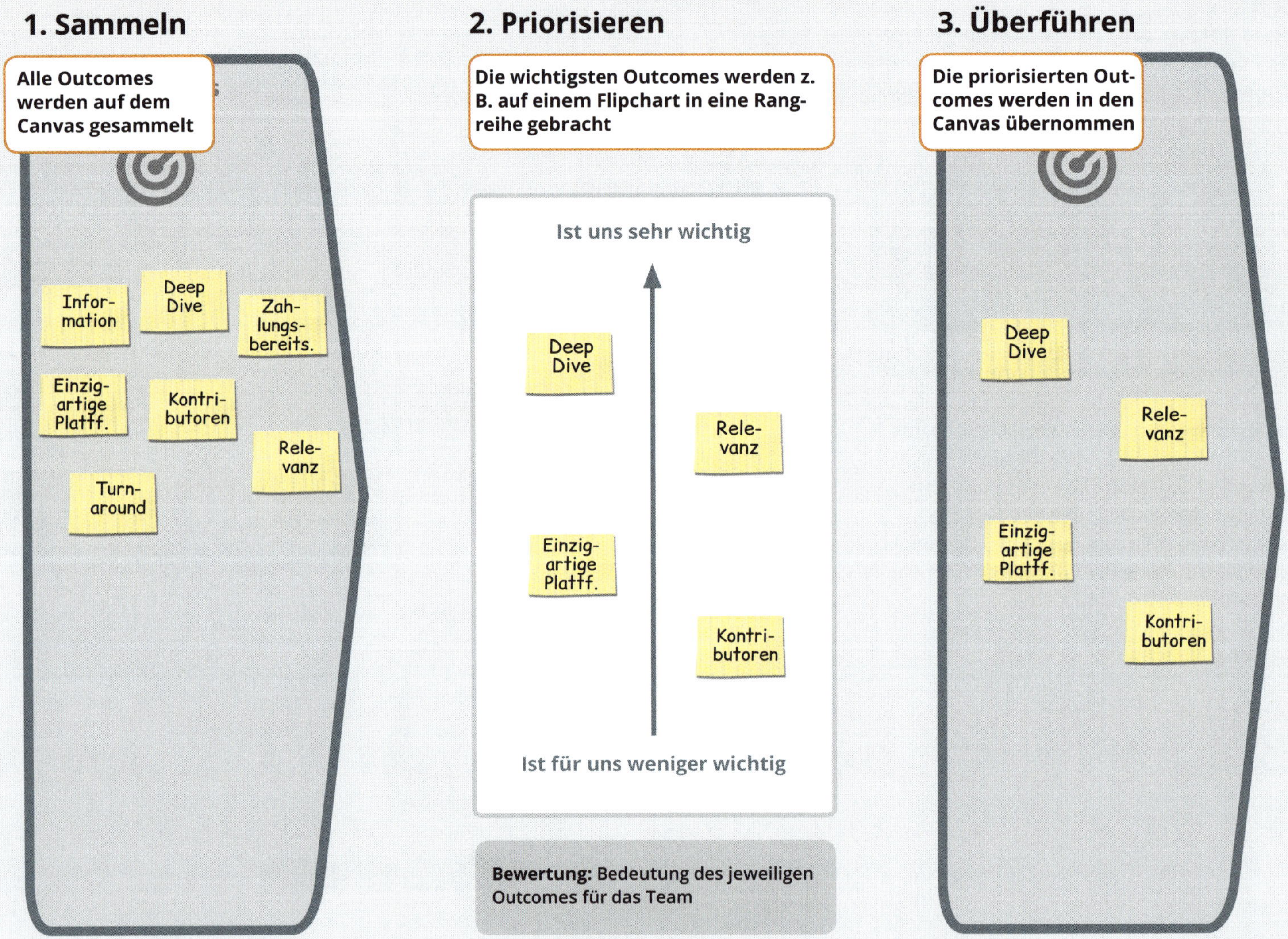

1. Sammeln
Zunächst werden die Outcomes auf einem angemessenen Abstraktionsniveau auf dem Canvas gesammelt.

2. Priorisieren
In einem zweiten Schritt erfolgt die Priorisierung. Es wird eine Rangreihe der für das Team relevantesten Outcomes gebildet.

3. Überführen
Im dritten Schritt werden die nicht priorisierten Outcomes vom Canvas genommen und die für das Organisationsdesign wichtigsten Outcomes in den Canvas rückübertragen. Die weiteren Outcomes sollten möglichst sichtbar im Arbeitsraum verbleiben.

Hinweise zur Priorisierung
Die Priorisierung der Outcomes erlaubt die Fokussierung auf die für das zukünftige Organisationsdesign wichtigsten Einflussfaktoren. Dies verhindert eine Überforderung der Beteiligten, denn Sie müssen nicht zeitgleich zu viele Aspekte im Blick haben.

Die nicht priorisierten Outcomes sollten, wie bereits bei den Outputs dargestellt, aufbewahrt und im weiteren Verlauf betrachtet werden. Dies unterstützt Sie dabei, ein Organisationsdesign zu entwerfen, das Ihre Ziele und Ihre Strategie bestmöglich unterstützt. Die nicht priorisierten Outcomes können Sie dann in späteren Phasen zur Qualitätssicherung erarbeiteter Entwürfe anwenden.

Mit der Bearbeitung der beiden Bausteine **Outputs** und **Outcomes** haben Sie eine solide Basis für die Entwicklung Ihres neuen Organisationsdesigns gelegt. Die Beteiligten haben ihre Sichtweise auf die Zukunft ausgetauscht und ein gemeinsames Zielbild entwickelt. So können Sie ein Organisationsdesign entwickeln, das Sie bei der Erreichung Ihrer Ziele unterstützt.

3 Prozesse

Wie erstellen wir die Outputs? Welches sind unsere Kernprozesse?

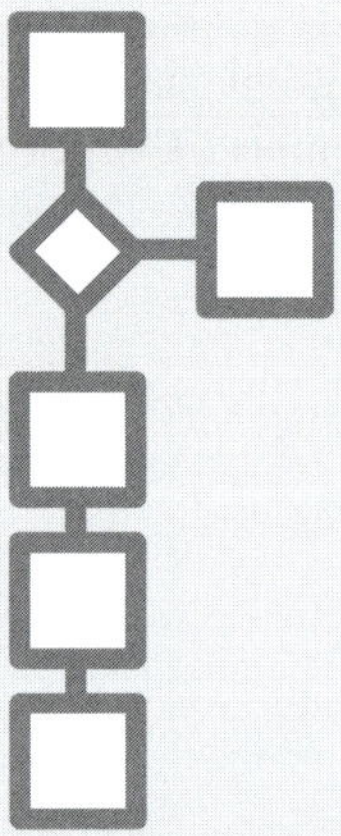

Worum geht es beim Baustein Prozesse?

Prozesse sind eine Abfolge zusammenhängender Aktivitäten zur Erstellung einer Leistung oder der Erreichung eines Ziels. Sie spielen eine zentrale Rolle im Organisationsdesign, da die Zielerreichung und die Wertschöpfung einer Organisation im hohen Maße von der Güte der Prozesse bestimmt werden. Daher verschaffen Sie sich in diesem Baustein eine Übersicht über die verschiedenen Arten von Prozessen, die in der betrachteten Organisationseinheit durchgeführt werden. Dies erfolgt unabhängig vom Grad der Standardisierung der Prozesse.

Was ist bei der Bearbeitung des Bausteins Prozesse zu beachten?

Zum einen werden die **Prozesse zur Leistungserbringung**, die operativen Abläufe, betrachtet. Diese Prozesse dienen direkt der Erstellung der Outputs.

Weiterhin werden die **Prozesse zur Steuerung** der operativen Abläufe betrachtet. Steuerungsprozesse zielen darauf ab,

- die Output-Mengen,
- die eingesetzten Kapazitäten und Inputs,
- das konkrete Vorgehen und
- die zeitliche Abfolge der Tätigkeiten und Prozessschritte

zu priorisieren, zu steuern und zielkonform zu beeinflussen. Weiterhin soll mittels der Steuerungsprozesse die angestrebte Prozess- und Ergebnisqualität sichergestellt werden.

Eine weitere Prozessart sind die **unterstützenden Prozesse**. Dies sind Prozesse wie die Terminkoordination oder administrative Prozesse zur Dokumentation und Archivierung.

Neben regelmäßig durchgeführten Standardprozessen sollten auch **Sonderprozesse** beachtet werden. Diese bilden Nicht-Routine-Fälle ab, die hinsichtlich Häufigkeit und Frequenz variieren. Sonderprozesse sind daher häufig weniger stark strukturiert und geübt und können die Komplexität des Organisationsmodells deutlich steigern.

Schließlich sollten auch die Prozesse beachtet werden, die im Rahmen von **Projekten** bearbeitet werden.

Bedenken Sie außerdem, dass aus neuen Outputs oder sich wandelnden Anforderungen auch neue, aktuell in der Organisationseinheit noch nicht durchgeführte Prozesse resultieren können.

Priorisieren der Prozesse

Wie bei der Beschreibung der Outputs muss auch bei den Prozessen ein angemessenes Abstraktionsniveau angestrebt werden. Ziel ist es, einen für die Entwicklung eines optimierten Organisationsdesigns geeigneten Überblick zu erhalten.

Nicht zielführend ist es in der Regel, jede Einzelaufgabe aufzunehmen. Fassen Sie daher einzelne Aufgaben zu Prozessen zusammen. So können Sie statt der Aufgabenabfolge

- Annahme eines Auftrags zur Adress-Selektion durch das Adressmanagement,
- Sichtung des Auftrags,
- Stellen von Rückfragen zum Auftrag,
- Prüfung der verfügbaren Adressmenge,
- Rücksprache mit dem Marketing,
- Durchführen einer Probeselektion,
- Qualitätssicherung der Probeselektion,
- Abstimmung der Ergebnisse mit dem Marketing
- und so weiter und so fort ...

den Prozess „Durchführen von Adress-Selektionen für das Marketing" aufnehmen.

Diese Vorgehensweise erlaubt es Ihnen nicht, eine aufgabenbasierte Organisationsgestaltung durchzuführen. In dieser würden einzelne Aufgaben zur Konstruktion von Stellen und diese wiederum zur Zusammenführung zu Organen, wie zum Beispiel einer Abteilung, verwendet. Der Ansatz der aufgabenbasierten Organisationsgestaltung ist in einer stetigen Umwelt, die eine lange „Halbwertzeit" der Einzelaufgaben erlaubt, zielführend. Bei zunehmender Dynamik der Entwicklungen entspricht dies jedoch nicht der Realität der allermeisten Institutionen. Beständiger als einzelne Aufgaben sind die Verantwortlichkeiten, die durch die handelnden Personen wahrgenommen werden sollen. So könnte sich die oben aufgeführte Aufgabenfolge mit Einführung eines neuen Adressmanagement-Tools deutlich verändern oder gar entfallen. Die Verantwortung dafür, den bestehenden Adresspool bei der Durchführung von Marketingmaßnahmen optimal einzusetzen, bliebe hingegen bestehen. Daher erfolgt im Orgazign-Prozess die Bildung von Verantwortungsbereichen auf Basis der Zuordnung von Verantwortlichkeiten, nicht aber mittels der Aufgabensynthese (siehe hierzu auch die Ausführungen zum Organization Model Canvas).

Aber auch die Masse aller Prozesse kann den Blick auf das Wesentliche verstellen. Daher fokussiert der Orgazign-Prozess auf die entsprechend des Paretoprinzips wichtigsten Prozesse.

Ziel der Priorisierung ist die Identifikation der zwanzig Prozent der Prozesse, die achtzig Prozent des Aufwands verursachen. Vereinbaren Sie hierzu vorab, wie Sie den Aufwand bemessen wollen: nach aufgewandter Zeit oder verursachten Kosten.

FALLBEISPIEL TEAM MEDIEN

Bestimmung der Priorität der Prozesse

Grundlegende These ist, dass auch für die Prozesse in Institutionen die Paretoregel anwendbar ist: Etwa 20 Prozent der Prozesse verursachen circa 80 Prozent des Aufwands. Eine Verbesserung dieser Prozesse bietet daher einen großen Hebel; sie sollen im Fokus der Optimierung des Organisationsdesigns stehen.

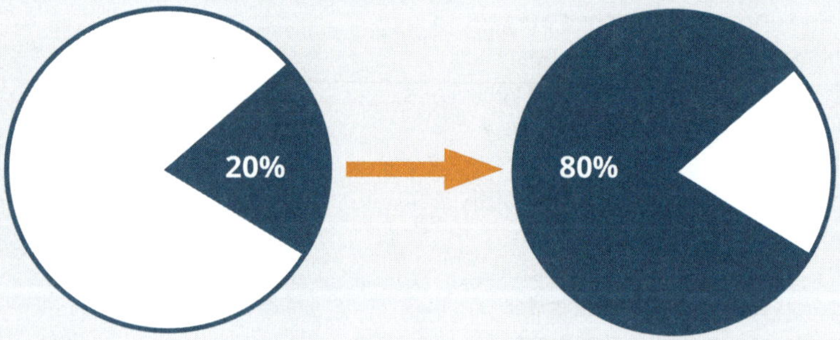

Wie wird der Baustein Prozesse bearbeitet?

Das Vorgehen zur Bearbeitung des Bausteins **Prozesse** folgt wiederum den drei Schritten Sammeln, Priorisieren und Überführen.

Das Team Medien stellt sich dieser Aufgabe, indem es zunächst die folgende Frage bearbeitet:

LEITFRAGE

Welche Prozesse zur Erstellung unserer Outputs führen wir standardmäßig durch?

Hierzu bennen alle Teammitglieder Prozesse der Leistungserstellung, indem sie diese auf Haftnotizen vermerken und an den Canvas kleben. Mitunter stellen andere Teammitglieder Fragen, um sicherzugehen, dass ein gemeinsames Begriffsverständnis vorliegt. Aber es werden auch Einwände formuliert, zum Beispiel, wenn kleinteilige Eingaben in Form von einzelnen Arbeitsschritten gemacht werden. Das Team kann dies schnell auflösen, indem für die benannten Arbeitsschritte der übergeordnete Prozess identifiziert wird. So wird die Eingabe „Autor anrufen" dem Prozess „Autorenmanagement" zugeordnet und durch eine entsprechende Haftnotiz ersetzt.

Dann wendet sich das Team den folgenden Fragen zu:

LEITFRAGEN

Gibt es weitere Prozesse, die wir regelmäßig durchführen:
... zur Steuerung?
... zur Unterstützung der Leistungserstellung?

Nachdem das Team so die regelmäßig durchgeführten Prozesse gesammelt hat, überlegt es, welche sporadisch oder unregelmäßig durchgeführten Prozesse es gibt:

LEITFRAGEN

Welche Prozesse führen wir sporadisch oder unregelmäßig, aber wiederkehrend durch:
... zum Beispiel quartalsweise oder jährlich anfallender Vorgänge?
... im Rahmen von Projekten?

Die Beantwortung der Fragen führt zu den Ergebnissen des Teams, die in der Abbildung „Sammlung der Prozesse" rechts dargestellt sind.

Sammlung der Prozesse

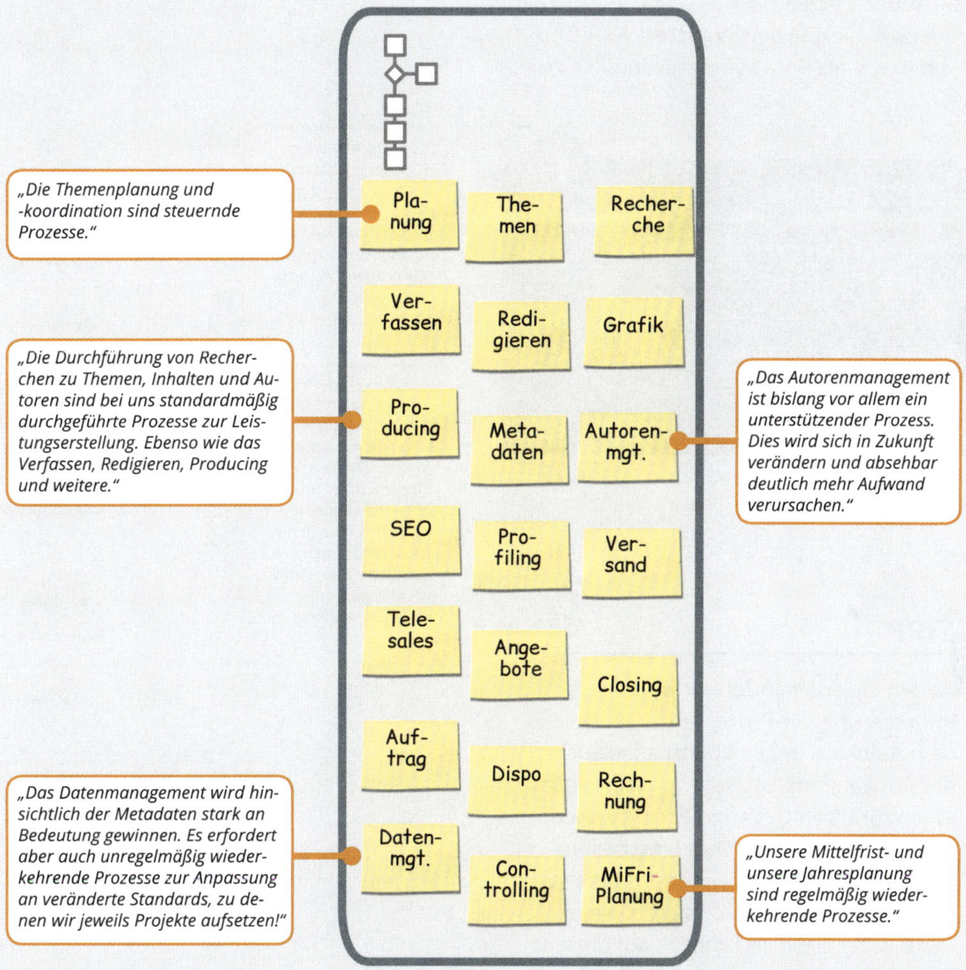

FALLBEISPIEL TEAM MEDIEN

Aufgrund der vielen Prozesse nimmt das Team sodann eine Priorisierung vor. Es einigt sich darauf, hierbei den zeitlichen Aufwand für das Team als Bemessungsgrundlage zu nutzen.

LEITFRAGEN

Welcher Prozess wird die meiste Zeit in Anspruch nehmen?

Welcher Prozess wird die zweitmeiste Zeit in Anspruch nehmen?

Und so weiter.

TIPP

Ziehen Sie auch andere Kriterien zur Priorisierung der Prozesse heran. Neben dem Aufwand in Zeit könnte dies auch der Aufwand in Kosten sein. Vielleicht ist Ihnen für Ihren Orgazign-Prozess aber auch ein bestimmter Outcome besonders wichtig? Dann könnten Sie die Prozesse auch danach priorisieren, welche Bedeutung diese im Hinblick auf diesen Outcome haben.

Priorisierung der Prozesse

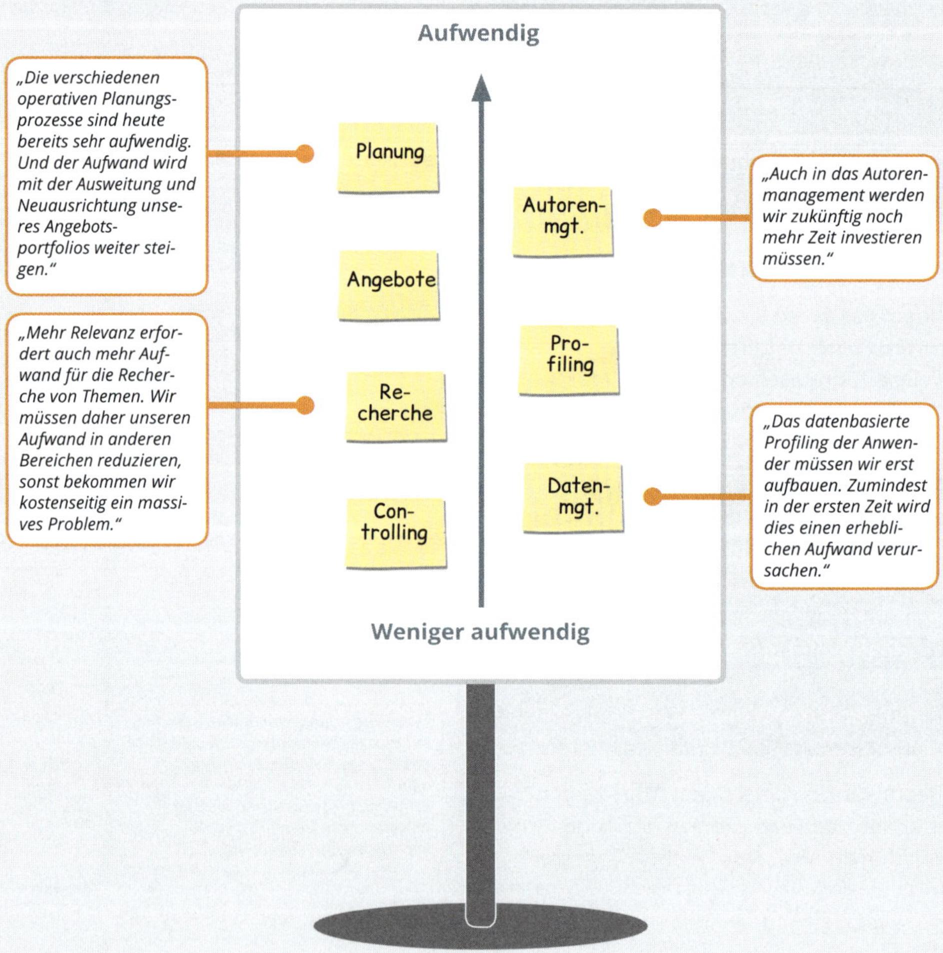

Sehr schnell stellt das Team fest, dass eine exakte Bestimmung des Aufwands je Prozess nicht möglich ist. Dies scheitert bereits daran, dass die Auswirkungen der geplanten Neuerungen der Outputs auf den Aufwand einiger Prozesse noch nicht genau zu bestimmen sind. Daher arbeitet das Team auf Basis seines Erfahrungswissens und von Schätzungen beziehungsweise unter Zuhilfenahme von Annahmen. Dennoch sind viele Teammitglieder vom Ergebnis überrascht. Dass die Planung und das Autorenmanagement die aufwendigsten Prozesse sind, und dies in Zukunft noch stärker der Fall sein wird, hätten sie nicht gedacht.

Dem Team wird so aber klar, dass es seine Aufwände für die Durchführung anderer Prozesse deutlich wird reduzieren müssen. Daher schlägt ein Teammitglied vor, diesen Punkt noch in die Outcomes mit aufzunehmen. Er wird dort entsprechend ergänzt (siehe Abbildung „Formulierung der angestrebten Outcomes: Team Medien | NEU").

Nach Abschluss der Priorisierung entfernt das Team die nicht priorisierten Prozesse und platziert diese gut sichtbar im Raum. Die wichtigsten Prozess werden zurück auf den Canvas übertragen.

Formulierung der angestrebten Outcomes: Team Medien | NEU

	Kundenperspektive: angestrebte Wirkung bei Kunden	**Marktperspektive: angestrebte Wirkung auf die weiteren Marktteilnehmer**	**Unsere Perspektive: für uns selbst relevante Ziele**
Funktionale Ebene	*„Unsere Kunden fällen Entscheidungen trotz unsicherer Zeiten bestens informiert."*	*„Wir erreichen mit der einzigartigen Kombination unserer Angebote eine Alleinstellung."*	***„Wir erhöhen die Effizienz unserer Prozesse, um Freiräume für die Umsetzung neuer und weiterentwickelter Outputs zu erlangen."***
Emotionale und soziale Ebene	*„Unsere Kunden erleben das tiefe Eintauchen in komplexe Zusammenhänge als wohltuende und wichtige Abwechslung zum agilen Alltag."*	*„Wir binden die wichtigsten Autoren/Kontributoren mit einer einmaligen Plattform und bauen so Einstiegsbarrieren für unsere Wettbewerber auf."*	*„Wir erlangen eine größere Relevanz bei unseren Zielgruppen als je zuvor."*
Wirtschaftliche Ebene	*„Unsere Kunden reduzieren ihren Aufwand zur Informationsbeschaffung drastisch."*	„Wir erzielen Zahlungsbereitschaft für unsere Angebote, weil diese exklusiv sind und konkrete Hilfestellung geben."	*„Mit unseren neuen, hochpreisigen Angeboten schaffen wir den Turnaround hin zu steigenden Erlösen."*

FALLBEISPIEL TEAM MEDIEN

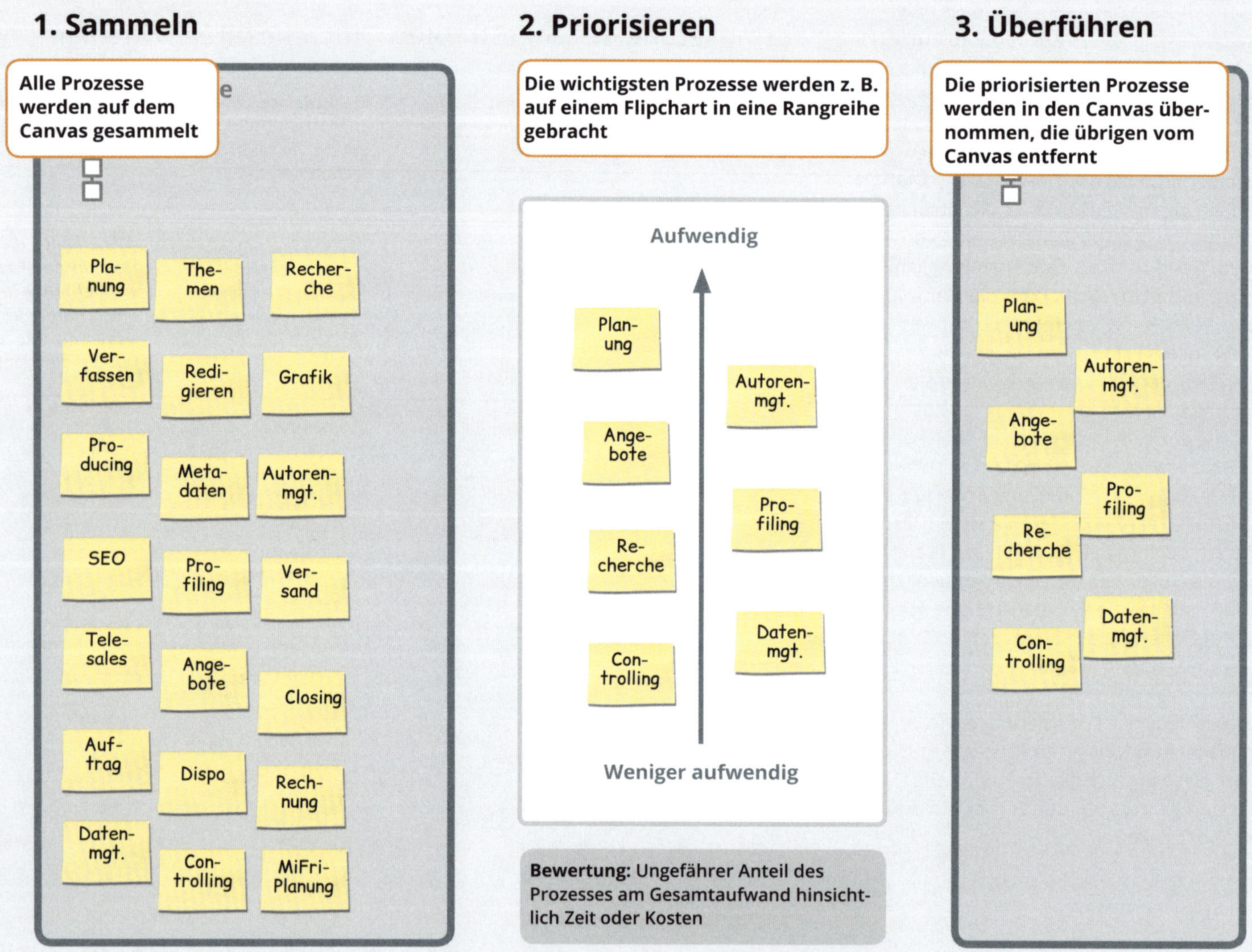

1. Sammeln

Zunächst werden alle Prozesse auf einem angemessenen Abstraktionsniveau auf dem Canvas gesammelt.

2. Priorisieren

In einem zweiten Schritt erfolgt die Priorisierung. Es wird eine Rangreihe der für die Entwicklung des Organisationsdesigns relevantesten Prozesse gebildet.

3. Überführen

Im dritten Schritt werden die nicht-priorisierten Prozesse vom Canvas genommen und die für das Organisationsdesign wichtigsten Prozesse in den Canvas rückübertragen. Die nicht-priorisierten Prozesse werden sichtbar im Arbeitsraum platziert.

Hinweise zur Priorisierung

Die Priorisierung erlaubt die Fokussierung auf die Prozesse mit dem größten Aufwandshebel. Die nicht priorisierten Prozesse sollten wiederum dokumentiert und im weiteren Verlauf betrachtet werden. So können auch Prozesse, die einen relativ geringen Aufwand verursachen, mitunter erfolgskritisch sein.

Auch können die nicht priorisierten Prozesse in späteren Stadien zur Plausibilitätsprüfung herangezogen werden.

Berücksichtigen Sie diesen Aspekt während der Arbeitssessions und bewahren Sie die entsprechenden Punkte auf, um sie nachfolgend in den Orgazign-Prozess einfließen lassen zu können.

Die Betrachtung der für die Organisationseinheit wichtigen Prozesse unterstützt die Bearbeitung der beiden folgenden Bausteine Fördernisse und Hindernisse. Indem Sie die Stärken und Schwächen der einzelnen Prozesse reflektieren, erhalten Sie bereits Hinweise auf mögliche Hindernisse, also Faktoren, die Ihnen heute bei der Erreichung des besten Ergebnisses im Wege stehen. Und Sie erkennen auch mögliche, für die Zukunft wichtige Verbesserungsansätze.

4 Fördernisse & Hindernisse

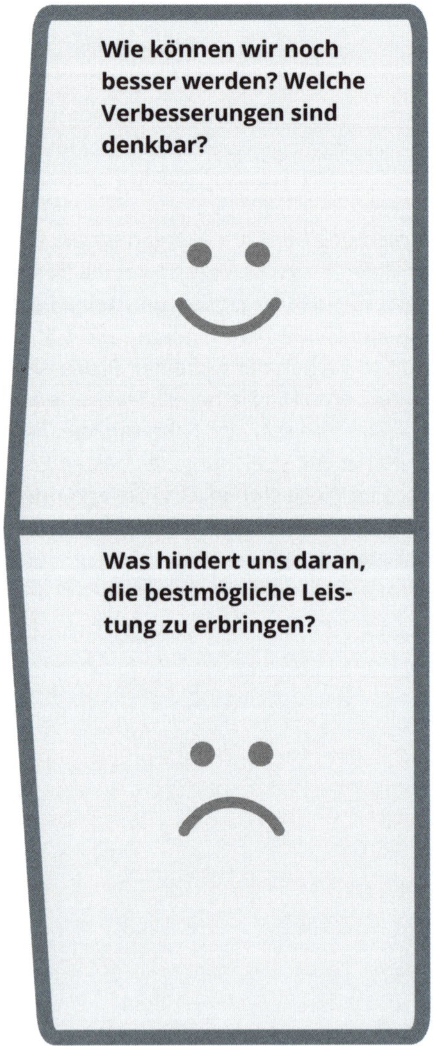

Worum geht es bei den Bausteinen Fördernisse und Hindernisse?

Ein gutes Organisationsdesign schafft Rahmenbedingungen, in denen die Beteiligten ihre Wahrnehmungsfähigkeit und ihre Leistungsfähigkeit bestmöglich einbringen und in der Zusammenarbeit mit anderen wirksam werden lassen können. So werden eine hohe Qualität der Prozesse und letztlich eine überlegene Ergebnisqualität für das Bestehen im Wettbewerb mit anderen unterstützt.

Fördernisse sind daher Verbesserungsmöglichkeiten hinsichtlich

- der Rahmenbedingungen, in denen die Mitarbeitenden tätig sind,
- des Wohlbefindens und der Motivation der Mitarbeitenden sowie
- der Prozess- und Ergebnisqualität.

Zur Identifikation von Fördernissen richten Sie den Blick nach vorn und halten Ausschau nach Verbesserungsansätzen für die Zukunft. Für den Orgazign-Prozess sind Ansätze relevant, die durch ein neues Organisationsdesign realisiert werden können und als machbar bewertet werden.

Hindernisse identifizieren Sie, indem Sie den Blick auf den aktuellen Status richten. Hindernisse sind von den Beteiligten wahrgenommene Probleme oder Spannungen, die auf Optimierungsmöglichkeiten oder Optimierungsbedarf des Organisationsdesigns hinweisen. Hierzu zählen Barrieren, die die Wahrnehmung relevanter Geschehnisse und die Erreichung des bestmöglichen Ergebnisses behindern, aber auch Risiken, Frustrationen und unerwünschte Ergebnisse.

Um Fördernisse und Hindernisse zu identifizieren, helfen die in der Abbildung „Fragen zur Identifikation von Fördernissen und Hindernissen“ aufgeführten Fragen.

Fragen zur Identifikation von Fördernissen und Hindernissen

Fördernisse

- Wie können wir unsere Stärken stärken?
- Wie können wir die Wahrnehmung wichtiger Ereignisse und Entwicklungen in unserer Institution und der Umwelt fördern?
- Was würde mich dabei unterstützen, meine Leidenschaft zu entfachen und in meine Tätigkeit einzubringen?
- Was würde mich beflügeln und mir Energie verleihen?
- Wie könnte ich/könnten wir, zeitliche Freiräume gewinnen?
- Wie können wir Fehler vermeiden und eine exzellente Leistung erbringen?
- Wie könnten wir bei gleichem Output unseren Arbeitsaufwand verringern?
- Was sollten wir wissen und können, um eine exzellente Leistung erbringen zu können?
- Können wir Arbeitsschritte stärker automatisieren?

Hindernisse

- Welche Schwächen können wir mit einem neuen Organisationsdesign mindern/überwinden?
- Was hindert uns daran, wichtige Impulse wahrzunehmen und hierauf angemessen zu reagieren?
- Was mindert meine Motivation, die bestmögliche Leistung zu erbringen?
- Was raubt mir Energie?
- Was verschwendet meine/unsere Zeit?
- Was führt in meiner/unserer Tätigkeit zu Fehlern?
- Was führt zu unnötigem Mehraufwand?
- Welches Wissen und welche Fähigkeiten fehlen?
- Welche Dinge, die wir tun, leisten keinen Wertbeitrag und sind unnötig und sinnlos?

Was ist bei der Bearbeitung der Bausteine Fördernisse und Hindernisse zu beachten?

Bei der Bearbeitung der Bausteine sollten Sie die verschiedenen Arten von Fördernissen und Hindernissen beachten:

- Soziale Förder- und Hindernisse: beziehen sich auf das Zusammenwirken der in der Organisationseinheit handelnden Personen.
- Strukturelle Förder- und Hindernisse: beziehen sich auf die Ausgestaltung der formalen Organisation, insbesondere die Organe und Regeln.
- Funktionale Förder- und Hindernisse: beziehen sich auf die Zweckmäßigkeit eingesetzter Methoden, Standards und Instrumente sowie institutionelle Fähigkeiten (siehe die Ausführungen zu institutionellen Fähigkeiten auf Seite 48 f.).

Soziale Fördernisse

Ansätze für Verbesserungen können auf der emotionalen, zwischenmenschlichen Ebene liegen. Beispiele hierfür sind:

- Austausch über relevante Geschehnisse innerhalb und außerhalb der Institution fördern,
- Teamzusammenhalt stärken,
- Feedbackkultur stärken,
- Arbeitsbeziehungen stärken,
- Kommunikation durch optimierte Meetingkultur verbessern,
- Neue bereichsübergreifende Kommunikationsflüsse schaffen,
- Innovationskultur fördern,
- Fehlerkultur etablieren oder
- Kundenorientierung stärken.

Soziale Hindernisse

Ebenso können auf der sozialen Ebene Probleme bestehen, die sich negativ auf die Entscheidungsfindung, die Kommunikation, die Zusammenarbeit und letztlich auf die Prozesse und die Ergebnisse auswirken. Beispiele hierfür sind:

- blinde Flecken und tabuisierte Themen, die die Wahrnehmung von und die Reaktion auf relevante Ereignisse innerhalb und außerhalb der Institution behindern;
- persönliche Divergenzen, die innerhalb des Teams oder bereichsübergreifend bestehen und das Klima belasten sowie die Einsatzbereitschaft mindern;
- ein unterschiedliches Kommunikationsverhalten der Beteiligten, das sich störend auswirkt;
- eine fehlende Konfliktlösungskultur, die zu spürbaren Mehraufwänden und Frustrationen führt;
- Entscheidungen, die zu lange dauern oder zu häufig revidiert werden;
- eine inkonsequente Priorisierung;
- eine Führung, die als misstrauensorientiert erlebt wird oder
- Vorstöße für Veränderungen und Innovationen, die nicht aufgenommen werden.

Strukturelle Fördernisse

Strukturbedingte Fördernisse sind Verbesserungsansätze hinsichtlich der Organisationsstruktur. Beispiele sind:

- Veränderung der Aufbauorganisation, also des Zuschnitts der Organe, zum Beispiel zur
  - Erhöhung der Aufmerksamkeit und der Wahrnehmungsfähigkeit relevanter Ereignisse in und um die Institution,
  - Reduktion von Schnittstellen,
  - Optimierung der Kommunikationsflüsse,
- Verbesserung der Entscheidungsgeschwindigkeit und -qualität;
- Neugestaltung der Verantwortlichkeiten zur Erhöhung der Rollenklarheit;
- Übertragen von Verantwortung auf die operative Ebene, um Entscheidungswege zu verkürzen;
- bessere Passung von Mitarbeitern und ihren Fähigkeiten zu Aufgaben und Rollen;
- Verlagerung von Prozessen in Organisationseinheiten mit höherer Fachkompetenz für diese Prozesse;
- Outsourcing von Aufgaben und
- Insourcing ausgelagerter Aufgaben.

Strukturelle Hindernisse

Probleme und Barrieren, die aus der bestehenden Organisationsstruktur resultieren, wie zum Beispiel:

- zu viele Hierarchieebenen mit zu hohem Abstimmungsaufwand sowie zu langen und/oder unklaren Entscheidungswegen;
- zu viele Organe mit unzureichender Nutzung von Synergien, mit vielen Schnittstellen und wiederkehrender Doppelarbeit;
- zu große Führungsspannen;
- organisatorische Regelungslücken hinsichtlich Verantwortlichkeiten, Rechten, Pflichten und hieraus entstehende Unklarheiten hinsichtlich der Rollen von Beteiligten;
- fehlende Übereinstimmung von Verantwortlichkeiten, Rechten, Pflichten;
- unklare Entscheidungswege;
- ungeeignete Aufgabenzuweisung und daher zu viele parallele Aufgaben bei einer Stelle oder in einem Team;
- Strukturen verhindern eine angemessene Kundennähe und
- Spezialisten können nicht in für sie geeigneten, spezifischen und von der Norm abweichenden Rahmenbedingungen agieren.

Funktionale Fördernisse

Insbesondere der Einsatz neuer oder verbesserter Methoden, Standards und Instrumente kann zu funktionalen Verbesserungen führen. Aber auch ein optimiertes Arbeitsumfeld und der Auf- beziehungsweise Ausbau fachlicher Kompetenzen sowie institutioneller Fähigkeiten sind denkbare funktionale Fördernisse:

- optimierter Systemeinsatz;
- stärkere oder bessere Automatisierung;
- stärkere Standardisierung von Prozessen und Prozessunterstützung durch mehr Standardvorlagen;
- Aufwandsreduktion durch Eliminieren nicht wertschöpfender Prozessschritte;
- Einsatz agiler Methoden zur Arbeitsorganisation;
- Einsatz geeigneter Projektmanagementverfahren;
- Anpassung bestehender oder Einsatz neuer Ziel- und Anreizsysteme;
- Weiterentwicklung von Fähigkeiten und Kompetenzen auf individueller Ebene;
- Weiterentwicklung und Förderung von institutionellen Fähigkeiten oder
- Schulungen zur optimierten Durchführung von Routineprozessen.

Funktionale Hindernisse

Funktionale Hindernisse können aus fehlenden, unzureichenden oder nicht optimal angewendeten Methoden, Standards und Instrumenten resultieren. Weitere wichtige Faktoren können das Arbeitsumfeld, fehlende fachliche Kompetenzen, nicht ausreichende institutionelle Fähigkeiten, aber auch eine nicht optimale Prozessgestaltung sein:

- fehlende Kommunikationsräume zum Austausch zwischen den Mitarbeitenden führen zu relevanten Wissenslücken;
- nicht optimale Systemunterstützung führt zu Mehraufwand;
- fehlende Kompetenzen und/oder Fähigkeiten steigern die Fehlerquote;
- fehlende Standards erhöhen den Aufwand;
- Doppelarbeiten und Prozessschleifen belegen Kapazitäten oder
- bestehende Ziel- und Anreizsysteme setzen nicht zielkonforme Anreize.

FALLBEISPIEL TEAM MEDIEN

Wie werden die Bausteine Fördernisse und Hindernisse bearbeitet?

Auch in diesen Bausteinen erfolgt zunächst eine Sammlung, in diesem Fall von Fördernissen und Hindernissen. Das Team Medien hat erste Hindernisse bereits bei der Diskussion um die Prozesse entdeckt und diese direkt auf Haftnotizen aufgetragen. Dennoch betrachtet das Team noch einmal systematisch die Hindernisse auf Basis der folgenden Frage:

LEITFRAGE

Welche
- sozialen,
- strukturellen und
- funktionalen

Probleme, Hürden, Risiken, Frustrationen usw. hindern uns daran, die bestmögliche Leistung zu erbringen und das bestmögliche Ergebnis zu erzielen?

Der Moderator wirkt an dieser Stelle darauf hin, dass eine möglichst offene und umfassende Benennung der aus Sicht der Beteiligten wichtigen Probleme erfolgt. Er weist das Team daher vor der Erarbeitung der Hindernisse darauf hin, dass ungenannte Probleme im weiteren Verlauf des Orgazign-Prozesses nicht bearbeitet und somit auch nicht einer Lösung zugeführt werden können. Aus diesem Grund hakt er bei der Benennung eines Hindernisses immer mal wieder nach, ob das Problem aus Sicht anderen Teilnehmer zutreffend formuliert ist, oder ob sich ein Problem hinter dem Problem verbirgt.

Anschließend wendet sich das Team der Zukunft zu und erarbeitet die Fördernisse (siehe die Abbildung „Sammlung der Fördernisse und Hindernisse“ rechts):

LEITFRAGEN

Welche
- sozialen,
- strukturellen und
- funktionalen

Fördernisse würden unsere Rahmenbedingungen in der Zukunft verbessern?

Welche Fördernisse würden unser Wohlbefinden und unsere Motivation steigern sowie die Prozess- und Ergebnisqualität verbessern?

Es ist nicht entscheidend, ob Sie zuerst die Hindernisse oder die Fördernisse bearbeiten. Wenn Sie einen der Bausteine bearbeitet haben, sollten Sie jedoch nicht das Gegenteil eines Hindernisses zu einem Förndernis deklarieren (oder umgekehrt).

TIPP

Das Hindernis „Ressourcenmangel“ führt nicht zwangsläufig zum Förndernis „Mehr Ressourcen“. In manchen Situationen, beispielsweise bei schlecht gestalteten Prozessen, können mehr Ressourcen die Problemlage noch verschärfen.

Wichtig ist also, dass Sie beim Blick auf die Fördernisse – und somit die Zukunft – jeweils die Ursachen für aktuell bestehende Probleme betrachten und eine möglichst offene Diskussion über die aus Sicht der Beteiligten wahren Probleme führen!

Auch bei den Fördernissen und Hindernissen ist mitunter eine Priorisierung empfehlenswert. Sie können diese entlang der Relevanz der gesammelten Fördernisse und Hindernisse für den weiteren Orgazign-Prozess vornehmen. Das Team Medien startet hierbei mit der Priorisierung der Fördernisse.

Sammlung der Födernisse und Hindernisse

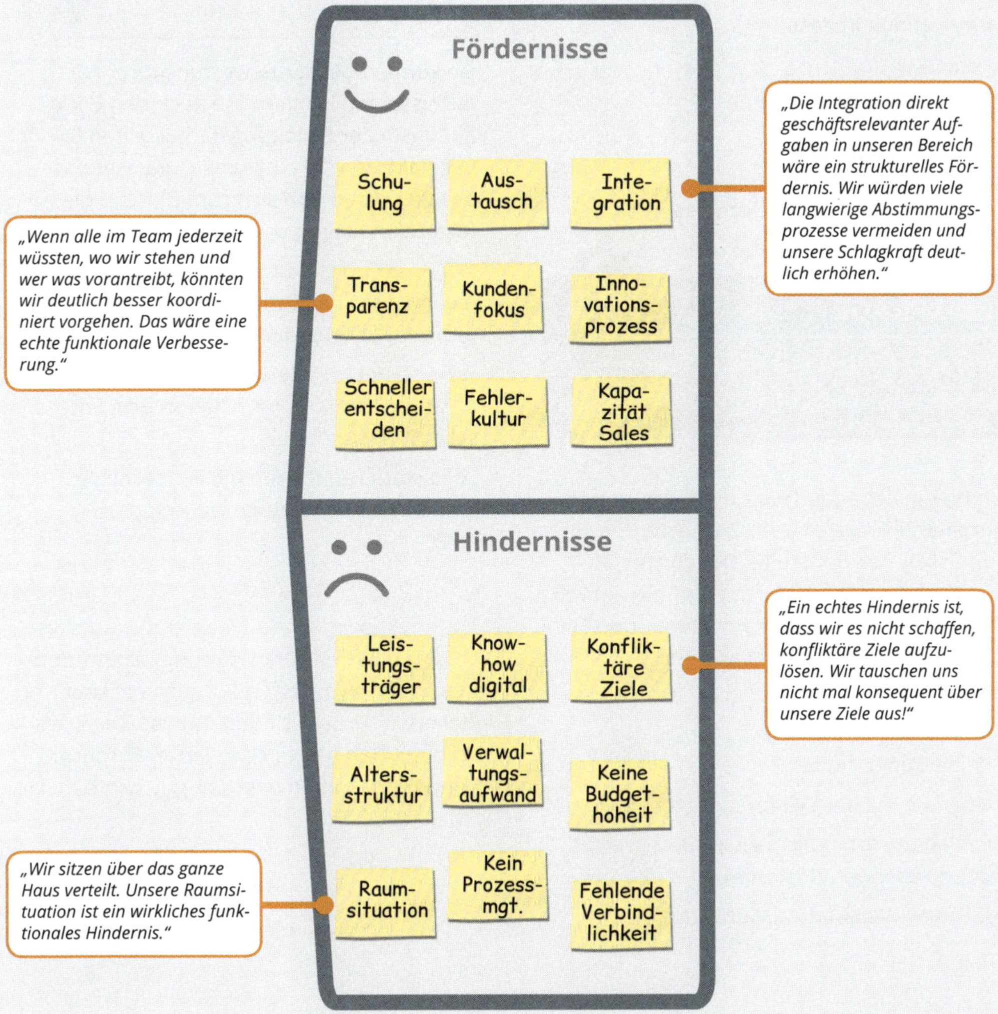

LEITFRAGE

Welchen Beitrag kann dieser Verbesserungsansatz zur Erreichung unserer Ziele leisten?

Zur Beantwortung dieser Frage wirft das Team einen Blick sowohl auf die Orgazign-Zielkarte als auch auf den Baustein **Outcomes**. Anlässe für den Orgazign-Prozess sind demnach:

- sinkende Erlöse,
- Erfordernis einer Turnaround-Strategie, die in der aktuellen Struktur nicht umgesetzt werden kann,
- Erfordernis, die Innovationskraft deutlich zu steigern.

Ziele sind:

- neues Produktportfolio zur Erlössteigerung umsetzen,
- schneller neue Angebote entwickeln,
- eigenes Handeln deutlich stärker auf die Zielgruppenbedürfnisse ausrichten,
- sich auf gemeinsame Ziele fokussieren,
- Agilität steigern,
- Prozesskosten senken und
- Umsatz steigern.

FALLBEISPIEL TEAM MEDIEN

Die priorisierten Outcomes sind:

- Unsere Kunden erleben das tiefe Eintauchen in komplexe Zusammenhänge als wohltuende und wichtige Abwechslung zum agilen Alltag.
- Wir erlangen eine größere Relevanz bei unseren Zielgruppen als je zuvor.
- Wir erreichen mit der einzigartigen Kombination unserer Angebote eine Alleinstellung.
- Wir binden die wichtigsten Autoren/Kontributoren mit einer einmaligen Plattform und bauen so Einstiegsbarrieren für unsere Wettbewerber auf.

Nun können die Teammitglieder ihre Ziele mit den auf dem Canvas aufgeführten Fördernissen abgleichen und aus ihrer Sicht besonders wichtige Faktoren benennen. Das Team bringt die Fördernisse in eine Rangfolge, die von „essenziell" für Verbesserungen, die Zielerreichung bis „nice to have" reicht. Dieses Vorgehen erlaubt die Fokussierung auf die für das zukünftige Organisationsdesign wichtigsten Verbesserungspotenziale. Entsprechend den Zielen priorisiert das Team die Fördernisse wie folgt (siehe Abbildung „Priorisierung der Fördernisse und Hindernisse"):

- Kundenfokus
- Innovationsprozess
- Fehlerkultur
- Kapazität Sales
- Schneller entscheiden

Zur Priorisierung der **Hindernisse** stellt sich das Team die folgende Frage:

LEITFRAGE

Wie sehr hindert uns dieses Problem an der Erreichung unserer Ziele?

Auch hier gleicht das Team die einzelnen gesammelten Punkte mit der Zielkarte und den Ergebnissen des Bausteins **Outcomes** ab. Dies erlaubt die Fokussierung auf die aktuell und zukünftig wichtigsten Probleme und Hindernisse und führt zu folgender Priorisierung:

- Konfliktäre Ziele
- Keine Budgethoheit
- Überlastung der Leistungsträger
- Fehlende Verbindlichkeit in der bereichsübergreifenden Abstimmung
- Zu hoher Verwaltungsaufwand

TIPP

Sie können bei der Bewertung Ihrer Fördernisse und Hindernisse auch den Blick auf die in der Einleitung dargestellten Erfolgsfaktoren für ein gutes Organisationsdesign richten und sich zum Beispiel die folgenden Fragen vor Augen führen:

„Wie sehr unterstützen die Fördernisse die intrinsische Motivation der Mitarbeiter und die Güte der Prozesse?"

„Wie stark behindern die Hindernisse die bestmögliche Kommunikation und Entscheidungsfindung?"

„Wie stark reduzieren die Hindernisse die Klarheit der Strukturen und der Rollen?"

Nach Abschluss der Priorisierung überträgt das Team die wichtigsten Fördernisse und Hindernisse zurück auf den Canvas. Die Haftnotizen mit den nicht priorisierten Fördernissen und Hindernissen werden gut sichtbar im Raum platziert.

Priorisierung der Fördernisse & Hindernisse

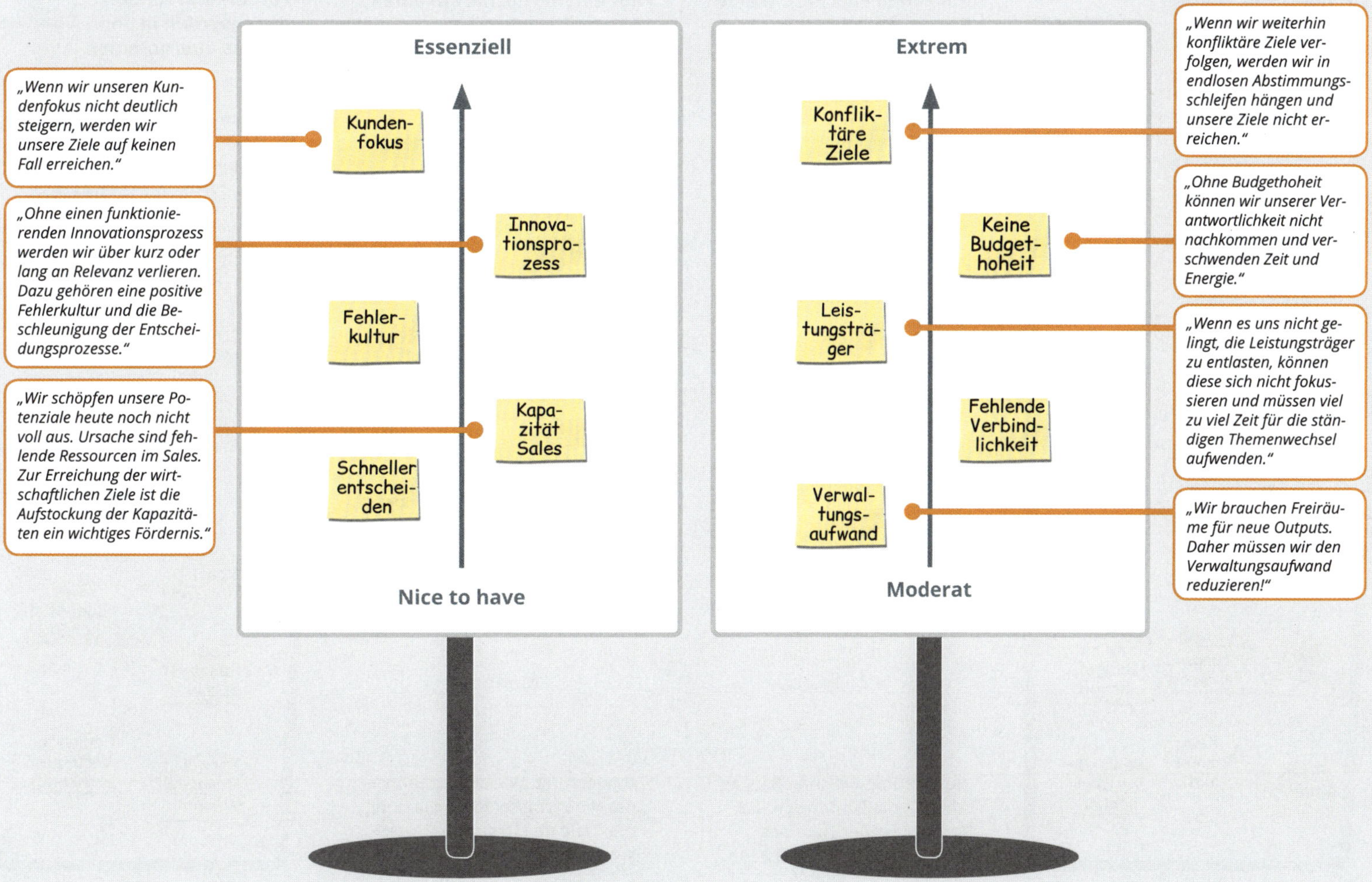

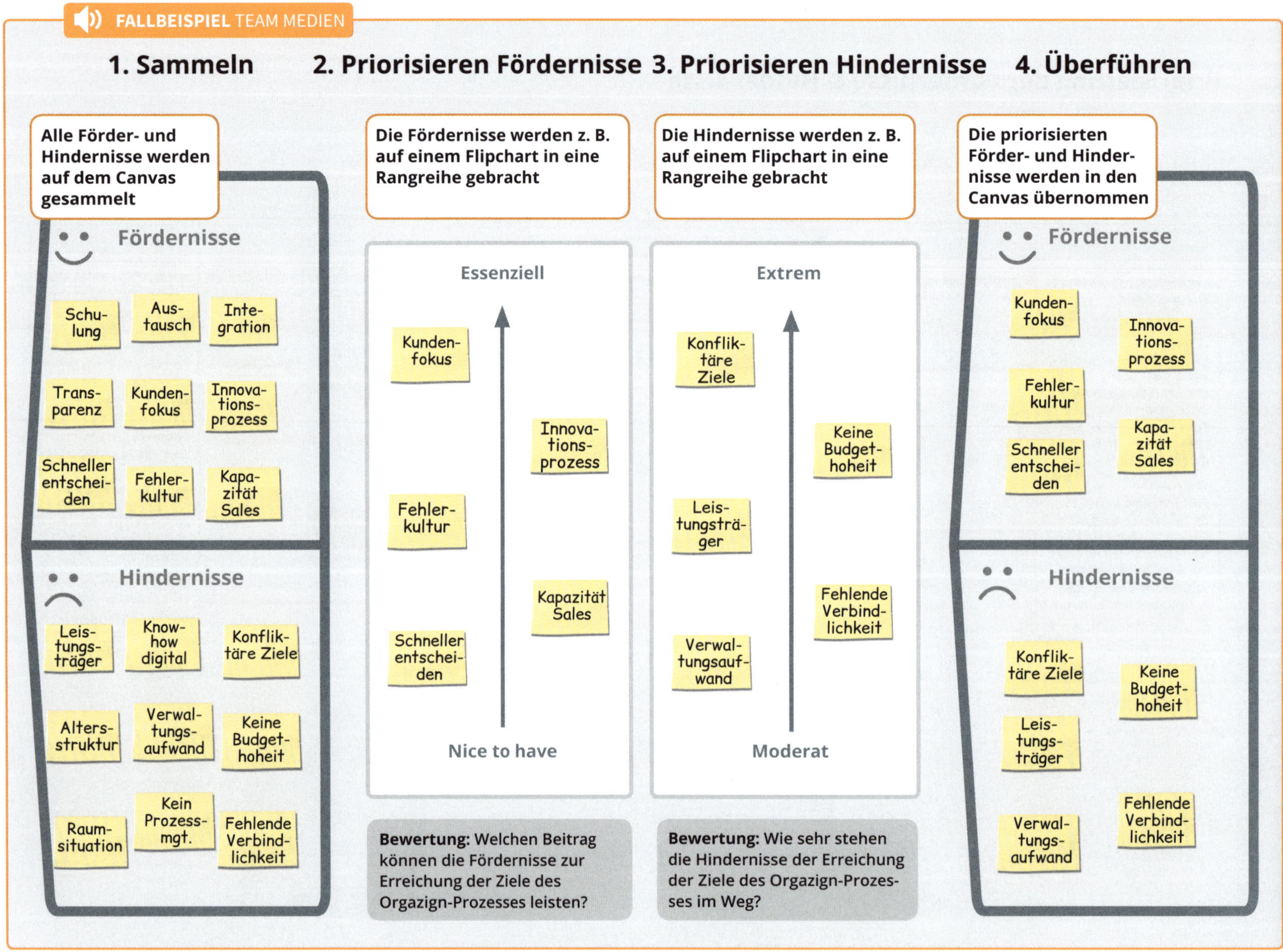
FALLBEISPIEL TEAM MEDIEN
1. Sammeln
2. Priorisieren Fördernisse
3. Priorisieren Hindernisse
4. Überführen
Alle Förder- und Hindernisse werden auf dem Canvas gesammelt
Fördernisse
Schu-lung
Aus-tausch
Inte-gration
Trans-parenz
Kunden-fokus
Innova-tions-prozess
Schneller entschei-den
Fehler-kultur
Kapa-zität Sales
Hindernisse
Leis-tungs-träger
Know-how digital
Konflik-täre Ziele
Alters-struktur
Verwal-tungs-aufwand
Keine Budget-hoheit
Raum-situation
Kein Prozess-mgt.
Fehlende Verbind-lichkeit
Die Fördernisse werden z. B. auf einem Flipchart in eine Rangreihe gebracht
Essenziell
Kunden-fokus
Innova-tions-prozess
Fehler-kultur
Kapazität Sales
Schneller entschei-den
Nice to have
Bewertung: Welchen Beitrag können die Fördernisse zur Erreichung der Ziele des Orgazign-Prozesses leisten?
Die Hindernisse werden z. B. auf einem Flipchart in eine Rangreihe gebracht
Extrem
Konflik-täre Ziele
Keine Budget-hoheit
Leis-tungsträ-ger
Fehlende Verbind-lichkeit
Verwal-tungsauf-wand
Moderat
Bewertung: Wie sehr stehen die Hindernisse der Erreichung der Ziele des Orgazign-Prozes-ses im Weg?
Die priorisierten Förder- und Hinder-nisse werden in den Canvas übernommen
Fördernisse
Kunden-fokus
Innova-tions-prozess
Fehler-kultur
Schneller entschei-den
Kapa-zität Sales
Hindernisse
Konflik-täre Ziele
Keine Budget-hoheit
Leis-tungs-träger
Verwal-tungs-aufwand
Fehlende Verbind-lichkeit

1. Sammeln

Zunächst werden alle Fördernisse und Hindernisse auf einem angemessenen Abstraktionsniveau auf dem Canvas gesammelt.

2. Priorisieren der Fördernisse

In einem zweiten Schritt erfolgt die Priorisierung der Fördernisse. Es wird eine Rangreihe der für die Entwicklung des Organisationsdesigns relevantesten Fördernisse gebildet.

3. Priorisieren der Hindernisse

In einem dritten Schritt erfolgt die Priorisierung der Hindernisse. Es wird eine Rangreihe der für die Entwicklung des Organisationsdesigns relevantesten Hindernisse gebildet.

4. Überführen

Im vierten Schritt werden die für das Organisationsdesign wichtigsten Fördernisse und Hindernisse in den Canvas rückübertragen. Auch hier gilt: Die weiteren gesammelten Aspekte werden aufbewahrt und bei Bedarf im weiteren Verlauf des Orgazign-Prozesses zu Rate gezogen. Insbesondere zur Prüfung von in den weiteren Schritten entwickelten Entwürfen kann dies gewinnbringend sein.

Nunmehr haben Sie

- die Outputs,
- die angestrebten Outcomes,
- die Prozesse sowie
- die Fördernisse und Hindernisse

erarbeitet und priorisiert. Somit haben Sie die Herausforderungen für Ihr künftiges Organisationsdesign identifiziert. Jetzt ist es an der Zeit, diese Erkenntnisse zusammenzuführen und abzuleiten, was Sie hieraus für Ihr künftiges Organisationsdesign lernen und was sie ihm zugrunde legen möchten. Hierzu dient der Baustein Leitlinien.

5 Leitlinien

Was sollten wir am Organisationsdesign verändern, um eine möglichst gute Passung mit der Umwelt und unseren Zielen zu erreichen?

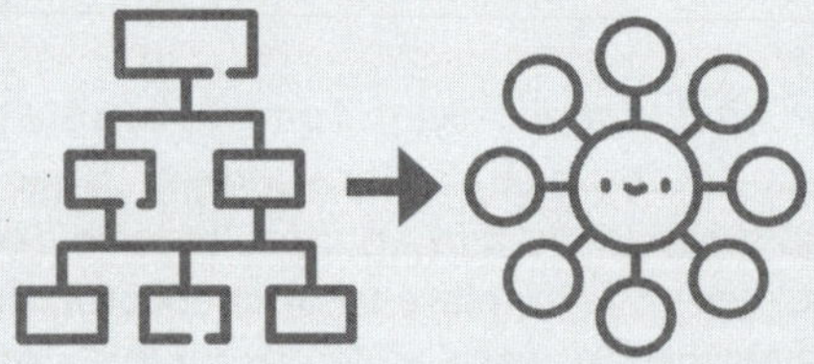

Worum geht es beim Baustein Leitlinien?

Der Baustein **Leitlinien** bildet den Übergang von der Betrachtung des Ist-Organisationsdesigns zur Entwicklung des neuen Organisationsdesigns. In diesem Baustein fassen Sie die bislang erzielten Ergebnisse zusammen und bewerten, inwiefern Ihr aktuelles Organisationsdesign eine angemessene Passung zu den Anforderungen des Umfelds und den eigenen Strategien aufweist. Sie fragen sich also:

- Besteht eine ausreichende Übereinstimmung unseres Organisationsdesigns mit dem Umfeld, in dem wir agieren?
- Besteht eine ausreichende Passung zwischen den Anforderungen der Stakeholder und unserem Organisationsdesign?
- Besteht ein ausreichender Fit zwischen unserem Organisationsdesign und den Unternehmenszielen sowie unserer Strategie?

Ergebnis dieser Betrachtung könnte zum Beispiel sein, dass Ihr bestehendes Organisationsdesign wenig attraktiv für junge Talente ist oder dass Ihr Organisationsdesign die eigene Strategie nicht ausreichend unterstützt. In solchen Fällen eines nicht ausreichenden Fits prüfen Sie im Baustein Leitlinien, wie Sie den Fit durch Anpassung aktuell wirksamer oder die Anwendung neuer Organisationsprinzipien verbessern können.

Hinweis

Organisationsprinzipien
Organisationsprinzipien sind grundlegende Ansätze zur Gestaltung der Organisation.

Das Leitungsprinzip: Die Leitung einer Institution erfolgt mittels hierarchischer Führung oder mittels Selbstorganisation und Selbstführung. Weiterhin kann die Leitung zentral oder dezentral ausgestaltet sein.

Das Koordinationsprinzip: Eine Abstimmung verschiedener Organe in der Institution kann über definierte Berichtslinien, aber auch in Form bereichsübergreifender Teams sowie einer offenen Vernetzung erfolgen.

Das Entwicklungsprinzip: Die Weiterentwicklung der Organisation und des Organisationsdesigns kann Top-down, also managementgetrieben, erfolgen. Die Weiterentwicklung kann aber auch evolutionär-dezentral getrieben sein.

Im Orgazign-Prozess springen Sie nicht direkt von der Analyse zur Detailkonzeption. Sie nehmen sich vielmehr die Zeit, um alternative Organisationsprinzipien zu betrachten und in Erwägung zu ziehen. Wer solch grundlegende Ansätze nicht beachtet, schreibt vielleicht lediglich Bekanntes fort und erzielt nur marginale Verbesserungen – obwohl eventuell dramatische Fortschritte möglich gewesen wären. Die Abbildung „Übereinstimmung Umfeld – Organisationsdesign" veranschaulicht dieses Vorgehen.

Übereinstimmung Umfeld – Organisationsdesign

Wie hat sich das Umfeld verändert, wie verändert es sich aktuell, wie wird es sich verändern?

- Stakeholder
- Zielgruppen
- Wettbewerb
- Branche
- Gesellschaft
- Arbeitsmarkt
- Gesamtwirtschaft
- Politik
- Regulativer Rahmen
- Technologie
- etc.

Wie gut ist der Fit unseres Organisationsdesigns zu unserer Umwelt und unserer Strategie?

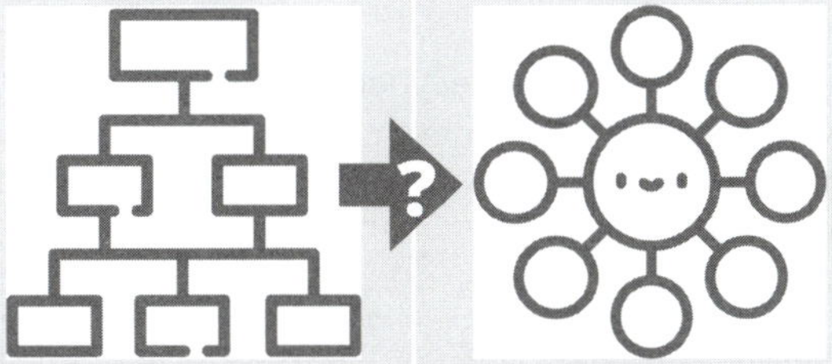

Welche Veränderungen sollten wir für eine bessere Übereinstimmung, einen besseren Fit, anstreben?

- Leitungsprinzip
- Koordinationsprinzip
- Entwicklungsprinzip

Was ist bei der Bearbeitung des Bausteins Leitlinien zu beachten?

In manchen Fällen ist eine Anpassung der Organisationsprinzipien sinnvoll. Hinweise auf Veränderungsbedarf erhalten Sie durch den Abgleich der verschiedenen Bausteine des Organizational Challenges Canvas.

Auswertung des Organizational Challenges Canvas

In den Bausteinen **Outputs, Outcomes** und **Prozesse** haben Sie Ihre Vorstellungen von der Zukunft skizziert:

- Baustein Outputs: „Wir möchten diesen Output verändern und jenen neuen Output erstellen!"
- Baustein Outcomes: „Wir möchten diese oder jene Wirkung erzielen und dieses oder jenes Ziel erreichen."
- Baustein Prozessse: „Diese Prozesse müssen wir zukünftig durchführen."

Weiterhin haben Sie im Baustein Fördernisse die wichtigsten organisatorischen Verbesserungsmöglichkeiten identifiziert sowie im Baustein Hindernisse eine Sammlung der wichtigsten Probleme, Schwächen und Risiken Ihres Organisationsdesigns erarbeitet.

Indem Sie nun die Outputs, Outcomes und Prozesse mit den Fördernissen und den Hindernissen abgleichen, erhalten Sie konkrete Hinweise auf einen fehlenden Fit des Ist-Organisationsdesigns mit Ihren Zielen, Ihrer Strategie sowie Ihrem Umfeld! Dies ist zum Beispiel der Fall, wenn starre Abläufe ein Hindernis darstellen, neue Outputs aber projektorientierte Prozesse erfordern. Dann ist es an der Zeit, die bestehenden Organisationsprinzipen infrage zu stellen und Alternativen zu prüfen.

Aber welche Alternativen sind in einer von hoher Volatilität, Unsicherheit und Komplexität geprägten Welt denkbar? Impulse für die alternative Gestaltung der Organisation bieten agile Ansätze. Diese zielen auf eine höhere Flexibilität und Anpassungsfähigkeit der Organisation ab: Veränderungen und deren Chancen und Risiken sollen früher erkannt werden, Anpassungen schneller erfolgen, auch Nicht-Routine-Aufgaben effektiv und effizient erbracht werden. Zeit- und energieintensive Reorganisationen sollen so weit wie möglich vermieden werden. Prüfen Sie daher gegebenenfalls, ob Ihr zukünftiges Organisationsdesign agilen Organisationsprinzipien folgen oder diese integrieren sollte.

Agile Organisationsprinzipien
Ein agiles **Leitungsprinzip** ist zum Beispiel die Übertragung von mehr Verantwortung an die Mitarbeitenden. Einzelne Mitarbeiter, Teams oder Kreise zeichnen bei der Anwendung dieses agilen Organisationsprinzips für Sachverhalte verantwortlich, die in klassischen Organisationsformen dem Management zugeordnet sind. So wird das Fach- und Erfahrungswissen von mehr Menschen in die Gestaltung operativer Prozesse, aber auch in die Zielfindung und die Strategieentwicklung eingebunden.

Damit die auf die Mitarbeiter übertragenen Verantwortlichkeiten wahrgenommen werden können, müssen die Entscheidungskompetenzen und somit die Macht ebenso auf mehr Beteiligte verteilt werden. Praktisch bedeutet dies, dass die Anzahl der Entscheider zunimmt, womit sich die Wege und die Dauer bis zu einer Entscheidung verkürzen können. Zudem kann so eine größere Nähe und somit ein höherer Informationsstand der Entscheider zu den Problemen und entscheidenden Sachverhalten erreicht werden. Die Orientierung an Machtstrukturen soll zugunsten einer stärkeren Sach- und Prozessorientierung entfallen – ebenso wie bürokratische Aufwände

Entscheidung im Konsent-Verfahren

Daumen hoch: „Ich habe keinen Einwand und bin dafür, die Entscheidung anzunehmen."

Daumen neutral: „Ich bin zwar nicht davon überzeugt, habe aber keinen schwerwiegenden Einwand und trage die Entscheidung mit."

Daumen runter: „Ich habe einen schwerwiegenden Einwand." Alle Personen, deren Daumen nach unten zeigt, bringen ihre Einwände vor, bevor erneut abgestimmt wird.

Grundsatz: „Niemand ist dagegen" statt „Die Mehrheit ist dafür"

Ziel: Einwände werden konstruktiv diskutiert und einer Lösung zugeführt, Unentschlossene halten gemeinsame Entscheidungsprozesse nicht auf

Stärken: Beschleunigung von Entscheidungsprozessen ohne Ausgrenzung

Entscheidung per konsultativem Einzelentscheid

1. Die Gruppe identifiziert einen **Missstand** und entsprechenden Entscheidungsbedarf
2. Die Gruppe wählt einen **Entscheider**
3. Die Auswahl erfolgt je Thema nach Kriterien wie zum Beispiel **Expertise**, Engagement zum Problem, Fähigkeiten zum Interessenausgleich und zur Ideenfindung
4. **Konsultation** ist Pflicht: Der Entscheider muss Dritte zur Identifikation und Bewertung der Optionen konsultieren
5. Der Entscheider wählt aus, wen er konsultiert – nicht nach Bequemlichkeit, sondern nach Expertise und **Relevanz**
6. Der Entscheider fällt die Entscheidung **verbindlich** für die Gruppe

Grundsatz: Informierte Entscheidung unter Einbindung von Experten und verschiedenen Sichtweisen

Ziel: Zügige Entscheidung und breite Einbindung sowie Entlastung des Managements

Stärken: Geschwindigkeit der Einzelentscheidung bei Einbindung des Gruppenwissens zwecks Machterhalt. Spezifische Entscheidungsfindungs- und gegebenenfalls Konfliktlösungsverfahren spielen in agilen Organisationsformen ebenfalls eine wichtige Rolle. Sie setzen zum Beispiel „Konsent-Verfahren" oder „konsultative Einzelentscheide" zur Herbeiführung von Entscheidungen ein (siehe Abbildungen auf der linken Seite).

Bei der Anwendung agiler Prinzipien verändert sich auch die Rolle der Führung. Eine anweisungs- und kontrollorientierte Führung ist nicht erwünscht. Aufgabe der Führung in agilen Organisationsformen ist es vielmehr, die optimalen Rahmenbedingungen für die Mitarbeitenden zu schaffen sowie die Entwicklung der Mitarbeiter und der Teams aktiv zu fördern.

Hinweis

Machtverteilung in pyramidalen Organisationen
Die agilen Leitungsprinzipien „Verteilung der Verantwortung" und „Verteilung der Entscheidungskompetenzen" können auch in pyramidalen Organisationen mittels „Empowerment" der Mitarbeiter umgesetzt werden. Hierarchische Strukturen können die Wirksamkeit entsprechender Maßnahmen jedoch empfindlich begrenzen – zum Beispiel aufgrund eines Machtgerangels zwischen Führungskräften oder einer weiterhin bestehenden Berichtspflicht der Mitarbeiter an einzelne Führungskräfte.

Ein agiles Organisationsdesign setzt daher mit Blick auf das Koordinationsprinzip nicht auf Hierarchien, sondern auf Selbstorganisation und Selbstführung. So sollen Entscheidungen schneller und direkter umgesetzt werden. Unterstützt wird dies durch agile Praktiken wie tägliche „Stand-up-Meetings", also kurze, im Stehen durchgeführte Teamtreffen. In diesen erfolgt ein tagesaktueller Austausch über das gestern Erreichte, das für heute Geplante und aktuelle Hindernisse. Die täglichen Besprechungen werden an sogenannten Taskboards durchgeführt. Auf diesen sind die aktuellen Aufgaben und deren Bearbeitungsstatus für alle sichtbar dargestellt. Eines der wichtigsten Ziele ist die Herbeiführung von Transparenz, damit die Beteiligten die Prioritäten ihres Handels selbstständig und gut informiert festlegen können.

Ein weiteres agiles **Koordinationsprinzip** ist die Erweiterung der Vernetzungsmöglichkeiten innerhalb der Institution. Hier geht es nicht darum, dass sich alle Beteiligten beständig über alle aktuellen Entwicklungen austauschen sollen. Ebenso wie in klassischen Organisationen muss es das Bestreben sein, Kommunikation sinnvoll zu kanalisieren. Aber das spontane Zusammenwirken der Beteiligten nach deren Ermessen und unabhängig von Zugehörigkeiten zu Organen und einer hierarchischen Position in der Institution ist erwünscht und wird aktiv gefördert.

Mit Blick auf das **Entwicklungsprinzip** wird in agilen Organisationsformen zudem das Konzept der „Stelle", die fest durch einen Mitarbeiter besetzt wird, aufgegeben. Die Mitarbeiter nehmen vielmehr definierte Rollen ein. Ein Mitarbeiter kann mehrere Rollen einnehmen und diese können je nach Bedarf und Entwicklung wechseln. Zudem können neben operativen Besprechungen auch Steuerungstreffen institutionalisiert werden. Mit Hilfe der Steuerungstreffen wird eine fortlaufende Weiterentwicklung des Organisationsdesigns angestrebt.

Übersicht über mögliche Organisationsprinzipien
Somit kann insgesamt eine Veränderung der nachfolgend aufgeführten Organisationsprinzipien zu einer Verbesserung des Fits Ihres Organisationsdesigns mit dem Umfeld und Ihrer Strategie führen.

Leitungsprinzip: Leitung durch wenige – Leitung durch viele

- Vertikale Verteilung der Verantwortung, der Entscheidungskompetenzen und der Macht in der Organisation
- Horizontale Verteilung der Verantwortung, der Entscheidungskompetenzen und der Macht in der Organisation (zentral – dezentral)
- Grad der Autarkie, also der Möglichkeiten des eigenständigen Handelns am relevanten internen und/oder externen Markt
- Möglichkeiten der Beteiligung der Mitarbeitenden an Entscheidungsprozessen
- Rolle des Managements und der Führung

Koordinationsprinzip: machtorientiert – kompetenzorientiert

- Grad der Selbstorganisation von Teams und einzelnen Akteuren
- Grad der Selbstführung von Teams und einzelnen Akteuren
- Einsatz und Förderung von Vernetzungsmöglichkeiten
- Einsatz spezifischer Entscheidungsfindungs- und Konfliktlösungsverfahren
- Herbeiführung von Transparenz

Entwicklungsprinzip: statisch – evolutionär

- Stellen- versus Rollenkonzept
- Fortlaufende Weiterentwicklung des Organisationsdesigns „im Kleinen" versus sporadische, umfassende Reorganisation „im Großen"

Das Wünschenswerte mit dem Machbaren abgleichen

Bei der Bearbeitung des Bausteins ist es wichtig, das Wünschenswerte mit dem Erforderlichen und dem Machbaren abzugleichen. Die Einführung grundlegend neuer Organisationsprinzipien erfordert unter Umständen deutliche Veränderungen des Organisationsdesigns und des Verhaltens aller Beteiligten und kann daher leicht zu einer Überforderung führen.

Auch gibt es unterschiedliche Auffassungen darüber, ob einzelne agile Elemente erfolgreich in klassische Linienorganisationen eingeführt werden können.

Es ist daher wichtig abzuwägen:

- Wollen wir neue Organisationsprinzipien erproben?
- Welches ist hierbei unser Zielbild?
- Welches ist für uns der nächste logische Schritt auf dem Weg zu neuen Organisationsprinzipien?
- Welches Ausmaß der Veränderung trauen wir uns zu?

Sollten Sie den Wunsch verspüren, Ihre Organisation zu einer agilen Organisation mit umfänglicher Selbstführung zu entwickeln, ist es ratsam, sich intensiv mit diesen Ansätzen auseinanderzusetzen!

TIPP

Der Orgazign-Prozess kann unabhängig von Ihren Ergebnissen zu den zukünftigen Organisationsprinzipien angewendet werden; im Notfall auch, um einen Entwurf, dessen Veränderungen sich in der Praxis als zu weitreichend erwiesen haben, auf ein sinnvolles Maß zurückzuführen!

Wie wird der Baustein Leitlinien bearbeitet?

Zur Entwicklung der Leitlinien für den weiteren Orgazign-Prozess sollten Sie Ihre auf dem Organizational Challenges Canvas dokumentierten Ergebnisse auswerten. Prüfen Sie zum Beispiel,

- ob die zukünftige Erbringung eines neuen oder eines Relaunch-Outputs durch bestehende Hindernisse problematisch oder gar unmöglich sein wird;
- ob die Veränderung der aktuell wirksamen Organisationsprinzipien einen Beitrag zur Verbesserung der Situation leisten kann;
- ob die Realisierung eines Förderrnisses die Voraussetzung zur Erreichung eines wichtigen Outcomes darstellt und welchen Beitrag die Veränderung von Organisationsprinzipien hierbei leisten kann.

Insgesamt sollten Sie die folgenden Bausteinkombinationen prüfen:

- Outputs – Hindernisse | Outputs – Fördernisse: So gleichen Sie Ihre Output-Strategie mit der Ist-Organisation ab und können Ansätze für einen besseren Fit zwischen Strategie und Organisationsdesign entwickeln.
- Outcomes – Hindernisse | Outcomes – Fördernisse: So gleichen Sie Ihre auf die verschiedenen Stakeholder und die Umwelt gerichteten Zielsetzungen mit der Ist-Organisation ab und können Ansätze für einen besseren Fit zwischen Strategie, Umwelt, Stakeholdern und Organisationsdesign ableiten.
- Prozesse – Fördernisse | Prozesse – Hindernisse: So prüfen Sie, ob eine Veränderung von Organisationsprinzipien angeraten ist, um Verbesserungen der operativen Tätigkeiten in der Organisationseinheit herbeizuführen.

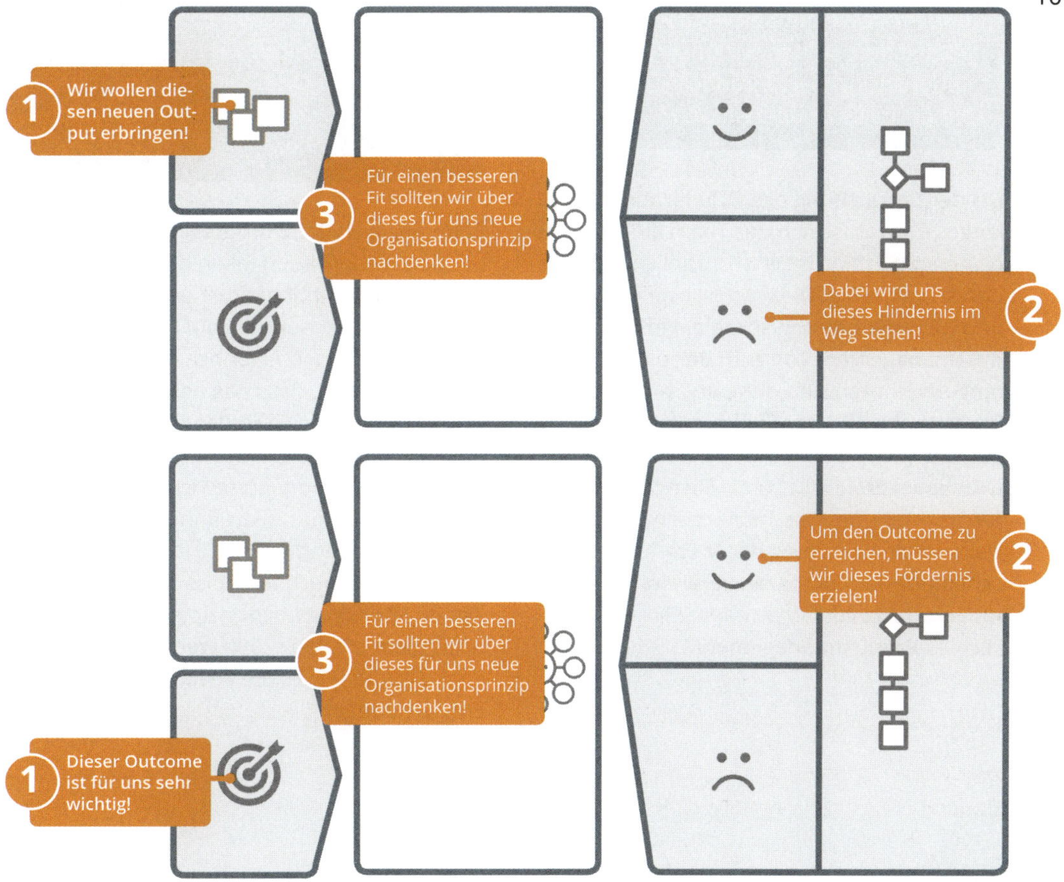

FALLBEISPIEL TEAM MEDIEN

So geht auch das Team Medien vor. Es bearbeitet zunächst die Frage:

LEITFRAGE

Wenn wir unsere Outputs, Outcomes und Prozesse mit den Hindernissen abgleichen: Sollten wir unsere Organisationsprinzipien verändern, um die Hindernisse zu überwinden?

Bei der Betrachtung des Organizational Challenges Canvas ist sich das Team aufgrund der bisherigen Erfahrungen mit ähnlichen Vorhaben schnell einig: Die erfolgreiche Entwicklung und Markteinführung sowie ein effektives Produktmanagement von zum Beispiel E-Learning-Angeboten sind ohne ausreichende Budgethoheit kaum zu leisten. Ist diese nicht gegeben, ist die Erreichung der angestrebten Outcomes „Relevanz" und „Einzigartige Plattform" gefährdet. Das Team möchte daher die horizontale Verteilung der Macht und Entscheidungskompetenzen verändern und formuliert die Leitlinien „Autarke Einheit" und „Echtes Produktmanagement".

Sodann wendet es sich der folgenden Frage zu:

LEITFRAGE

Wenn wir unsere Outputs, Outcomes und Prozesse mit den Fördernissen abgleichen: Sollten wir eine Veränderung unserer Organisationsprinzipien vornehmen, um die Fördernisse realisieren zu können?

Beim Abgleich der Outputs und der Outcomes mit den Fördernissen fallen dem Team die Fördernisse „Kundenfokus" und „Innovationsprozess" ganz besonders auf. Aufgrund der vielen Launch- und Relaunch-Vorhaben ist das Team überzeugt, dass das neue Organisationsdesign den Grad der Selbstorganisation von Entwicklungsteams deutlich erhöhen und eine agile Produktentwicklung ermöglichen muss. Es formuliert daher die Leitlinie „Agile Produktentwicklung". In diesem Zusammenhang fällt auch auf, dass die aktuell wirksamen Koordinationsprinzipien in Zukunft nicht mehr tragfähig sein werden. Entsprechend formuliert es die Leitlinie „Regeln für Entscheidungen".

Sammlung der Leitlinien

„Wenn wir die neuen Outputs erfolgreich entwickeln und betreiben möchten, müssen wir viel schlagkräftiger werden. Mit der jetzigen verteilten Budgetverantwortung und den hieraus resultierenden langwierigen Abstimmungsprozessen kommen wir nicht weit. Wir müssen autark agieren können."

„Mit dem aktuellen Organisationsprinzip der starken Zentralisierung sind die Produktmanagementaufgaben zu stark über verschiedene Bereiche verteilt. Eine Leitlinie für die Entwicklung des neuen Organisationsdesigns sollte daher sein: Ermöglichung eines echten Produktmanagements."

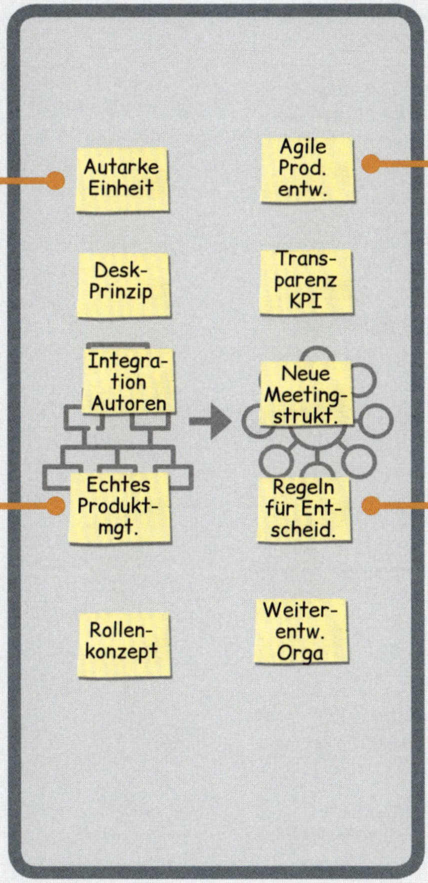

„Bei unseren vielen Vorhaben zur Entwicklung und Weiterentwicklung von Produkten müssen wir mit einem ganz anderen Kundenfokus und einem echten Innovationsprozess vorgehen. Unsere Entwicklungsteams brauchen viel mehr Entscheidungsfreiheit, und wir sollten agil vorgehen."

„Wenn wir ehrlich sind, ist unser Koordinationsprinzip, was Entscheidungen angeht, am besten mit ‚freies Spiel der Kräfte' beschrieben. Eine unserer Leitlinien sollte sein, dass unser neues Organisationsdesign klare Entscheidungsprozesse definiert und ermöglicht."

Nach der Arbeit am Canvas gleicht das Team die Ergebnisse mit der Liste der Organisationsprinzipien ab (siehe Abbildung „Bewertung Organisationsprinzipien Team Medien" auf Seite 110). Dabei stellt das Team fest, dass es die meisten Aspekte bereits abgedeckt hat. Dennoch identifiziert es so zwei weitere Ansatzpunkte: Das Team nimmt sich angesichts der dynamischeren Entwicklung des Marktumfelds vor, die eigenen Entwicklungsprinzipien zu hinterfragen. Zum einen möchte das Team statt in Stellen stärker in Rollen denken. Zum anderen möchte es über Wege nachdenken, wie das Organisationsdesign künftig beständig in kleinen Schritten statt in sporadischen, größeren Reorganisationsprojekten weiterentwickelt werden kann. Daher ergänzt das Team die Liste der Leitlinien um die Punkte „Rollenkonzept" und „Weiterentwicklung Organisation".

FALLBEISPIEL TEAM MEDIEN

Bewertung Organisationsprinzipien Team Medien

Leitungsprinzip	Aktuelles Prinzip	Fortführen	Justieren	Neu
Horizontale Verteilung der Verantwortung, der Entscheidungskompetenzen und der Macht in der Organisation (was erfolgt zentral, was dezentral)	Für das Agieren am Markt wichtige Entscheidungen werden zentral gefällt			X
Vertikale Verteilung der Verantwortung, der Entscheidungskompetenzen und der Macht in der Institution	Starker Fokus auf Top-down-Entscheidungen in einigen Bereichen		X	
Möglichkeiten der Beteiligung durch die Mitarbeitenden	Gering		X	
Art der Legitimation von Macht	Formal (qua Amt)		X	
Rolle des Managements und der Führung	Wird sehr unterschiedlich gelebt		X	
Koordinationsprinzip				
Grad der Selbstorganisation von Teams und einzelnen Akteuren	Mittel bis hoch		X	
Grad der Selbstführung von Teams und einzelnen Akteuren	Gering		X	
Einsatz und Förderung von Vernetzungsmöglichkeiten	Nicht gut funktionierende Koordinationsmeetings			X
Einsatz spezifischer Entscheidungsfindungs- und Konfliktlösungsverfahren	Keine			X
Herbeiführung von Transparenz	Relativ groß hinsichtlich KPI, sehr gering hinsichtlich der Ziele		X	
Entwicklungsprinzip				
Stellen- versus Rollenkonzept	Sehr statisches Stellenkonzept			X
Fortlaufende Weiterentwicklung des Organisationsdesigns „im Kleinen“ versus sporadische, umfassende Reorganisation „im Großen“	Keine evolutionäre Weiterentwicklung der Organisation			X

Nun wendet sich das Team der Priorisierung seiner Leitlinien zu. Es bringt die Leitlinien entlang ihrer Bedeutung für den weiteren Orgazign-Prozess in eine Rangreihe:

LEITFRAGE

Wie wichtig ist diese Leitlinie, um einen besseren Fit zwischen unseren Zielen, unserer Strategie und unserem Umfeld auf der einen und unserem zukünftigen Organisationsdesign auf der anderen Seite herbeizuführen?

Mit Unterstützung dieser Frage sortiert das Team die Leitlinien in eine Rangreihe von „essenziell" für Leitlinien, die für die Zielerreichung zwingend sind, bis „weniger wichtig".

Nach Abschluss der Priorisierung überträgt das Team die wichtigsten Leitlinien zurück auf den Canvas und hat somit den Organizational Challenges Canvas vollständig bearbeitet.

Priorisierung der Leitlinien

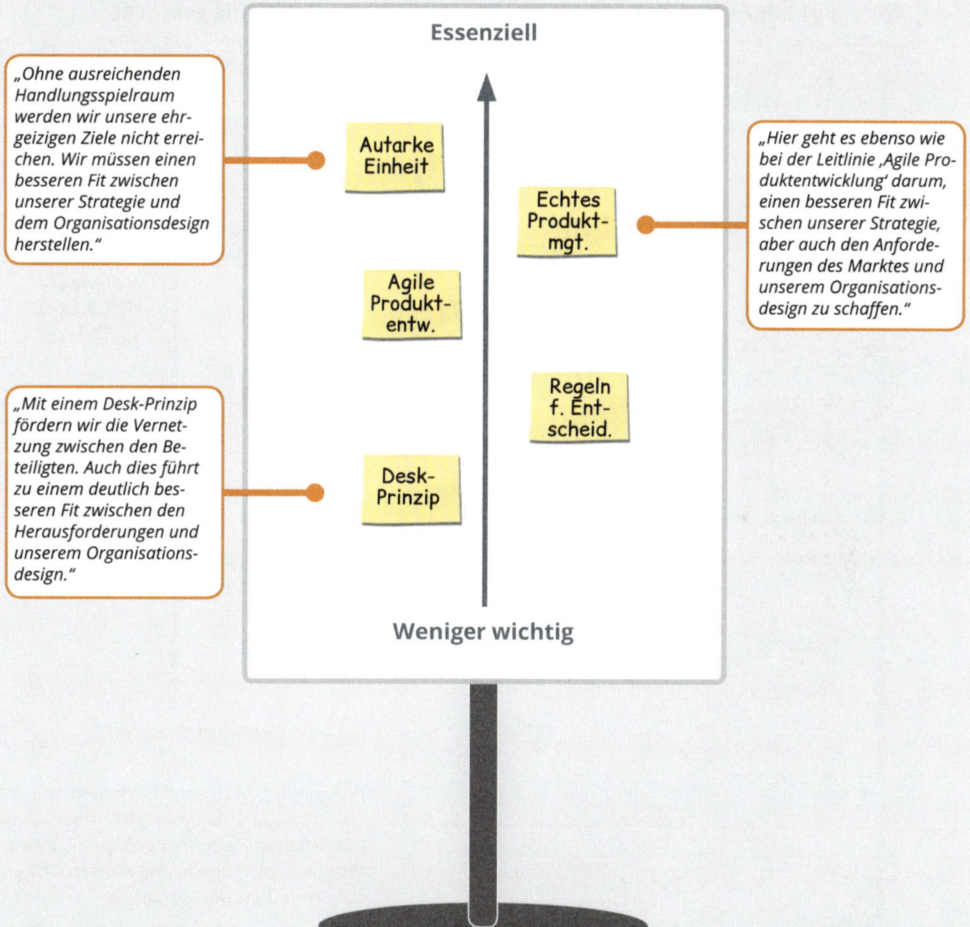

FALLBEISPIEL TEAM MEDIEN

1. Sammeln

Mögliche Leitlinien werden auf dem Canvas gesammelt

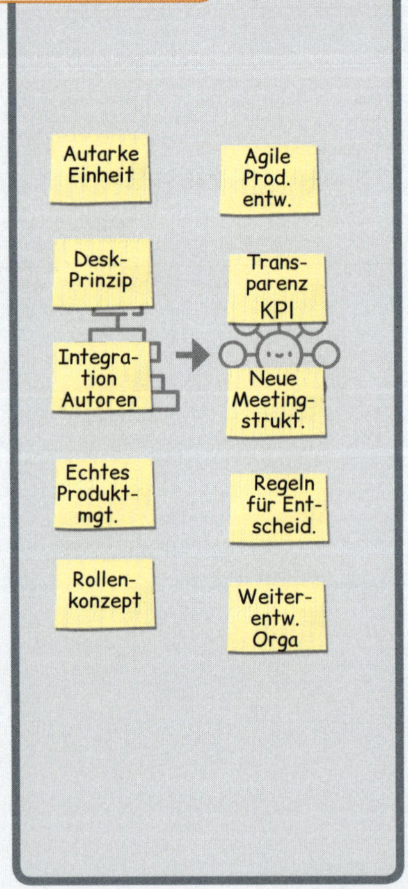

2. Priorisieren

Die wichtigsten Leitlinien werden zum Beispiel auf einem Flipchart in eine Rangreihe gebracht

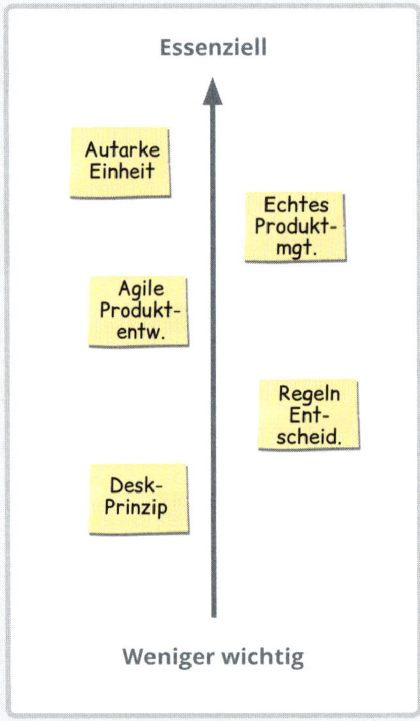

Bewertung: Bedeutung der Leitlinien für einen besseren Fit zwischen Organisation und Zielen, Strategie, Umfeld

3. Überführen

Die priorisierten Leitlinien werden in den Canvas übernommen

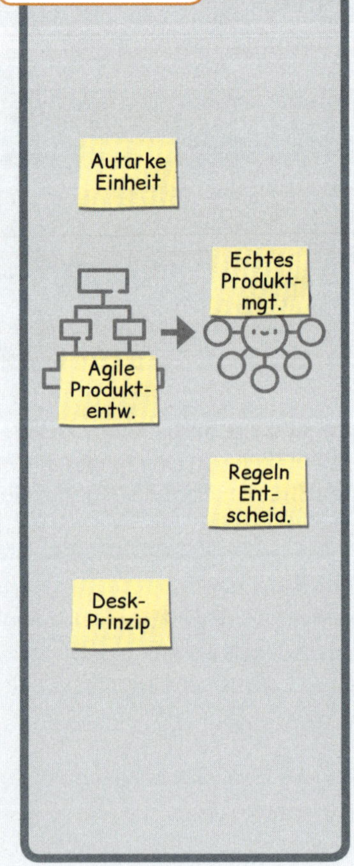

Nachdem Sie die wichtigsten Leitlinien festgelegt haben, sind alle Bausteine des Organizational Challenges Canvas bearbeitet. Sie haben nun einen umfassenden Überblick über die organisatorischen Herausforderungen:

- Sie haben die durch die Organisationseinheit heute und zukünftig zu erbringenden **Outputs** aufgeführt: Was leisten wir insgesamt? Dies ist wichtig, um Lücken im neuen Organisationsdesign zu vermeiden.
- Das Team kennt die geplanten **Veränderungen der Outputs** und hat diese im Hinblick auf ihre organisatorischen Auswirkungen betrachtet: „Welche Veränderungen kommen auf uns zu?" Dies ist wichtig, um die Güte des später zu entwickelnden Designs zu bewerten.
- Sie haben gemeinsam die für Sie und das Team wichtigsten **Outcomes**, also die angestrebten Wirkungen Ihres Handelns auf die Kunden, den Markt und die eigene Situation, identifiziert: „Warum tun wir, was wir tun?" Dies ist wichtig, um Unterstützungspotenziale für die späteren Veränderungen aufzubauen und zielführende, gegebenenfalls innovative organisatorische Lösungen entwickeln zu können.
- Das Team hat die **Kernprozesse** zur Erstellung der Outputs erarbeitet und priorisiert: „Wie erfolgt unsere Leistungserstellung und welche Prozesse werden an Bedeutung gewinnen?" Die Übersicht der Prozesse wird in späteren Phasen des Orgazign-Prozesses eine wichtige Rolle spielen, und zwar um sicherzustellen, dass Ihr Entwurf alle wichtigen Aspekte abdeckt. Außerdem dient diese Übersicht der Qualitätssicherung.
- Sie haben gemeinsam **Fördernisse** erarbeitet, die Sie mit dem neuen Organisationsdesign erzielen möchten: „Welche Verbesserungen möchten wir erreichen?" Diese Erkenntnisse werden Sie bei der Entwicklung und Bewertung von Alternativen für ein neues Organisationsdesign unterstützen.
- Sie haben gemeinsam **Hindernisse** aufgedeckt, die ein neues Organisationsdesign auflösen oder zumindest mildern sollte: „Welche Probleme möchten wir lösen, welche Frustrationen beseitigen?" Auch diese Erkenntnisse sind zum Beispiel zur Bewertung der Gestaltungsalternativen wichtig.
- Sie haben Ihre Erkenntnisse zusammengefasst und hieraus **Leitlinien** für die weitere Arbeit an Ihrem Organisationsdesign abgeleitet: „Möchten wir grundlegende Organisationsprinzipien anpassen, damit unser zukünftiges Organisationsdesign einen besseren Fit zu unserem Umfeld, unseren Stakeholdern und zu unserer Strategie aufweist?" Die Leitlinien werden, wie der Name schon verrät, den weiteren Orgazign-Prozess leiten.

Wie ein bearbeiteter Organizational Challenges Canvas aussehen kann, zeigt die folgende Übersicht.

Der vollständig bearbeitete Organizational Challenges Canvas Team Medien

Outputs. Das Team Medien plant eine Weiterentwicklung bestehender Outputs und eine Reihe neuer Outputs. Das Team muss sein Organisationsdesign hierauf ausrichten.

Outcomes. Das Team Medien möchte mittels Vermittlung tiefgehender Informationen seine Relevanz bei den Zielgruppen steigern. Dies erfordert eine große Nähe zu den Zielgruppen und ein neues Zusammenarbeiten mit den Kontributoren.

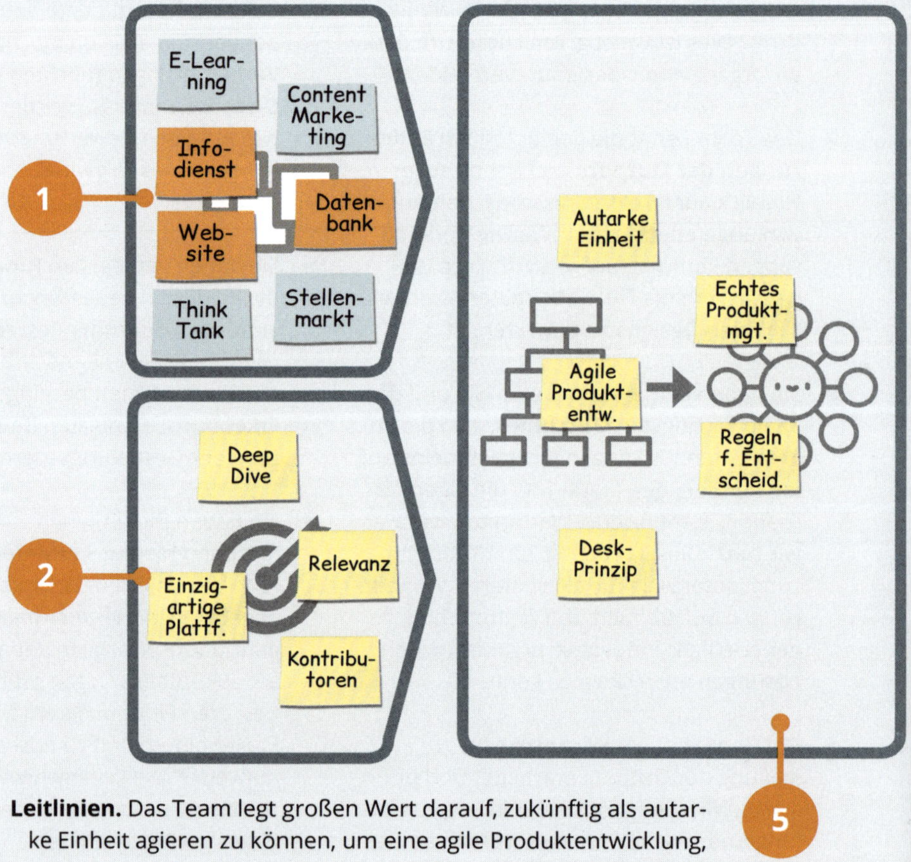

Leitlinien. Das Team legt großen Wert darauf, zukünftig als autarke Einheit agieren zu können, um eine agile Produktentwicklung, ein echtes Produktmanagement, aber auch exzellente redaktionelle Arbeit zu leisten. Hierfür möchte es seine Regeln und Verfahren zur Entscheidungsfindung und zur Koordination neu denken.

Förderernisse: Wichtigste Fördernisse sind die Erhöhung des Kundenfokus und die Etablierung eines agilen Innovationsprozesses. Wichtig ist dem Team weiterhin die Flankierung durch einen angemessenen Umgang mit Fehlern.

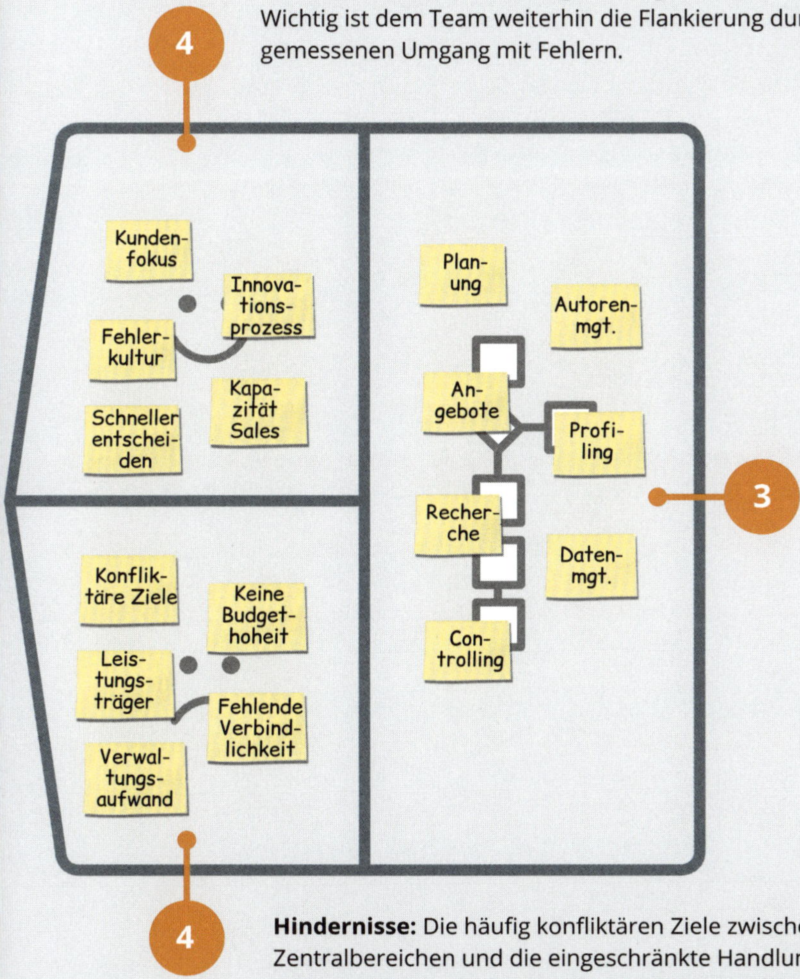

Prozesse: Der Planungsprozess wird aus Sicht des Teams in einem Plattformansatz deutlich aufwendiger und auch wichtiger, ebenso wie das Autorenmanagement. Aus Autoren sollen Kontributoren werden, die über das gesamte Angebotsspektrum Beiträge leisten. Zudem werden der Prozess der Angebotsgestaltung sowie des datenbasierten Profilings hochrelevant sein.

Hindernisse: Die häufig konfliktären Ziele zwischen Produkt und Zentralbereichen und die eingeschränkte Handlungsfähigkeit aufgrund fehlender Budgethoheit sind aus Sicht des Teams große Hindernisse – ebenso wie die chronische Überlastung der wenigen Leistungsträger.

2.2

Das Grundmodell der zukünftigen Zusammenarbeit und Organisation entwickeln: **Der Organization Model Canvas**

Organisationsmodell

Mit dem **Organization Model Canvas** erarbeiten Sie unter Berücksichtigung Ihrer Leitlinien ein Modell der zukünftigen Strukturen und der Zusammenarbeit in der betrachteten Organisationseinheit. Hierzu werden Verantwortungsbereiche festgelegt. Dies erfolgt auf Basis von sachorientiert ausgewählten Kriterien, den **Designkriterien**. Es hat sich immer wieder bewährt, sich bei der Modellentwicklung nicht an Personen, sondern an sachlichen Kriterien zu orientieren. Sie können Verantwortungsbereiche zum Beispiel entlang von Produktgruppen, Aufgabenfeldern oder fachlichen Kompetenzen bilden.

Ziel ist es, eine möglichst klare Grundstruktur zu entwickeln. Diese bilden Sie im **Kommunikationsmodell** ab. In diesem Baustein werden die Kommunikationsflüsse zwischen den Verantwortungsbereichen innerhalb der Organisationseinheit und zu den Schnittstellenbereichen außerhalb der Organisationseinheit bildlich dargestellt. So erkennen Sie, ob das betrachtete Modell ein effizientes Zusammenarbeiten ermöglichen kann oder nicht.

Bei dieser Bewertung berücksichtigen Sie weiterhin die wichtigsten Entscheidungstatbestände. Sie werden im Baustein **Entscheidungen** identifiziert und bilden die Basis für die Entwicklung des zukünftigen Steuerungssystems im Baustein **Steuerung**.

Designkriterien: Entlang welcher Kriterien strukturieren wir die Organisationseinheit?

Kommunikationsmodell: Welche Verantwortungsbereiche bilden wir, damit die Kommunikation und die Zusammenarbeit zwischen allen Beteiligten bestmöglich erfolgen können?

Entscheidungen: Welche Entscheidungstatbestände sind für das Organisationsdesign relevant?

Steuerung: Wie stimmen wir uns auch über die Grenzen der Verantwortungsbereiche hinaus ab und gelangen zu Entscheidungen?

Im Organization Model Canvas berücksichtigte Erfolgsfaktoren:

- Die Optimierung der **Kommunikation** innerhalb des Organisationsbereichs und an den Schnittstellen steht im Fokus des Canvas
- Dies erfolgt im engen Zusammenspiel mit der Frage, wie **Entscheidungen** getroffen werden
- Die Entwicklung des Modells erfolgt auf Basis sachlicher Designkriterien mit dem Ziel der größtmöglichen **Funktionalität des Organisationsmodells** und der größtmöglichen **Rollenklarheit** für die Beteiligten

Reihenfolge der Bearbeitung

Startpunkt sind die Designkriterien. Sie dienen der ziel- und sachorientierten Entwicklung des Organisationsmodells.

Die Entwicklung des Kommunikationsmodells ist der zweite Schritt. Zunächst werden unter Anwendung der Designkriterien Verantwortungsbereiche gebildet. Sodann wird der Kommunikationsbedarf zwischen diesen Bereichen grafisch veranschaulicht. Ziel ist es, die erforderlichen Kommunikationsflüsse so weit wie möglich innerhalb der Verantwortungsbereiche anzusiedeln und den Abstimmungsbedarf zwischen den Verantwortungsbereichen und zu den Schnittstellenbereichen zu minimieren.

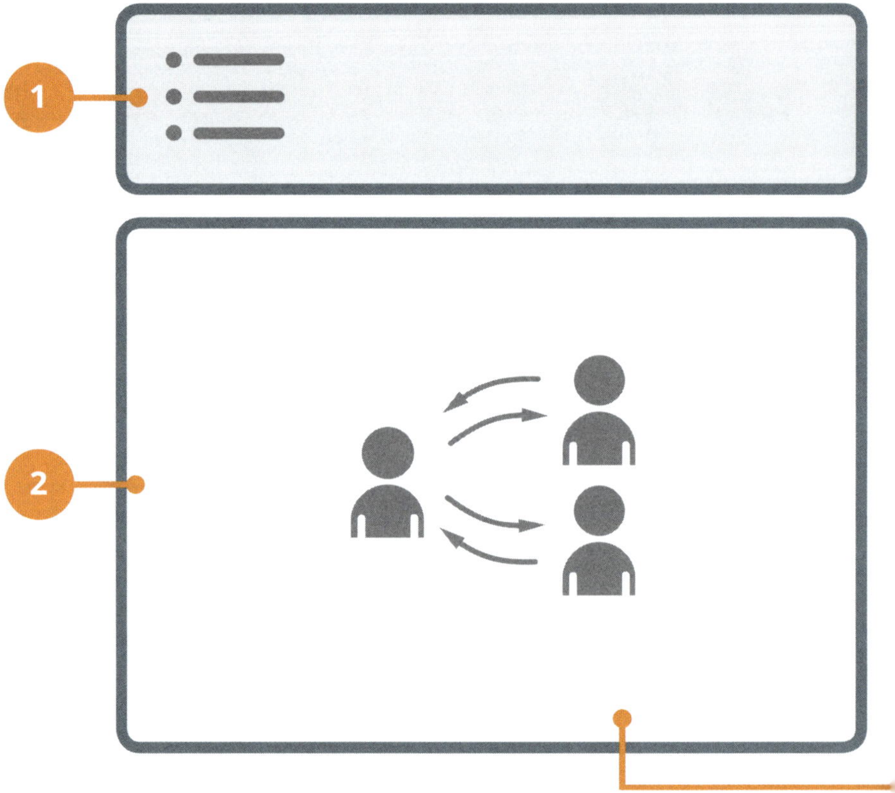

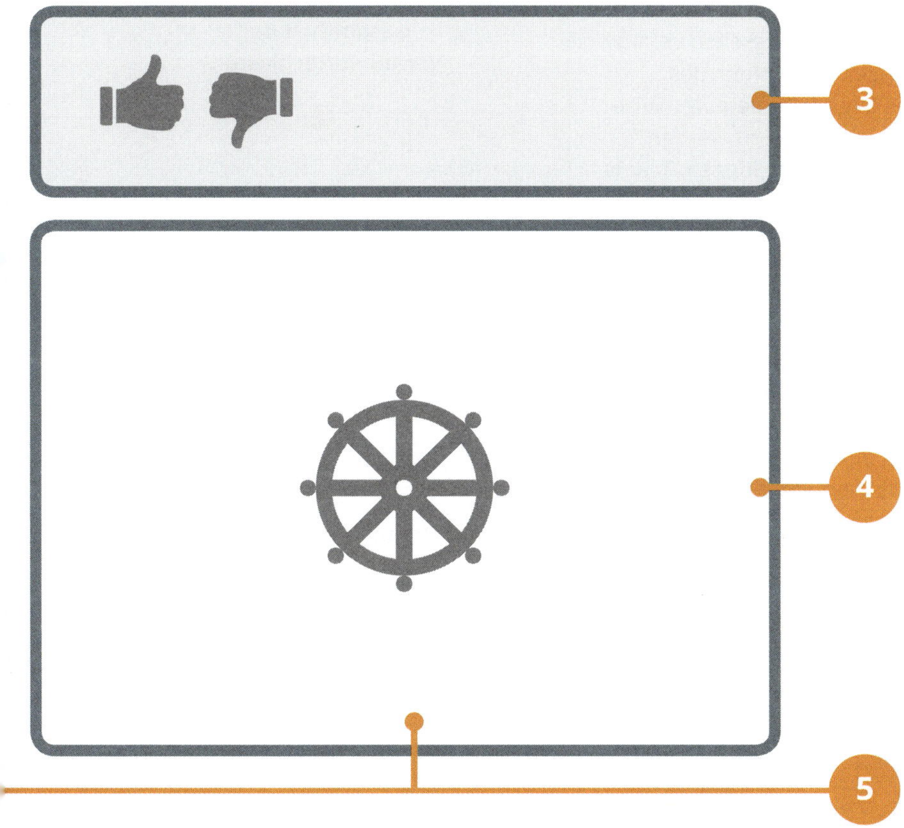

Dritter Schritt im Organization Model Canvas sind die Entscheidungen. Hier werden die wichtigsten Entscheidungstatbestände für die betrachtete Organisationseinheit identifiziert.

Die Entwicklung des Steuerungssystems erfolgt im vierten Schritt. In diesem Baustein wird unter Berücksichtigung der Leitlinien erarbeitet, durch wen und wie zukünftig welche Entscheidungen herbeigeführt werden.

Im fünften Schritt erfolgt die Betrachtung des entwickelten Gesamtorganisationsmodells. Dies beinhaltet die Festlegung der Rolle der Verantwortungsbereiche und die Durchführung von Prüfschritten zur Sicherstellung der Güte des Modells.

1 Designkriterien

Entlang welcher Kriterien strukturieren wir die Organisationseinheit?

Worum geht es beim Baustein Designkriterien?

Institutionen beruhen auf dem Prinzip der Arbeitsteilung. Einzelne Organe sind somit für die Erreichung bestimmter Ziele und die Durchführung bestimmter Tätigkeiten verantwortlich. Daher müssen im Rahmen des Orgazign-Prozesses Organe beziehungsweise Verantwortungsbereiche definiert werden. Dies können zum Beispiel Abteilungen, Teams oder Stellen sein. In agilen Organisationsformen bilden Kreise und Rollen die Verantwortungsbereiche.

Im Baustein **Designkriterien** werden Kriterien identifiziert, die zur Abgrenzung von Verantwortungsbereichen angewendet werden können. Zum Beispiel könnte eine Organisationseinheit entlang des Designkriteriums „Zielgruppen" strukturiert werden. Bearbeitet die Organisationseinheit drei Zielgruppen, ergeben sich drei Verantwortungsbereiche. Jeder Bereich ist dann für die Bearbeitung einer Zielgruppe verantwortlich (siehe Abbildung „Anwendung von Designkriterien").

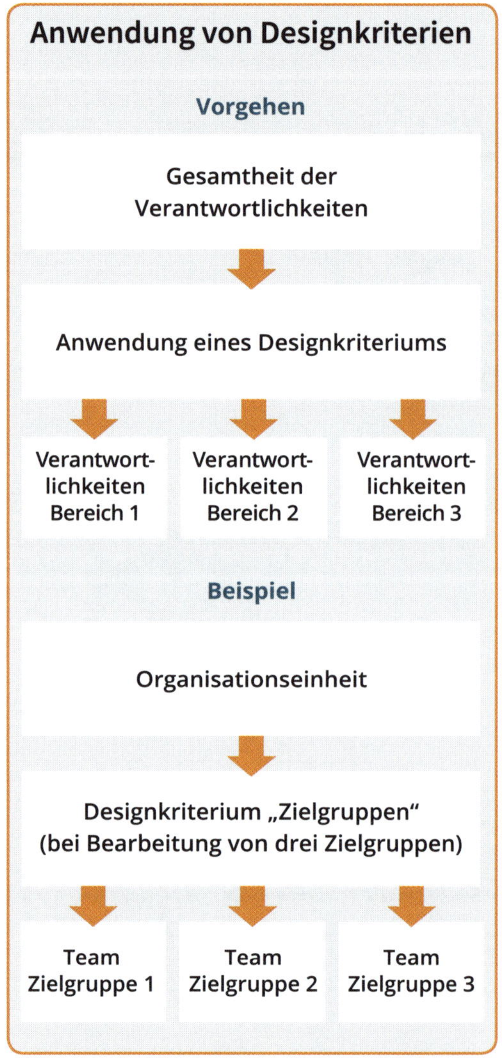

Mittels Auswahl eines Kriteriums (hier Zielgruppen), Festlegung der relevanten Ausprägungen des Kriteriums (hier Bearbeitung von Zielgruppe 1 bis 3) und Bildung von Verantwortungsbereichen (hier Team Zielgruppe 1 bis Team Zielgruppe 3) entsteht die Organisationsstruktur. Diese ist mehr oder weniger gut geeignet, die in der Organisation Tätigen bei der Wahrnehmung ihrer Verantwortlichkeiten und der Ausführung ihrer Tätigkeiten zu unterstützen.

Auf welcher Basis die Abgrenzung erfolgen kann und welches die Maßstäbe für einen guten Zuschnitt sind, das ist Inhalt des Bausteins Designkriterien.

Was ist bei der Bearbeitung des Bausteins Designkriterien zu beachten?

Die Festlegung von Verantwortungsbereichen ist keine einfache Aufgabe, denn bei der Entwicklung eines Organisationsmodells stehen die Designer vor einem letztlich nicht optimal lösbaren Dilemma (Schreyögg & Geiger, 2016, S. 66). Aufgabe ist es, die Komplexität der Leistungserstellung für die in der Organisation Tätigen zu reduzieren. So können einzelne Bereiche Aspekte ausblenden, die für sie nicht relevant sind und ihre Effizienz steigern (siehe Bild 1 im rechten Kasten).

Jedoch müssen die arbeitsteilig erstellten Einzelleistungen letztlich zu einer marktfähigen Leistungseinheit zusammengeführt werden. Dies erfordert die Koordination zwischen den Organen, was wiederum Aufwand verursacht (siehe Bild 2 rechts). Eine stärkere Arbeitsteilung soll mithin zu höherer Effizienz führen, sie verursacht aber gleichzeitig einen höheren Koordinations- und Integrationsaufwand.

Bei der Gestaltung von Verantwortungsbereichen muss daher der Leistungsumfang je Organ berücksichtigt werden. Ein zu großer Umfang verschiedenster Tätigkeiten kann zu einer Überforderung sowohl auf der Steuerungs- als auch auf der operativen Ebene führen. Ein zu geringer Umfang kann zu eintönigen und unattraktiven Tätigkeitsfeldern führen. Daher gilt: Es sollte der bestmögliche Kompromiss angestrebt werden.

Neben der Frage, welcher Spezialisierungsgrad angemessen ist, steht der Organisationsdesigner vor der Herausforderung, eine geeignete Zusammenstellung der Tätigkeiten je Verantwortungsbereich zu entwickeln. Das Tätigkeitsspektrum sollte mit bestehenden Qualifikationen beziehungsweise am Arbeitsmarkt verfügbaren Berufsbildern und Qualifikationen gut abgedeckt werden können und ein attraktives, motivierendes Arbeitsumfeld bieten.

Herausforderung Organisationsstruktur

1

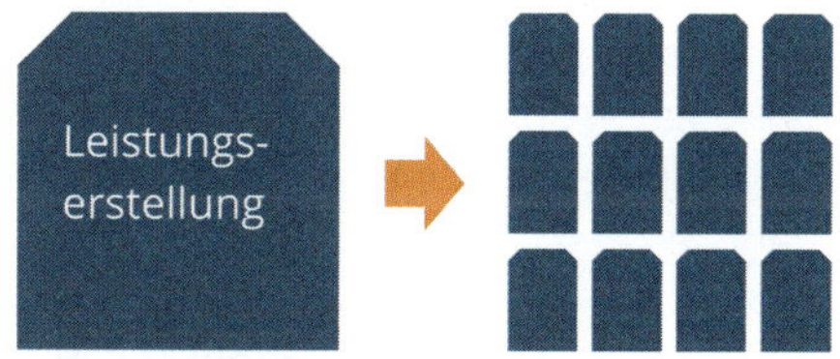

Die Leistungserstellung wird arbeitsteilig strukturiert. Dies macht die Komplexität beherrschbar, erlaubt die Fokussierung auf Teilbereiche und steigert die Effizienz.

2

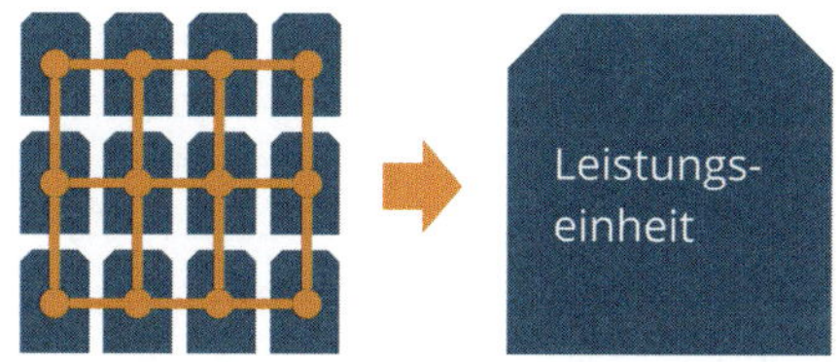

Die arbeitsteilige Leistungserstellung erfordert die Integration von Teilleistungen zu einer marktfähigen Leistungseinheit; dies verursacht Aufwand.

Somit bestehen folgende Herausforderungen bei der Festlegung von Verantwortungsbereichen:

- **Alle** zur Leistungserstellung erforderlichen **Verantwortlichkeiten** müssen einem der Verantwortungsbereiche zuordenbar sein; so werden aus Unklarheit resultierende, unnötige Abstimmungsaufwände und Probleme in der Leistungserstellung vermieden.
- Es sind möglichst **überschneidungsfreie Verantwortungsbereiche** zu bilden, zum Beispiel um Doppelarbeiten und Kompetenzgerangel zu vermeiden.
- Ein passender Zuschnitt hinsichtlich der **Menge der Verantwortlichkeiten** je Bereich ist anzustreben. Auf der einen Seite sind zu viele Verantwortlichkeiten und zu große Tätigkeitsfelder zu vermeiden. Denn dies kann dazu führen, dass keine ausreichende Transparenz über die Vorgänge im Bereich gewahrt werden kann. Auch können die Menge an erforderlichem Wissen und Input sowie die Anzahl der zu bewältigenden Informations- und Kommunikattionsflüsse zu einer Überforderung führen. Auf der anderen Seite führen auch zu kleine Verantwortungsbereiche zu Problemen – zum Beispiel im Hinblick auf Vertretungsmöglichkeiten und die Möglichkeit, ausreichendes Fachwissen in einem Bereich zu vereinen. Zudem führt die Zuweisung von wenigen Verantwortlichkeiten gegebenenfalls zu einem unattraktiven Arbeitsumfeld.
- Die **Ausbildung von Routinen** ist förderlich, um die Qualität und die Effizienz der Arbeitsausführung zu steigern – bei Wahrung der Fähigkeit, auch neue und Ausnahmesituationen angemessen zu handhaben.
- Es ist wichtig, einen Zuschnitt zu finden, der das **Wissen und das Können der Handelnden** bestmöglich wirksam werden lässt.
- Die Struktur sollte auch **Spezialisten** und **Experten** berücksichtigen, die zur optimalen Erbringung ihrer Leistung ein spezifisches Umfeld brauchen.
- Eine zu starke **Orientierung an Personen** und hiermit einhergehende Nachteile für die Institution, wie zum Beispiel eine starke Abhängigkeit von Einzelpersonen, sollten vermieden werden.
- Größtmögliche **Rollenklarheit** ist wichtig; die Verantwortlichkeiten, die Pflichten und die Rechte aller Beteiligten sollten eindeutig definiert und abgegrenzt werden.
- Die **Erwartungen** an das Verhalten der Mitarbeitenden sollten klar formuliert und einfach vermittelt werden.
- Das resultierende Organisationsdesign ist für Interne und Externe **transparent**, sodass die richtigen Ansprechpartner stets schnell und einfach identifiziert werden können.
- Die zielorientierte und möglichst reibungslose **Kommunikation,** die **Entscheidungsfindung** und letztlich die **Zusammenarbeit** werden bestmöglich gefördert; und zwar sowohl innerhalb der betrachteten Organisationseinheit als auch zu wichtigen Schnittstellenbereichen.

Der Entwurf eines möglichst gut geeigneten Zuschnitts der Verantwortungsbereiche innerhalb einer Organisationseinheit ist mithin eine der größten Herausforderungen des Organisationsdesigns. Um diese bestmöglich zu meistern, werden im Orgazign-Prozess Kriterien identifiziert, nach denen die Verantwortlichkeitsbereiche gebildet und Verantwortlichkeiten zugeordnet werden können.

TIPP

Beim Design einer **pyramidal-hierarchischen Organisation** gestalten Sie verschiedene Hierarchieebenen. Hierzu wenden Sie in der Regel je Hierarchieebene unterschiedliche Designkriterien an. So könnten auf Basis geografischer Kriterien Ländergesellschaften gebildet werden. Innerhalb einer Ländergesellschaft könnte die Abgrenzung der Verantwortungsbereiche dann zum Beispiel auf Basis von Produktgruppen erfolgen. Innerhalb der nach Produktgruppen gebildeten Bereiche würden dann gegebenenfalls wiederum andere Designkriterien verwendet.

Doch wie findet man mögliche Designkriterien? Ansätze hierzu bietet Ihnen das folgende Fallbeispiel.

Fallbeispiel „Identifikation von Designkriterien"

Der Marketingleiter eines in der Baubranche tätigen Unternehmens hat vom Vorstand den Auftrag erhalten, eine optimierte Organisationsstruktur zu erarbeiten. Grund ist die wiederholte Kritik der Vorstandskollegen, dass die Marketingabteilung von anderen Bereichen als wenig transparent empfunden wird. Die Kollegen hätten Mühe, den jeweils korrekten Ansprechpartner zu identifizieren. Es herrscht der Eindruck, dass Vorgänge innerhalb des Marketings von zu vielen Stellen bearbeitet werden. In Summe ist man unzufrieden mit der Bearbeitungsdauer und der Ergebnisqualität.

Der Marketingleiter überlegt zunächst, ob er das Problem durch die Zusammenlegung von Teams und die Neubesetzung von Teamleitern lösen kann. Er merkt aber schnell, dass der Bereich die Kritikpunkte so nicht zuverlässig in den Griff bekommen wird. In einem Meeting mit seinen Teamleitern bittet er um Input dazu, wie andere Marketingbereiche aufgestellt sind. Schnell entsteht eine Liste der Möglichkeiten (siehe Abbildung „Mögliche Designkriterien am Beispiel ‚Marketing in einem international tätigen Bauunternehmen'" auf Seite 126).

Dann wirft das Team noch einen Blick auf typische Organisationsschemata in verwandten Feldern. So schaut sich das Team die in Agenturen verbreitete Organisation an.

Grundzüge des Agenturmodells sind:

- Kontakter: Ist verantwortlich für die Zufriedenheit des ihm zugeordneten Kunden und die Zielerreichung von dessen Kampagnen. Er verwaltet somit den Etat des Kunden, stimmt sich fortlaufend mit diesem ab und koordiniert dessen Kampagnen von der Konzeption bis zur Umsetzung und Erfolgskontrolle mit beteiligten internen und externen Stellen („One face to the customer"-Prinzip).
- Beratung: Ist verantwortlich für die bestmögliche Beratung des Kunden und dessen Zufriedenheit mit der Beratungsleistung der Agentur. Hier sind Fachexperten für Marktforschung, Marketing oder Medien tätig.
- Umsetzung: Ist verantwortlich für die bestmögliche Kreativleistung und Gestaltung von Kampagnen und Maßnahmen entsprechend der Kundenbriefings. Umfasst die Konzeption, Gestaltung und Durchführung von Kampagnen und Maßnahmen.
- Produktion: Ist verantwortlich für die Produktion und das zugeordnete Budget. Hier sind unter anderem Grafiker, Fotografen, Texter und Hersteller tätig.
- Media: Ist verantwortlich für die mit dem Mediabudget erzielte Reichweite und die Kontaktqualität in der definierten Zielgruppe sowie, insbesondere beim Einsatz digitaler Medien, für die Erreichung einer bestmöglichen Performance von Kommunikationsmitteln. Zeichnet weiterhin für die Abwicklung und die Erfolgskontrolle der Medialeistung verantwortlich.

Dieses Organisationschema folgt also dem vom Team bereits identifizierten Designkriterium „Wertschöpfungsstufen", denn die Verantwortungsbereiche werden entlang der Wertschöpfungskette gebildet.

Jedoch wird das Grundmodell in den Agenturen unterschiedlich umgesetzt: Zum Teil ist der Verantwortungsbereich „Umsetzung" zentral für alle Kunden und Projekte tätig. Zum Teil setzen Agenturen aber auch Teams ein, die alle zur Wertschöpfung für einen Kunden erforderlichen Kompetenzen inklusive der Umsetzung vereinen. Es kommen also verschiedene Designkriterien zur Anwendung: das Designkriterium „Wertschöpfungsstufen" oder das Kriterium „Kunde".

Mögliche Designkriterien am Beispiel „Marketing in einem international tätigen Bauunternehmen“

Nach Divisionen	Tiefbau	Hochbau	Engineering	...
Nach Kommunikations-kanälen	Digital	Direkt-marketing	Messen	...
Nach Ländern | Regionen	DACH	F	I	...
Nach Marken	Marke „Günstig"	Marke „Mitte"	Marke „Premium"	...
Nach Marketing-funktionen	Produkt-management	Kommuni-kation	Branding	...
Nach Marketing-strategien	Inbound-Marketing	Push-Marketing	Influencer-Marketing	...
Nach Produktgruppen	Baustoffe	Werkzeuge	Services	...
Nach Projekten	Projekt 1	Projekt 2	Projekt 3	...
Nach Themen	Bauen im Bestand	Neubau	Smart City	...
Nach Stakeholdern	Politik	Mitarbeiter	Sub-unternehmer	...
Nach Wertschöpfungs-stufen	Abstimmung Auftraggeber	Planung	Umsetzung	...
Nach Zielgruppen	Öffentliche Hand	Wohnungs-baugesell-schaften	Planer	...

Weiterhin wirft das Team einen Blick auf ein anderes Organisationsschema, das in Medienhäusern, Kommunikationsabteilungen und zum Teil auch in Marketingabteilungen eingesetzt wird: den Newsroom. Newsrooms zielen darauf ab, die steigende Anzahl an Kommunikationskanälen und Medienformaten bewältigen zu können. Grundzüge des Newsroom-Ansatzes sind:

- Desks: Zeichnen verantwortlich für die Koordination des täglichen Geschehens im Newsroom und die schnelle Herbeiführung von Entscheidungen. Dies kann die Themenauswahl und -priorisierung, die Gestaltung der Kommunikationskanäle und den Ressourceneinsatz umfassen. An den Desks werden die relevanten Informationen zentral zusammengeführt. Sie sind mit Vertretern verschiedener Disziplinen besetzt, um eine effektive Steuerung zu ermöglichen.

- Meetingstruktur: In Newsrooms werden regelmäßige, häufig tägliche, kurze Konferenzen zur Abstimmung zwischen allen Beteiligten durchgeführt.

- Übergreifendes Arbeiten: In vielen Newsrooms erfolgt die Arbeit kanalübergreifend, also zum Beispiel für die Print- und die digitalen Kanäle. Zudem wird zum Teil medienübergreifend gearbeitet, das heißt ein Redakteur ist für Text, Bild und Bewegtbild verantwortlich.

- Transparenz: In vielen Newsrooms befinden sich für alle Mitarbeiter einsehbare Monitore, die die aktuellen Leistungswerte und die Konkurrenzangebote darstellen.

- Raumplanung: Wichtig für einen Newsroom ist eine geeignete Raumplanung, die die Abstimmung und Kommunikation zwischen den Beteiligten optimal unterstützt.

Nach welchen Designkriterien aber ist ein Newsroom aufgebaut? Im Newsroom erfolgt eine Trennung der Ausführung von der Koordination und der Steuerung. Die Desks agieren über alle im Newsroom bearbeiteten Themen und sind verantwortlich für die Koordination und die Steuerung. Die weiteren Beteiligten fokussieren auf jeweils ein zu bearbeitendes Thema. Das hier zugrunde liegende Designkriterium ist mithin „Art der Tätigkeit" mit den beiden Ausprägungen „Steuerung und Koordination" versus „Ausführung".

Die Bildung der ausführenden Verantwortungsbereiche erfolgt dann nach verschiedenen Kriterien, zum Beispiel Themenschwerpunkten, Kanälen oder Medien.

Dem Team wird klar: Die Sammlung möglicher Kriterien und die Betrachtung der Organisation in verwandten Bereichen sind sinnvolle Ansätze, wird so doch die Bandbreite der Möglichkeiten offenbar. Und es gibt wirklich viele Möglichkeiten! Aber das Team hat noch nicht alle möglichen Designkriterien identifiziert. Wie kann es nun vorgehen?

Das ZIILO-Schema zur Identifikation von Designkriterien

Mit Hilfe des **ZIILO-Schemas** können Designkriterien systematisch identifiziert werden. Es zeigt die Suchfelder für mögliche Designkriterien auf. Hierzu werden die folgenden Kategorien zur Identifikation von Designkriterien betrachtet:

- Z: Ziele und Strategien
- I: Interaktionen
- I: Input
- L: Leistungserstellung
- O: Output

Je Kategorie stellt das Schema Fragen zur Verfügung, die Sie bei der Identifikation von Designkriterien unterstützen. Und es bietet eine Übersicht möglicher Designkriterien – ohne Anspruch auf Vollständigkeit (siehe Abbildung „ZIILO"-Schema: Übersicht und Fragestellungen" auf der nächsten Seite).

Ziele und Strategien

Kriterien zur Abgrenzung von Verantwortungsbereichen können direkt aus den Zielen und der Strategie abgeleitet werden. Ein Beispiel: Sollen über einen Kooperations- oder Netzwerkansatz Wettbewerbsvorteile geschaffen werden, so muss sich dies im Organisationsdesign niederschlagen. Auch strategische Initiativen, die die Unternehmensentwicklung durch den Aufbau von Neugeschäft vorantreiben sollen, können für das Organisationsdesign prägend sein.

Ziehen Sie daher im Suchfeld „Ziele und Strategien" Ihre in den Bausteinen Outcomes und Leitlinien erarbeiteten Ergebnisse zu Rate. Aus dieser Perspektive können mitunter ebenso innovative wie praktikable Ansätze abgeleitet werden. So fußt der Newsroom-Ansatz auf dem Ziel einer integrierten, kanal- und medienübergreifenden Produktion. Das Marketingteam aus obigem Fallbeispiel könnte ähnlich verfahren und folgendes weiteres Designkriterium formulieren: „Integrierte Leistungserstellung für Marketingkampagnen".

Interaktionen

Wie im Baustein **Leitlinien** ausgeführt, ist der Fit zwischen Organisationsdesign und Umwelt erstrebenswert. Entsprechend sollten die Interaktionen mit der Umwelt auf mögliche Designkriterien abgeklopft werden. Als besonders vielversprechend hat sich hierbei der Blick auf die Kundenbedürfnisse erwiesen. Vielleicht ist die Bildung von Verantwortungsbereichen entlang der wichtigsten Kundenbedürfnisse auch für Ihr Organisationsdesign zielführend

ZIILO-Schema: Übersicht und Fragestellungen

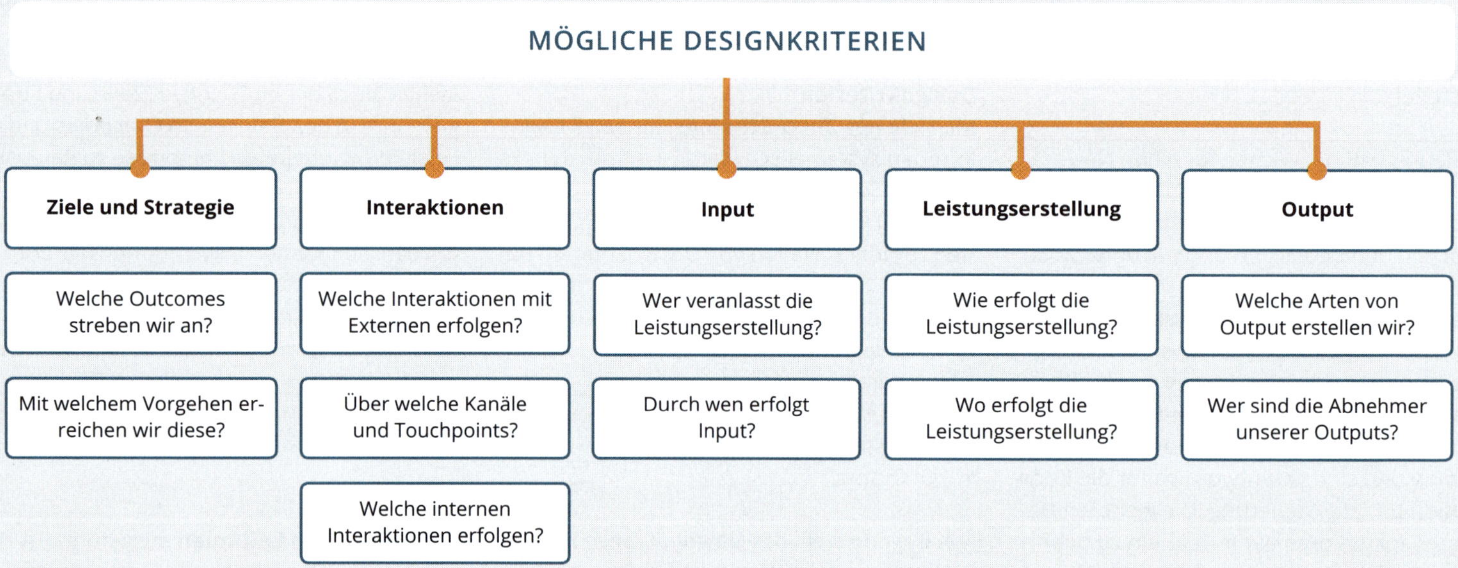

ZIILO-Schema: Mögliche Designkriterien

Ziele und Strategie

Ziele
- Kundenorientierte Ziele
- Interne Ziele
- Marktgerichtete Ziele

Strategien
- Strategische Initiativen
- Innovationsfelder
- Wachstumsfelder

Interaktionen

Extern
- Kundenbedürfnisse
- Customer Journeys

Kanäle
- Vertriebswege
- Kommunikationskanäle

Intern
- Bedürfnisse interner Kunden
- Prozesse

Input

Veranlasser
- Abteilungen
- Bereiche
- Divisionen
- Kreise

Inputgeber
- Lieferanten
- Kooperationspartner
- Beteiligungen

Leistungserstellung

Wie?
- Kompetenzen/Fähigkeiten
- Verfahren/Technologien
- Mitarbeiter(gruppen)
- Projekte
- Funktionen
- Wertschöpfungsstufen
- Orientierung

Wo?
- Länder/Regionen
- Kooperationspartner
- Beteiligungen

Output

Abnehmer
- Kunden
- Zielgruppen
- Stakeholder
- Märkte

Arten
- Geschäftsmodelle
- Produkte/Produktgruppen/Marken
- Servicearten
- Neuheitsgrad
- Qualitätsstufen

Input

Im Bereich „Input" geht es um die internen Beziehungen zwischen den Organisationseinheiten. So können insbesondere für interne Unterstützungs- und Serviceeinheiten, wie zum Beispiel das Controlling oder das Personalmanagement, die internen Auftraggeber ein sinnvolles Designkriterium darstellen. Externe Auftraggeber sind hingegen im Bereich „Output" berücksichtigt.

Leistungserstellung

Viele mögliche Designkriterien resultieren aus der Frage, wie die Leistungserstellung erfolgt. So sind nach wie vor viele Organisationen nach dem Designkriterium „Funktionen" gestaltet. Aber es können auch andere Aspekte betrachtet werden. So kann das Designkriterium „Kompetenzen" herangezogen werden. Hierzu stellt sich die Frage, ob in der betrachteten Organisationseinheit unterschiedliche Kompetenzen zur Erbringung der Outputs gefordert sind:

- Sind unterschiedliche persönliche Kompetenzen zur Leistungserbringung erforderlich?
- Sind unterschiedliche soziale Kompetenzen zur Leistungserstellung entscheidend?
- Sind unterschiedliche methodische oder technologische Kompetenzen zur Leistungserbringung notwendig?
- Sind unterschiedliche fachliche Kompetenzen zur Leistungserstellung notwendig?

Sofern die Antwort auf mindestens eine der Fragen „ja" lautet, schließen sich die Fragen an, welche Kompetenzen für welche Outputs erforderlich sind und ob auf dieser Basis eine sinnvolle Abgrenzung der Verantwortungsbereiche erfolgen kann.

Output

Auch die verschiedenen Output-Arten können als sinnvolle Designkriterien fungieren. Sie stellen, ebenso wie das Suchfeld „Interaktionen", die Marktbeziehungen der Organisationseinheit in den Fokus und unterstützen somit die Ausrichtung des Organisationsdesigns an der Umwelt. Ein Sonderfall ist das Designkriterium „Geschäftsmodelle". Es kombiniert das Output-Kriterium „Produkt" mit dem Zielkriterium „autarke Einheiten".

Die Anwendung des Designkriteriums „Nach Neuheitsgrad" kann sowohl aus internen Erfordernissen des Produktmanagements als auch zum Zweck der spezifischen Marktbearbeitung sinnvoll sein. Hierbei werden die Outputs zum Beispiel in einen Verantwortungsbereich für Neugeschäft und einen oder mehrere Verantwortungsbereich(e) für bestehendes Geschäft gegliedert.

Bitte beachten Sie, dass die im ZIILO-Schema aufgeführten Designkriterien Ihrer Inspiration dienen und keinen Anspruch auf Vollständigkeit erheben. So findet sich im ZIILO-Schema ein für den Marketingbereich in unserem Beispiel mögliches Designkriterium nicht in der Übersicht: die Möglichkeit, das Marketingteam entlang von Themen aufzustellen. Dies verdeutlicht, dass das Schema allgemeine Hinweise gibt, aber nicht alle in spezifischen Zusammenhängen denkbaren Designkriterien aufführt.

TIPP

Leiten Sie aus den Fragen im ZIILO-Schema auch eigene Designkriterien ab. Rücken Sie hierzu die von Ihnen formulierten Outcomes und Leitlinien in den Fokus! Orientieren Sie sich NICHT an den in der Institution aktuell handelnden Personen. So schwer es sein mag, diese bei der Entwicklung der Modelle nicht im Kopf zu haben – wer vor allem an die Personen denkt, wird es schwer haben, innovative Ansätze zu entwickeln. Auch wenn klar ist, dass Sie Ihr Modell mit den verfügbaren Personen nicht hundertprozentig werden umsetzen können: Machen Sie diese Kompromisse so spät wie möglich, also frühestens in der Detailplanung. So geben Sie Ihrem Modell und Ihren Kollegen die besten Chancen, sich positiv zu entwickeln (Kühl & Muster, 2016).

Der Arbeitsschritt „Auswahl von Designkriterien" unterstützt Sie dabei, Ihr Organisationsdesign nicht von vornherein an den aktuell handelnden Personen auszurichten. Indem Sie auf sachliche und somit transparente Kriterien zur Zuordnung von Verantwortlichkeiten setzen, fördern Sie die Entwicklung eines für alle Beteiligten transparenten Organisationsdesigns.

Hierzu sollten verschiedene Kriterien ausgewählt und in unterschiedlichen Konstellationen durchgespielt werden. So wird Schritt für Schritt das am besten geeignete Organisationsmodell entwickelt. Ein Organisationsdesign sollte nicht auf Basis der „erstbesten" Idee entworfen werden!

Wie wird der Baustein Designkriterien bearbeitet?

Zunächst müssen plausible Designkriterien gefunden werden.

LEITFRAGE

Auf Basis welcher Kriterien können wir die betrachtete Organisationseinheit in sinnvolle Verantwortungsbereiche gliedern?

Um innovative Ansätze zu entwickeln, sollten Sie diese Frage aus unterschiedlichen Perspektiven betrachten. So geht auch das Team Medien vor. Es richtet seinen Blick zunächst auf die im Organizational Challenges Canvas erarbeiteten Leitlinien, Outcomes und Fördernisse.

LEITFRAGE

Können wir aus den im Organizational Challenges Canvas erzielten Ergebnissen mögliche Designkriterien ableiten?

Dabei fällt dem Team als Erstes auf, dass die priorisierten Outcomes auf die Bedürfnisse der Kunden abzielen. Daher bennent ein Teammitglied das Designkriterium „Kundenbedürfnisse". Ein anderes Teammitglied schlägt das Kriterium „Marken" vor, da entlang der Marken die Leitlinie „Echtes Produktmanagement" erfüllt werden könnte.

Als Nächstes schaut das Team auf die Ist-Struktur.

LEITFRAGE

Entlang welcher Designkriterien ist unsere Ist-Struktur aufgebaut und sollten wir diese Kriterien auch für unsere neue Struktur in Betracht ziehen?

Das Team Medien agiert in einer entlang von Funktionen gebildeten Struktur, was aus Sicht des Teams die Leitlinien nicht stützt. Aus diesem Ansatz heraus entwickelt das Team entsprechend kein weiteres Designkriterium. Aber es gibt weitere Quellen für Inspiration, wie die Betrachtung der Aufstellung von Konkurrenten und anderen Institutionen:

LEITFRAGE

Entlang welcher Designkriterien sind andere Institutionen und Organisationsschemata aufgebaut und welche dieser Kriterien sollten wir für unser neues Organisationsdesign in Betracht ziehen?

Eines der Teammitglieder berichtet von einem Medienunternehmen, das sich entlang seiner Wertschöpfungsstufen neu aufgestellt hat. Ziel der Aufstellung nach dem Designkriterium „Wertschöpfungsstufen" sei es, die Verantwortungsbereiche unabhängig von einem tradierten Berufs- und Funktionsverständnis zu gestalten und die Zusammenarbeit zwischen Print und Digital zu fördern. Da dies auch für das Ziel-Output-Portfolio des Teams Medien sehr wichtig ist, nimmt das Team das Kriterium „Wertschöpfungsstufen" auf.

In einer abschließenden Betrachtung wirft das Team nun einen Blick auf das ZIILO-Schema, um mögliche weitere Designkriterien zu entdecken:

LEITFRAGE

Finden wir im ZIILO-Schema weitere, für uns relevante Designkriterien?

Aus den im ZIILO-Schema enthaltenen Fragen und möglichen Designkriterien leitet das Team letztlich drei weitere mögliche Designkriterien ab:

- Kanäle, also die Aufstellung nach den für das Team wichtigen Output-Kanälen wie Print, Digital und Veranstaltungen;
- Prozesse, also die Aufstellung nach den Kernprozessen des Teams und

- Projekte, also eine flexible Gestaltung der Verantwortungsbereiche auf Basis der jeweiligen Projekte.

Nun hat das Team sechs Designkriterien gefunden und steht vor der Aufgabe, diese zu bewerten und zu priorisieren. Hierzu greift es auf die oben genannten Anforderungen an die Gestaltung geeigneter Verantwortungsbereiche zurück. Das Team stellt sich also die Frage:

LEITFRAGE

Die Anwendung welcher Designkriterien führt zu Verantwortungsbereichen mit den Eigenschaften

- **umfassend,**
- **überschneidungsfrei,**
- **passend,**
- **klar und**
- **förderlich.**

Hierzu benennt jedes Teammitglied ein aus seiner Sicht geeignetes Designkriterium. Dann unterzieht das Team die meistgenannten Kriterien einem Plausibilitätscheck entlang der Checkliste „Anforderungen an geeignete Designkriterien" auf Seite 133. Ziel ist es, zügig ein präferiertes Designkriterium auszuwählen und dieses im nächsten Baustein **Kommunikationsmodell** anzuwenden. So kann man nachfolgend weitere Designkriterien ausprobieren und sich Schritt für Schritt einer guten Gestaltung annähern.

TIPP

Diskutieren Sie an dieser Stelle nicht zu lange, wenden Sie lieber verschiedene Kriterien im Baustein **Kommunikationsmodell** an und vergleichen Sie die hieraus jeweils resultierenden Modelle.

Das Team Medien kommt zu folgenden Ergebnissen:

- Kanäle: Dieses Kriterium wird verworfen, da Inhalte und Angebote zukünftig stets crossmedial entwickelt und vermarktet werden sollen.

- Marken: Würde zu einem Verantwortungsbereich je Marke führen; wird aufgrund einer sehr ungleichen Umsatzverteilung verworfen.

- Projekte: Trotz der steigenden Anzahl an Projekten erkennt das Team schnell, dass dieses Kriterium nicht zu einer umfassenden Zuordnung der Verantwortlichkeiten führt; daher wird auch dieses Kriterium ad acta gelegt.

- Kundenbedürfnisse: Führt zu interessanten Ansätzen, berücksichtigt jedoch die Autoren beziehungsweise Kontributoren nicht und wird daher vom Team auf „Stakeholder-Bedürfnisse" erweitert – und nach der ersten Bewertung entlang der Kriterien für geeignete Designkriterien als präferiertes Kriterium ausgewählt.

- Die weiteren Kriterien Wertschöpfungsstufen und Prozesse möchte das Team ebenfalls durchspielen.

TIPP

Mitunter entstehen bei der Entwicklung des Kommunikationsmodells im nächsten Baustein auch neue Ideen für Designkriterien. Vielleicht ermöglichen es Ihnen diese, ein deutlich besseres Organisationsmodell zu entwickeln! Scheuen Sie sich nicht, auch diese zu prüfen und zwischen den Bausteinen **Designkriterien** und **Kommunikationsmodell** hin und her zu springen.

Eine Übersicht über das Vorgehen in diesem Baustein finden Sie in der Abbildung „Auswahl der Designkriterien" auf Seite 135.

Anforderungen an geeignete Designkriterien

Umfassend

Bei Anwendung des Designkriteriums entstehen Verantwortungsbereiche, denen alle relevanten Verantwortlichkeiten sinnvoll zugeordnet werden können.

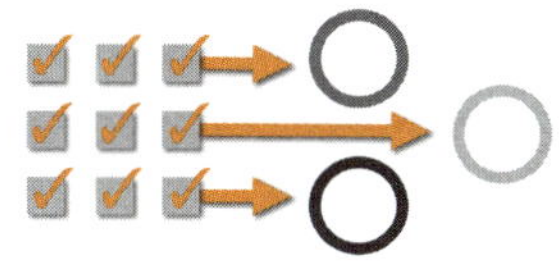

Überschneidungsfrei

Bei Anwendung des Designkriteriums entstehen Verantwortungsbereiche, denen die relevanten Verantwortlichkeiten überschneidungsfrei zugeordnet werden können.

Passend

Bei Anwendung des Designkriteriums entstehen Verantwortungsbereiche mit einem jeweils angemessenen Umfang an Verantwortlichkeiten.

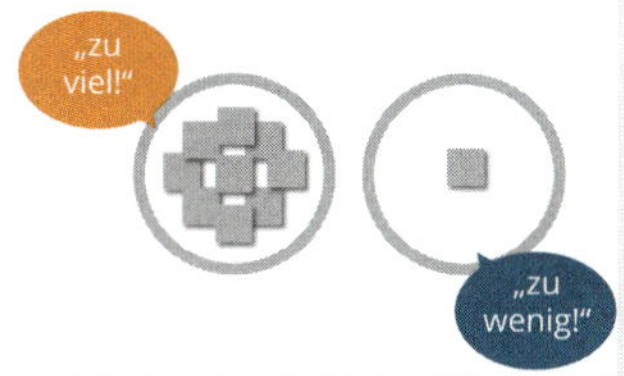

Klar

Bei Anwendung des Designkriteriums entstehen Verantwortungsbereiche, denen Verantwortlichkeiten, Rechte und Pflichten so zugeordnet werden können, dass klare Rollen und eine leicht nachvollziehbare Struktur entstehen.

Förderlich

Bei Anwendung des Designkriteriums entstehen Verantwortungsbereiche, die die Kommunikation, Entscheidungsfindung und Zusammenarbeit in der Organisationseinheit und an den Schnittstellen zu weiteren Bereichen fördern.

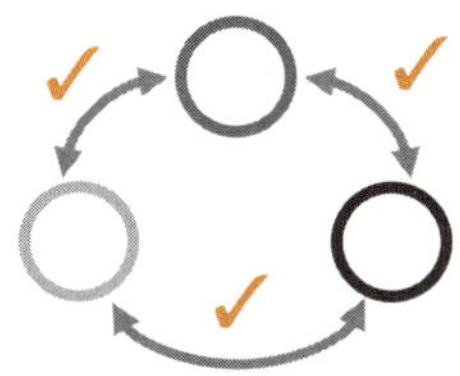

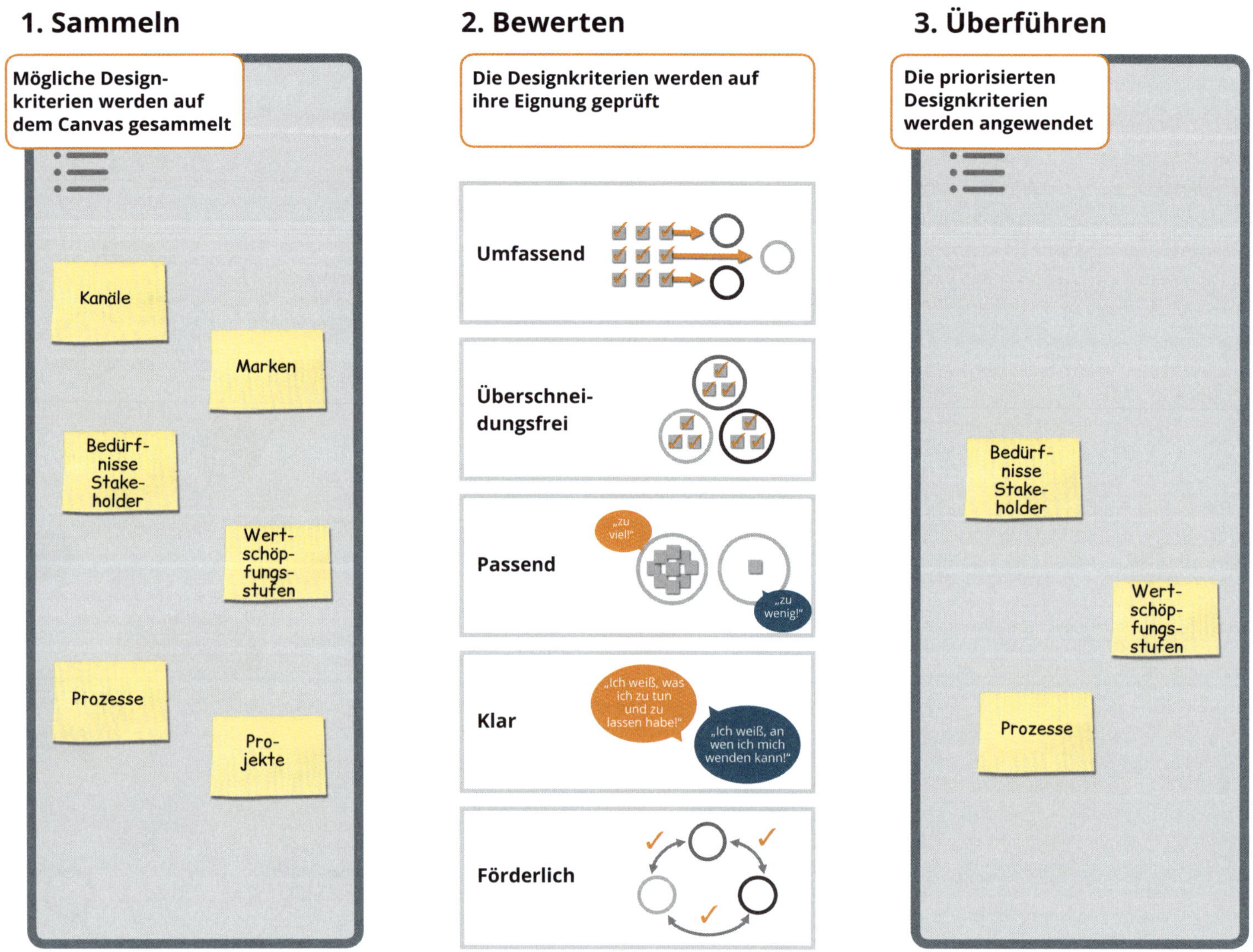
1. Sammeln
Mögliche Design-kriterien werden auf dem Canvas gesammelt
Kanäle
Marken
Bedürf-nisse Stake-holder
Wert-schöp-fungs-stufen
Prozesse
Pro-jekte
2. Bewerten
Die Designkriterien werden auf ihre Eignung geprüft
Umfassend
Überschnei-dungsfrei
Passend
„zu viel!“
„zu wenig!“
Klar
„Ich weiß, was ich zu tun und zu lassen habe!“
„Ich weiß, an wen ich mich wenden kann!“
Förderlich
3. Überführen
Die priorisierten Designkriterien werden angewendet
Bedürf-nisse Stake-holder
Wert-schöp-fungs-stufen
Prozesse

Auswahl der Designkriterien

1. Werfen Sie einen Blick auf die im Organizational Challenges Canvas erarbeiteten **Leitlinien, Outcomes und Fördernisse**: Lassen sich hieraus bereits mögliche Designkriterien ableiten?

2. Skizzieren Sie Ihr **heutiges Strukturmodell**: Wie sind wir aktuell aufgestellt? Welche Verantwortungsbereiche haben wir gebildet? Sind die hierbei angewendeten Designkriterien auch eine mögliche Basis für die Entwicklung unseres neuen Organisationsdesigns?

3. Werfen Sie einen Blick auf **andere Institutionen**, die mit dem gleichen oder einem ähnlichen Geschäftsmodell agieren: Welche Designkriterien werden zur Strukturierung der Verantwortungsbereiche verwendet? Gibt es Organisationsschemata, aus denen wir Designkriterien ableiten können?

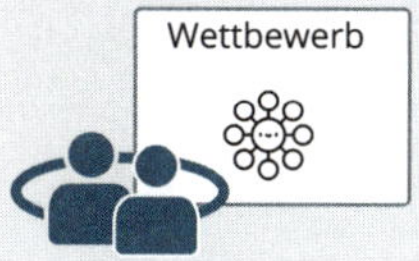

4. Nutzen Sie das **ZIILO-Schema**, um weitere mögliche Kriterien zu entwickeln.

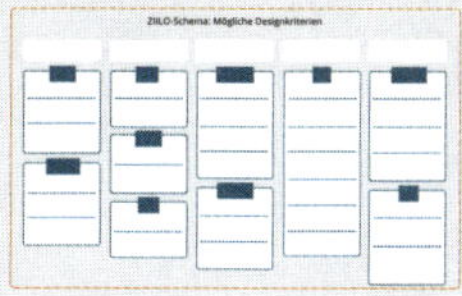

5. Bewerten Sie plausible Designkriterien auf Basis der **Checkliste „Anforderungen an geeignete Designkriterien"** auf Seite 133.

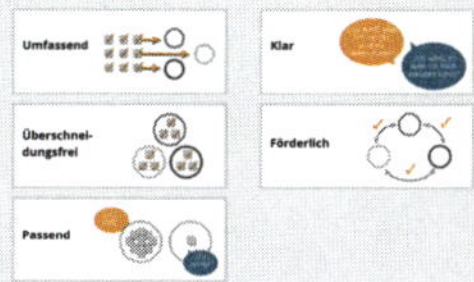

6. Diskutieren Sie nicht zu lange – probieren Sie im Baustein **Kommunikationsmodell** lieber schnell erste Kriterien aus, um ein Gefühl dafür zu entwickeln, worauf es in Ihrem Fall besonders ankommt!

2 Kommunikationsmodell

Welche Verantwortungsbereiche bilden wir, damit die Kommunikation zwischen allen Beteiligten bestmöglich erfolgen kann?

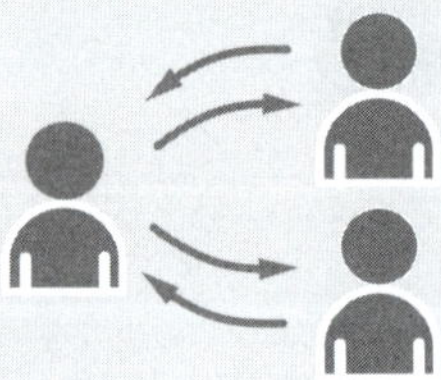

Worum geht es beim Baustein Kommunikationsmodell?

Im Baustein **Kommunikationsmodell**

- wenden Sie eines oder mehrere Designkriterien zur Festlegung von Verantwortungsbereichen an,
- vergegenwärtigen Sie sich die Kommunikationsflüsse zwischen den so gebildeten Verantwortungsbereichen und
- entwickeln Sie das Grundmodell für Ihr zukünftiges Organisationsdesign.

Zur Abgrenzung von Organen werden Verantwortungsbereiche, nicht aber Aufgabenbereiche definiert. Dies erfordert ein Denken in Verantwortlichkeiten. Anstelle einer Aufgabe, wie zum Beispiel „Plane eine Werbekampagne", werden Verantwortlichkeiten formuliert, also zum Beispiel: „Setze das Kommunikationsbudget entsprechend der Marketingziele bestmöglich ein."

Das Denken in Verantwortlichkeiten hat eine Reihe von Vorteilen:

- Verantwortlichkeiten fordern dazu auf, für neue Probleme neue Antworten zu finden und sich nicht auf seine Aufgabenbeschreibung zurückzuziehen.
- Verantwortlichkeiten vermitteln, dass der Erfolg einer Tätigkeit und nicht lediglich die Durchführung dieser im Fokus stehen sollte.
- Verantwortlichkeiten sind weniger kleinteilig und weniger situationsabhängig als Aufgaben; so könnte in einer spezifischen Situation die Durchführung einer Aktion zur Verkaufsförderung und nicht die Durchführung einer Werbekampagne zielführend sein.
- Verantwortlichkeiten sind dauerhafter als Aufgaben; so können durch den Einsatz eines neuen Tools bestimmte Aufgaben wegfallen, die Verantwortlichkeit für den Sachverhalt muss jedoch weiterhin wahrgenommen werden.
- Verantwortlichkeiten können durchgängig auf allen Ebenen, vom Gesamtunternehmen bis zur einzelnen Stelle, formuliert und zugewiesen werden.

Was ist bei der Bearbeitung des Bausteins Kommunikationsmodell zu beachten?

Ziel der Bearbeitung des Bausteins **Kommunikationsmodell** ist eine klare Abgrenzung und Zuweisung von Verantwortung an die Mitarbeitenden. Dies umfasst drei grundlegende Faktoren:

- Erstens: Entwicklungen im eigenen Verantwortungsbereich müssen beobachtet werden, um Handlungsbedarf zu erkennen.
- Zweitens: Es ist Sorge zu tragen, dass notwendige und richtige Aktivitäten initiiert und korrekt ausgeführt werden („die richtigen Dinge richtig tun").
- Drittens: Es ist für das Geschehene einzutreten. Dies erfordert die fortlaufende Beobachtung und Evaluation der Ergebnisse des eigenen Verhaltens, das Lernen aus Fehlern und Fehlentwicklungen sowie das beständige Optimieren des eigenen Vorgehens mit Blick auf die Ziele.

Daher sollten aktivitätsbezogene und zielbezogene Verantwortlichkeiten berücksichtigt werden. Aktivitätsbezogene Verantwortlichkeiten beziehen sich auf das Beobachten, Entscheiden und Handeln und werden im Baustein **Kommunikationsmodell** betrachtet. Zielbezogene Verantwortlichkeiten beziehen sich auf die Frage: „Für die Erreichung welcher Ziele zeichne ich verantwortlich?" So kann ein Verantwortungsbereich zum Beispiel eine Kostenverantwortung und ein anderer eine Umsatz- oder Ergebnisverantwortung tragen. Dieser Aspekt wird im Baustein Steuerung aufgegriffen.

TIPP

Das Denken in Verantwortlichkeiten kann auch angewendet werden, wenn Sie zum Beispiel eine agile Organisationsform oder eine prozessorientierte Organisation entwerfen möchten. Gerade agile Organisationsformen legen großen Wert auf die Zuordnung klarer Verantwortlichkeiten. So werden bei Holacracy je Kreis und Rolle jeweils der Zweck („Purpose"), die erwarteten Aktivitäten („Role Accountabilities") und die Eigentumsrechte („Domains") festgelegt und für alle zugänglich dokumentiert.

Bei einer prozessorientierten Sicht formulieren Sie ausgehend vom Baustein Prozesse im Organizational Challenges Canvas, welche Verantwortungsbereiche für welche Teilprozesse beziehungsweise welche Prozesse und welche Aspekte (Zeit, Qualität, Kosten) verantwortlich zeichnen.

Anforderungen an die Bildung von Verantwortungsbereichen

Um möglichst wirkungsvolle Organe zu bilden, sollten je Verantwortungsbereich Verantwortlichkeiten mit engen Verbindungen zueinander gebündelt werden. Die Zusammenführung von Verantwortlichkeiten in einem Bereich ist insbesondere dann sinnvoll, wenn die Wahrnehmung dieser Verantwortlichkeiten

- die gleichen fachlichen, persönlichen und sozialen Kompetenzen erfordert – dies ermöglicht es den Stelleninhabern, ihr Potenzial bestmöglich einzubringen,
- den Einsatz der gleichen Werkzeuge und Methoden erfordert – dies ermöglicht es den Stelleninhabern, ihre Werkzeuge sicher und kompetent einzusetzen,
- die Zusammenarbeit mit denselben Schlüsselpartnern bedingt – dies fördert Synergien in der Zusammenarbeit mit Dritten und
- die gleichen bzw. nahe beieinanderliegenden Prozessstufen umfasst – dies reduziert die Anzahl der Schnittstellen entlang des Prozesses.

Weiterhin kann der Faktor „Leidenschaft" herangezogen gezogen werden. Wenn die Wahrnehmung verschiedener Verantwortlichkeiten die gleiche Leidenschaft bei den Ausführenden anspricht, können Verantwortungsbereiche gebildet werden, die für die Beteiligten attraktive Aufgabenfelder darstellen.

Ziel des Entwurfs eines Kommunikationsmodells

Zur Erinnerung: Die Bildung von Organen innerhalb einer Institution zielt unter anderem darauf ab, unnötige Kommunikation zu vermeiden. Alle Mitarbeitenden sollen sich auf ihre jeweilige Tätigkeit fokussieren und diese in der angestrebten Qualität effektiv und effizient durchführen können. Dies ist wichtig, denn: Je mehr Themen oder Projekte wir parallel bearbeiten, desto mehr Zeit müssen wir für den Kontextwechsel aufwenden. Dies gilt insbesondere in Arbeitsumfeldern mit komplexen Aufgaben wie zum Beispiel die Softwareentwicklung. Hier müssen bei drei parallel bearbeiteten Projekten bereits 40 Prozent der Arbeitszeit für den Kontextwechsel aufgebracht werden (siehe Abbildung „Kosten der parallelen Projektarbeit"). Parallelisierung statt Priorisierung führt mithin schnell zur Verschwendung wertvoller Arbeitszeit.

Zudem ist es sinnvoll, Arbeitsbereiche zu bilden, in denen sich die Anzahl der Unterbrechungen von Tätigkeiten im Rahmen hält. Unterbrechungen lenken uns von der eigentlichen Tätigkeit ab; unterbrochene Tätigkeiten werden im Durchschnitt erst nach 23 Minuten wiederaufgenommen (Mark, 2015, S. 26). Dies führt zwar nicht zwangsläufig dazu, dass die Gesamtbearbeitungsdauer eines Vorgangs steigt, aber Unterbrechungen führen zu Belastungen der Mitarbeitenden wie einem höheren Stresslevel und einem als steigend wahrgenommenen Zeitdruck (siehe Abbildung „Kosten unterbrochener Arbeit").

Die Möglichkeit zur Fokussierung auf eine Tätigkeit zu einem Zeitpunkt ist daher ein Erfolgsfaktor für Effizienz und nachhaltige Leistungsfähigkeit. Zur Fokussierung müssen die Beteiligten das eigene Handlungsfeld kennen und sinnvoll abgrenzen können. Sie sollten sich nicht mit Dingen beschäftigen müssen, die für das eigene Handlungsfeld nicht relevant sind.

Zugleich müssen die Beteiligten in der Lage sein, die für die jeweilige Tätigkeit wichtigen Informationen effektiv und effizient zu kommunizieren. Die Entwicklung des Kommunikationsmodells verfolgt daher drei Ziele:

1. **Die Beteiligten agieren in einem sinnvoll zugeschnittenen Verantwortungsbereich und können diesen problemlos abgrenzen.**
2. **Die Kommunikationsflüsse sind so gestaltet, dass nicht erforderliche Kommunikation unterbleibt.**
3. **Die Kommunikationsflüsse sind so gestaltet, dass die für die jeweilige Tätigkeit erforderliche Kommunikation gezielt und effizient erfolgt.**

Kosten der parallelen Projektarbeit

Gleichzeitig bearbeitete Projekte	Auf jedes Projekt verwendbare Arbeitszeit in %	Verlust durch Kontextwechsel
1	100 %	0 %
2	40 %	20 %
3	20 %	40 %
4	10 %	60 %
5	5 %	75 %

Fünf Projekte in der Softwareentwicklung parallel = 75 Prozent der Arbeitszeit müssen für den Kontextwechsel aufgewendet werden

Quelle: Sutherland, 2015, S. 87

Kosten unterbrochener Arbeit

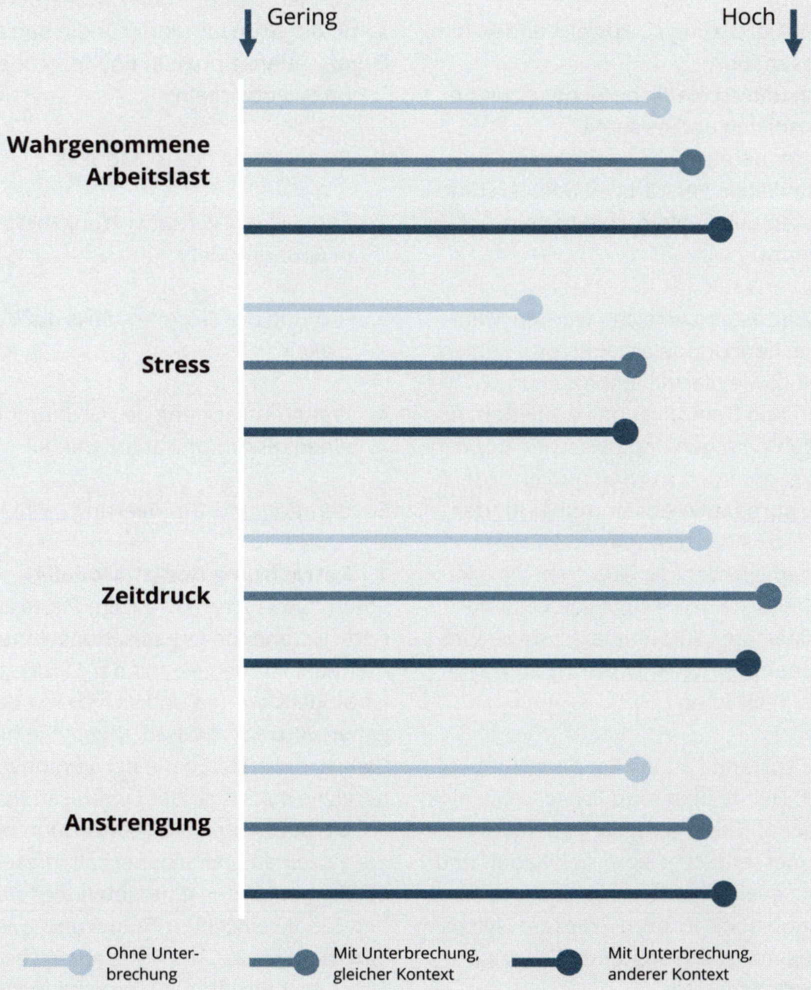

Quelle: Mark u.a., 2008, S. 3

Doch wie erreicht man diese Ziele, welche Leitgedanken unterstützen Sie dabei, diese schwierige Aufgabe der Gestaltung einer funktionalen Grundstruktur erfolgreich zu bewältigen? Der Orgazign-Prozess strebt den folgenden Zielzustand an:

> **Der Kommunikations- und Abstimmungsbedarf zwischen den verschiedenen Bereichen ist möglichst gering!**
>
> **Die Abstimmung erfolgt weitgehend innerhalb der einzelnen Verantwortungsbereiche, insbesondere kritische Kommunikationsflüsse zwischen den Bereichen werden wo immer möglich vermieden!**

Diesen Zielen liegen folgende Grundthesen zugrunde:

- Bereichsgrenzen intensivieren die Kommunikation zwischen den Mitgliedern innerhalb eines Bereichs, weil
  - ein gemeinsamer Bezugsrahmen geschaffen wird und
  - das Herausbilden gemeinsamer Interessen und Sichtweisen gefördert wird.
- Bereichsgrenzen reduziert die Intensität der Kommunikation zwischen den Mitgliedern verschiedener Bereiche, weil beispielsweise
  - unterschiedliche Ziele verfolgt und
  - unterschiedliche Verantwortlichkeiten wahrgenommen werden.
- Die Kommunikation über Bereichsgrenzen hinweg ist besonders fehleranfällig, weil beispielsweise
  - die Abgrenzung zu abweichenden Interessen führt,
  - sich unterschiedliche Sichtweisen herausbilden und es somit
  - in der bereichsübergreifenden Kommunikation verstärkt zu Missverständnissen und Fehleinschätzungen kommt.

Wird der Zielzustand erreicht, werden Mehrfachabsprachen, Doppelarbeiten und Fehleranfälligkeit sowie hiermit einhergehende Frustration und Demotivation vermieden. Abstimmungen zwischen den Bereichen können gezielt vorgenommen werden und erfordern keine überbordenden Abstimmungsrunden oder überformalisierte Kommunikationsprozesse. Zudem werden die einzelnen Verantwortungsbereiche in die Lage versetzt, die eigenen Aktivitäten zu optimieren sowie ihre Ziele in hoher Eigenverantwortung zu verfolgen und zu realisieren.

Diesen Zielzustand können Sie dann zum Beispiel durch Herstellung räumlicher Nähe, eine entsprechende Gestaltung der Arbeitsräume, eine angemessene Regelkommunikation und den Einsatz geeigneter Kommunikations- und Kollaborationstools fördern – diesbezügliche Überlegungen werden später im Orgazign-Prozess noch angestellt.

Wie wird der Baustein Kommunikationsmodell bearbeitet?

Sie können Ihr Kommunikationsmodell und somit die Grundstruktur für die betrachtete Organisationseinheit in den folgenden fünf Schritten entwickeln:

1. Betrachtung des Ist-Modells
2. Entwurf der Verantwortungsbereiche (= Grundmodell)
3. Prüfung des Grundmodells auf Vollständigkeit
4. Weiterentwicklung des Grundmodells zu einem Kommunikationsmodell
5. Iteration und Optimierung

1 | Betrachtung des Ist-Modells
Sofern Sie in Ihrem Orgazign-Prozess eine bereits bestehende Organisationseinheit betrachten, können Sie mit der Skizzierung des Ist-Modells starten und sich so mit dem Vorgehen vertraut machen. Bilden Sie hierzu am Canvas die erste Ebene der Verantwortungsbereiche innerhalb der Organisationseinheit ab. Sie betrachten ein Team? Dann bilden Sie die einzelnen Stellen innerhalb dieses Teams ab. Sie betrachten eine Abteilung? Dann bilden Sie die einzelnen Teams und/oder Stellen innerhalb dieser Abteilung ab. Sie betrachten eine Geschäftseinheit? Dann bilden Sie die einzelnen Abteilungen innerhalb dieser Geschäftseinheit ab.

In agilen Organisationsformen bilden Sie bei Betrachtung eines Kreises seine Subkreise und Rollen und für den Unternehmenskreis die einzelnen Kreise ab.

Notieren Sie dann die Verantwortlichkeiten je Bereich und ordnen Sie diese zu. Sofern Ihnen hier weitere Hindernisse oder Fördernisse auffallen, ergänzen Sie diese am Organizational Challenges Canvas.

Durch die Betrachtung des Ist-Modells können Sie nicht nur das Denken in Verantwortlichkeiten einüben. Sie können bereits die Kommunikationsflüsse zwischen den bestehenden Verantwortungsbereichen markieren und so das Ist-Kommunikationsmodell bildlich darstellen. Auch hier werden mitunter bestehende Schwächen und Hindernisse augenfällig. Verwenden Sie ein einfaches Schema, das die folgenden Ausprägungen unterscheidet:

- Mittlerer Kommunikationsbedarf: Es muss eine regelmäßige, aber keine fortlaufende Abstimmung erfolgen
- Hoher Kommunikationsbedarf: Eine fortlaufende Abstimmung zwischen den Bereichen ist erforderlich
- Erfolgskritischer Kommunikationsbedarf

Die Kommunikation zwischen verschiedenen Bereichen ist zum Beispiel dann erfolgskritisch, wenn

- eine unterlassene beziehungsweise nicht optimale Kommunikation dazu führt, dass die Erbringung relevanter Outputs in der geforderten Zeit, Qualität und Kosten gefährdet ist;
- eine unterlassene beziehungsweise nicht optimale Kommunikation die Zielerreichung gefährdet;
- die abzustimmenden Sachverhalte besonders konfliktträchtig sind.
- Bewerten Sie also die Kommunikationserfordernisse zwischen den heute bestehenden Bereichen und markieren Sie die jeweilige Ausprägung.

TIPP

Verwenden Sie zur Markierung der Kommunikationsströme farbiges Klebeband. So können Sie einfach Korrekturen vornehmen.

Leiten Sie nach Erstellung des Ist-Modells Hinweise ab, die zur Neugestaltung hilfreich sein können.

2 | Entwurf der Verantwortungsbereiche

Nachdem Sie sich mit dem Vorgehen vertraut gemacht haben, wenden Sie sich dem Entwurf eines neuen Grundmodells zu. Nun kommt es zur Anwendung der von Ihnen als plausibel identifizierten Designkriterien. Diese dienen Ihnen als Basis zur Bildung möglicher Verantwortungsbereiche (siehe Abbildung „Anwendung von Designkriterien" im Baustein **Designkriterien** auf Seite 122).

Beginnen Sie mit dem Aufbau des Grundmodells, indem Sie zunächst ein Designkriterium zugrunde legen. Stellen Sie sich die Frage:

LEITFRAGEN

Welche Verantwortungsbereiche ergeben sich, wenn wir das von uns präferierte Designkriterium anwenden? Welche Ausprägungen des Kriteriums sind für uns relevant?

FALLBEISPIEL TEAM MEDIEN

Das Team Medien hat sich im Baustein Designkriterien entschieden, zunächst das Kriterium „Bedürfnisse der Stakeholder" anzuwenden. Es muss nun die wichtigsten Bedürfnisse der Stakeholder identifizieren, die es mit seinem künftigen Output-Portfolio bedienen möchte. Das Team entwickelt hierzu folgenden Ansatz:

- Die Kontributoren wünschen sich eine Plattform, die ihre Inhalte möglichst vielen Empfängern zugänglich macht und auf der sie alle Schritte der Zusammenarbeit mit uns abwickeln sowie alle hierzu relevanten Informationen schnell und einfach erhalten.
- Die Leser und Anwender wünschen sich Lösungen, die sie in ihrer täglichen Arbeit unterstützen.
- Die Sponsoren wünschen sich Lösungen, die ihnen eine hohe Reichweite bei optimaler Kontaktqualität zu ihren Zielgruppen bieten.
- Alle Stakeholder wünschen sich Services, die sie bei Problemen aller Art schnell und lösungsorientiert unterstützen.
- Alle Stakeholder wünschen sich entlang aller Kontaktpunkte eine bestmögliche „Customer Experience", also positive Erlebnisse und Erfahrungen mit den Angeboten und dem Service des Unternehmens.

Ein Teammitglied hat die Idee, die so entstehenden Verantwortungsbereiche auf Basis der Outcomes mit motivierenden Formulierungen zu versehen. Und so entsteht ein Entwurf des Grundmodells mit den fünf Verantwortungsbereichen

- Die gewinnbringendste Kontributorenplattform
- Meisterhafte Lösungen für unsere Kunden
- Die wertvollsten Lösungen für unsere Sponsoren
- Maßgeschneiderter persönlicher Service
- Die erfreulichsten Kundenerlebnisse

Das Team findet diese Grundidee vielversprechend und einigt sich darauf, die weiteren Schritte zur Erarbeitung des Kommunikationsmodells mit diesem Grundmodell durchzuführen. Daher ordnet es den einzelnen Verantwortungsbereichen konkrete, aktivitätsbezogene Verantwortlichkeiten zu. So soll der Bereich „Meisterhafte Lösungen für unsere Kunden" dafür verantwortlich zeichnen, den Lesern und Anwendern die bestmöglichen Angebote zu unterbreiten, diese mit Inhalten größtmöglicher Relevanz zu befüllen und eine größtmögliche Durchdringung der Zielgruppen mit kostenlosen und kostenpflichten Angeboten zu erreichen.

Team Medien: Entwurf des Grundmodells

„Ohne unsere Kontributoren können wir unsere Angebote nicht realisieren. Damit die Kontributoren unseren Weg mitgehen, müssen wir ihnen eine gewinnbringende Plattform bieten – also mehr Reichweite bei einfacherer Zusammenarbeit. Dies ist ein zentraler Aspekt, um den sich ein Verantwortungsbereich kümmern sollte."

„Wir müssen viel stärker in Lösungen für unsere Leser und Anwender und weniger in Produkten denken. Die Zusammenführung des Produktmanagements, der Redaktion und der Vermarktung in einem Verantwortungsbereich wird uns stark nach vorn bringen."

„Wir verlieren an Relevanz bei unseren Anzeigenkunden. Diese investieren immer mehr in eigene Kommunikationsmaßnahmen. Auch hier müssen wir neuartige und überzeugende Lösungen anbieten und alle hierfür erforderlichen Kompetenzen zusammenführen."

„Wer kennt das nicht? Das beste Produkt ist ohne wirklich guten Service ein Ärgernis. Und je mehr digitale Lösungen und je mehr Veranstaltungen wir anbieten, desto wichtiger wird ein auf den einzelnen Kunden zugeschnittener Kundenservice."

„Wenn wir unseren Kunden exzellente und hochpreisige Angebote unterbreiten, muss die Customer Experience von A bis Z stimmen. Hier müssen wir besondere Expertise aufbauen, auf die alle weiteren Bereiche zugreifen können."

Bevor wir unseren Blick auf die weiteren Schritte richten, lassen Sie uns zur weiteren Veranschaulichung erneut das Fallbeispiel „Marketing in einem international tätigen Bauunternehmen" betrachten. Das Team Marketing entscheidet sich, zunächst das Designkriterium „Marketingstrategien" aufzugreifen. Es identifiziert sodann die für die Organisationseinheit relevanten Ausprägungen dieses Kriteriums. In diesem Fall sind es drei für das Unternehmen maßgebliche Strategien: das Inbound-Marketing, das Push-Marketing und das Influencer-Marketing. Entsprechend wären drei Verantwortungsbereiche zu bilden. Einer der Verantwortungsbereiche würde für die Planung und Durchführung von Inbound-Marketing-Kampagnen verantwortlich zeichnen, ein zweiter für alle Kampagnen und Maßnahmen zum Push-Marketing und so weiter.

Das Team kann nun mittels Abgleich mit den insgesamt anfallenden Verantwortlichkeiten bewerten, inwieweit

- alle Verantwortlichkeiten sinnvoll einem der Verantwortungsbereiche zugeordnet werden können;
- die Zuordnung der Verantwortlichkeiten zu überschneidungsfrei agierenden Bereichen führen würde;
- das Designkriterium die weiteren Anforderungen passend (= angemessener Umfang je Verantwortungsbereich), klar (= die Rollen sind klar und die Struktur leicht nachvollziehbar) sowie förderlich hinsichtlich Kommunikation, Entscheidungsfindung und Zusammenarbeit erfüllen würde.

Um dies zu bewerten, notiert das Team die einzelnen Verantwortlichkeiten und ordnet sie den drei Bereichen zu. Hierbei wird schnell klar, dass das gewählte Designkriterium nicht wie erhofft zu überschneidungsfreien Bereichen führt. Viele der Verantwortlichkeiten und somit der Tätigkeiten würden sich in diesem Modell überlappen.

TIPP

Es kommt häufig vor, dass das ursprünglich gewählte Designkriterium keine sinnvolle Zuordnung zum Beispiel einzelner Outputs zu den Verantwortungsbereichen erlaubt. Ist dies der Fall, sollte zunächst geprüft werden, ob ein anderes Designkriterium zu einer besseren Abdeckung der Outputs, Prozesse und Entscheidungstatbestände führt.

Zudem treibt das Team die Frage um, ob das nach Marketingstrategien gebildete Organisationsmodell eine ausreichend lange Überlebensdauer haben würde. Aufgrund der sich häufig ändernden Strategien besteht diesbezüglich eine gewisse Skepsis. Daher wird ein weiteres Designkriterium ausgewählt und durchgespielt. Dieses Mal sucht das Team gezielt nach einem Kriterium, das im Hinblick auf die Förderung der Leitlinie „integrierte Leistungserstellung" geeignet erscheint, und wendet sich dem Designkriterium „Produktgruppen" zu.

Bei der weiteren Bearbeitung des Kommunikationsmodells kommt es dem Team entgegen, dass es bei der Bildung von Verantwortungsbereichen zunächst unerheblich ist, ob diese als Stelle, Team, Abteilung, Bereich oder als Kreis ausgestaltet und bezeichnet werden. Es muss auch nicht unterschieden werden, ob die Verantwortungsbereiche als Stabsfunktion mit unterstützender, beratender Funktion oder als Linienfunktion mit Weisungsbefugnissen in die Organisation eingebunden werden. Das Grundmodell unterscheidet ebenfalls nicht, ob die einzelnen Verantwortungsbereiche als Bestandteil der hierarchischen Struktur oder als hierarchieübergreifende bzw. -ergänzende Elemente agieren sollen. All diese Aspekte werden erst im nachfolgenden Baustein **Steuerung** betrachtet.

3 | Prüfung des Grundmodells auf Vollständigkeit

Wenn Sie ein aus Ihrer Sicht plausibles Grundmodell entwickelt haben, prüfen Sie es entlang der folgenden Fragen auf Vollständigkeit:

LEITFRAGEN

Haben wir alle Outputs, auch die neu geplanten Outputs, im Modell berücksichtigt?

Können die Outputs durch die im Modell vorgesehenen Verantwortungsbereiche erbracht werden?

Sind alle durchzuführenden Prozesse berücksichtigt?

Können die Prozesse durch die im Modell vorgesehenen Verantwortungsbereiche sinnvoll durchgeführt werden?

Mit hoher Wahrscheinlichkeit werden Sie feststellen, dass nicht alle Outputs und Prozesse mit der entwickelten Struktur bereits abgedeckt sind. Es zeigt sich in der praktischen Anwendung immer wieder, dass zunächst recht schlanke Grundmodelle noch nicht alle relevanten Outputs und Prozesse umfassen. Bei der Anwendung des Designkriteriums „Produktgruppen" mit den Ausprägungen Baustoffe, Werkzeuge und Services trifft das Marketingteam auf diese Sachlage. Denn unter einer Marke werden Produkte aus verschiedenen Produktgruppen angeboten, sodass Aufgaben der Markenstrategie und der Markenpflege bei der Anwendung des Kriteriums „Produktgruppen" nicht beziehungsweise nicht eindeutig zugeordnet werden können.

Kann mit einem einzelnen Designkriterium keine vollständige Abdeckung erzielt werden, kann ergänzend ein weiteres Designkriterium herangezogen werden. Es bestehen mithin die folgenden Handlungsoptionen:

- Verwendung eines anderen Designkriteriums oder
- Verwendung eines weiteren, ergänzenden Designkriteriums

Das Marketingteam könnte das Kriterium „Marke" ergänzend zum Kriterium „Produktgruppen" einsetzen.

TIPP

Je weniger Designkriterien Sie anwenden, desto schlanker und übersichtlicher wird Ihr Modell ausfallen. Dies ist vorteilhaft, da solche Organisationsmodelle schneller erfassbar sind und zumeist für eine größere Rollenklarheit sorgen. Versuchen Sie daher, mit möglichst wenigen Designkriterien die vollständige Abdeckung aller zu erbringenden Leistungen zu erreichen.

Prüfen Sie Ihr Grundmodell auf entsprechende Lücken und wählen Sie aus der Liste der Designkriterien dasjenige aus, das diese Lücken bestmöglich abdeckt. Bleiben nach Ergänzung um ein zweites Kriterium weiterhin Lücken, können Sie ein anderes Zweitkriterium durchspielen oder ein drittes Kriterium anwenden.

Gehen Sie hierbei spielerisch vor und probieren Sie die unterschiedlichsten Ansätze aus. Wählen Sie andere Designkriterien und gestalten Sie damit verschiedene Strukturmodelle. Je mehr Modelle Sie ausprobieren, desto eher finden Sie eine letztlich passende Lösung.

Nachdem Sie ein gutes Grundmodell entwickelt haben, können Sie dieses im Hinblick auf die von Ihnen definierten Ziele und Leitprinzipien prüfen:

LEITFRAGEN

Erreichen wir mit dem Grundmodell unsere Ziele?

Fördert das Modell die von uns formulierten Leitlinien?

Welche Anpassungen am Modell würden dieses im Sinne unserer Ziele und Leitlinien noch verbessern?

Prüfen Sie das Modell auch hinsichtlich der von Ihnen identifizierten Fördernisse:

LEITFRAGEN

Welche Fördernisse würden wir in diesem Modell erreichen?

Welche nicht?

Welche Anpassungen am Modell würden die Realisierung der Fördernisse unterstützen?

Und beachten Sie schließlich auch die von Ihnen benannten Hindernisse:

LEITFRAGEN

Welche der Hindernisse würden wir mit diesem Modell aus dem Weg räumen?

Welche nicht?

Welche Anpassungen am Modell würden noch mehr Hindernisse aus dem Weg räumen?

4 | Weiterentwicklung des Grundmodells zu einem Kommunikationsmodell

Um die Vor- und Nachteile der von Ihnen entwickelten Grundmodelle zu bewerten, können Sie nun den Kommunikationsbedarf zwischen den Verantwortungsbereichen sowie zu den Schnittstellenbereichen darstellen. Gehen Sie hierzu wie unter „1 | Betrachtung Ist-Modell" beschrieben vor. Da an dieser Stelle jedoch ein theoretisches und kein bestehendes Gebilde betrachtet wird, müssen Sie sich gedanklich in die neue Struktur versetzen. Vergegenwärtigen Sie sich zu diesem Zweck, wie die Leistungserstellung entlang der von Ihnen definierten Kernprozesse in der entwickelten Struktur erfolgen würde. Sie können diese abstrakte Aufgabe greifbarer machen, indem Sie jeweils einen Output auswählen und die Leistungserstellung dieses Outputs gedanklich durchspielen:

> Welches ist der erste Bearbeitungsschritt zur Erstellung des Outputs? Welcher Verantwortungsbereich würde dies in der neuen Struktur leisten?

> Bis zu welchem Punkt wäre dieser Bereich für die Erstellung des Outputs verantwortlich?

> Mit welchen weiteren Bereichen innerhalb und außerhalb der betrachteten Organisationseinheit müsste eine Abstimmung erfolgen? Wie intensiv und wie kritisch wäre diese?

> An welchen Bereich würde eine Übergabe zur weiteren Bearbeitung erfolgen? Welche Abstimmung wäre bei der Übergabe erforderlich?

> Und so weiter ...

So entwickeln Sie Schritt für Schritt ein tiefes Verständnis dafür, wie die von Ihnen gestaltete Struktur interagieren und funktionieren würde. Und Sie können anhand des entstandenen Bildes der Kommunikationsflüsse die Güte des Modells bewerten sowie gegebenenfalls weitere Verbesserungsansätze identifizieren. Mit Blick auf die spätere räumliche Gestaltung ist es zudem hilfreich zu reflektieren, wie kommuniziert werden sollte. Wo ist eine persönliche Kommunikation von Angesicht zu Angesicht erforderlich beziehungsweise angeraten? Und wo ist die Fern- oder die digitale Kommunikation ausreichend oder gar vorteilhaft?

Prüfung Kommunikationsflüsse: Beispiel

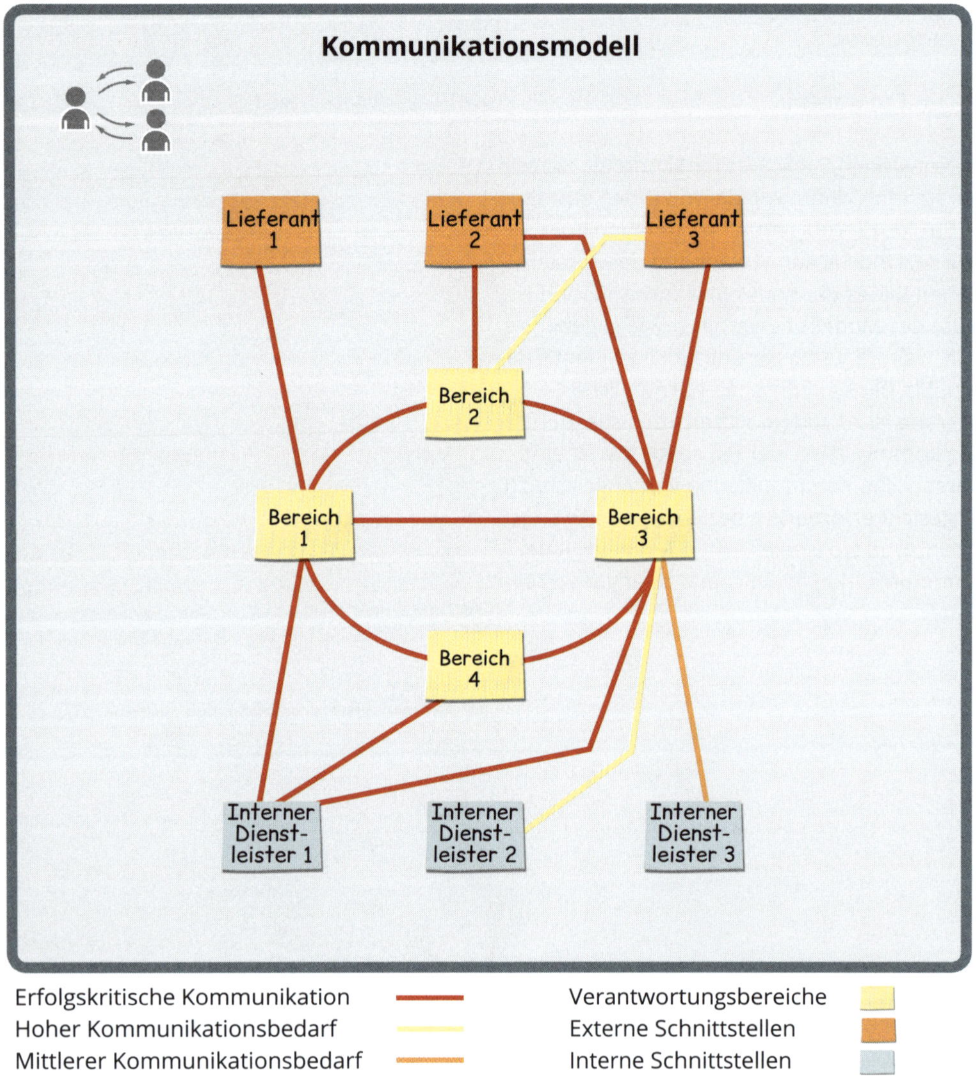

Bewertung

Fast alle Bereiche weisen zueinander erfolgskritische Kommunikationsflüsse auf.

Es gibt insgesamt eine sehr hohe Anzahl erfolgskritischer Kommunikationsflüsse.

Verantwortungsbereich 3 weist zu vielen weiteren Bereichen erfolgskritische oder intensive Kommunikationsflüsse auf.

Fast alle Bereiche weisen zum internen Dienstleister 1 erfolgskritische Kommunikationsflüsse auf.

Optimierungsansätze

Kann durch Verwendung anderer Designkriterien der Kommunikations- und Abstimmungsbedarf zwischen den Bereichen reduziert und auf eine bereichsinterne Kommunikation verlagert werden?

Kann das Modell durch Weglassen oder Hinzufügen von Designkriterien verbessert werden? Können einige Kommunikationsbedarfe gänzlich vermieden werden?

Kann der Kommunikationsbedarf des Bereichs adäquat erfüllt werden oder ist dieser Bereich mit einem zu hohen Ausmaß an Verantwortlichkeiten und somit Aufgaben und Prozessen betraut? Kann durch Verwendung eines weiteren Designkriteriums eine Verbesserung herbeigeführt werden?

Kann der Aufwand für das Anforderungsmanagement und die Kommunikation mit dem internem Dienstleister 1 durch einen alternativen Zuschnitt reduziert werden?

5 | Iteration und Optimierung
Die Erkenntnisse aus der Entwicklung des Kommunikationsmodells laden Sie zur weiteren Iteration und Optimierung ein. Das Orgazign-Team kann sich hierzu in kleinere Gruppen aufteilen. Diese können parallel zueinander mehrere Modelle entwickeln. Prüfen Sie dann gemeinsam, welche Vor- und Nachteile die jeweiligen Modelle mit sich bringen. Führen Sie die Modelle dann so zusammen, dass sich die Stärken ergänzen. Gönnen Sie sich zwischen den Arbeitssessions eine Inkubationsphase, um weitere, vielleicht bessere Ideen zu entwickeln.

Je größer der Organisationsbereich ist, für den Sie ein neues Organisationsdesign entwerfen, desto mehr lohnt sich die Investition in die Entwicklung eines wirklich guten Modells. Vergessen Sie nicht, dass Sie mit dem Organisationsdesign die Art und Weise beeinflussen, wie viele Mitarbeitende ihre zukünftigen Tätigkeiten ausführen werden. Sie nehmen somit Einfluss auf die Wirksamkeit, die Motivation und das Wohlbefinden Ihrer Kollegen!

Übersicht Vorgehen zur Entwicklung des Kommunikationsmodells

1

Bilden Sie Ihr heutiges Organisationsmodell ab: In welchen Verantwortungsbereichen agieren wir heute? Welchen Bereichen sind welche Verantwortlichkeiten zugeordnet? Wie verlaufen die Kommunikationsströme heute? Können wir aus der Betrachtung des Ist-Kommunikationsmodells weitere Fördernisse und Hindernisse ableiten? Welche Hinweise zur Neugestaltung lassen sich ableiten?

2

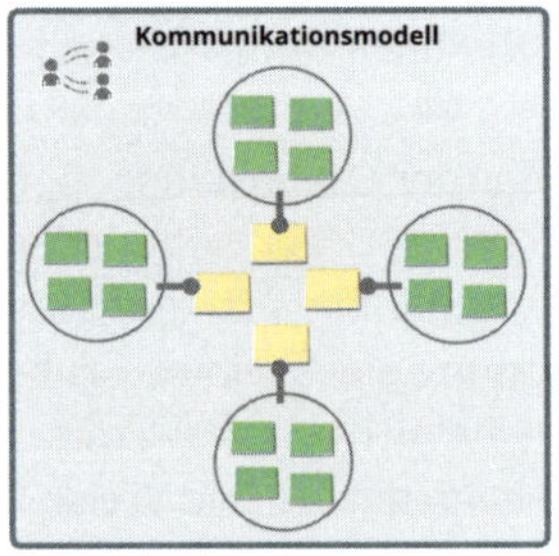

Entwickeln Sie auf einem zweiten Canvas ein erstes neues Grundmodell. Denken Sie nicht sofort in Hierarchien und Personen, sondern neutral in Verantwortungsbereichen: Zu welchen Verantwortungsbereichen führt das von uns gewählte Designkriterium? Welcher Zuschnitt entsteht bei Anwendung alternativer Kriterien? Welche aktivitätsbezogenen Verantwortlichkeiten stehen in enger Verbindung miteinander? Ist das Modell geeignet?

Tipp: Notieren Sie aktivitätsbezogene Verantwortlichkeiten auf Klebezetteln (siehe die grünen Klebezettel in der Abbildung links) und ordnen Sie diese den Verantwortungsbereichen zu. So können Sie prüfen, ob alle Beteiligten ein ähnliches Verständnis hinsichtlich der Verantwortlichkeiten der einzelnen Bereiche haben, und Sie bereiten Schritt 3 vor.

3

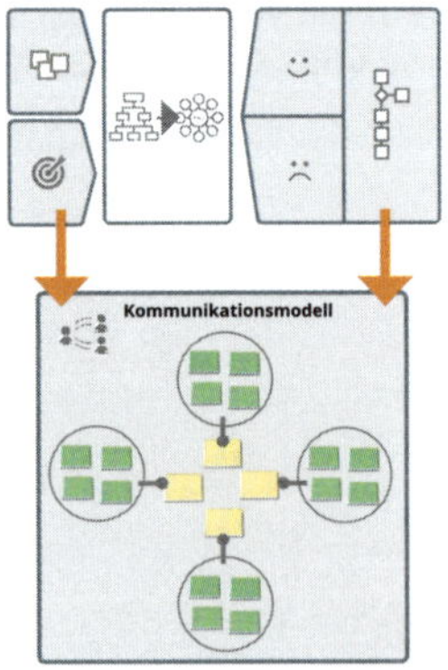

Prüfen Sie Ihr Modell: Ist es umfassend? Gleichen Sie es zu diesem Zweck mit den Prozessen und den Outputs auf dem Organizational Challenges Canvas ab: Welche Lücken ergeben sich? Welche erforderlichen Aktivitäten lassen sich den Verantwortungsbereichen noch nicht sinnvoll zuordnen? Mit welchen anderen oder welchen ergänzenden Designkriterien können diese Lücken sinnvoll geschlossen werden?

Tipp: Sobald Sie ein mögliches Grundmodell entwickelt haben, ordnen Sie die Verantwortungsbereiche konzentrisch an und hängen die einzelnen Verantwortlichkeitskarten in den Baustein „Steuerung" um. Dort werden Sie sie im weiteren Verlauf noch einsetzen.

4

Entwickeln Sie das Modell zu einem Kommunikationsmodell weiter. Ergänzen Sie hierzu gegebenenfalls außerhalb der betrachteten Organisationseinheit liegende Schnittstellenbereiche wie interne Servicebereiche und externe Dienstleister. Schätzen Sie dann den Kommunikationsbedarf zwischen den Verantwortungsbereichen und von den Verantwortungsbereichen zu den Schnittstellenbereichen ein. Bewerten Sie Ihr Modell, um weitere Verbesserungsansätze zu identifizieren:

- Werden die Kommunikationsflüsse eine gute Zusammenarbeit zwischen den Bereichen innerhalb der betrachteten Organisationseinheit und zu den Schnittstellenbereichen ermöglichen?
- Haben wir das Modell so gestaltet, dass möglichst viele, insbesondere kritische Kommunikationsflüsse innerhalb der einzelnen Verantwortungsbereiche liegen?
- Haben wir geeignete Verantwortungsbereiche definiert?

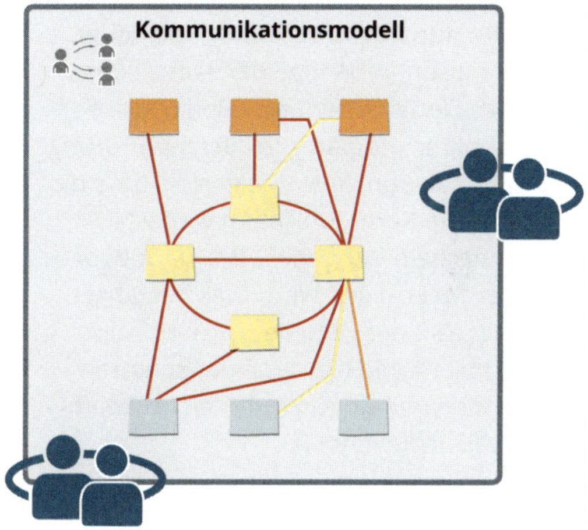

5

Entwickeln Sie weitere Modelle und vergleichen Sie diese: Was ist besser? Was ist schlechter? Kann man die Modelle zusammenführen, sodass die Stärken der Modelle sich ergänzen? Bilden Sie gegebenenfalls zwei oder mehr Arbeitsgruppen, die parallel zueinander Modelle entwickeln.

Gleichen Sie Ihre Modelle mit den im Organizational Challenges Canvas erarbeiteten Outcomes, Fördernissen, Hindernissen und Leitlinien sowie den Zielen des Orgazign-Prozesses ab.

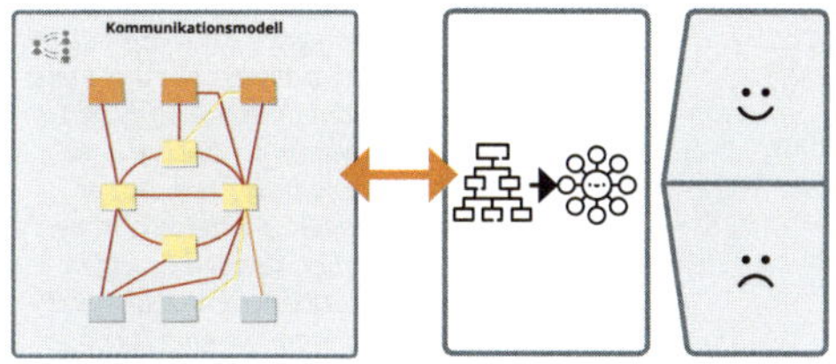

FALLBEISPIEL TEAM MEDIEN

Ergebnisse Designkriterien und Kommunikationsmodell

Das Team Medien hat die oben aufgeführten Prüfschritte durchgeführt und ist überzeugt, dass die ursprüngliche Idee der Aufstellung entlang des Designkriteriums „Bedürfnisse der Stakeholder" tragfähig ist. Bei der Prüfung der Kommunikationsflüsse zeigt sich, dass die erfolgskritische Kommunikation weitestgehend innerhalb der gebildeten Verantwortungsbereiche erfolgen wird. Dies bestätigt das Team darin, der Leitlinie „Desk-Prinzip" weiter zu folgen und diese bei der späteren Ausgestaltung der einzelnen Bereiche wo immer sinnvoll anzuwenden.

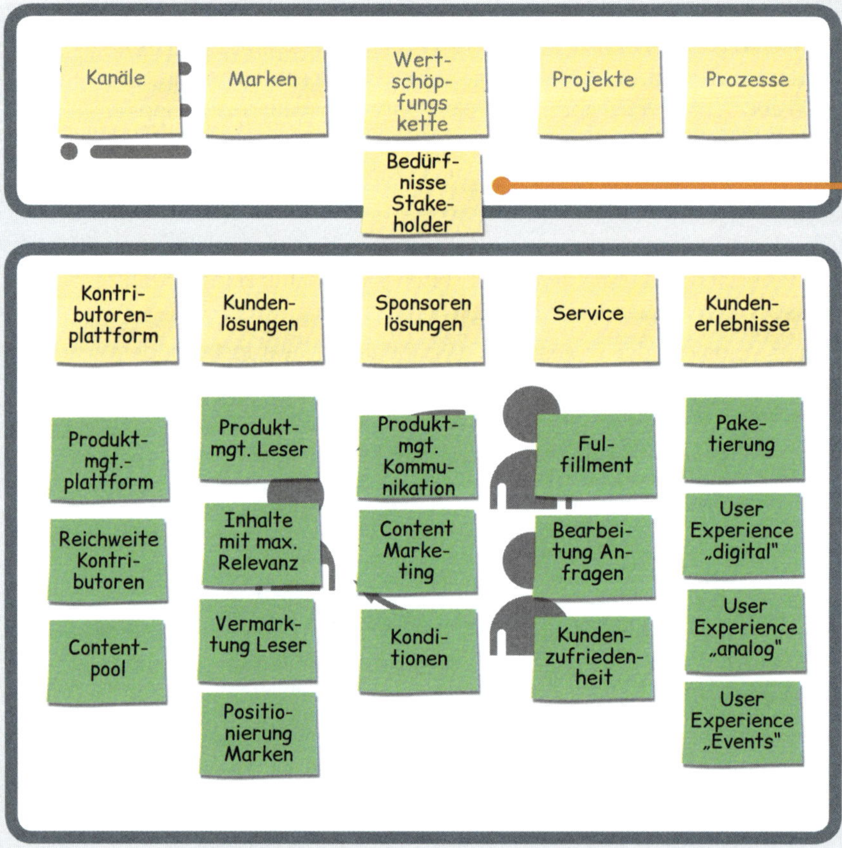

„Das Designkriterium ‚Bedürfnisse der Stakeholder' hat nach Einschätzung aller Teammitglieder zum besten Grundmodell geführt."

„Die aktivitätsbezogenen Verantwortlichkeiten lassen sich sehr gut zuordnen, die erfolgskritischen Kommunikationsflüsse spielen sich weitgehend innerhalb der Bereiche ab."

„Die Simulation der Kommunikationsflüsse hat aber auch gezeigt, dass es sehr viel mehr Koordinationsbedarf geben wird, wenn wir unsere neue Strategie umsetzen. Daher sollten wir mindestens in den Bereichen Kundenlösungen und Kundenerlebnisse Desks installieren, die eine fortlaufende Abstimmung ermöglichen."

3 ✓ Entscheidungen

Welche Entscheidungstatbestände sind für das Organisationsdesign relevant

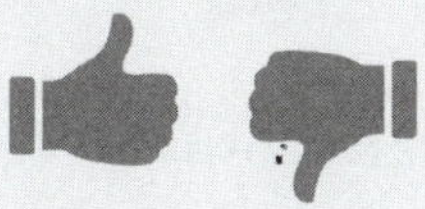

Worum geht es beim Baustein Entscheidungen?

Mitunter werden Entscheidungen in Institutionen in gewachsenen, aber wenig reflektierten Prozessen herbeigeführt, kommuniziert und nachgehalten. Dabei beeinflussen die Geschwindigkeit, in der Entscheidungen gefällt und der Umsetzung zugeführt werden, sowie die Güte und die Nachhaltigkeit von Entscheidungen den Erfolg einer Organisation unmittelbar. Im Baustein **Entscheidungen** werden daher die für ein effektives und effizientes Agieren in der betrachteten Organisationseinheit relevanten Entscheidungstatbestände gesammelt, priorisiert und reflektiert.

Was ist bei der Bearbeitung des Bausteins Entscheidungen zu beachten?

Im Baustein **Entscheidungen** sollten sowohl strategisch-langfristige als auch operative Entscheidungstatbestände betrachtet werden.

Mit Blick auf die **strategische Steuerung** können zum Beispiel die folgenden Entscheidungsfelder betrachtet werden:

- Entscheidungen zu strategischen und operativen Zielen,
- Entscheidungen zur Strategie und zur Ausrichtung der Organisationseinheit,
- Entscheidungen zur Verteilung und Verwendung von Finanz- und Investitionsmitteln,
- Entscheidungen zur Regelung von Konfliktfällen,
- Entscheidungen zur Initiierung und Durchführung von Projekten,
- Entscheidungen des Personalmanagements,
- Entscheidungen zu Verfahren, Methoden, Grundlagen sowie
- Entscheidungen zu künftigen Veränderungen des Organisationsdesigns oder einzelner Bausteine.

Weiterhin sollten zum Beispiel folgende Entscheidungsfelder der operativen **Aufgaben- und Ressourcensteuerung** beleuchtet werden:

- Zeiten und Termine, wie zum Beispiel Liefer- und Abnahmetermine;
- Aufgabensteuerung, wie die Planung und Priorisierung von Aufgaben und Prozessen;
- Ressourcensteuerung, zum Beispiel Zuordnung von Kapazitäten, Zugang zu Engpassressourcen, Beauftragung externer Dienstleister;

> Qualität, wie Abnahmen und Freigaben von Planungen, Konzepten und Ergebnissen.

Die Sammlung der für die Organisationseinheit relevanten Entscheidungstatbestände bildet die Basis für die spätere Arbeit im Baustein Steuerung. Ein weiteres Schema kann Sie dabei unterstützen, relevante Entscheidungstatbestände zu identifizieren. Es unterscheidet zwischen dem Umfang und den Auswirkungen von Entscheidungen einerseits und dem Grad der Vertrautheit mit Entscheidungstatbeständen andererseits. So entstehen vier grundlegende Arten von Entscheidungen (siehe Abbildung „Arten von Entscheidungen"). Besonderes Augenmerk sollte auf Entscheidungen der Kategorien „Strategische Bestimmung" und „Übergreifende Abstimmung" gelegt werden. Denn diese sind von großer Tragweite und legen die Einbindung mehrerer oder gar vieler Beteiligter nahe.

Aber auch die weiteren Kategorien sollten betrachtet werden, um eine umfängliche Sammlung der wichtigsten Entscheidungstatbestände zu erarbeiten. So können Sie im nachfolgenden Baustein Steuerung eine klare und möglichst überschneidungsfreie Zuordnung der Rechte, Entscheidungen zu fällen, entwickeln.

Arten von Entscheidungen

Umfang und Auswirkungen		Frequenz und Grad der Vertrautheit: Gering	Frequenz und Grad der Vertrautheit: Hoch
	Hoch	**Strategische Bestimmung** Entscheidungen unter hoher Unsicherheit mit starken Auswirkungen auf ein großes Wirkungsgebiet	**Übergreifende Abstimmung** Wiederkehrend auftretende Entscheidungsbedarfe, die eine intensive Zusammenarbeit verschiedener Organe erfordern
	Gering	**Ad-hoc-Entscheidungen** Unregelmäßig anfallende Entscheidungen mit geringen Auswirkungen auf ein relativ kleines Wirkungsgebiet	**Routineentscheidungen** Häufig wiederkehrende Entscheidungsbedarfe mit geringen Auswirkungen auf ein relativ kleines Wirkungsgebiet

Quelle: De Smet, Lackey & Weiss (2017)

FALLBEISPIEL TEAM MEDIEN

Wie wird der Baustein Entscheidungen bearbeitet?

Im Baustein **Entscheidungen** werden in einem ersten Schritt relevante Entscheidungstatbestände gesammelt. Bearbeiten Sie hierzu die folgende Frage:

LEITFRAGE

Welche Entscheidungstatbestände sind für das erfolgreiche Agieren der Organisationseinheit relevant?

Das Team Medien widmet sich dieser Aufgabe, indem es zunächst Entscheidungstatbestände der strategischen Steuerung sammelt und diese auf Haftnotizen in einer anderen Farbe als die Verantwortungsbereiche und die Verantwortlichkeiten notiert (siehe die blauen Klebezettel auf den folgenden Abbildungen).

LEITFRAGEN

Welche Entscheidungen zu strategischen und operativen Zielen sind zu treffen?

Welche Entscheidungen zur Strategie und zur Ausrichtung der Organisationseinheit sind wichtig?

Welche Entscheidungen zur Verteilung und Verwendung von Finanz- und Investitionsmitteln sind zu fällen?

Welche Entscheidungen zur Regelung von Konfliktfällen sind relevant?

Welche Entscheidungen zum Projektmanagement fallen an?

Welche Entscheidungen des Personalmanagements sind zu treffen?

Welche Entscheidungen zu Verfahren, Methoden und Grundlagen sind zu fällen?

Welche Entscheidungen zur Weiterentwicklung des Organisationsdesigns sind zu beachten?

Mit Hilfe dieser Fragen identifiziert das Team die folgenden Entscheidungstatbestände:

- Durchführung der Jahresplanung
- Unterjährige Budgetanpassungen
- Entscheidungen zu Innovationsinitiativen
- Priorisierung von Projekten
- Personalentscheidungen
- Kapazitätskonflikte
- Weiterentwicklung des Organisationsdesigns

Sodann sammelt das Team Entscheidungen zur Aufgaben- und Ressourcensteuerung:

LEITFRAGEN

Welche Entscheidungen zu Zeiten und Terminen sind relevant?

Welche Entscheidungen zur Aufgabensteuerung fallen an?

Welche Entscheidungen zur Steuerung interner und externer Ressourcen sind wichtig?

Welche Entscheidungen zur Steuerung und Sicherung der Qualität sind relevant?

Hierbei werden die folgenden Entscheidungstatbestände notiert:

- Planung und Koordination von Themen
- Planung und Koordination von Kampagnen
- Steuerung der Produktion
- Entscheidungen zur Qualitätssicherung

FALLBEISPIEL TEAM MEDIEN

Abschließend betrachtet das Team das Schema der Arten von Entscheidungen und prüft die gesammelten Entscheidungstatbestände auf Vollständigkeit. Bei der Überlegung, welche Entscheidungstatbestände einer starken übergreifenden Abstimmung bedürfen, bennent ein Teammitglied zwei weitere Punkte:

> Entscheidungen zur Gestaltung der Prozesse

> Entscheidungen zu im Bereich gültigen Standards

Sammlung der Entscheidungstatbestände

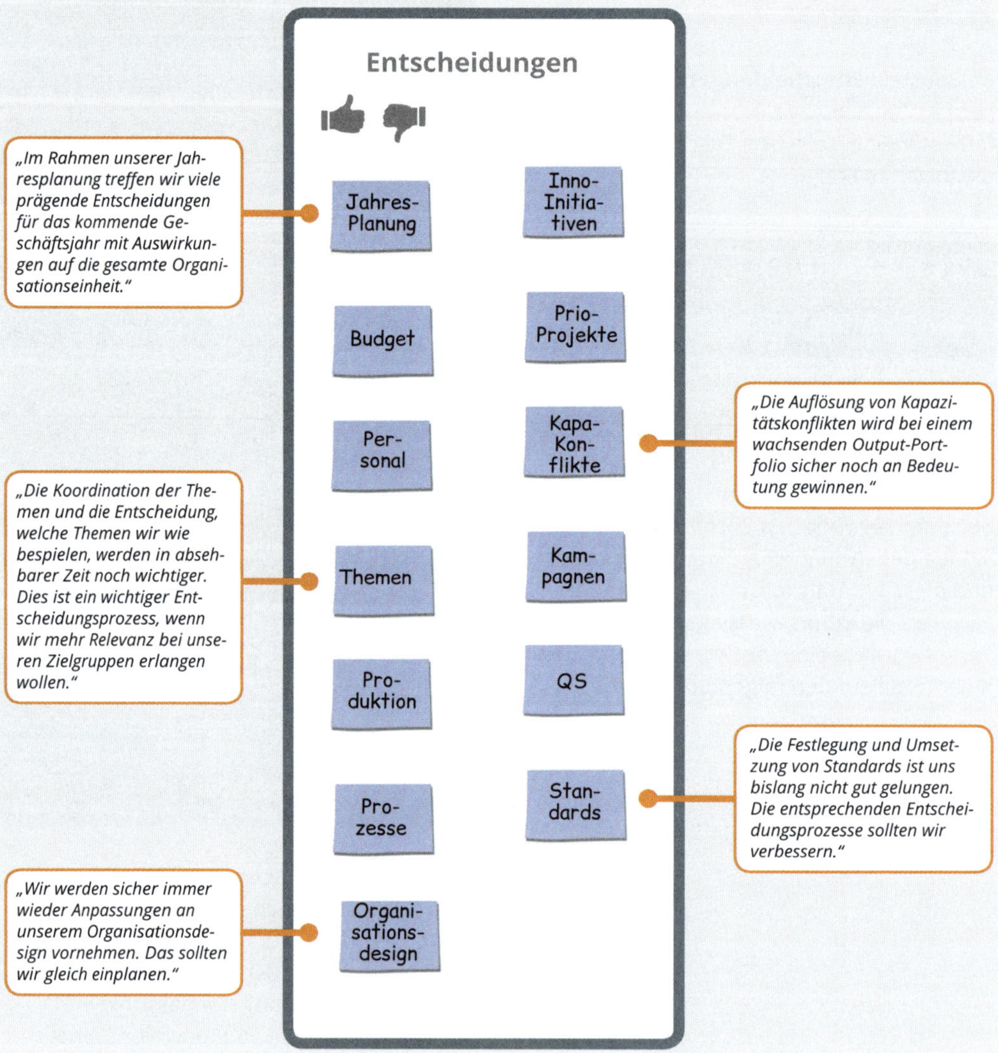

Priorisierung der Entscheidungstatbestände

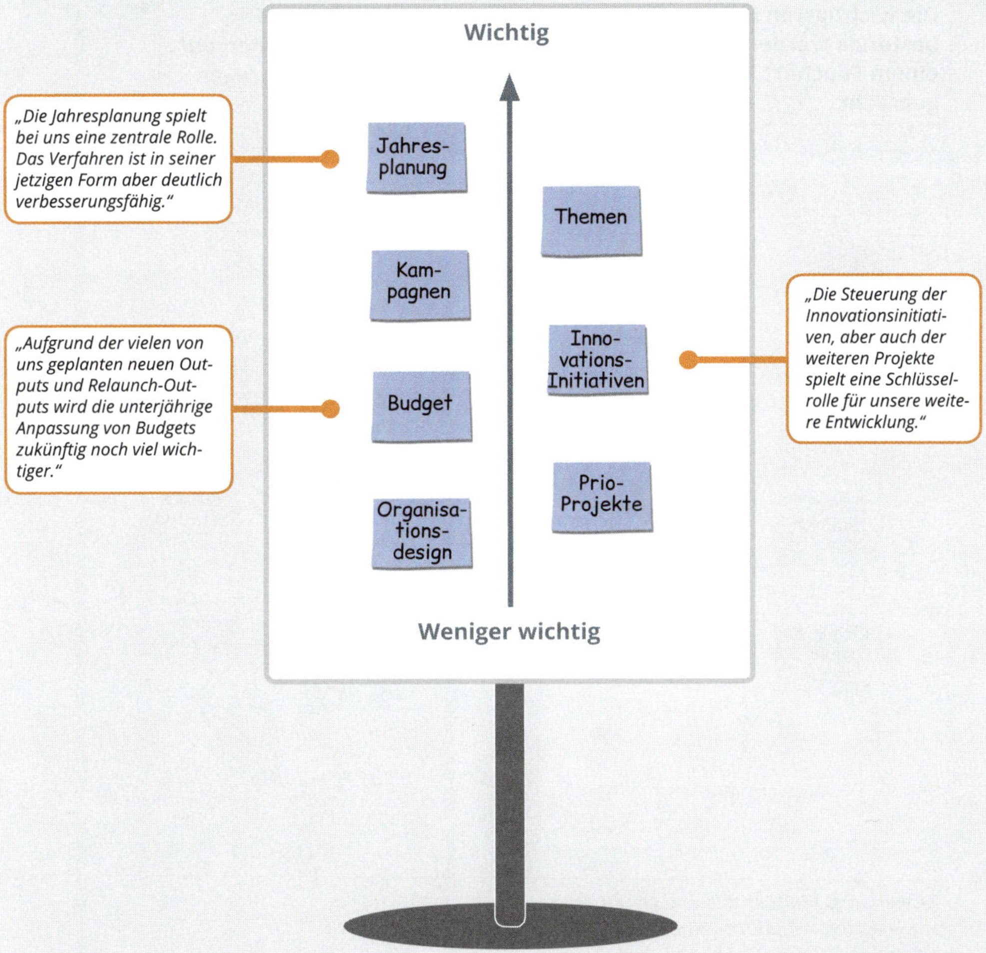

Nun nimmt das Team eine Priorisierung der Entscheidungstatbestände entlang ihres Einflusses auf die Zielerreichung der Organisationseinheit vor. Es bearbeitet die Frage:

LEITFRAGE

Welche der Entscheidungstatbestände beeinflussen am stärksten, ob wir unsere Ziele erreichen werden oder nicht?

Durch Beantwortung dieser Frage sortiert das Team die Entscheidungen in eine Rangreihe von „wichtig" für Entscheidungen, die zur Zielerreichung von besonderer Bedeutung sind, bis „weniger wichtig". Hierbei hilft dem Team wiederum der Blick auf das Schema „Arten von Entscheidungen" auf Seite 154.

Nach Abschluss der Priorisierung überträgt das Team die wichtigsten Entscheidungstatbestände zurück auf den Canvas.

Beachten Sie, dass die Priorisierung der Übersichtlichkeit und der Fokussierung auf die wichtigsten Punkte dient. Die zunächst nicht priorisierten Punkte können im weiteren Verlauf des Orgazign-Prozesses dennoch nützlich sein. Sie sollten daher griffbereit bleiben.

FALLBEISPIEL TEAM MEDIEN

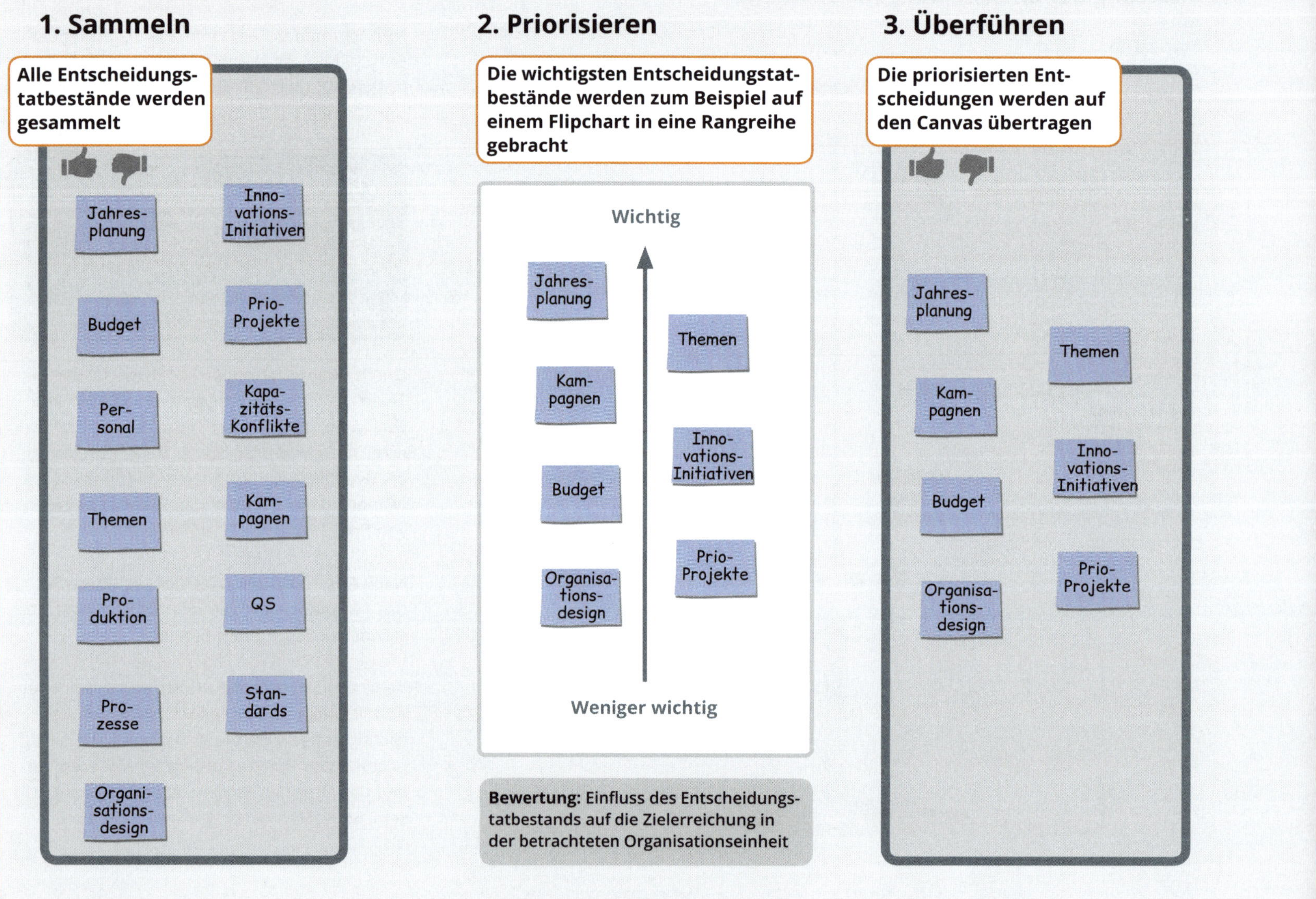

4 Steuerung

Wie stimmen wir uns über die Verantwortungsbereiche hinweg ab und gelangen zu Entscheidungen?

Worum geht es beim Baustein Steuerung?

Im Baustein **Kommunikationsmodell** haben Sie durch die Abgrenzung von Verantwortungsbereichen ein Grundmodell der künftigen Struktur entwickelt und dessen Vollständigkeit geprüft. Sie haben zudem die Kommunikationsflüsse sowie den Zuschnitt der Verantwortungsbereiche in mehrfacher Iteration optimiert. Im Baustein Entscheidungen haben Sie sodann die wichtigsten Entscheidungstatbestände identifiziert. Viele Fragen sind aber noch offen:

- Welche zielbezogenen Verantwortlichkeiten, wie zum Beispiel Umsatz- oder Ergebnisverantwortung, werden welchem Verantwortungsbereich zugeordnet?
- Wie viele und welche Hierarchieebenen soll es geben?
- Wie erfolgt die Koordination zwischen den Verantwortungsbereichen, welche Horizontalverbindungen und welche Vernetzungsmöglichkeiten sollen geschaffen werden?
- Welche Verfahren zur Entscheidungsfindung sollen eingesetzt werden?
- Welche Verfahren zur Koordination und zur Bewältigung von Konflikten sollen verwendet werden?
- Welcher Verantwortungsbereich wird in welcher Funktion, also zum Beispiel in beratender Funktion als Stabsstelle oder als Teil der Linienorganisation, integriert?
- Erfüllen die Verantwortungsbereiche organisatorische Hygienefaktoren, wie zum Beispiel eine geeignete Führungsspanne?
- Welche Verfahren zur stetigen Weiterentwicklung unseres Organisationsdesigns sollen angewendet werden?

Zur Beantwortung dieser Fragen bearbeiten Sie den Baustein **Steuerung**. Auf Basis der Vorarbeiten in den Bausteinen **Leitlinien, Kommunikationsmodell** und **Entscheidungen** wird hier das Steuerungssystem für die betrachtete Organisationseinheit entwickelt und so das Gesamtmodell geformt.

Im Kern geht es im Baustein **Steuerung** um die Frage:

„Wer entscheidet was auf Basis welcher Rechte und welcher Prozesse?"

Somit stehen zwei Ziele im Fokus: die Gestaltung geeigneter Entscheidungsprozesse sowie die Herstellung einer bestmöglichen Übereinstimmung der Verantwortlichkeiten und der Rechte aller Verantwortungsbereiche.

Was ist bei der Bearbeitung des Bausteins Steuerung zu beachten?

Einer Entscheidung liegen drei Elemente zugrunde:

- Analysen zur Bewertung der Sachlage, zum Beispiel in Form von Fakten, Daten, Thesen und Einschätzungen,
- Bewertungen durch an der Entscheidung beteiligte Personen und
- ein Prozess zur Entscheidungsfindung, der stark formalisiert oder informell ablaufen kann.

Aber welches dieser Elemente ist für ein wirksames Entscheidungswesen maßgebend? Dies ist eine wichtige Frage, denn viele Führungskräfte sind von der Güte der in ihrer Institution gefällten Entscheidungen nicht überzeugt: Nur 28 Prozent geben an, dass die Qualität der strategischen Entscheidungen in ihrem Unternehmen generell gut ist. Dass ihr Unternehmen in etwa so viele gute wie schlechte strategische Entscheidungen fällt, denken 60 Prozent der Führungskräfte. Und weitere zwölf Prozent geben an, dass ihr Unternehmen nur selten zu guten strategischen Entscheidungen gelangt (Lovallo & Sibony, 2010).

Ein Hinderungsgrund für gute Entscheidungen sind verschiedene Arten der kognitiven Verzerrung. Diese beeinflussen systematisch unsere Wahrnehmung, unsere Erinnerung, unser Denken und somit unsere Bewertungen und letztlich Entscheidungen (siehe Lovallo & Sibony, 2010 sowie die Abbildung „Arten kognitiver Verzerrung" auf der rechten Seite):

- Verhaltensorientierte Verzerrungen führen dazu, dass wir Aktivitäten weniger reflektiert durchführen, als es zielführend wäre.
- Interessenbasierte Verzerrungen führen dazu, dass wir Entscheidungen stärker an Eigeninteressen und Emotionen ausrichten als am Gesamtoptimum.
- Soziale Verzerrungen entstehen aus dem Streben nach Harmonie.
- Muster-Erkennungs-Verzerrungen bestehen, wenn wir Muster, die nicht bestehen, zu erkennen glauben.
- Stabilitätsverzerrungen führen zu Beharrungsvermögen in Situationen, die Veränderung erfordern.

TIPP

Je stärker kognitive Verzerrungen auf die Entscheidungsfindung einwirken, desto größer ist das Risiko von Fehleinschätzungen und in der Folge nicht zielführenden Entscheidungen!

Da kognitive Verzerrungen, aber auch interne Machtspiele den Umgang mit und die Interpretation von Fakten beeinflussen, können Analysen allein nicht für gute Entscheidungen sorgen. Daher ist die Gestaltung eines geeigneten Entscheidungsprozesses der entscheidende Erfolgsfaktor für die Qualität von Entscheidungen in Institutionen. So kommen Lovallo & Sibony (2010) in einer empirischen Analyse zu dem Ergebnis, dass die bewusste Vermeidung von kognitiven Verzerrungen in Entscheidungsprozessen einen deutlich größeren Einfluss auf die Qualität der Entscheidung hat als die Analyse. Exzellente Analysen haben nur dann einen Einfluss auf die Entscheidungsqualität, wenn sie im Entscheidungsprozess auch angemessen wahrgenommen werden. Erst ein geeigneter Entscheidungsprozess führt dazu, dass unzureichende Analysen vermieden werden.

Die Güte von Entscheidungen in einer Institution kann mithin durch die Gestaltung geeigneter Entscheidungsprozesse beeinflusst werden (siehe Abbildung „Gestaltung von Entscheidungsprozessen zur Verringerung kognitiver Verzerrung" auf Seite 162). Die bewusste Gestaltung von Entscheidungsprozessen im Baustein Steuerung ist daher ein wichtiges Element des Orgazign-Prozesses.

Arten kognitiver Verzerrung

Verhaltensorientierte Verzerrung

Übermäßiger Optimismus
Tendenz, die Ergebnisse geplanter Aktivitäten übermäßig optimistisch einzuschätzen, die Wahrscheinlichkeit positiver Ergebnisse zu über- und die Wahrscheinlichkeit negativer Ergebnisse zu unterschätzen.

Übermäßiges Selbstvertrauen
Tendenz, die eigenen Fähigkeiten im Vergleich zu den Fähigkeiten anderer zu überschätzen. Führt zur Überschätzung der eigenen Möglichkeiten, Ergebnisse zu beeinflussen, und zum Anrechnen des Verdienstes für Erfolge der Vergangenheit bei Unterschätzung des Zufalls.

Vernachlässigung der Wettbewerber
Tendenz zu planen, ohne Reaktionen der Wettbewerber zu berücksichtigen.

Interessenbasierte Verzerrung

Falsch ausgerichtete individuelle Anreize
Anreize, die zur Annahme von Sichtweisen oder zum Streben nach Ergebnissen führen, die für das Individuum oder das Team – nicht aber die Institution insgesamt – vorteilhaft sind.

Unangemessene Bindungen
Emotionale Bindung an Menschen oder Dinge wie Produkte oder Marken, die zu falsch gewichteten Interessen führen.

Fehlerhafte Wahrnehmung der Ziele der Institution
Fehlende Übereinstimmung über die Relevanz der Ziele, die die Institution verfolgt.

Soziale Verzerrung

Gruppendenken
Starkes Streben nach Konsens auf Kosten einer realistischen Bewertung von Alternativen.

Sonnenblumen-Management
Tendenz von Gruppen, sich der wahrgenommenen oder angenommenen Meinung der Führungskraft anzuschließen (siehe HiPPO-Syndrom).

Muster-Erkennungs-Verzerrung

Bestätigungsverzerrung
Übergewichtung von „Beweisen", die im Einklang mit eigenen Überzeugungen stehen, Untergewichtung von „Beweisen", die nicht im Einklang mit eigenen Überzeugungen stehen, oder fehlende unvoreingenommene Suche nach Beweisen.

Management durch Beispiel
Auf aktuellen oder besonders einprägsamen Beispielen basierende Generalisierung.

Falsche Analogien
Vergleiche mit Situationen, die nicht ausreichend vergleichbar sind.

Kraft von Geschichten
Tendenz, Sachverhalte, die im Rahmen kohärenter Geschichten dargestellt werden, stärker zu erinnern und diese für glaubwürdiger zu halten.

Meisterverzerrung
Tendenz, Sachverhalte, die durch einen Leistungsträger präsentiert werden, nicht auf Basis von Fakten, sondern auf Basis der sie präsentierenden Person zu bewerten.

Stabilitätsverzerrung

Verankerung und unzureichende Anpassung
Eigene starke Bindung an einen Anker, wie zum Beispiel einen initialen Wert, die zu unzureichender Anpassung späterer Schätzungen führt.

Verlustaversion
Tendenz, Verluste stärker zu spüren als Zugewinne in gleicher Höhe – mit der Folge, risikoaverser zu handeln, als es eine rationale Kalkulation nahelegt.

Sunk-Cost-Trugschluss
Starker Fokus auf irreversible Kosten der Vergangenheit bei der Bewertung zukünftiger Aktivitäten.

Stats-quo-Verzerrung
Präferenz für den Status quo bei fehlendem Veränderungsdruck.

Quelle: Lovallo & Sibony (2010)

Gestaltung von Entscheidungsprozessen zur Verringerung kognitiver Verzerrung

Verhaltensorientierte Verzerrung

Ziele
- Förderung der Wahrnehmung von Unsicherheiten und Risiken
- Austausch über unterschiedliche Einschätzungen zu Erfolgswahrscheinlichkeiten

Ansätze
- Trennung von Entscheidungsmeetings, in denen die Wahrnehmung von Unsicherheit und der Austausch über abweichende Meinungen gefördert werden, und Implementierungsmeetings, in denen eine gemeinsame Ausrichtung auf ein Ziel und einen Umsetzungsplan gefordert sind
- Einsatz von Werkzeugen wie Szenariotechniken, die die Berücksichtigung verschiedenster Ergebnisse erzwingen

Interessenbasierte Verzerrung

Ziele
- Falsch ausgerichtete individuelle Anreize überwinden
- Divergente Interessen in den Entscheidungsprozess einbringen

Ansätze
- Formulierung klarer Entscheidungskriterien
- Benennung von für die Entscheidung nicht relevanten Kriterien
- Besetzung von Entscheidungsmeetings mit Teilnehmern, die unterschiedliche Interessen vertreten

Soziale Verzerrung

Ziele
- Intensive Erörterungen im Entscheidungsprozess
- Vermeidung vorauseilenden Gehorsams und eines zu starken Gruppendenkens

Ansätze
- Förderung einer vertrauensvollen, sachlichen Diskussionskultur
- Entwicklung von Teams, die einen intensiven Meinungsaustausch pflegen, ohne persönliche Beziehungen zu gefährden

Muster-Erkennungs-Verzerrung

Ziele
- Betrachtung von Annahmen und Fakten aus unterschiedlichen Perspektiven
- Förderung der Selbstreflexion der an Entscheidungsprozessen Beteiligten

Ansätze
- Aufnahme neuer Perspektiven, zum Beispiel auf Basis von Beobachtungen vor Ort und Kundengesprächen
- Offenlegung, auf welchen Erfahrungen die Einschätzungen der Beteiligten basieren
- Einsatz von Werkzeugen zum Perspektivwechsel

Stabilitätsverzerrung

Ziele
- Vermeidung eines zu starken Beharrungsvermögens
- Ausgewogene Berücksichtigung von Risiken und Chancen

Ansätze
- Setzen von Zielen, die mit einer Fortführung etablierter Vorgehensweisen nicht erreicht werden können
- Förderung des Erkennens von Ankern und deren Wirkungsweise auf Entscheidungsprozesse

Quelle: Lovallo & Sibony (2010)

Risiken fehlender Übereinstimmung zwischen Verantwortlichkeit und Entscheidungskompetenz

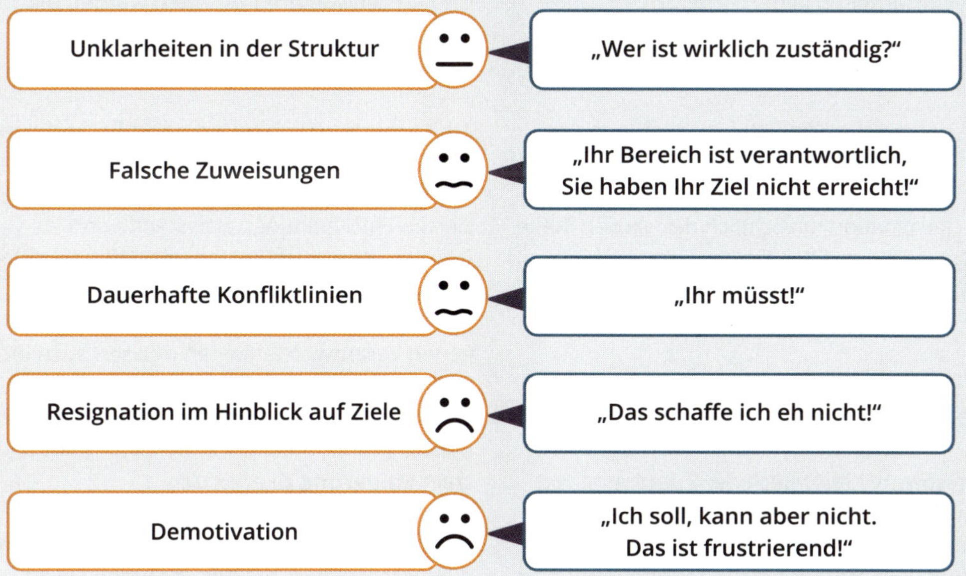

Die Entscheidungsprozesse sollten so gestaltet werden, dass

- Entscheidungsbedarf, auch hinsichtlich aufkommender Konflikte, früh erkannt wird;
- Entscheidungen nach angemessener Analyse des jeweiligen Tatbestands und der Handlungsoptionen werden;
- kognitive Verzerrungen die Entscheidungen nicht beziehungsweise nur in einem möglichst geringen Ausmaß beeinflussen;
- Entscheidungen in einem angemessenen Zeitrahmen gefällt werden;
- Entscheidungen möglichst eindeutig und nachhaltig sind und nur im wirklichen Bedarfsfall revidiert werden;
- Entscheidungen geeignet kommuniziert werden, also den Betroffenen bekannt und für diese nachvollziehbar sind und
- auf Entscheidungen eine stringente Umsetzung erfolgt und deren Auswirkungen reflektiert werden. So werden Fehlentscheidungen schnell als solche erkannt und im Bedarfsfall kann nachgesteuert werden.

Ein idealer Zustand im Hinblick auf die Entscheidungsprozesse wäre erreicht, wenn sich alle Beteiligten an diesen Kriterien orientieren würden. Ein insgesamt idealer Zustand wäre erreicht, wenn zudem alle Verantwortungsbereiche den ihnen zugeordneten Verantwortlichkeiten gerecht werden können und ihnen die hierfür erforderlichen Entscheidungsbefugnisse zugewiesen sind. Dies sei beispielhaft erläutert: Soll ein Marketingbereich für das wirtschaftliche Ergebnis einer Marke verantwortlich sein, muss er über Entscheidungskompetenzen nicht nur hinsichtlich der Markenkommunikation verfügen. Hat der Bereich keine Entscheidungskompetenzen zum Beispiel hinsichtlich der Preispolitik und des Vertriebs, kann er seiner Ergebnisverantwortung mangels Steuerungsmöglichkeiten nicht nachkommen. Die Zuordnung von Verantwortlichkeiten ohne entsprechende Zuordnung von

Entscheidungskompetenzen zieht eine Reihe unerwünschter Effekte nach sich. Es entstehen beispielsweise

- Unklarheiten in der Struktur,
- falsche Zuweisungen,
- dauerhafte Konfliktlinien zwischen den involvierten Bereichen,
- Resignation hinsichtlich der aktiven Steuerung hin auf das Ziel und letztlich
- Demotivation der Handelnden.

Wie wird der Baustein Steuerung bearbeitet?

Um sowohl hinsichtlich der Zuordnung von Entscheidungskompetenzen zu Verantwortungsbereichen als auch hinsichtlich der Entscheidungsprozesse ein gutes Organisationsdesign zu entwickeln, werden die folgenden Sachverhalte im Baustein **Steuerung** betrachtet:

- Wer ist für welchen Entscheidungstatbestand entscheidungsbefugt?
- Wer ist in welcher Rolle, sei es vorbereitend, beratend, unterstützend, kommunizierend oder ausführend, in den Entscheidungsprozess einzubinden?
- Wie kann dies im Organisationsdesign bestmöglich abgebildet werden?

Antworten auf diese Fragen erarbeiten Sie in vier Schritten. In einem ersten Schritt stellen Sie sicher, dass je Verantwortungsbereich alle wichtigen Verantwortlichkeiten zugeordnet sind. In den weiteren Schritten werden die Entscheidungstatbestände zugeordnet, sodass ein geeignetes Gesamtmodell entsteht.

1 | Verantwortlichkeiten vervollständigen
Zur Entwicklung des Steuerungsmodells werden die im Baustein **Entscheidungen** identifizierten Entscheidungstatbestände den im Baustein **Kommunikationsmodell** entworfenen Verantwortungsbereichen zugeordnet. Wichtig ist hierbei: Neben den aktivitätsbezogenen Verantwortlichkeiten müssen auch die zielbezogenen Verantwortlichkeiten bedacht werden. Es hat sich in der praktischen Anwendung bewährt, diese als ersten Schritt im Baustein **Steuerung** zu ergänzen.

Bei der Arbeit am Canvas führt Sie das folgende Vorgehen zum Ziel: Übernehmen Sie zunächst die Verantwortungsbereiche, die Sie im Baustein **Kommunikationsmodell** gebildet haben, in den Baustein **Steuerung**. Schreiben Sie hierzu die gebildeten Verantwortungsbereiche erneut auf Haftnotizen. Übernehmen Sie weiterhin die bereits benannten Verantwortlichkeiten. Prüfen Sie diese auf Vollständigkeit und ergänzen Sie sie im Bedarfsfall. Bedenken Sie hierbei insbesondere die zielbezogenen Verantwortlichkeiten. Stellen Sie die folgende Frage:

LEITFRAGE

Für welche übergeordneten Ziele wie zum Beispiel Umsatz, Ergebnis, Kosten und Qualität soll der Bereich verantwortlich zeichnen?

FALLBEISPIEL TEAM MEDIEN

Das Team Medien durchläuft diese Schritte und ordnet den einzelnen Verantwortungsbereichen die zielbezogenen Verantwortlichkeiten zu. Das Team entscheidet, dass die Bereiche „Kundenlösungen" und „Sponsorenlösungen" als Profit Center mit Ergebnisverantwortung agieren sollen.

Hinweis

Aktivitätsbezogene Verantwortlichkeiten
Aktivitätsbezogene Verantwortlichkeiten formulieren Erwartungen an das konkrete Handeln eines Bereichs. Zum Beispiel:
„Ist verantwortlich für die Planung von Inbound-Kampagnen."

Diese können Hinweise auf die angestrebte Qualität beinhalten. Zum Beispiel:
„Ist verantwortlich für die Planung von Inbound-Kampagnen mit möglichst geringen Costs per Order."

Zielbezogene Verantwortlichkeiten:
Formulieren die grundlegende Zielrichtung eines Bereichs. Beispiele hierzu sind:

„Ist verantwortlich für das erzielte Ergebnis!" (Der Bereich soll als Profit Center agieren).

„Ist verantwortlich für die Leistungserbringung zu möglichst geringen Kosten!" (Der Bereich soll als Cost Center agieren).

„Ist verantwortlich für die Erzielung eines möglichst großen Share of Budget!" (Der Bereich soll umsatzorientiert agieren.)

Soll ein Bereich die Verantwortung für die Erreichung eines bestimmten Ziels tragen, muss er über die zur Zielerreichung erforderlichen Mittel verfügen und diese disponieren können. Streben Sie daher die bestmögliche Übereinstimmung zwischen den jeweils zugeordneten aktivitäts- und zielbezogenen Verantwortlichkeiten einerseits und den Entscheidungskompetenzen eines Verantwortungsbereichs andererseits an.

FALLBEISPIEL TEAM MEDIEN

Schritt 1: Verantwortlichkeiten vervollständigen

I. Übertragung Verantwortungsbereiche

„Zunächst übertragen wir die Verantwortungsbereiche vom Baustein Kommunikationsmodell in den Baustein Steuerung. Hierzu schreiben wir die Haftnotizen ab.“

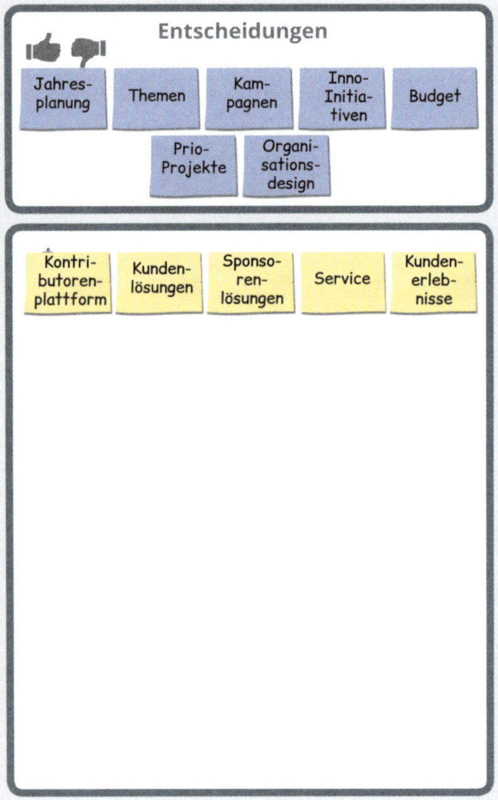

II. Übertragung aktivitätsbezogene Verantwortlichkeiten

„Dann hängen wir die aufgabenbezogenen Verantwortlichkeiten um – vom Baustein Kommunikationsmodell in den Baustein Steuerung.“

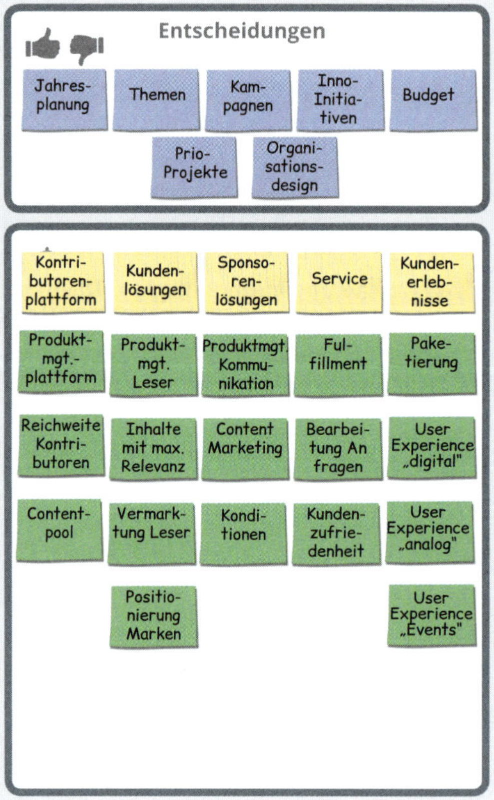

III. Ergänzung zielbezogene Verantwortlichkeiten

„Und schließlich ergänzen wir noch, für welche grundlegenden Ziele welcher Bereich verantwortlich zeichnet.“

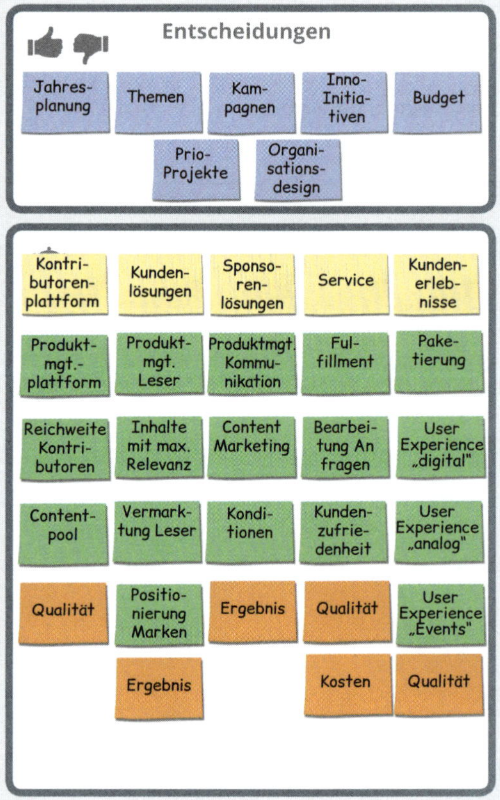

Schritt 2: Entscheidungstatbestände zuordnen

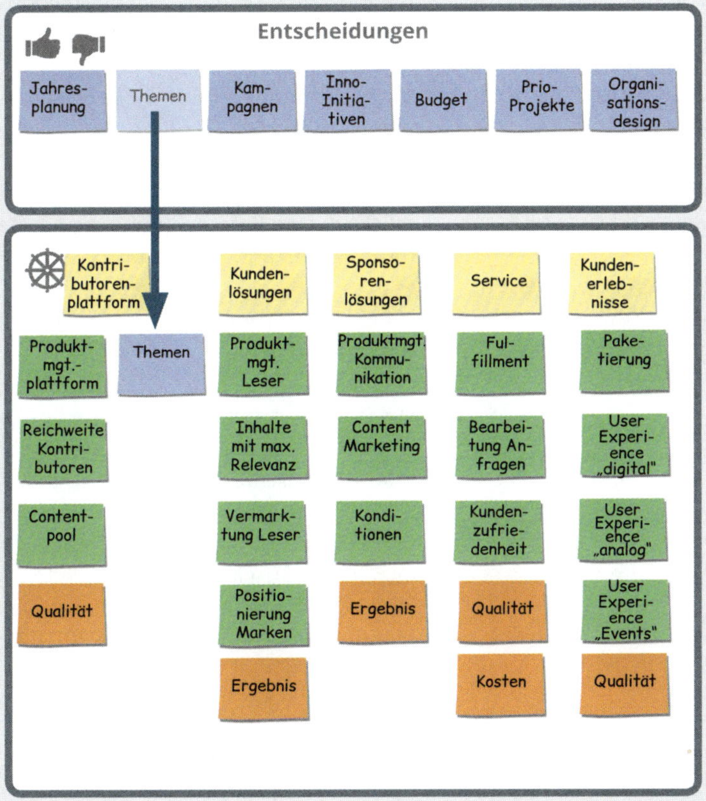

2 | Entscheidungstatbestände zuordnen
Das Team Medien betrachtet sodann die im Baustein **Entscheidungen** benannten Entscheidungstatbestände. Nun geht es darum, einzelne Entscheidungstatbestände, wo immer sinnvoll, einem der Verantwortungsbereiche zuzuordnen:

LEITFRAGE

Welche der Entscheidungstatbestände können eindeutig einem Verantwortungsbereich zugeordnet werden?

Die folgenden beiden Kriterien sollten erfüllt sein, damit ein Entscheidungstatbestand einem Verantwortungsbereich zugewiesen wird:

Zur Wahrnehmung seiner aktivitäts- und/oder zielbezogenen Verantwortlichkeiten muss der Bereich über diese Entscheidungskompetenz verfügen.

Die Zuordnung des Entscheidungstatbestands zu diesem Verantwortungsbereich beschränkt die weiteren Verantwortungsbereiche nicht darin, ihre aktivitäts- und/oder zielbezogenen Verantwortlichkeiten wahrzunehmen.

Da Entscheidungen direkt oder indirekt Auswirkungen auf weitere Verantwortungsbereiche haben können, wird das zweite Kriterium mitunter nicht erfüllt. Bei der Zuordnung von Entscheidungstatbeständen zu Verantwortungsbereichen sind daher ergänzend die folgenden Fragen wichtig:

> Haben Entscheidungen zu diesem Tatbestand relevante Auswirkungen auf andere Verantwortungsbereiche, beschneiden diese gegebenenfalls deren Möglichkeiten, ihre Verantwortlichkeiten wahrzunehmen?

> Sollten weitere Verantwortungsbereiche in die Entscheidungsfindung eingebunden werden, damit diese ihre zugeordneten Verantwortlichkeiten wahrnehmen können?

> Sollten weitere Verantwortungsbereiche in den Entscheidungsprozess eingebunden werden, da sie über für die Entscheidung wichtige Informationen und/oder Kenntnisse verfügen?

> Wie sollen die verschiedenen Bereiche in die Entscheidungsfindung eingebunden werden? Welche Bereiche sind zur Vorbereitung der Entscheidung, welche beratend oder unterstützend einzubinden?

> Welche Rollenverteilung hinsichtlich der Kommunikation und der Umsetzung von Entscheidungen ist geeignet?

> Wie können wir Konfliktfälle handhaben, welche Eskalationswege sind sinnvoll?

Mit Hilfe dieser Fragen können eine differenziertere Betrachtung und die Zuweisung verschiedener Rollen im Entscheidungsprozess erfolgen.

Hinweis

Das IBZEDU-Schema
Wenn eine differenzierte Betrachtung erforderlich ist, können Sie hierzu das IBZEDU-Schema verwenden:

I = Information – muss über die Entscheidung informiert werden

B = Beratung – wird in die Entscheidungsfindung beratend eingebunden

Z = Zustimmung – muss einer Entscheidung zustimmen

E = Entscheidung – ist berechtigt und verpflichtet, eine Entscheidung zum betrachteten Tatbestand zu fällen

D = Durchführung – ist verantwortlich für die Durchführung

U = Unterstützung – steht bei Bedarf zur Unterstützung der Entscheidungsfindung oder der Durchführung zur Verfügung

Das Schema können Sie im Rahmen der initialen Diskussion und Modellentwicklung oder im Rahmen der späteren Detailplanung einsetzen (siehe Seite 308 ff.).

Sofern die Zuordnung eines Entscheidungstatbestands auch bei Differenzierung der Rollen im Entscheidungsprozess nicht sinnvoll möglich ist, belassen Sie den Entscheidungstatbestand zunächst im Baustein Entscheidungen.

FALLBEISPIEL TEAM MEDIEN

Das Team Medien betrachtet nacheinander die einzelnen Entscheidungstatbestände und prüft, ob sie einzelnen Verantwortungsbereichen zugeordnet werden können. Ein Teammitglied schlägt vor, den Entscheidungstatbestand „Planung und Koordination von Themen" dem Verantwortungsbereich Kontributorenplattform zuzuweisen. Ein weiteres Teammitglied weist darauf hin, dass Entscheidungen zu Themen Einfluss auf die Verantwortungsbereiche „Kundenlösungen" und „Sponsorenlösungen" haben. Daher wird besprochen, dass diese beiden Bereiche der Planung zustimmen müssen und im weiteren Verlauf ein Eskalationsmechanismus festgelegt werden muss. Entsprechend wird die Haftnotiz vom Baustein Entscheidungen in den Baustein Steuerung umgehängt und die Zustimmungspflicht im Themenspeicher vermerkt.

Das Team stellt fest, dass alle weiteren Entscheidungstatbestände jeweils mehrere beziehungsweise alle Bereiche betreffen. Sie können daher nicht einem Verantwortungsbereich zugeordnet werden. Das Team wendet sich deswegen dem nächsten Arbeitsschritt in diesem Baustein zu.

Beachten Sie bei der Bearbeitung dieses Arbeitsschritts die Leitlinien, die Sie im Organizational Challenges Canvas formuliert haben. Diese können einen engen Bezug zu Entscheidungsprozessen aufweisen. So könnte eine Leitlinie sein: „Wir möchten Entscheidungen marktnah und somit dezentral fällen." Um dieser Leitlinie zu entsprechen, müssten den dezentralen Verantwortungsbereichen möglichst viele Entscheidungsbefugnisse zugeordnet werden.

3| Weiterentwicklung des Kommunikationsmodells

Mit einiger Wahrscheinlichkeit werden Sie einzelne Entscheidungstatbestände keinem Verantwortungsbereich zuordnen können. In diesen Fällen gibt es verschiedene Lösungsansätze. Diese reichen von der Vergrößerung einzelner Verantwortungsbereiche bis hin zur Entscheidungsfindung in eigens hierfür gestalteten neuen Verantwortungsbereichen.

Erwägen Sie zum Beispiel die folgenden Möglichkeiten, die auch in den Abbildungen „Lösungsansätze zur Zuordnung von übergreifenden Entscheidungstatbeständen" auf Seite 172 dargestellt sind:

„Verantwortlichkeiten neu zuordnen": Prüfen Sie zunächst, ob eine andere Zuordnung einzelner Verantwortlichkeiten eine eindeutige Zuweisung der Entscheidungstatbestände ermöglicht. Die Verantwortungsbereiche würden somit bestehen bleiben, sich jedoch in ihrem Zuschnitt verändern. Der Verantwortungsrahmen je Bereich sollte weiterhin passend sein, also weder zu wenige noch zu viele Verantwortlichkeiten umfassen.

„Verschmelzen": Ein weiterer Lösungsansatz ist es, Verantwortungsbereiche zu größeren Einheiten zusammenzufassen. Hiermit ändert sich das Grundmodell, sodass die Auswirkungen auf die Kommunikationsflüsse betrachtet werden sollten. Auch sollten Sie wieder darauf achten, dass der Verantwortungs- und somit Leistungsumfang eines Bereichs nicht zu groß wird und keine zu komplexe Binnenstruktur entsteht.

„Ebene einfügen": Nicht einem Bereich zuordenbare Entscheidungen könnten auf einer übergeordneten Ebene gefällt werden. Auch damit würde sich Ihr Grundmodell verändern, indem Sie eine neue Hierarchieebene oder einen Superkreis in das Modell einfügen. Prüfen Sie in diesem Fall die Auswirkungen auf die Kommunikationsflüsse sowie die Vor- und Nachteile einer weiteren Ebene.

„Matrix": In einer Matrixstruktur werden Verantwortungsbereiche von jeweils zwei übergeordneten Entscheidern geführt. Entscheidungen werden in dieser Struktur mithin von zwei Entscheidern, die sich jeweils einigen müssen, gefällt.

„Tensororganisation": Erweitert die Matrixorganisation um eine weitere Dimension. Mithin werden in diesem Modell drei Perspektiven berücksichtigt, indem drei Entscheider in die Entscheidungsfindung eingebunden sind.

„Gruppenentscheidungen": Bereichsübergreifend relevante Entscheidungen können auch in Gruppen gefällt werden. Sie könnten zum Beispiel Arbeitsgruppen aus Vertretern der operativen Ebene oder Gremien aus Führungskräften etablieren. Diese regelmäßig tagenden Gruppen agieren zumeist regelbasiert und wären wiederum in das Grundmodell einzufügen. Sie könnten aber auch „Communities of Interest" bilden. Dies sind sich selbst organisierende Gruppen, die einen gemeinsamen Pool an Werkzeugen nutzen und das gemeinsame Lernen fördern sollen (siehe Seite 301).

TIPP

Viele Wege führen zur Entscheidung. Sie unterscheiden sich zum Beispiel hinsichtlich der **Anzahl der an der Entscheidung Beteiligten:** Entscheidungen in Institutionen können durch Einzelpersonen, mehrere Personen oder durch Gruppen vorbereitet, gefällt und kommuniziert werden.

Einzelpersonen können sein: Führungskräfte, Experten, Mitarbeiter, Berater.

Mehrere Einzelpersonen sind zum Beispiel in Matrixorganisationen entscheidungsbefugt.

Gruppen können in Form von Gremien, Netzwerken, Projekten, Teams oder auch Wahlberechtigten entscheiden.

Aber auch die Betrachtung des Verfahrens ist in vielen Fällen lohnend. Dies umfasst die Frage, wie die Mitglieder der Organisationseinheit zukünftig Hindernisse anzeigen und Verbesserungsvorschläge zum Organisationsdesign, aber auch zu weiteren Entscheidungstatbeständen einbringen können.

„Expertenentscheidung": Bei diesem Ansatz werden Experten mit der Herbeiführung von Entscheidungen betraut. Das Vorgehen des Experten kann, muss aber nicht, definierten Regeln folgen.

„Konsultativer Einzelentscheid": Der konsultative Einzelentscheid oder Beratungsansatz sieht Vorgaben zum Vorgehen vor. Der Entscheider wird dazu verpflichtet, sich zur Entscheidungsfindung mit den betroffenen Bereichen oder von ihm ausgewählten sachkundigen Personen zu beraten.

„Demokratie wagen": In diesem Ansatz werden bestimmte Entscheidungstatbestände nicht einzelnen Verantwortungsbereichen zugeordnet, sondern mittels Abstimmung mehrheitlich entschieden.

„Projekte": Ausgewählte Entscheidungstatbestände können in Projekten bearbeitet werden. Dies erlaubt die situationsadäquate Auswahl des Projektteams und somit der an der Entscheidung Beteiligten.

Sofern Sie Lösungen wählen, bei denen neue Verantwortungsbereiche entstehen, verändern Sie Ihr Grundmodell. Dies ist zum Beispiel der Fall, wenn Entscheidungen in einem neu zu schaffenden Gremium getroffen werden sollen. Eine solche Veränderung des Grundmodells sollten Sie nicht als Rückschritt, sondern als Chance für die Entwicklung eines noch besseren Entwurfs betrachten.
Die Bearbeitung des Bausteins Steuerung wird Ihnen weitere Anlässe für eine erneute Iteration in Richtung auf das bestgeeignete Gesamtmodell liefern. Denn indem Sie den einzelnen Verantwortungsbereichen Entscheidungskompetenzen zuweisen, entsteht ein klareres Bild über die Eignung des Zuschnitts der Verantwortungsbereiche. Zögern Sie im Zweifel nicht, die ursprünglich für geeignet befundenen Verantwortungsbereiche noch einmal infrage zu stellen. Seien Sie mutig: Sie gestalten den Rahmen der Zusammenarbeit für viele Personen über einen langen Zeitraum.

Lösungsansätze zur Zuordnung von übergreifenden Entscheidungstatbeständen

„Verantwortlichkeiten neu zuordnen"

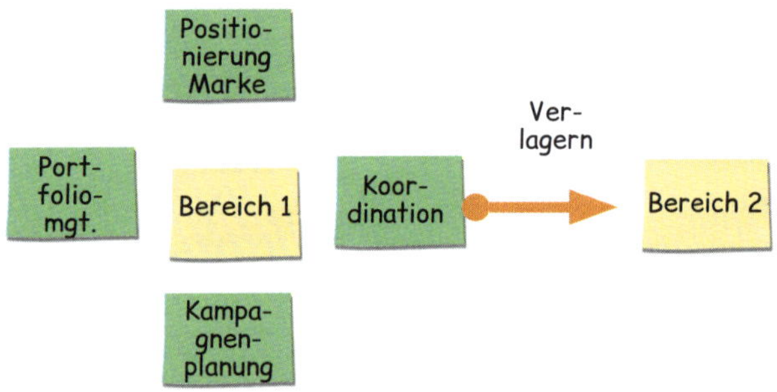

- Sie können einzelne Verantwortlichkeiten anderen Verantwortungsbereichen zuordnen
- Sie können mehrere Verantwortlichkeiten anderen Verantwortungsbereichen zuordnen
- Ihr Grundmodell bleibt somit bestehen
- Jedoch sollten Sie darauf achten, dass der Umfang der Verantwortungsbereiche weiterhin angemessen, also weder zu klein noch zu groß ist

„Umfang vergrößern"

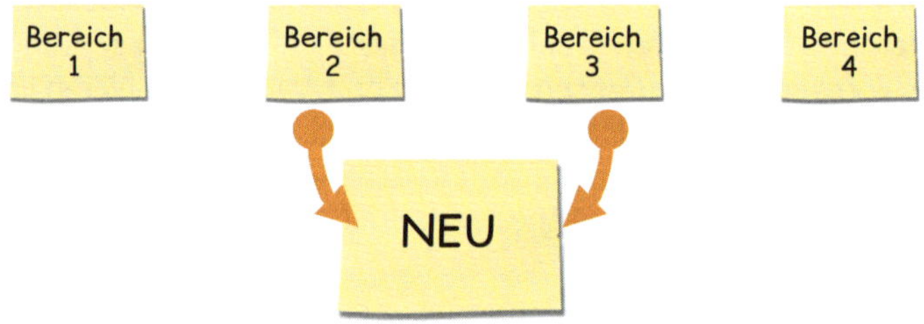

- Sie können größere Verantwortungsbereiche bilden, indem Sie Bereiche zu größeren Einheiten verschmelzen
- Dies führt zu einem veränderten Grundmodell, sodass die Auswirkungen auf die Kommunikationsflüsse beachtet werden müssen
- Auch sollten Sie darauf achten, dass der Verantwortungs- und somit Leistungsumfang eines Bereichs nicht zu groß wird
- Eine starke Ausweitung des Verantwortungsumfangs kann – zu komplexeren Binnenstrukturen in diesem Bereich führen bis hin zur Notwendigkeit der Einführung einer Hierarchieebene innerhalb des Bereichs

„Ebene einfügen"

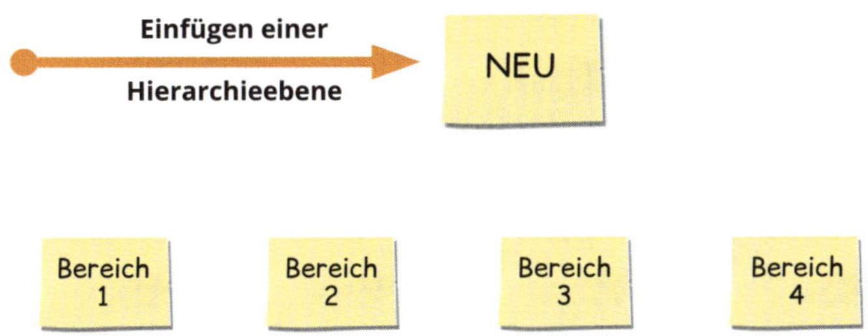

- Es wird eine neue, übergeordnete Ebene in das Modell eingefügt
- Dies kann mittels einer weiteren Hierarchieebene erfolgen
- In evolutionären Organisationsformen wird ein neuer Superkreis eingefügt
- Prüfen Sie in diesem Fall die Auswirkungen auf die Kommunikationsflüsse in Ihrem Modell
- Prüfen Sie auch, welchen Nutzen eine neue Ebene stiften kann
- Wägen Sie die Chancen und Vorteile gegen die Risiken und Nachteile der Einführung einer weiteren Ebene ab

„Matrixstruktur"

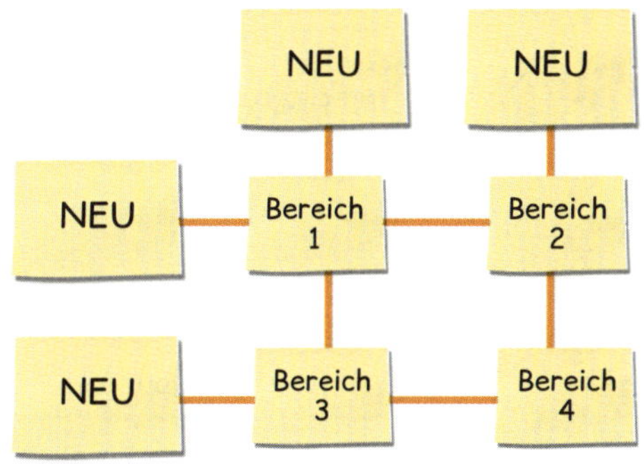

- In einer Matrixorganisation werden Entscheidungsbefugnisse jeweils zwei Instanzen zugeordnet, die einzelnen Verantwortungsbereiche mithin von zwei Instanzen geführt
- Entscheidungen werden entsprechend aus zwei Perspektiven betrachtet
- In einer echten Matrix erfordert eine Entscheidung die Einigung beider entscheidungsbefugten Instanzen
- Dieser Ansatz kann um eine weitere Dimension erweitert werden; so können zum Beispiel die Aspekte „Funktionsbereich" (beispielsweise Marketing), „Geschäftseinheit" (beispielsweise Tiefbau) und Region (beispielsweise Europa) berücksichtigt werden. In diesem Fall spricht man von einer „Tensororganisation"

Lösungsansätze zur Zuordnung von übergreifenden Entscheidungstatbeständen

„Gruppenentscheidungen“

- In diesem Ansatz werden bereichsübergreifend relevante Entscheidungen in speziell zur Entscheidungsfindung gebildeten Gruppen gefällt
- Sie könnten zum Beispiel Arbeitsgruppen aus Vertretern der operativen Ebene, Gremien aus Führungskräften oder gemischte Gruppen etablieren; Verantwortungsbereiche entsenden Vertreter in diese Gruppen
- Die Gruppen agieren regelbasiert oder selbstorganisiert
- Letzteres trifft auf „Communities of Practice“ zu, die Entscheidungen zum Beispiel zu gemeinsam genutzten Werkzeugen und Verfahren treffen

„Expertenentscheidung“

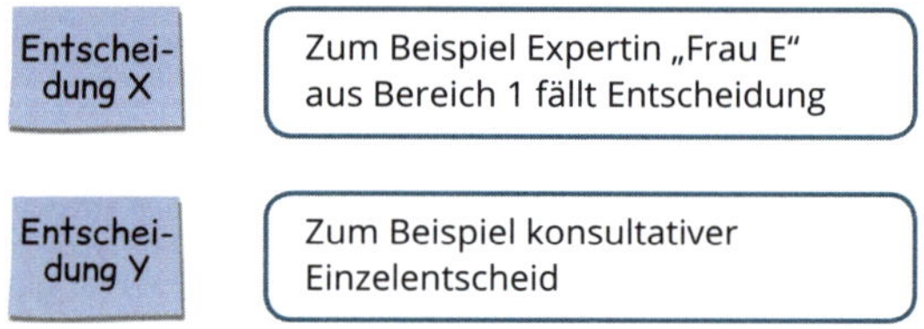

- Sie können die Entscheidungskompetenz für bestimmte Sachverhalte einem Experten und nicht dem Verantwortungsbereich zuordnen
- Die Auswahl des Entscheiders kann sich an seiner Expertise zum Thema, dem Engagement zum Problem, den Fähigkeiten zum Interessenausgleich und an bestimmten Stärken wie zum Beispiel diagnostischem, strategischem oder taktischem Denken orientieren
- Das Vorgehen des Experten kann, muss aber nicht, definierten Regeln folgen
- So können Sie zum Beispiel den **konsultativen Einzelentscheid** vorsehen; dieser verpflichtet den Experten, sich zur Entscheidungsfindung mit festgelegten Personen oder Rollen zu beraten

„Demokratie wagen“

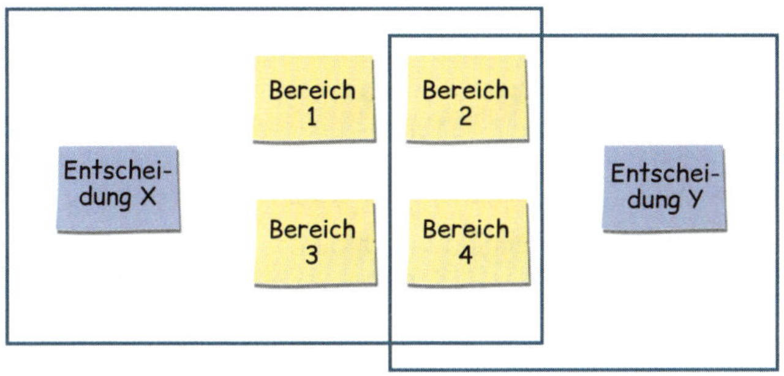

- Entscheidungen können auch innerhalb von Institutionen in demokratischen Prozessen gefällt werden – ein weiterer Lösungsansatz besteht also darin, Entscheidungstatbestände einer Abstimmung zuzuführen
- Hierzu ist festzulegen, welche Verfahren angewendet werden sollen
  - zur Feststellung des Entscheidungsbedarfs,
  - zur Nominierung und zur Auswahl von Lösungsalternativen,
  - bei der Abstimmung und bei welchen Mehrheiten eine Entscheidung als angenommen gilt
- Auch wäre festzulegen, wann welcher Personenkreis abstimmungsberechtigt ist

„Projekte“

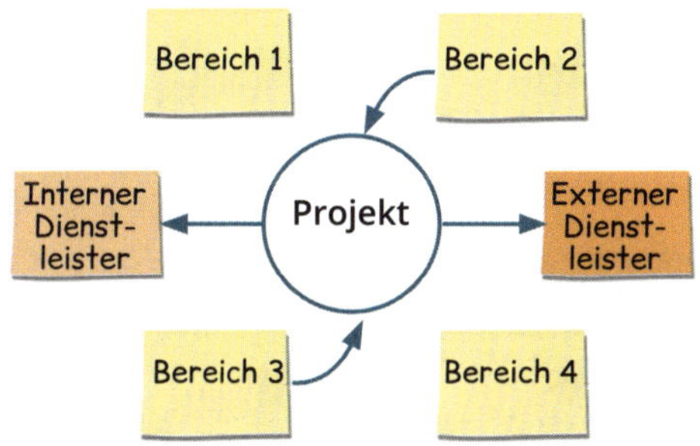

- Entscheidungen können in Projekten gefällt werden
- Projekte begründen eine zeitlich befristete Entscheidungskompetenz, die zudem ein definiertes und abgegrenztes Themenfeld betrifft
- Dies erlaubt eine systematische Entscheidungsvorbereitung und eine jeweils situationsadäquate Besetzung des Projektteams und somit der an der Entscheidung beteiligten Personen und Bereiche
- Für die Arbeit in Projekten ist es hilfreich zu klären, welche Entscheidungskompetenzen Projekten allgemein zugewiesen sind und wie sich diese zu Entscheidungskompetenzen der Linie verhalten
- Dies können Sie bei Bedarf im Baustein „Regeln“ des Organization Model Canvas festlegen

FALLBEISPIEL TEAM MEDIEN

Auch das Team Medien steht vor der Herausforderung, Lösungen für die Entscheidungstatbestände zu finden, die nicht eindeutig einem Verantwortungsbereich zuordenbar sind. Außerdem soll ein insgesamt gutes Steuerungs- und Koordinationssystem entwickelt werden. Hierzu bearbeitet das Team die folgende Frage:

LEITFRAGE

Wie werden Entscheidungstatbestände entschieden, die nicht einem Verantwortungsbereich zugeordnet werden können?

Im Fall des Teams Medien sind dies die folgenden Entscheidungstatbestände:

- Entscheidungen im Rahmen der Jahresplanung
- Entscheidungen zu unterjährigen Budgetanpassungen
- Entscheidungen zu Innovationsinitiativen
- Priorisierung von Projekten
- Planung und Koordination von Kampagnen
- Entscheidungen über die Weiterentwicklung des Organisationsdesigns.

LEITFRAGEN

Sollten wir Verantwortlichkeiten neu zuordnen?

Verbessern wir unser Organisationsmodell, wenn wir Verantwortungsbereiche verschmelzen?

Stellt das Einfügen einer (weiteren) Hierarchieebene eine für uns sinnvolle Lösung dar?

Sollten wir unser Organisationsdesign als Matrixstruktur gestalten?

Sind Gruppenentscheidungen für uns vorteilhaft?

Sollten wir für bestimmte Entscheidungstatbestände Expertenentscheidungen vorsehen?

Sollten wir bestimmte Entscheidungstatbestände demokratische Entscheidungsprozesse vorsehen?

Sollten für bestimmte Tatbestände Entscheidungen im Rahmen von Projekten erfolgen?

Gibt es andere Lösungsansätze, mit denen wir die Steuerung und die Koordination optimieren können?

Das Team prüft die verschiedenen Optionen. Es gelingt zum Schluss, die nicht direkt zuordenbaren Entscheidungstatbestände im Rahmen von Gruppenentscheidungen zu bearbeiten.

Hierzu sollen zwei Gremien gebildet werden: ein Leitungskreis und eine Product Management Community (siehe Abbildung „Team Medien: Zuordnung der übergreifenden Entscheidungstatbestände"). Das Team legt fest, welches Gremium für welchen Entscheidungstatbestand verantwortlich zeichnen soll und prüft, wie sich diese Veränderung des Grundmodells auf die Kommunikationsflüsse auswirkt. Es stellt sich heraus, dass diese nicht gravierend und überwiegend förderlich sind. Somit hat das Team auch Schritt 3 im Baustein **Steuerung** durchlaufen. Die Abbildung „Entwicklung Steuerungssystem: Weiterentwicklung Kommunikationsmodell" stellt das Vorgehen in diesem Schritt noch einmal in der Übersicht dar.

Team Medien: Zuordnung der übergreifenden Entscheidungstatbestände

„In der Jahresplanung werden wir auch künftig wichtige Weichen stellen. Sie muss aus einem Guss, abgestimmt und daher eine gemeinsame Aufgabe sein. Was konsequenterweise dann auch für unterjährige Budgetanpassungen gelten muss."

„Entscheidungen, wann wir Kampagnen in welcher Intensität und mit welchen Zielen und Zielgruppen durchführen, können alle Bereiche betreffen. Und alle Bereiche können wertvolle Inputs liefern."

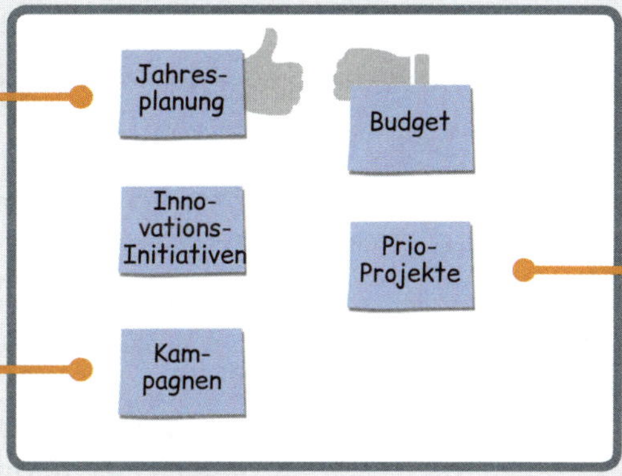

„Die Priorisierung der Innovationsinitiativen und der weiteren Projekte kann direkt in die Ressourcenlage aller Bereiche eingreifen und ist entscheidend dafür, ob wir unsere Vorhaben umsetzen können. Das ist eine gemeinsame Aufgabe; nur so können wir ein orchestriertes Vorgehen sichern."

„Also sind für uns Gruppenentscheidungen der richtige Weg! Aber wie bilden wir die richtigen Gruppen?"

„Lasst uns auf unsere Leitlinien blicken! Wichtig ist uns eine starke, autarke Einheit. Und echtes Produktmanagement. Aber auch klare Regeln für unsere Entscheidungsfindung."

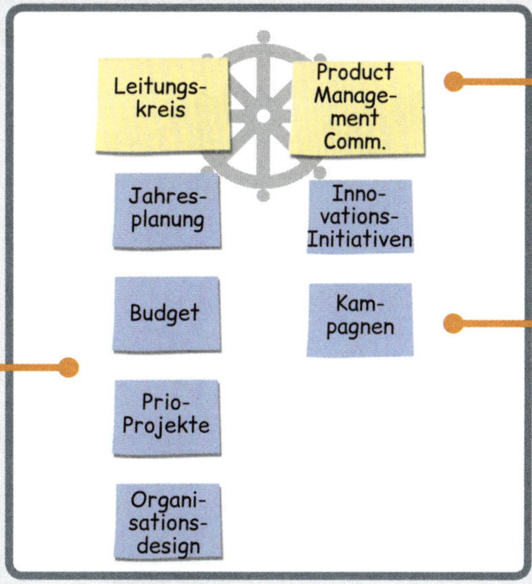

„Vorschlag: Wie wäre es, wenn wir zwei Gruppen bilden? Einen Leitungskreis aus den Leitern der Verantwortungsbereiche und einen Kreis aus Produktmanagern."

„Sehr gute Idee! Der Leitungskreis kümmert sich um Jahresplanung, Budgets, Projekte und Organisationsdesign. Und eine Product Management Community um Innovationsinitiativen und Kampagnen. So trennen wir operative Entscheidungen von Innovationsentscheidungen und etablieren ein umfängliches Produktmanagement."

„Also ergänzen wir unser Grundmodell um zwei weitere Bereiche: den Leitungskreis und eine Product Management Community! Der Leitungskreis ist für die Jahresplanung, unterjährige Budgetanpassungen und die Priorisierung der Projekte verantwortlich. Die Product Management Community ist für die Entscheidung zu Innovationsinitiativen und Kampagnen verantwortlich. Und diese beiden Verantwortungsbereiche müssen sich abstimmen."

Entwicklung Steuerungssystem 3: Weiterentwicklung Kommunikationsmodell

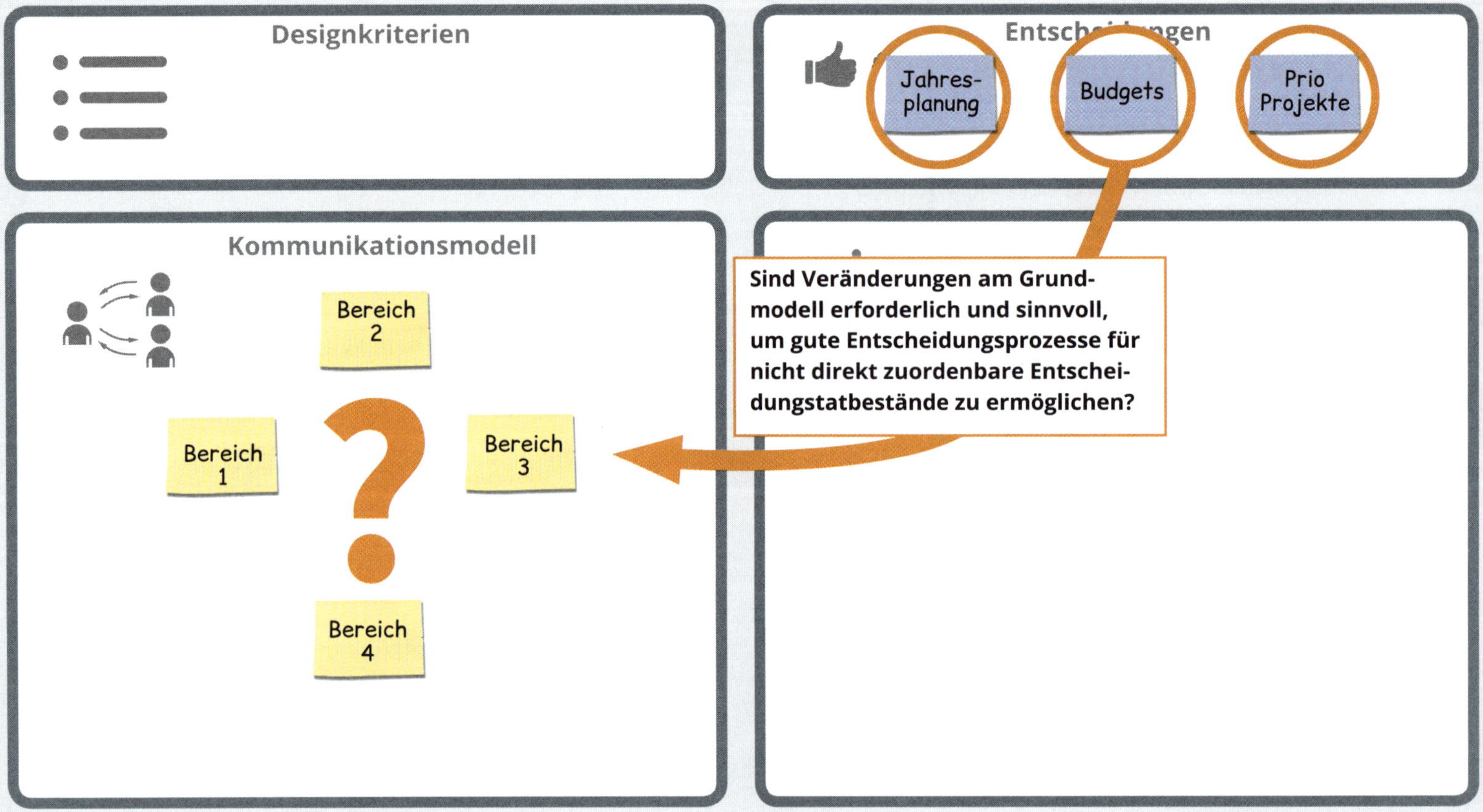

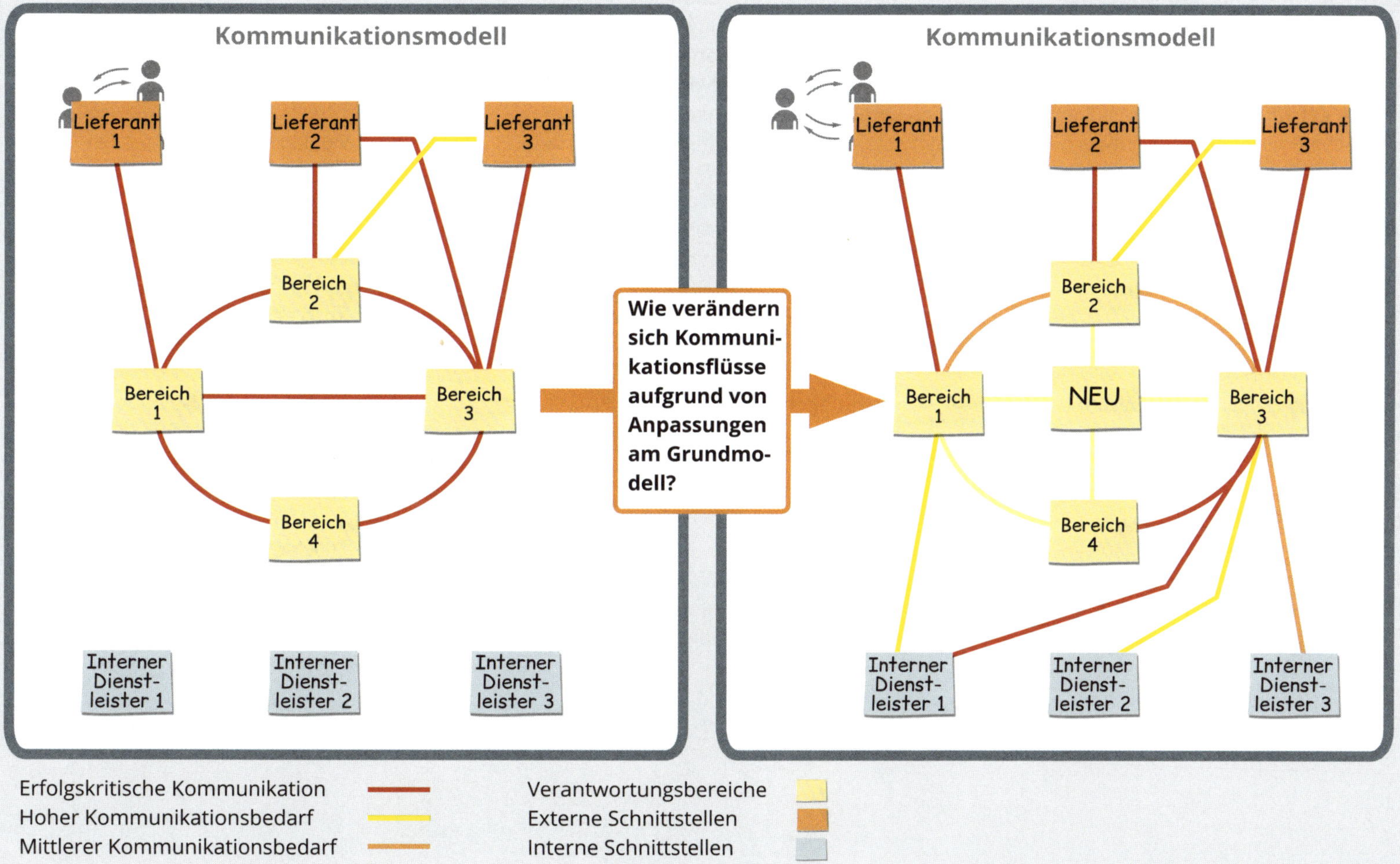
Kommunikationsmodell
Lieferant 1
Lieferant 2
Lieferant 3
Bereich 2
Bereich 1
Bereich 3
Bereich 4
Interner Dienst-leister 1
Interner Dienst-leister 2
Interner Dienst-leister 3
Wie verändern sich Kommunikationsflüsse aufgrund von Anpassungen am Grundmodell?
Kommunikationsmodell
Lieferant 1
Lieferant 2
Lieferant 3
Bereich 2
Bereich 1
NEU
Bereich 3
Bereich 4
Interner Dienst-leister 1
Interner Dienst-leister 2
Interner Dienst-leister 3
Erfolgskritische Kommunikation
Hoher Kommunikationsbedarf
Mittlerer Kommunikationsbedarf
Verantwortungsbereiche
Externe Schnittstellen
Interne Schnittstellen

4 | Entwicklung des Gesamtmodells
Nachdem Sie alle Entscheidungstatbestände zugeordnet und gegebenenfalls weitere Festlegungen zu den zukünftigen Entscheidungsprozessen getroffen haben, klären Sie nun noch, welche Rolle welche Verantwortungsbereiche im künftigen Organisationsdesign übernehmen. So können in pyramidal-hierarchischen Organisationen entscheidungsvorbereitende Verantwortungsbereiche, also Stäbe, von solchen mit Entscheidungs- und Weisungskompetenz unterschieden werden („Linie"). Weiterhin ist in diesen Organisationsformen die Unterscheidung zwischen der Primär- und der Sekundärorganisation relevant.

Die Bearbeitung von Routineaufgaben obliegt den Verantwortungsbereichen der Primärorganisation. Die Primärorganisation stellt die Grundstruktur der Institution dar und dient der möglichst effizienten arbeitsteiligen Leistungserstellung. Typische Elemente der Primärorganisation sind Teams, Abteilungen, Hauptabteilungen und so weiter. Die **Sekundärorganisation** verfolgt zwei Ziele: Sie bildet Horizontalverbindungen zwischen Verantwortungsbereichen und unterstützt so die bereichsübergreifende Koordination. Weiterhin werden Sonderaufgaben, für die die Primärorganisation nicht oder wenig geeignet ist, durch Verantwortungsbereiche der Sekundärorganisation bearbeitet.

Typische Elemente der Sekundärorganisation sind somit zum Beispiel:

> Arbeitsgruppen

> Gremien

> Projektteams

Weiterhin kann eine pyramidal-hierarchische Organisation ein sogenanntes paralleles Betriebssystem aufbauen, in dem verschiedene

TIPP

Agile Organisationsformen bestehen zum Beispiel aus Superkreisen, Kreisen und Rollen. Sie unterscheiden nicht zwischen Stab und Linie, wohl aber zwischen zum Beispiel Geschäftskreisen und Koordinationskreisen. Weitere in pyramidalen Organisationsformen der Sekundärorganisation zugedachte Funktionen werden in agilen Organisationsformen durch die flexible Übernahme von Rollen durch die Mitarbeitenden und die Verbindung der Kreise mittels Repräsentanten erfüllt. Weiterhin dienen zum Beispiel Communities of Interest und Communities of Practice dem Austausch zwischen verschiedenen Teams oder Kreisen (siehe Seite 304).

Elemente der Sekundärorganisation vernetzt werden (siehe die Ausführungen zum „Dualen Betriebssystem“ auf Seite 305).

In seltenen Fällen besteht darüber hinaus eine Belegschaft außerhalb der Organisation, die für die Organisation (weitgehend) unentgeltlich tätig ist. Eine entsprechende Tertiärorganisation stellen ehrenamtlich Tätige im sozialen, aber auch im digitalen Umfeld dar. So werden Open-Source-Lösungen von Communities entwickelt und weiterentwickelt und Anwender von digitalen Lösungen stellen mitunter mit ihren Apps wertvolle Daten zur Verfügung.

Mit Abschluss der Bearbeitung des Bausteins **Steuerung** und der gegebenenfalls vorgenommenen Anpassungen des Kommunikationsmodells haben Sie nunmehr Ihr Gesamtstrukturmodell entwickelt. In einigen Fällen, insbesondere in kleineren Organisationseinheiten, kann zu diesem Zeitpunkt bereits eine Zuordnung von Stellen und Stelleninhabern zu den Verantwortungsbereichen vorgenommen werden. In anderen Fällen sind hingegen zunächst weitere Betrachtungen, zum Beispiel zur weiteren Spezifikation oder zur Kapazitätsplanung, erforderlich (siehe Kapitel „Umsetzen“, Seite 308).

Die vier Schritte zur Erarbeitung des Gesamtmodells zeigt die Abbildung „Übersicht: Vorgehen zur Entwicklung des Steuerungssystems“ auf der nächsten Seite.

TIPP

Die Unterscheidung in Primär- und Sekundärorganisation unterstützt Sie dabei, eine angemessene Koordination der verschiedenen Verantwortungsbereiche sicherzustellen und die Bearbeitung von Sonderaufgaben zu ermöglichen. Bei der Zuordnung der Verantwortungsbereiche zur Primär- beziehungsweise Sekundärorganisation sollten Sie prüfen, ob Ihr Organisationsmodell ausreichende und angemessene Elemente zur Koordination der Verantwortungsbereiche enthält.

Übersicht: Vorgehen zur Entwicklung des Steuerungsmodells

1

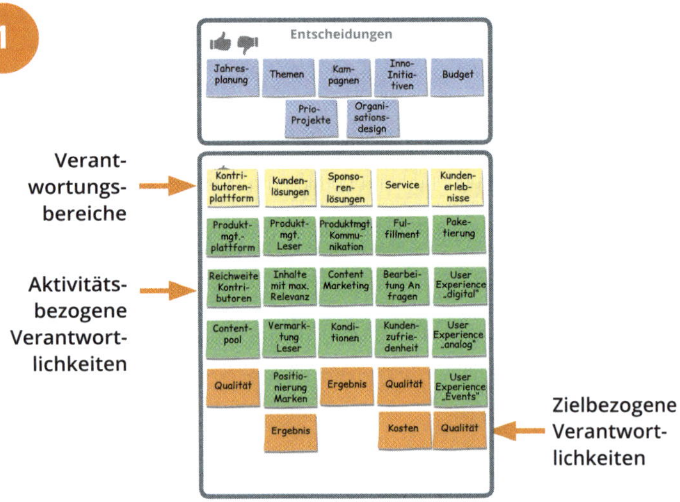

Übertragen Sie die im Baustein **Kommunikationsmodell** gebildeten Verantwortungsbereiche in den Baustein **Steuerung** und fügen Sie die aktivitätsbezogenen Verantwortlichkeiten hinzu.

Erarbeiten Sie sodann die zielbezogenen Verantwortlichkeiten je Bereich: Für welche wirtschaftlichen (Umsatz, Kosten, Ergebnis) und welche qualitativen oder zeitlichen Ziele soll der Bereich verantwortlich zeichnen? Verwenden Sie hierfür Haftnotizen in einer anderen Farbe (siehe die orangefarbenen Zettel im Bild links).

2

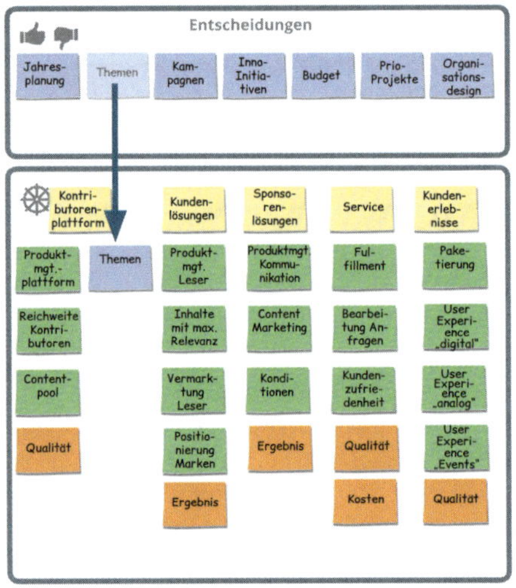

Weisen Sie nun die im Baustein **Entscheidungen** identifizierten Entscheidungstatbestände, wo immer sinnvoll, einzelnen Verantwortungsbereichen zu. Ordnen Sie den einzelnen Bereichen die Entscheidungskompetenz zu, die es ihnen ermöglicht, ihre Verantwortung wahrzunehmen. Und klären Sie die Rolle weiterer Bereiche hinsichtlich dieser Entscheidungstatbestände – insbesondere bei konfliktträchtigen Entscheidungen sollten Konfliktlösungs- und Eskalationswege bedacht werden.

Beachten Sie hierbei die von Ihnen im Baustein **Leitlinien** formulierten Organisationsprinzipien. Sie streben eine andere Machtverteilung an? Dann weisen Sie die Entscheidungstatbestände entsprechend zu. Sie möchten die Beteiligungsmöglichkeiten der Mitarbeiter ausweiten? Dann prüfen Sie, welche Entscheidungstatbestände hierfür infrage kommen.

3

Prüfen Sie, wie nicht eindeutig zuordenbare Entscheidungstatbestände bestmöglich abgedeckt werden können: Sollte dieser Entscheidungstatbestand auf einer übergeordneten Hierarchieebene angesiedelt werden? Dann fügen Sie eine entsprechende Ebene neu in Ihr Modell ein. Ist die Koordination der Entscheidungsfindung zum Beispiel über ein Gremium zielführend? Ergänzen Sie bei Bedarf entsprechend neue Verantwortungsbereiche.

Prüfen Sie, welche Auswirkungen neu gebildete Verantwortungsbereiche auf Ihr Kommunikationsmodell haben: Verbessern sich die Kommunikationsflüsse? Wird das Modell schlanker oder komplexer? Prüfen Sie insbesondere bei Einführung einer neuen Hierarchieebene, ob diese einen ausreichenden Nutzen für die Organisation mit sich bringt. Prüfen Sie hierzu bei Bedarf, welche Entscheidungstatbestände und welche Verantwortlichkeiten dieser Ebene insgesamt zugeordnet werden sollten.

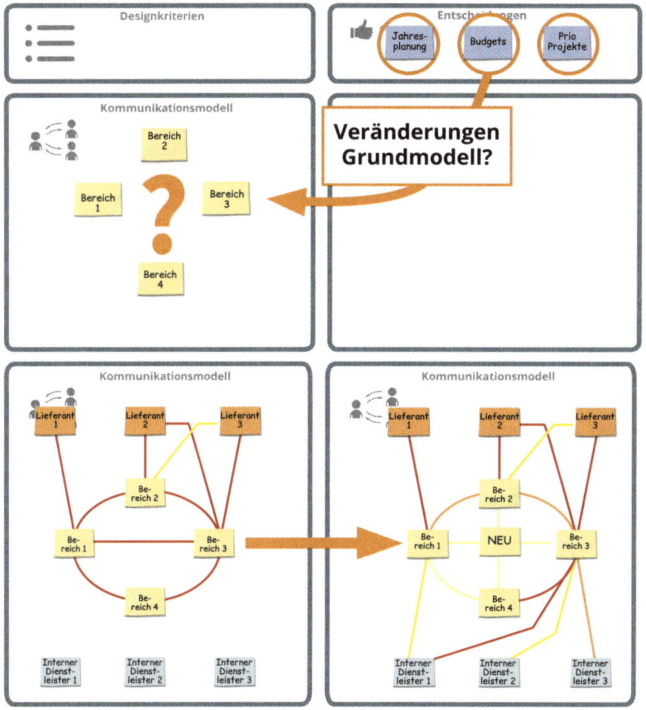

4

Legen Sie die Rolle der einzelnen Verantwortungsbereiche als Stabs- oder Linienfunktion sowie als Element der Primär- oder der Sekundärorganisation fest und entwickeln Sie so Ihr Gesamtmodell.

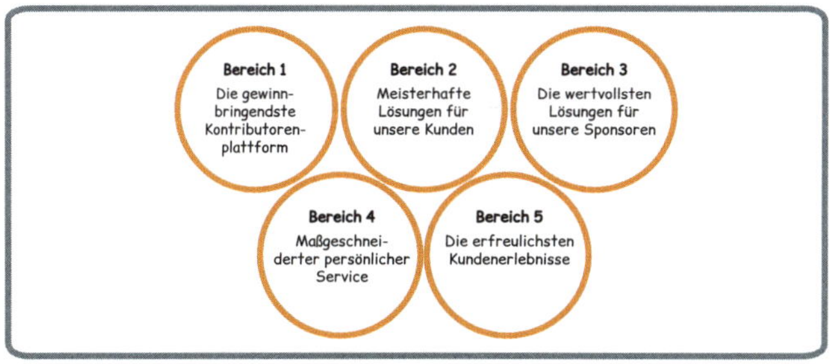

5 | Qualitätssicherung
Nachdem Sie Ihr Gesamtmodell entwickelt haben, sollten Sie prüfen, ob der Grad der Innovation und der Veränderung angemessen ist. Eine zu kleine Veränderung reicht gegebenenfalls nicht aus, um die Ziele des Orgazign-Prozesses zu erreichen und die Leitlinien umzusetzen. Ein zu hoher Grad der Veränderung kann die Umsatzbarkeit des Modells gefährden.

TIPP

Die Umsetzung eines neuen Organisationsdesigns kann an fehlendem Unterstützungspotenzial und zu starkem Widerstand scheitern. Vergegenwärtigen Sie sich daher an dieser Stelle mögliche Hinderungsgründe. Gibt es starke Beharrungskräfte und Eigeninteressen, die dem Modell zuwiderlaufen? Wie können wir mit diesen umgehen?

Ihr Organisationsdesign kann weiterhin an nicht ausreichend ausgeprägten Kompetenzen auf Ebene der Führungskräfte und Mitarbeiter scheitern. Relevant sind die Fach- und Methodenkompetenz, vor allem aber der Reifegrad, also die Persönlichkeits- und Sozialkompetenzen der Beteiligten. Überlegen Sie, was genau zum Scheitern des neuen Organisationsdesigns führen könnte: Fehlen uns grundlegende Kompetenzen, Tools oder andere Komponenten zur erfolgreichen Umsetzung des Organisationsmodells? Wie können wir diese entwickeln?

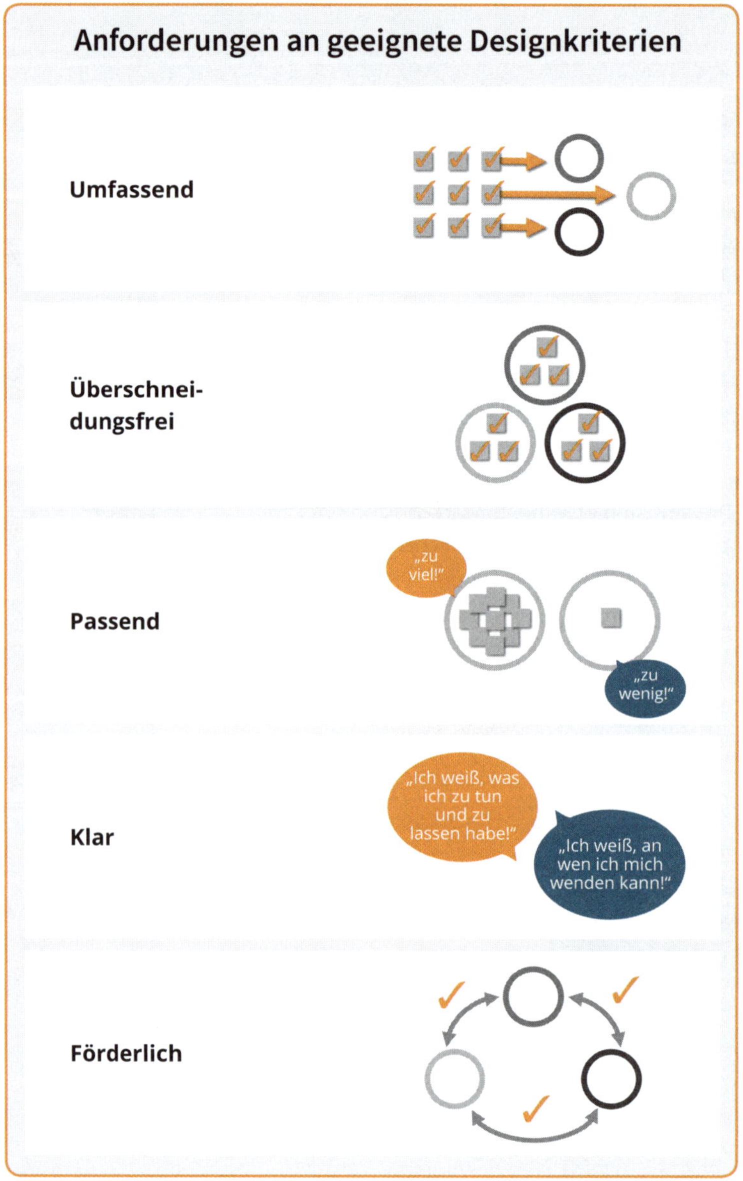

Güte und Eignung Ihres Modells können Sie mit Hilfe verschiedener Verfahren prüfen. Ein erster sinnvoller Schritt ist die Überprüfung, inwiefern das Modell allgemeine Anforderungen erfüllt. Hierzu können Sie die Ihnen bereits bekannten Anforderungen aus der Bewertung geeigneter Designkriterien als Maßstab anlegen und prüfen, ob Ihr Modell

> umfassend ist und alle relevanten Verantwortlichkeiten abdeckt;

> überschneidungsfrei ist, also die Verantwortlichkeiten eindeutig einem Bereich zugeordnet sind;

> passend ist, die Verantwortungsbereiche also einen sinnvollen Umfang an Verantwortlichkeiten umfassen;

> klar ist, also den Mitarbeitenden im Verantwortungsbereich klare Rollen bietet und für Externe eine einfach nachvollziehbare Struktur darstellt;

> förderlich im Hinblick auf die Kommunikation, die Entscheidungsfindung und die Zusammenarbeit in der Organisationseinheit und an den Schnittstellen zu weiteren Bereichen ist.

Das Modell sollte aber auch Ihre spezifischen Anforderungen bestmöglich abdecken und die Erreichung Ihrer Ziele unterstützen:

> Gleichen Sie ab, ob das Modell den von Ihnen formulierten Zielen für den Orgazign-Prozess entspricht.
> Prüfen Sie, ob das Modell die wichtigsten Hindernisse ausräumt oder zumindest lindert.

> Schätzen Sie gemeinsam ein, ob die wichtigsten Fördernisse mit dem neuen Modell realisiert werden können.

> Wägen Sie ab, ob das Modell die von Ihnen formulierten Leitlinien zufriedenstellend berücksichtigt.

Weiterhin hat es sich bewährt, die gebildeten Verantwortungsbereiche mit den Ist-Aufgaben abzugleichen (siehe hierzu die Methode „Schnappschuss-Workshops" auf Seite 291). So können Sie noch einmal und im Detail abprüfen, ob Sie alle wichtigen Aktivitäten und Aspekte sinnvoll in Ihrem Modell abgebildet haben. Und stellen Sie sicher, dass Ihr Modell grundlegende Hygienefaktoren erfüllt (siehe Abbildung „Qualitätssicherung mittels Abgleich mit den Hygienefaktoren des Organisationsdesigns" auf Seite 187). Sie können die Güte Ihres Modells auch prüfen und verbessern, indem Sie gedanklich die Prozesse durchlaufen, also eine Prozesssimulation durchführen.

Qualitätssicherung mittels Zielabgleich

Unsere Ziele

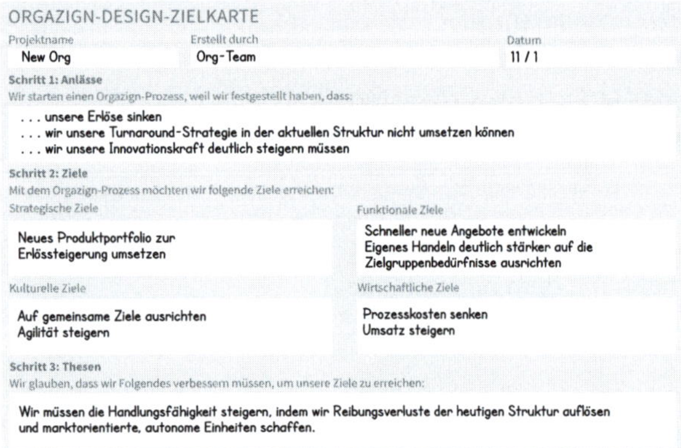
ORGAZIGN-DESIGN-ZIELKARTE

Projektname	Erstellt durch	Datum
New Org	Org-Team	11 / 1

Schritt 1: Anlässe

Wir starten einen Orgazign-Prozess, weil wir festgestellt haben, dass:

. . . unsere Erlöse sinken
. . . wir unsere Turnaround-Strategie in der aktuellen Struktur nicht umsetzen können
. . . wir unsere Innovationskraft deutlich steigern müssen

Schritt 2: Ziele

Mit dem Orgazign-Prozess möchten wir folgende Ziele erreichen:

Strategische Ziele
Neues Produktportfolio zur Erlössteigerung umsetzen

Funktionale Ziele
Schneller neue Angebote entwickeln
Eigenes Handeln deutlich stärker auf die Zielgruppenbedürfnisse ausrichten

Kulturelle Ziele
Auf gemeinsame Ziele ausrichten
Agilität steigern

Wirtschaftliche Ziele
Prozesskosten senken
Umsatz steigern

Schritt 3: Thesen

Wir glauben, dass wir Folgendes verbessern müssen, um unsere Ziele zu erreichen:

Wir müssen die Handlungsfähigkeit steigern, indem wir Reibungsverluste der heutigen Struktur auflösen und marktorientierte, autonome Einheiten schaffen.

Inwiefern werden wir mit diesem Entwurf die **Ziele** unseres Orgazign-Prozesses erreichen?

- Unterstützt der Entwurf das Erreichen unserer strategischen Ziele?
- Erreichen wir mit diesem Entwurf unsere funktionalen Ziele?
- Befördern wir mit dem Entwurf unsere kulturellen Ziele?
- Können wir mit diesem Entwurf unsere wirtschaftlichen Ziele erreichen?

Qualitätssicherung mittels Abgleich mit den Herausforderungen

Unsere Herausforderungen

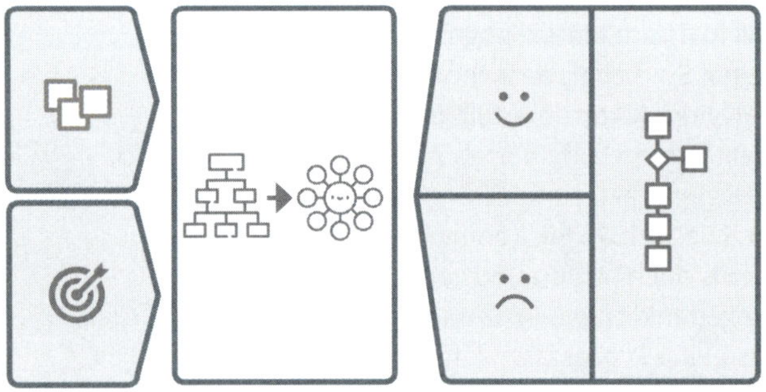

Inwiefern werden wir mit diesem Entwurf die **Herausforderungen** meistern und einen guten **Fit** herstellen?

- Haben wir ein Modell mit hohem Fit entwickelt?
- Berücksichtigt unser Gesamtmodell die Leitlinien?
- Vermeiden oder mildern wir in unserem neuen Modell die wichtigsten Hindernisse?
- Können wir mit dem neuen Modell die wichtigsten Fördernisse realisieren?
- Was können wir noch besser machen?

Qualitätssicherung mittels Abgleich mit den Ist-Aufgaben

Unsere heutigen Aufgaben

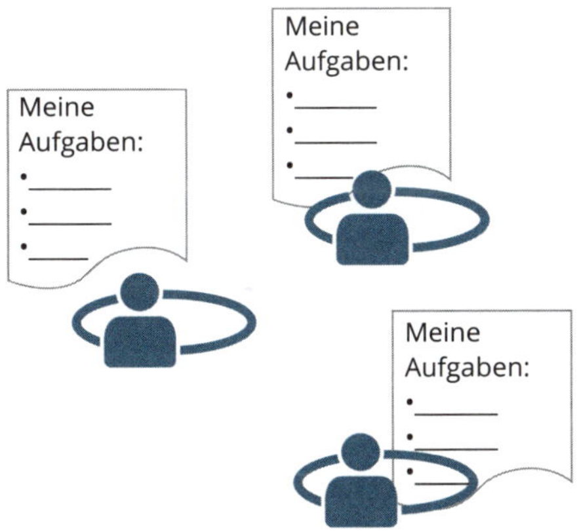

Inwiefern ist unser Entwurf bereits **umfassend**?

- Sind unsere heutigen Aufgaben einem der von uns gestalteten Verantwortungsbereiche eindeutig zuordenbar?
- Welche Unklarheiten bestehen?
- Welche Lücken sind erkennbar?
- Wie können wir unseren Entwurf noch verbessern, um die heute bestehenden Aufgaben umfassend abzudecken?

Qualitätssicherung mittels Abgleich mit den Hygienefaktoren des Organisationsdesigns

Unsere Leistungsstruktur

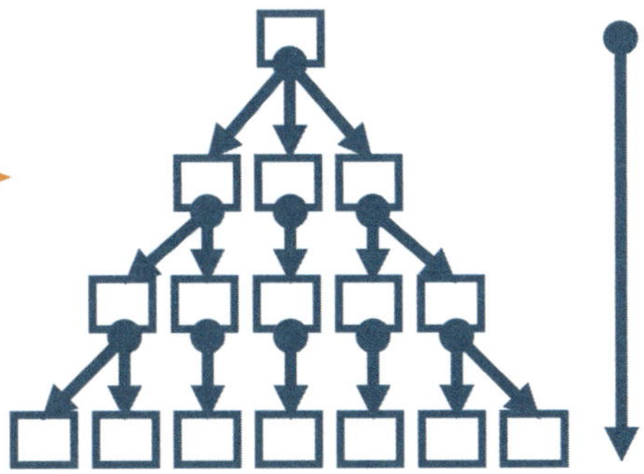

Inwiefern erfüllt unser Entwurf die **Hygienefaktoren** eines guten Organisationsdesigns?

- Ist die Leitungsspanne, also die Anzahl der durch die Führungskraft eines Verantwortungsbereichs zu führenden Mitarbeiter, angemessen?
- Ist die Leitungsintensität, also das Verhältnis von Leitungsstellen zu Ausführungsstellen, angemessen?
- Ist die Leitungstiefe, also die Anzahl der Hierarchieebenen, angemessen?

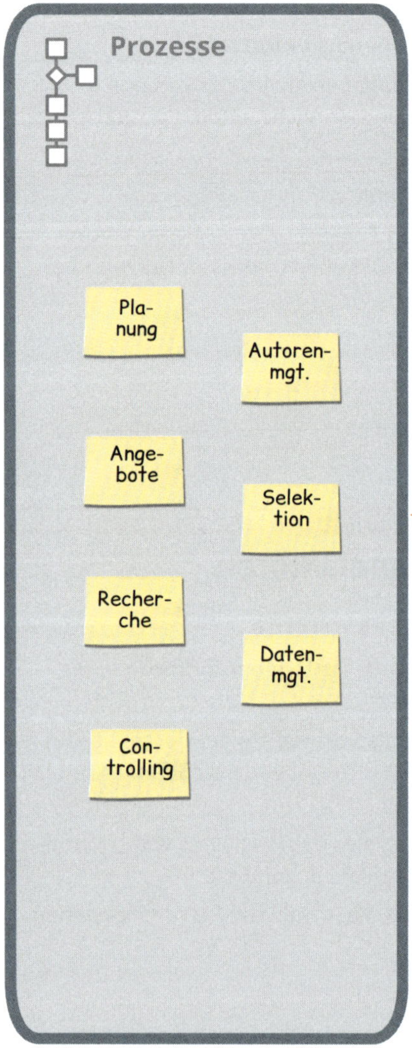

Qualitätssicherung mittels Prozesssimulation

1. Initiierung des Prozesses

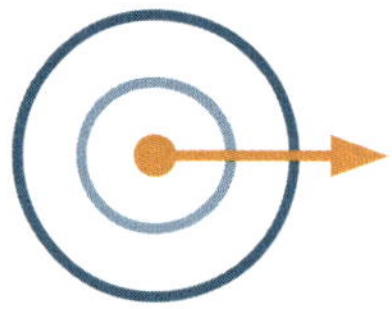

Prozess startet **innerhalb** der Organisationseinheit

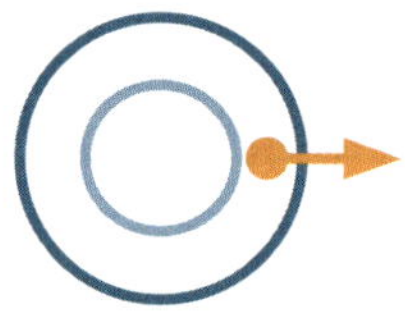

Prozess startet **außerhalb** der Organisations-einheit

- Ist bestmöglich sichergestellt, dass wir Entwicklungen wahrnehmen, die zu Handlungen führen müssen?
- Ist klar, wer entscheidet, dass ein Bearbeitungs- oder Entscheidungsprozess in Gang gesetzt wird, und wer die ersten Schritte ausführt?

- Ist der Übergabepunkt ausreichend klar und für alle Beteiligten sinnvoll gestaltet?
- Ist das Übergabeverfahren klar und für alle Beteiligten sinnvoll gestaltbar?

2. Ausführung des Prozesses

- Wie durchläuft der Prozess die Verantwortungsbereiche in der Organisationseinheit?
- Welcher Abstimmungs- und Kommunikationsbedarf entsteht bei der Ausführung des Prozesses zwischen den Verantwortungsbereichen und zu Schnittstellenbereichen?
- Erfüllt dies die Anforderungen an gute Prozesse?

3. Übergabe des Prozesses

- Sind die Übergabepunkte an weitere Verantwortungsbereiche außerhalb der betrachteten Organisationseinheit klar und für alle Beteiligten sinnvoll gestaltet?

Anforderungen an gute Prozesse

Aufwand und Kosten

- Geringer Abstimmungs- und Kommunikationsbedarf
- Enthält nur wertschöpfende Schritte
- Keine Doppelarbeiten
- Keine mehrschleifigen Prozessschritte
- Optimaler Automatisierungsgrad
- Keine Medienbrüche

Zeit

- Vermeidung von Liegezeiten
- Minimale Rüstzeiten
- Vermeidung unnötiger Schnittstellen

Qualität

- Geringe Fehleranfälligkeit
- Hohe Ergebnisqualität
- Hohe Kundenzufriedenheit

Nun haben Sie Ihr Strukturmodell als wichtiges Element eines lebenswerten Organisationsdesigns entwickelt! Dieses können Sie – je nach Wunsch – in eine Darstellung als Organigramm überführen. Aber Ihre Ergebnisse sind viel reichhaltiger und nicht alle können in einem Organigramm dargestellt werden. Wie der vom Team Medien bearbeitete Canvas aufzeigt, haben Sie neben der Festlegung der Verantwortungsbereiche und deren Rolle im zukünftigen Organisationsdesign

- die Verantwortlichkeiten je Bereich erarbeitet – die Dokumentation der Verantwortlichkeiten unterstützt die in diesem Bereich zukünftig Tätigen dabei, ihre Rolle zu verstehen und auszufüllen;

- die erfolgskritischen Kommunikationsflüsse zwischen den Verantwortungsbereichen und zu weiteren Schnittstellenbereichen außerhalb der betrachteten Organisationseinheit sowie gegebenenfalls zu wichtigen externen Dienstleistern herausgearbeitet – die hierbei gewonnenen Erkenntnisse über die Anforderungen an die Zusammenarbeit können die Beteiligten ebenfalls bei der operativen Ausgestaltung des Modells unterstützen;

- den einzelnen Verantwortungsbereichen die wichtigsten Entscheidungstatbestände zugeordnet – und somit wichtige Rechte, die den Bereichen eingeräumt werden, festgelegt;

- den Durchlauf relevanter Prozesse durch das zukünftige Modell gedanklich simuliert – die hierbei gewonnenen Erkenntnisse geben wichtige Hinweise auf ein effektives und effizientes operatives Vorgehen im neuen Organisationsmodell.

Trotz der Fülle der erzielten Ergebnisse gibt es noch weitere Elemente, die für ein gut funktionierendes Organisationsdesign entscheidend sein können. Diese werden auf dem dritten und letzten Canvas, dem Organizational Design Canvas bearbeitet.

FALLBEISPIEL TEAM MEDIEN

Ergebnisse Bearbeitung Organization Model Canvas Team Medien

Designkriterien. Das Team Medien hat verschiedene plausible Designkriterien identifiziert und ausprobiert und sich für das Kriterium „Bedürfnisse Stakeholder" entschieden. Dies unterstützt den Plattformansatz und führt zu einem geeigneten Kommunikationsmodell.

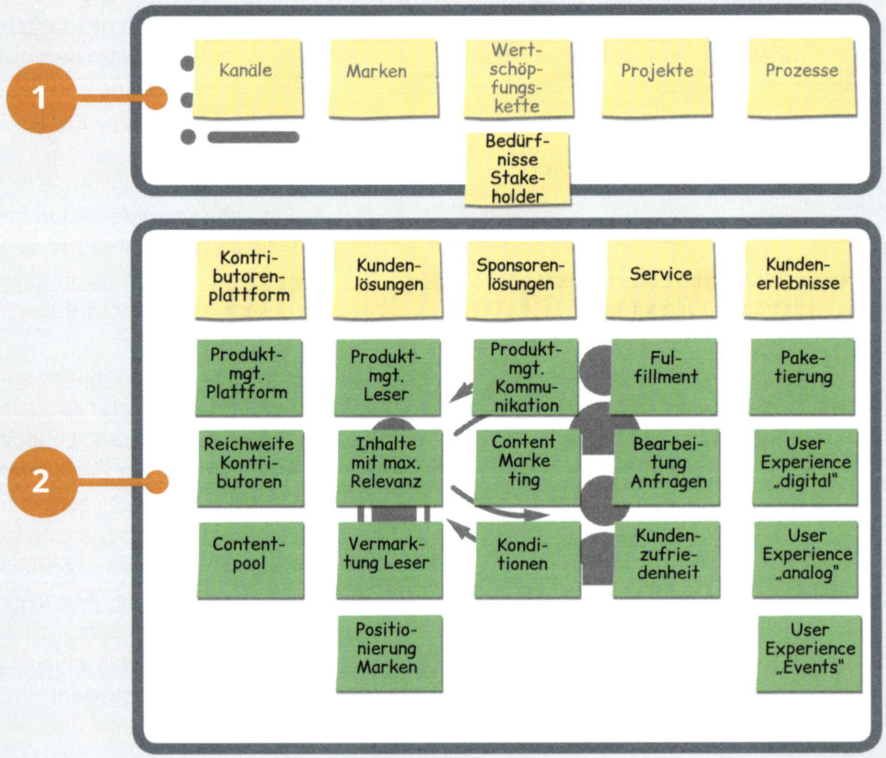

Kommunikationsmodell. Die Anwendung des Kriteriums „Bedürfnisse Stakeholder" führt zu fünf gut abgrenzbaren Verantwortungsbereichen, die jeweils eigene Sachkompetenzen umfassen. Die Bereiche können die Outputs und die Prozesse umfassend abdecken, sodass eine autarke Einheit mit einem insgesamt starken und gut aufgestellten Produktmanagement entsteht. Das Team hat die tätigkeitsbezogenen Verantwortlichkeiten entsprechend zugeordnet (siehe grüne Haftnotizen).

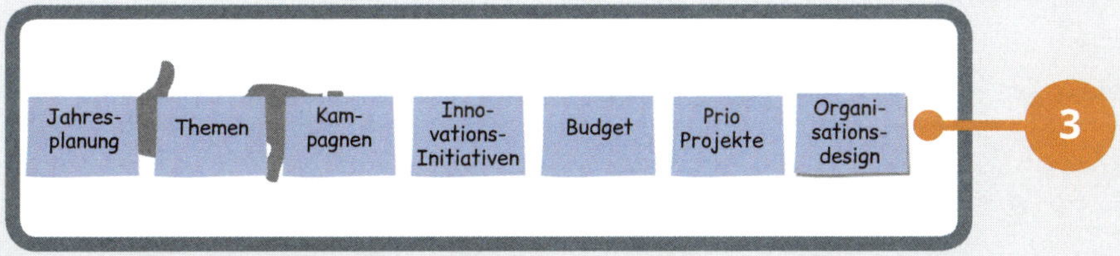

Entscheidungen. Das Team hat die Entscheidungstatbestände – soweit möglich – den einzelnen Verantwortungsbereichen zugeordnet. Nicht alle der wichtigsten Entscheidungstatbestände konnten einzelnen Verantwortungsbereichen zugeordnet werden.

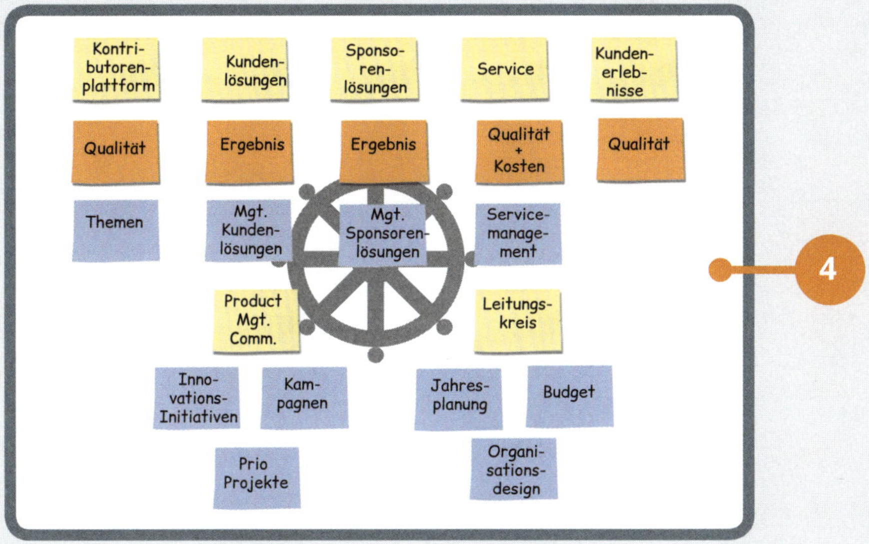

Steuerung. Hier hat das Team zunächst die zielbezogenen Verantwortungsbereiche festgelegt und in diesem Zug weitere wichtige, aber zuvor nicht priorisierte Entscheidungstatbestände zugeordnet. Das Grundmodell wurde um zwei weitere Verantwortungsbereiche erweitert: Jahresplanung und Budgetplanung werden im Gremium „Leitungskreis" gemeinsam entschieden. Die Priorisierung der Projekte wird in einer „Product Management Community" vorgenommen.

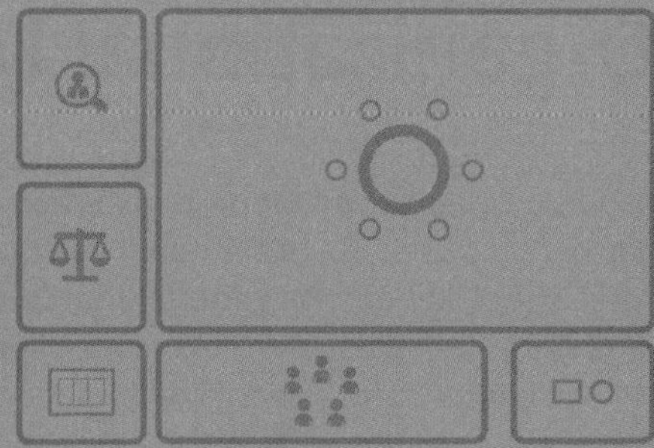

2.3

Das Modell zu einem umfassenden Organisationsdesign weiterentwickeln: **Der Organizational Design Canvas**

Organizational Design Canvas

Mit dem Organization Model Canvas haben Sie ein Modell entwickelt, das bereits viele Erfolgsfaktoren für ein gutes Organisationsdesign berücksichtigt. Mit dem **Organizational Design Canvas** erweitern Sie Ihr Modell um weitere wichtige Aspekte, die die Zielerreichung und die Umsetzbarkeit Ihres neuen Organisationsmodells unterstützen.

Hierzu reflektieren Sie im Baustein **Instrumente** Ihre aktuellen Ziel-, Anreiz- und Feedbacksysteme vor dem Hintergrund des neu entwickelten Organisationsmodells. Ebenso verfahren Sie im Baustein **Regeln** hinsichtlich Ihres Regelwerks zu betrieblichen Vorgängen und Entscheidungsprozessen.

Auf diese Weise stellen Sie sicher, dass die von Ihnen eingesetzten Führungsinstrumente und Regelungen den künftig erwünschten Kommunikations- und Entscheidungsprozessen nicht im Weg stehen. Sie entscheiden, ob Bestehendes verändert oder abgeschafft und ob neue Instrumente beziehungsweise Regeln eingeführt werden sollten.

Im Baustein **Arbeitsgestaltung** prüfen Sie, ob Sie Ihr Organisationsdesign durch neue Verfahren der Arbeitsorganisation und neue Arbeitsformen weiter verbessern können.

Auf Basis dieser drei Bausteine und den Vorarbeiten auf den weiteren Canvases entwickeln Sie das Konzept für die **Arbeitsräume**, das die erwünschten Austauschprozesse innerhalb und zwischen den Verantwortungsbereichen fördern sollte. Diesem Ziel dient auch die Festlegung der Regelkommunikation im Baustein **Konferenzen**.

Im Baustein **Instrumente** entwickeln Sie das für das neue Organisationsmodell geeignete Portfolio an Ziel-, Anreiz- und Feedinstrumenten.

Im Baustein **Regeln** entwickeln Sie das für das neue Organisationsmodell optimale Regelwerk zu betrieblichen Abläufen und Entscheidungsprozessen.

Der Baustein **Arbeitsgestaltung** umfasst Verfahren zur Arbeitsorganisation und Arbeitsformen, die Sie im künftigen Organisationsdesign einsetzen werden.

Arbeitsräume ermöglicht die Übertragung des Organisationsmodells in den realen und digitalen Raum, sodass die Kommunikations- und Entscheidungsprozesse gelebt werden können.

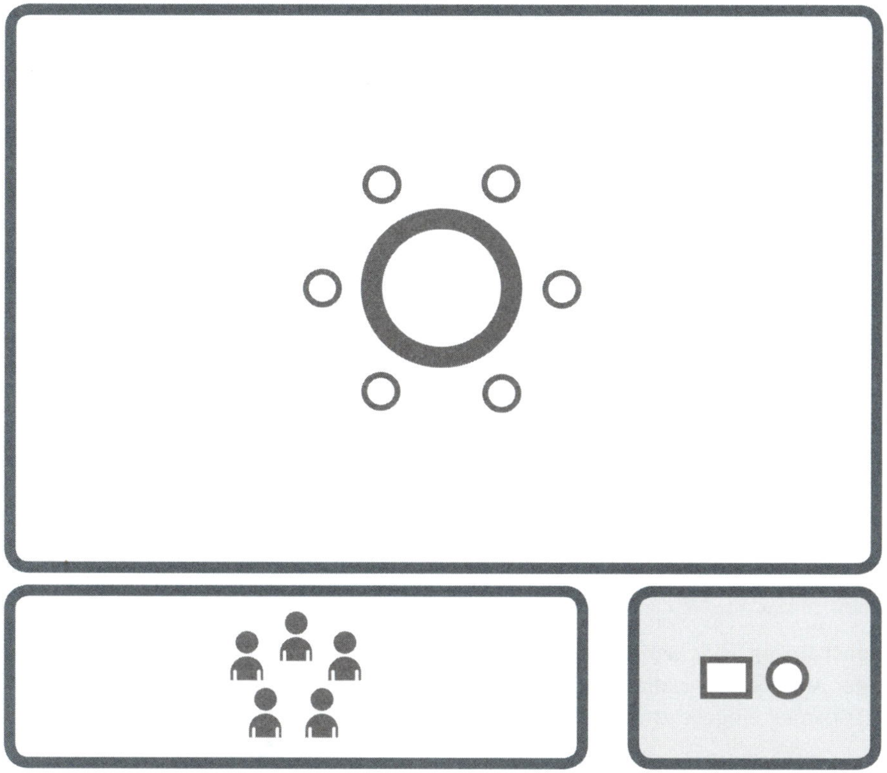

Konferenzen dient der Festlegung der Regelkommunikation, also regelmäßig stattfindenden Zusammenkünften.

Elemente unterstützt Sie bei der Raumplanung. Hier finden Sie mögliche Gestaltungskomponenten für ein geeignetes Raumkonzept.

Im Organizational Design Canvas berücksichtigte Erfolgsfaktoren:

- Die Abstimmung der Regeln sowie der Ziel-, Anreiz- und Feedbacksysteme auf das neue Organisationsmodell fördert die **Entscheidungsqualität**, sorgt für Konsistenz und somit Klarheit des Organisationsdesigns.
- Die geeignete Ausgestaltung der Instrumente und Regeln fördert ebenso wie ein gutes Raumkonzept und eine geeignete Konferenzstruktur die **Kommunikation.**
- Ein angenehmes Arbeitsumfeld fördert die **intrinsische Motivation.**

Reihenfolge der Bearbeitung

Startpunkt ist die Entwicklung eines Portfolios an Ziel-, Anreiz- und Feedbackinstrumenten. Bestehende, aber auch fehlende Instrumente können der erfolgreichen Umsetzung und der Funktionalität Ihres Organisationsmodells im Weg stehen. In diesem Fall sollten Sie sie verändern, außer Kraft setzen, ersetzen oder ergänzen.

Im zweiten Schritt erfolgt die Konzeption eines geeigneten Regelportfolios. Dies umfasst Regelungen zu betrieblichen Vorgängen und zur Entscheidungsfindung. So wird der formale Rahmen auf das neue Organisationsmodell hin optimiert beziehungsweise neu gestaltet.

Punkt 3 ist die Arbeitsgestaltung. Hier prüfen Sie, welche Methoden der Arbeitsorganisation und welche Arbeitsformen eingesetzt werden sollen.

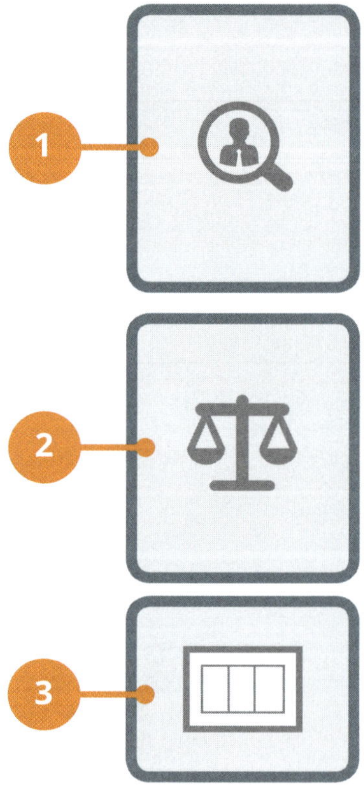

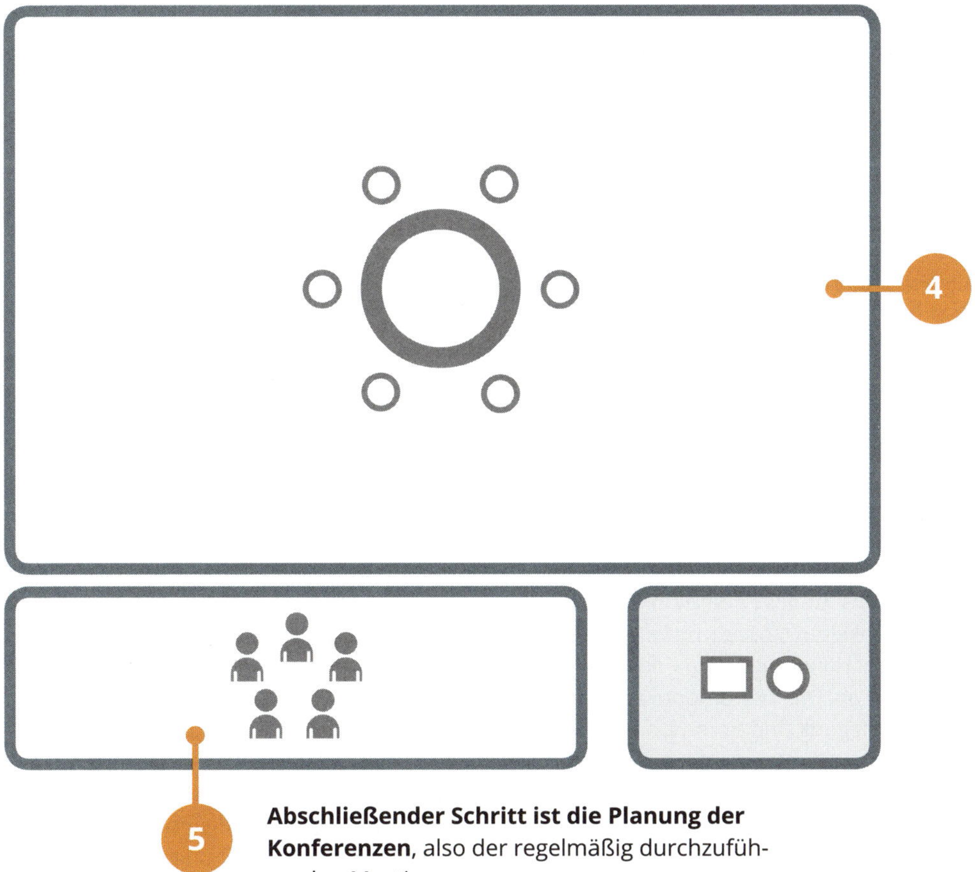

Die Erarbeitung eines Konzepts für die künftigen realen und digitalen Arbeitsräume erfolgt in diesem Baustein. Dies soll den bestmöglichen Transfer des Organisationsdesigns in die Realität ermöglichen und orientiert sich unter anderem an den erwünschten Kommunikationsflüssen innerhalb und zwischen den Verantwortungsbereichen.

Abschließender Schritt ist die Planung der Konferenzen, also der regelmäßig durchzuführenden Meetings.

1 Instrumente

Worum geht es im Baustein Instrumente?

Im Baustein **Instrumente** wird das Portfolio der Ziel-, Anreiz- und Feedbackinstrumente auf das neue Organisationsmodell ausgerichtet, um ein in sich stimmiges Organisationsdesign zu entwickeln. Betrachtet werden also Instrumente

- zur Findung, Vereinbarung, Festlegung und Kommunikation von Zielen;
- zur Vermittlung von Feedback, zum Beispiel in Bezug auf erbrachte Leistungen und die Zielerreichung;
- zur Festlegung von Belohnungen oder Sanktionen.

Das im Organization Model Canvas entwickelte Organisationsmodell legt Verantwortungsbereiche fest. Es vermittelt den Beteiligten, welche aktivitäts- und welche zielbezogenen Verantwortlichkeiten sie wahrnehmen sollen und steckt den Handlungs- und Entscheidungsrahmen ab. Die Instrumente zur Entwicklung, Festlegung und Kommunikation von Zielen dienen der Konkretisierung der Erwartungen: „Ich erwarte von Dir, dass Du innerhalb von zwölf Monaten zwanzig neue Kunden gewinnst!"

Weiterhin geben die Instrumente den Rahmen vor, in dem Feedback übermittelt wird. Das Feedback kann sich zum Beispiel darauf beziehen, inwiefern die Handlungen und Entscheidungen eines Mitarbeiters zur Zielerreichung geführt haben beziehungsweise als adäquat eingeschätzt werden. Feedback ist somit auf die Vergangenheit gerichtet, dient aber auch der künftigen Ausrichtung des Verhaltens des Feedbackempfängers an den Erwartungen des Feedbackgebers.

Schließlich werden die so vermittelten Erwartungen gegebenenfalls durch Instrumente, die Anreize setzen, noch verstärkt.

Somit stehen das Organisationsmodell und die Instrumente in einer engen Beziehung zueinander. Die Bearbeitung des Bausteins **Instrumente** verfolgt daher folgende Ziele:

- Die Ziel-, Anreiz- und Feedbackinstrumente unterstützen die Umsetzung des neuen Organisationsmodells und fördern langfristig dessen Funktionalität.
- Das Organisationsmodell einerseits und die Instrumente andererseits sind geeignet, konsistente Erwartungen an die in der Organisation Handelnden zu vermitteln.
- Im neuen Organisationsdesign werden ausschließlich Ziel-, Anreiz- und Feedbackinstrumente eingesetzt, die einen klaren Zweck verfolgen und die erwünschten Wirkungen erzielen beziehungsweise erzielen können.

Was ist bei der Bearbeitung des Bausteins Instrumente zu beachten?

Im Baustein Instrumente werden im Einsatz befindliche Ziel-, Anreiz- und Feedbackinstrumente daraufhin geprüft, ob sie

- unverändert weiterhin eingesetzt werden sollen,
- überarbeitet und mit Anpassungen weiterhin eingesetzt werden sollen oder
- ob ihr Einsatz eingestellt werden soll.

Auch wird geprüft, ob neue, aktuell noch nicht im Einsatz befindliche Instrumente das Organisationsdesign verbessern können.

Wichtig ist, dass der Zweck des Einsatzes jedes Instruments, egal ob alt oder neu, klar und auch relevant ist. Mitunter werden Instrumente tradiert oder gar ritualisiert eingesetzt, obwohl ihre ursprünglichen Ziele mittlerweile an Relevanz verloren haben. Weiterhin sollten die Instrumente ihre Einsatzziele auch erfüllen. Hierzu müssen sie die richtigen Zielgruppen erreichen und geeignete Quellen zur Ableitung zielführender Erwartungen nutzen. Was ganz selbstverständlich klingt, aber nicht in allen Fällen gegeben ist. So werden Erwartungen, wie sich die Mitarbeitenden gegenüber Kunden verhalten sollen, mitunter aus veralteten Annahmen zu den Kundenbedürfnissen abgeleitet.

Weiterhin sollten geeignete Zielgrößen eingesetzt werden – sowohl im Hinblick auf die Formulierung von Erwartungen als auch zur Bewertung der Zielerreichung. Dies ist gerade bei Anreizsystemen problematisch, da eine von allen Mitarbeitern als fair empfundene Bewertung der Leistung im Zeitverlauf schwierig ist. Somit führt die Bewertung mitunter

Beispiele für Ziel-, Anreiz- und Feedbackinstrumente

Awards Ausloben von Belohnungen, die in einem Juryverfahren vergeben werden	**Bonussysteme** Variable Entlohnungsbestandteile, die an die Erreichung individueller, teambezogener, bereichsbezogener oder unternehmensweiter Ziele gebunden sind	**Budgetplanung** Festlegung des Handlungsrahmens und Formulierung von wirtschaftlichen Zielen hinsichtlich Kosten und/oder Umsatz und/oder Ergebnissen
Ergebnisbeteiligung Variable Entlohnungsbestandteile, die an den Deckungsbeitrag oder das Ergebnis einer Einheit oder des Gesamtunternehmens gebunden sind	**Feedbackgespräche** Gespräche oder Foren, in denen ein- oder gegenseitiges Feedback zum Verhalten und/oder zu Leistungskennwerten und/oder zur Zielerreichung erfolgen	**Gratifikationen** Belohnungen für erbrachte Arbeitsleistungen, besondere Ereignisse wie ein Jubiläum oder allgemeine finanzielle Zulagen oder Sachwerte
OKR Formulierung von Objectives und Key Results (Schlüsselergebnisse) zur Zielerreichung von der Unternehmensebene bis zum einzelnen Mitarbeiter. Folgt agilen Prinzipien.	**Leistungsfeedback** Rückspielen von Leistungswerten mittels Kennziffern oder einer subjektiven Einschätzung der Leistung einer Person, eines Teams, eines Bereichs	**Leistungszulagen** Variable Entlohnungsbestandteile, die auf Basis von erzielten Outputs, wie zum Beispiel produzierten Stücken, gezahlt werden
Management by Objectives Vereinbarung von wirtschaftlichen und/oder qualitativen Zielen, die zur Zahlung variabler Entlohnungsbestandteile führen können	**Provisionssysteme** Zahlung einer Provision, zum Beispiel auf Basis von erzielten Absätzen, Umsätzen, Deckungsbeiträgen und/oder der Erreichung zuvor definierter Ziele	**Reports** Stellen periodisch wiederkehrende Kennzahlen dar, um Transparenz über aktuelle Entwicklungen herzustellen
Retrospektiven Rückblick und Identifikation von Hindernissen und Verbesserungsansätzen im Team	**Spielerische Ansätze und Wettbewerbe** Feedback durch spielerische Ansätze und/oder Bildung von Rangreihen zum Beispiel entlang von Leistungswerten	**Zielvorgaben** Vorgabe von wirtschaftlichen und/oder qualitativen Zielen

nicht zur gewünschten Motivation der Mitarbeiter, sondern bewirkt das Gegenteil. Im schlimmsten Fall wird dieser Effekt durch ein ungeeignetes Verfahren noch verstärkt.

Das ist beispielsweise dann der Fall, wenn der Vorgesetzte ein Verfahren zur Zielvereinbarung anwendet, das dem Mitarbeiter die Ziele vorgibt, anstatt sie gemeinsam mit ihm zu vereinbaren.

Die in der Abbildung „Anforderungen an Ziel-, Anreiz- und Feedbackinstrumente" dargestellten Gütekriterien gelten sowohl für bestehende als auch für neue Instrumente.

Anforderungen an Ziel-, Anreiz- und Feedbackinstrumente

1	**Zweck** Der Zweck des Einsatzes des Instruments ist klar und relevant – heute und in Zukunft	2	**Zielerreichung** Das Instrument erreicht, ggf. im Zusammenspiel mit weiteren Instrumenten, den angestrebten Zweck – ohne unerwünschte Nebenwirkungen	3	**Zielgruppe(n)** Die richtigen Zielgruppen werden erreicht
4	**Quelle** Das Instrument nutzt geeignete Quellen zur Identifikation von Erwartungen	5	**Zielgrößen** Das Instrument verwendet geeignete Zielgrößen, gegebenenfalls auch bereichsübergreifende Zielgrößen	6	**Bewertung** Die Bewertung der Zielerreichung erfolgt auf Basis geeigneter Indikatoren
7	**Konsequenzen** Das Instrument sieht sinnvolle Konsequenzen bei Zielerreichung und Nicht-Zielerreichung vor	8	**Feedback** Das Instrument sieht geeignete Wege zur Übermittlung von Feedback vor und unterstützt gegebenenfalls Lernprozesse	9	**Verfahren** Das Instrument setzt geeignete Verfahren ein

Wie wird der Baustein Instrumente bearbeitet?

Den Baustein Instrumente bearbeiten Sie in drei Schritten. Zunächst werden die im Einsatz befindlichen Instrumente am Canvas gesammelt.

1 | Identifikation der aktuell im Einsatz befindlichen Instrumente

Es gibt eine große Bandbreite verschiedener Ziel-, Anreiz- und Feedbackinstrumente. So dient zum Beispiel die Formulierung einer Strategie der Vermittlung von Zielen und Erwartungen. Aber auch Instrumente von A wie „Awards" bis Z wie „Zielvorgaben" sind hier relevant (siehe die Abbildung „Beispiele für Ziel-, Anreiz- und Feedbacksysteme" auf Seite 199).

LEITFRAGE

Der Einsatz welcher Ziel-, Anreiz- und Feedbackinstrumente ist aktuell vorgesehen?

2 | Bewertung der aktuell im Einsatz befindlichen Instrumente

Zur Einschätzung der aktuell im Einsatz befindlichen Ziel-, Anreiz- und Feedbackinstrumente prüfen Sie, ob diese grundsätzlich geeignet und sinnvoll gestaltet sind. Prüfen Sie zudem, ob sie sich in das neue Organisationsmodell einpassen und dieses unterstützen.

Die in der Abbildung „Prüfung bestehender Instrumente" (siehe Seite 202) aufgeführten Fragen helfen Ihnen bei einer systematischen Bewertung.

LEITFRAGEN

Werden die bestehenden Instrumente sinnvoll und zweckbezogen eingesetzt?

Sind die Instrumente sinnvoll ausgestaltet?

Sind die Instrumente konform mit dem neuen Organisationsmodell sowie unseren Zielen und Leitlinien?

Prüfung bestehender Instrumente

Einsatz und Effekte	**Werden die bestehenden Instrumente sinnvoll und zweckbezogen eingesetzt?**	> Wird das Instrument angewendet? > Ist der **Zweck** des Instruments noch ausreichend klar und auch zukünftig relevant? > Wird das Instrument adäquat angewendet? > Erreichen wir unsere Ziele mit diesem Instrument, führt es zu den erwünschten Effekten? > Bewirkt das Instrument die gewünschte Steuerungs- und Koordinationswirkung? > Ist das Instrument frei von unerwünschten **Effekten** und Nebenwirkungen?
		Wenn nein … ↓ **Wenn ja …** ↓
Güte	**Sind die Instrumente sinnvoll ausgestaltet?**	> Erreichen wir die richtigen **Zielgruppen**? > Nutzt das Instrument geeignete **Quellen** zur Identifikation von Erwartungen, wie zum Beispiel Kunden, Stakeholder, Management, Kollegen? > Nutzt das Instrument geeignete **Zielgrößen**, wie zum Beispiel wirtschaftliche Kennziffern oder qualitative Ziele zur Vermittlung von Erwartungen? > Setzt das Instrument geeignete **Anreize**? > Nutzen wir zur **Bewertung** von „Soll" und „Ist" geeignete Logiken, Indikatoren und Messverfahren? > Sind vorgesehene **Konsequenzen** bei Erreichung und Nichterreichung von Zielen sinnvoll und geeignet und legen wir diese fair und nachvollziehbar fest? > Beinhaltet das Instrument geeignete Verfahren zur Übermittlung von **Feedback**? > Beinhaltet das Instrument geeignete Mechaniken zur **Förderung von Lernprozessen** auf Basis des Feedbacks? > Sind die weiteren **Verfahren** zum Beispiel zur Festlegung von Zielen und zur Bewertung der Zielerreichung geeignet?
Konformität	**Sind die Instrumente konform mit dem neuen Organisationsmodell und weiteren Anforderungen?**	> Verändern sich aufgrund eines neuen Zuschnitts von Verantwortungsbereichen die **Zielgruppen** für das Instrument? > Würde das Instrument in seiner aktuellen Ausgestaltung unser neu entwickeltes Organisationsmodell und dessen **Umsetzung** fördern oder behindern? > Steht es im Einklang mit den formulierten **Leitlinien** für das neue Organisationsdesign? > Bestehen bessere **Alternativen** zur Erreichung unserer Ziele? > Sind die Zielgrößen, die Anreize und die Verfahren weiterhin geeignet, um die gewünschte Steuerungs- und Koordinationswirkung zu entfalten?

So wägen Sie im Fragenblock „Einsatz und Effekte“ zunächst ab, ob das betrachtete Instrument die angestrebten Effekte erzielt – und ob unerwünschte Nebeneffekte auftreten. Sofern Sie eine der hier aufgeführten Fragen mit „nein“ beantworten müssen, besteht Handlungsbedarf. Sie können in diesem Fall mit den im Block „Güte“ aufgeführten Fragen untersuchen, inwiefern das Instrument sinnvoll ausgestaltet ist. Hierbei erhalten Sie Hinweise auf Schwächen und Optimierungsansätze der eingesetzten Instrumente.

TIPP

Sofern Sie den Orgazign-Prozess im Team durchführen, bietet sich hier die Gelegenheit zu einem offenen Austausch über die tatsächlichen Effekte der Instrumente bei den Beteiligten und über deren wahrgenommene Güte!

Im dritten Block „Konformität“ erfolgt die Analyse, ob die aktuell eingesetzten Instrumente das neue Organisationsmodell sowie die Ziele und Leitlinien des Orgazign-Prozesses unterstützen. Richten Sie Ihren Blick zudem auf Ihren Organizational Challenges Canvas. Gegebenenfalls weisen dort aufgeführte Fördernisse oder Hindernisse direkt auf Optimierungspotenziale bei den Ziel-, Anreiz- und Feedbackinstrumenten hin.

FALLBEISPIEL TEAM MEDIEN

Beispiel für ein Ziel-, Anreiz- und Feedbackinstrument

1	**Zweck** Das Instrument soll die Steigerung des Kundenwerts unterstützen	2	**Zielerreichung** Ziel ist es, die Wiederkaufquote ohne Rückgang der Neukunden zu erhöhen	3	**Zielgruppe(n)** Das Instrument soll alle Mitarbeiter mit Kundenkontakt erreichen
4	**Quelle** Benchmark mit branchenüblichen Wiederkaufquoten	5	**Zielgrößen** Net Promotor Score (NPS) zur Beobachtung kurzfristiger Entwicklungen und Wiederkaufquote	6	**Bewertung** Die Bewertung erfolgt zunächst auf Basis Ist-versus Soll-NPS
7	**Konsequenzen** Party für alle Mitarbeiter bei Erreichen des Ziel-NPS	8	**Feedback** Monatlicher NPS-Newsletter mit Kennziffern, Kundenstimmen und Positivbeispielen	9	**Verfahren** Gemeinsame Zielfindung durch Management, Marketing, Sales und Kundenservice

3 | Ableitung des Handlungsbedarfs
Aufgabe im dritten Schritt ist es, ein zielführendes Portfolio an Ziel-, Anreiz- und Feedbackinstrumenten zu gestalten. Entscheiden Sie hierzu zunächst, wie Sie mit bestehenden Instrumenten umgehen:

LEITFRAGE

Welche Instrumente werden unverändert fortgeführt, welche angepasst und welche eingestellt?

Treffen Sie auf Instrumente, die ihren Zweck nicht erfüllen, von geringer Güte sind oder mit dem neuen Organisationsmodell nicht harmonieren? Dann können Sie diese

- ersatzlos streichen,
- inhaltlich anders ausgestalten,
- durch veränderte Verfahren optimieren,
- durch neu gestaltete Instrumente ersetzen.

So können Sie bei der späteren Umsetzung des neuen Organisationsdesigns inkonsistente oder gar widersprüchliche Erwartungen vermeiden. Dies wäre zum Beispiel der Fall, wenn ein neues Organisationsmodell die Kundenorientierung fördern soll, Bezugspunkt der Ziel-, Anreiz- und Feedbackinstrumente hingegen ausschließlich interne Größen sind. Neben der Evaluation der Ist-Instrumente ist auch eine Lückenanalyse wichtig. Bearbeiten Sie daher die folgende Frage:

LEITFRAGE

Sollen zukünftig neue Instrumente eingesetzt werden?

Vielleicht erfordert die Umsetzung des neuen Organisationsmodells neue Ziel-, Anreiz- und Feedbackinstrumente? Dies würde zum Beispiel zutreffen, wenn Ihr Entwurf eine radikale Verlagerung der Entscheidungskompetenzen vom Management auf die operative Ebene vorsieht und regelmäßiges Feedback an die Mitarbeitenden auf operativer Ebene als erfolgskritisch eingeschätzt wird.

Vielleicht haben Sie völlig neue Verantwortungsbereiche gebildet, die in die bestehenden Planungsprozesse und Anreizsysteme integriert werden müssen? Dies könnte zum Beispiel der Fall sein, wenn das neue Organisationsmodell ein Insourcing bislang von Handelsvertretern wahrgenommenen Vertriebsaufgaben vorsieht. In diesem Fall wäre es naheliegend, Methoden zur Verkaufssteuerung auch in Form von Ziel-, Anreiz- und Feedbacksystemen einzuführen.

Hinweis

Wenn Sie neue Instrumente entwickeln möchten, erfolgt dies in Phase III „Umsetzen" des Orgazign-Prozesses. Hinweise, wie Sie neue Ziel-, Anreiz- und Feedbacksysteme gestalten, erhalten Sie im Rahmen der Ausführungen zur Detailplanung der Bausteine **Organisationsdesign** (siehe Seite 319).

Betrachten Sie abschließend das resultierende Portfolio der Instrumente.

LEITFRAGE

Haben wir ein insgesamt zielführendes und stimmiges Portfolio an Ziel-, Anreiz- und Feedbackinstrumenten entwickelt?

Optimal ist ein Portfolio, in dem die einzelnen Instrumente gut zusammenwirken und die Instrumente insgesamt die Entwicklung, Vermittlung und Abstimmung von Erwartungen gut unterstützen – ohne zu viele Instrumente einzusetzen. Bedenken Sie, dass die Anwendung der Instrumente aufwendig ist und auch zu einer zu starken Einengung der Mitarbeitenden führen kann.

Die dargestellten Prüfschritte hat auch das Team Medien durchlaufen und festgestellt, dass einiger Handlungsbedarf besteht – siehe die folgende Abbildung.

FALLBEISPIEL TEAM MEDIEN

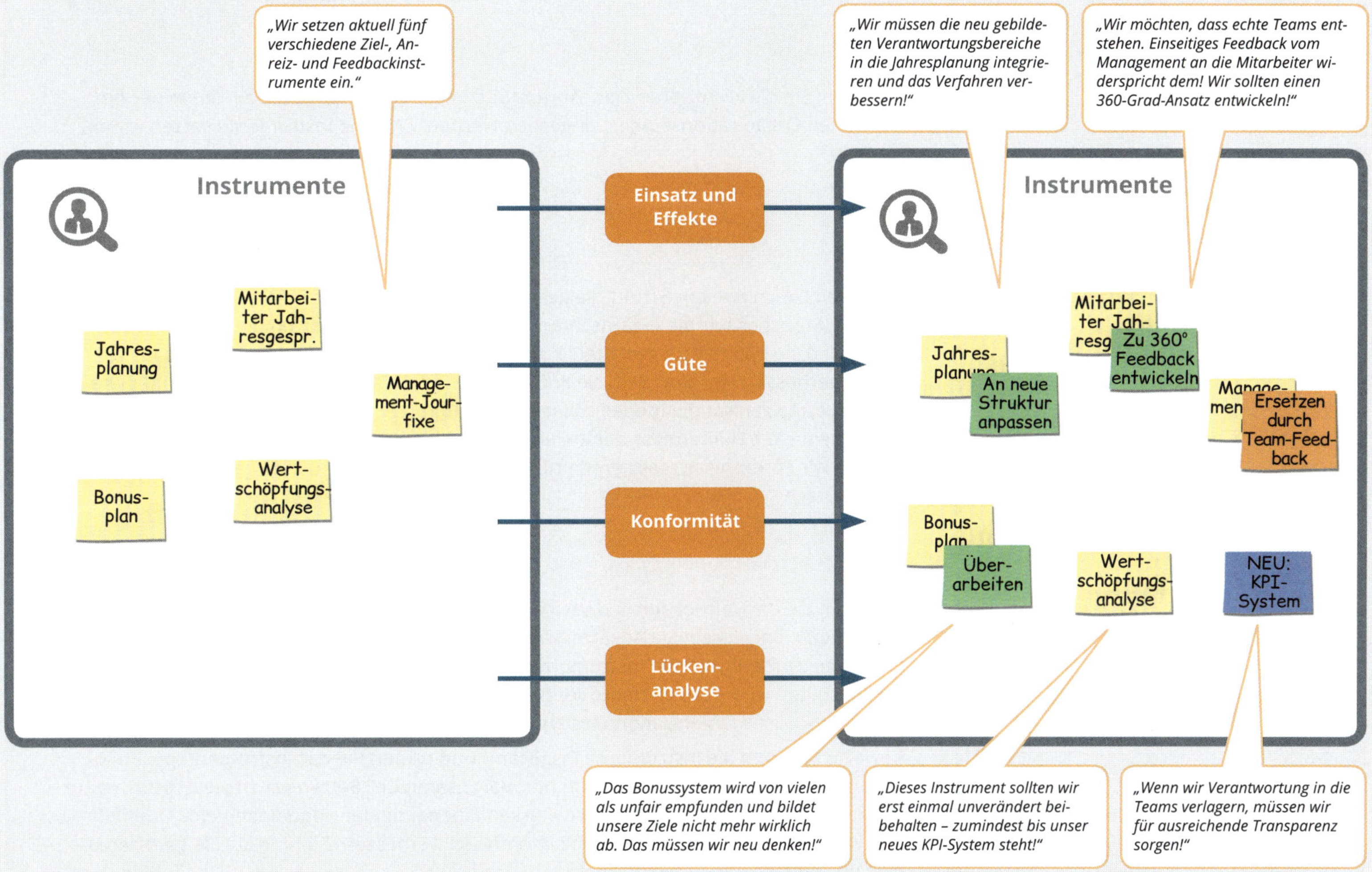

Übersicht Vorgehen zur Bearbeitung des Bausteins Instrumente

1

Sammeln Sie die wichtigsten Ziel-, Anreiz- und Feedbacksysteme, die zurzeit in der betrachteten Organisationseinheit eingesetzt werden: „Welche Instrumente setzen wir aktuell ein?“

2

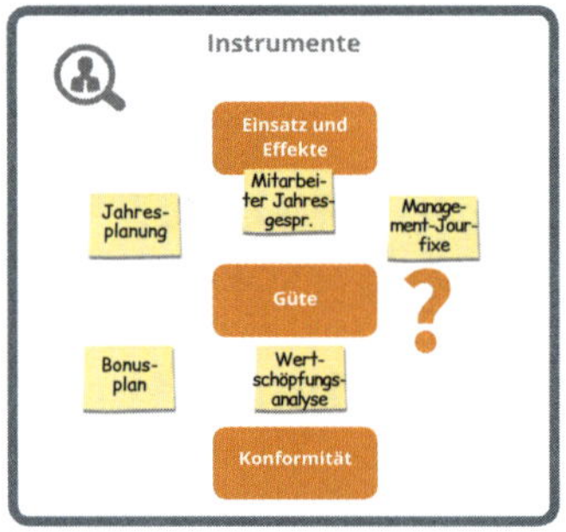

Bewerten Sie im zweiten Schritt die gesammelten Instrumente: Erfüllen diese ihren Zweck? „Erreichen wir die erwünschten Effekte? Werden die Instrumente adäquat eingesetzt? Sind sie optimal ausgestaltet? Können die Verfahren zur Anwendung der Instrumente verbessert werden? Sind sie konform mit zukünftigen Anforderungen und unserem neuen Organisationsmodell sowie den zugrunde gelegten Leitlinien? Gibt es Instrumente, die Hindernisse darstellen? Mit welchen Veränderungen der Instrumente können wir Fördernisse realisieren und die Umsetzung des neuen Organisationsmodells unterstützen?“

3

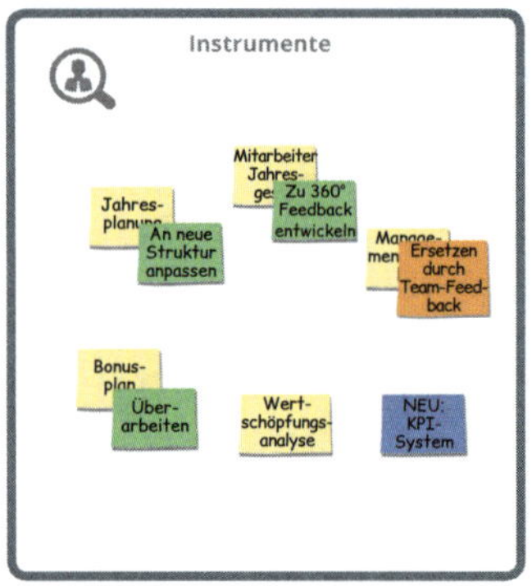

Sortieren Sie die Haftnotizen, indem Sie Instrumente mit und ohne Änderungsbedarf unterscheiden. Entwickeln Sie Ansätze, wie Sie mit optimierungsbedürftigen Instrumenten verfahren werden: „Welche Instrumente sollten wir außer Kraft setzen? Welche Instrumente sollten wir inhaltlich und/oder bezogen auf das Verfahren überarbeiten, damit wir das bestmögliche Organisationsdesign realisieren können?“

Bewerten Sie nun die Instrumente insgesamt und prüfen Sie das Instrumenteportfolio auf Lücken: „Wirken die Instrumente optimal zusammen? Setzen wir zu viele Instrumente mit zu hohem Aufwand und einer zu starken Einengung der Handelnden ein? Oder würden weitere Instrumente das Organisationdesign verbessern?“ Ergänzen Sie gegebenenfalls erforderliche neue Instrumente.

2 Regeln

Worum geht es beim Baustein Regeln?

Organisationen agieren auf Basis von **Regeln**, die in unterschiedlicher Intensität und Form entwickelt, vorgehalten, angewendet und weiterentwickelt werden. Regeln in Organisationen reichen von explizit formulierten Anweisungen bis hin zu informellen Grundsätzen. Regeln in Organisationen umfassen zum Beispiel

- Deklarationen der Gültigkeit gesetzlicher und weiterer Normen in der eigenen Organisation;
- aus gesetzlichen und weiteren Normen abgeleitete Regeln und Handlungsanweisungen beziehungsweise zur Einhaltung gesetzlicher Vorschriften entwickelte Regeln;
- eigene explizite Regeln, die in Form von Arbeits- oder Verfahrensanweisungen, Mitteilungen, Organisationshandbüchern, Prozessbeschreibungen, Qualitätsmanagementrichtlinien, Verhaltensrichtlinien, Vereinbarungen, Werksnormen etc. dokumentiert sind;
- Grundsätze, die zum Beispiel im Rahmen der Unternehmensvision, eines Leitbilds oder in Führungsgrundsätzen formuliert sind und
- Zeichnungsbefugnisse.

Regeln werden zum Beispiel in Kraft gesetzt, um Bearbeitungswege, Entscheidungs- und Weisungsbefugnisse sowie Beschwerde- und Eskalationswege festzulegen; aber auch, um einen konkreten Rahmen für das soziale Miteinander in der Institution zu formulieren.

Was ist bei der Bearbeitung des Bausteins Regeln zu beachten?

Regeln dienen der Vorregelung von Vorgängen und Entscheidungstatbeständen. Sie grenzen die Anzahl der Handlungsmöglichkeiten ein. Auf der einen Seite erhöhen sie so die Effizienz, auf der anderen Seite reduzieren sie die Flexibilität des Handelnden im Einzelfall. Ziel ist es, ein Regelsystem mit angemessener Regelungsdichte, geeigneter Regelungstiefe und hoher Regelungsqualität zu erreichen.

Regelungsdichte: Anteil der Vorgänge, für die explizite Regeln und Richtlinien vorliegen. Das Kontinuum der Regelungsdichte reicht von der umfassenden Vorregelung der betrieblichen Vorgänge bis hin zur vollständigen Eigendisposition von Teams oder den handelnden Individuen.

Regelungstiefe: Detaillierungsgrad der expliziten Regeln und Richtlinien je Vorgang. Hier spannt sich der Bogen von einer vollständigen Regelung aller Arbeitsschritte bis hin zur vollständigen Eigendisposition des jeweiligen Bearbeiters oder Teams.

Regelungsqualität: Betrifft die Anwendbarkeit und die Ergebnisqualität von Regeln und Regelwerken. Diese sollten zum Beispiel aktuell sein, einen hohen Praxisbezug aufweisen, leicht verständlich sowie einfach vermittel- und nachvollziehbar sein. Weiterhin sollte ihre Anwendung zu den gewünschten Ergebnissen führen.

Regeln dienen zudem der Festlegung von Entscheidungswegen. Sie beeinflussen Macht- und Einflusssphären, steuern Kommunikationsflüsse und sind daher wichtiger Bestandteil des Organisationsdesigns. Die Regeln sollten im Einklang stehen mit den Verantwortlichkeiten der einzelnen Bereiche, Stellen oder Rollen sowie dem Steuerungssystem. Bestehen Widersprüche zwischen den Regeln einerseits und der Zuordnung von Verantwortlichkeiten andererseits, drohen erhöhte Abstimmungsaufwände bis hin zu dauerhaften Konflikten. Prüfen Sie daher analog zum Vorgehen im Baustein Instrumente die Regeln der Organisation in drei Schritten.

Wie wird der Baustein Regeln bearbeitet?

1 | Identifikation der aktuell im Einsatz befindlichen Regeln

Damit ein in sich stimmiges Organisationsdesign entwickelt wird, sollten ungeeignete Regelwerke ersatzlos gestrichen oder durch neue Regelwerke mit besserer Passung und Qualität ersetzt werden. Dies gilt für Regeln, die ihre Intention und/oder Wirkung verfehlen, und Regeln, die nicht mit Ihrem neuen Organisationsmodell harmonieren.

Sammeln Sie hierzu am Canvas zunächst die aktuell gültigen Regelwerke:

LEITFRAGE

Welche impliziten Regeln werden in der Organisationseinheit befolgt und welche expliziten Regelwerke bestehen?

Hilfreich ist hierbei die Unterscheidung zwischen expliziten, also verschriftlichten Regeln und impliziten Regeln. Letztere können auch Hinweise wie „Der Chef macht die Regeln spontan" umfassen. Hieraus können gegebenenfalls wichtige Hinweise auf Regelungslücken gewonnen werden.

2 | Bewertung der aktuell im Einsatz befindlichen Regeln

Prüfen Sie sodann die gesammelten Regeln in den drei bereits im Baustein Instrumente angewendeten Prüfschritten

- Einsatz und Effekte,
- Güte und
- Konformität.

LEITFRAGEN

Werden die bestehenden Regeln sinnvoll und zweckbezogen eingesetzt?

Sind die Regelwerke sinnvoll ausgestaltet?

Sind die Regeln und Regelwerke konform mit dem neuen Organisationsmodell sowie unseren Zielen und Leitlinien?

Mit Hilfe dieser Prüfschritte sowie den in der Abbildung „Prüfung bestehender Regeln und Regelwerke" auf Seite 209 aufgeführten Fragen können Sie systematisch bewerten, welche der bestehenden Regelwerke unverändert fortgeführt werden können und welche Regeln nicht mehr sach- und zielgemäß sind und daher überarbeitet und optimiert werden müssen.

Weiterhin identifizieren Sie Widersprüche zwischen den bestehenden Regeln und Ihrem neuen Organisationsmodell, die aufgelöst werden müssen. Werfen Sie hierzu auch einen Blick auf Ihren Organizational Challenges Canvas. Gegebenenfalls geben dort aufgeführte Fördernisse oder Hindernisse Hinweise auf Optimierungspotenziale hinsichtlich der Regeln.

Prüfung bestehender Regeln und Regelwerke

Einsatz und Effekte

Werden die bestehenden Regeln in einem angemessenen Maß eingesetzt?

- Ist das Regelwerk bei den Soll-Anwendern bekannt?
- Wird das Regelwerk angewendet?
- Wird das Regelwerk adäquat angewendet, sodass die gewünschten Prozesse durchgeführt und die angestrebten Ergebnisse erzielt werden?
- Werden die Ziele des Regelwerks erreicht?
- Ist das Regelwerk frei von unerwünschten Effekten und Nebenwirkungen?

Wenn nein ... → Güte

Wenn ja ... → Konformität

Güte

Entsprechen die Regeln den Qualitätsanforderungen?

- Orientieren sich die Regeln ausreichend an den praktischen Anwendungsfällen?
- Sind sie aktuell?
- Sind die Regeln leicht verständlich und einfach vermittelbar?
- Behandeln die bestehenden Regeln die richtigen Sachverhalte?
- Ist die Regelungsdichte angemessen?
- Ist die Regelungstiefe angemessen?
- Ist das Ausmaß der Vorregelung angemessen, besteht ein angemessener Handlungs- und Entscheidungsspielraum?

Konformität

Sind die Regeln konform mit dem neuen Organisationsmodell und weiteren Anforderungen?

- Sind die bestehenden Regeln mit dem neuen Organisationsmodell konform?
- Besteht Anpassungsbedarf wegen neu zugeschnittener Verantwortungsbereiche?
- Bestehen Widersprüche zu den Ziel-Kommunikationsflüssen?
- Bestehen Widersprüche zum Ziel-Steuerungssystem?
- Sind die bestehenden Regeln konform zum regulativen Umfeld?
- Entsprechen die Regeln den inhaltlichen Anforderungen?

3 | Ableitung des Handlungsbedarfs

Ein besser auf Ihr Organisationsdesign abgestimmtes Regelportfolio kann durch die Veränderung bestehender Einzelregelungen oder ganzer Regelwerke sowie die Entwicklung neuer Regeln und/oder Regelwerke entstehen. Weiterhin können Regeln außer Kraft gesetzt werden. Legen Sie daher in diesem Schritt fest, wie Sie hinsichtlich bestehender und neuer Regeln und Regelwerke konkret verfahren möchten. Stellen Sie sich hierzu zunächst die folgenden Fragen:

LEITFRAGEN

Welche Regelwerke werden unverändert fortgeführt, welche angepasst und welche eingestellt?
Welche impliziten Regeln werden in explizite Regeln überführt?

Die Optimierung einzelner Regelwerke kann auf verschiedenen Wegen erfolgen: Sie können die Regelungsdichte verändern, die Regelungstiefe anpassen sowie das Einsatzgebiet ausweiten oder verkleinern. Auch kann eine inhaltliche Anpassung von Regeln erfolgen.

Vermerken Sie den bei bestehenden Regeln gegebenen Handlungsbedarf auf Haftnotizen und hängen Sie diese zu den entsprechenden Regeln beziehungsweise Regelwerken. Dies kann auch die Überführung von impliziten in explizite Regeln umfassen, denn in vielen Institutionen überleben vermeintlich gültige oder veraltete „Regeln“ recht lange. Auch bestehen häufig Missverständnisse und Fehlinterpretationen, zum Beispiel in Form eines „vorauseilenden Gehorsams“. In solchen Fällen kann es sinnvoll sein, gelebte implizite Regeln durch die Entwicklung eines expliziten Regelwerks zu korrigieren.

Prüfen Sie weiterhin, ob Regelungslücken bestehen:

LEITFRAGE

Sollen zukünftig neue Regeln und Regelwerke eingesetzt werden?

Entsprechende Lücken können bereits in der Vergangenheit sichtbar geworden sein oder sich aus dem neuen Organisationsmodell ergeben. Vielleicht können neue Regeln oder Regelwerke die Funktionalität und die Umsetzung des von Ihnen entwickelten Organisationsmodells unterstützen? Notieren Sie geeignete Bezeichnungen für aus Ihrer Sicht wichtige Regeln oder Regelwerke auf Haftnotizen und platzieren Sie diese auf dem Canvas. Bei Bedarf können Sie weitergehende Notizen hierzu auf einem Flipchart festhalten.

Schließlich sollten Sie das so entstandene Regelportfolio auf Plausibilität prüfen:

LEITFRAGE

Haben wir ein insgesamt zielführendes und stimmiges Portfolio an Regeln und Regelwerken entwickelt?

Erstrebenswert ist ein widerspruchsfreies Regelportfolio für eine angemessene Vorregelung von Vorgängen und Entscheidungstatbeständen. So werden Risiken durch Fehlleistungen gemindert und die Effektivität sowie die Effizienz gesteigert, ohne die handelnden Personen zu sehr einzuengen.

Wie die Ergebnisse der Bearbeitung des Bausteins **Regeln** aussehen können, sei wieder am Anwendungsbeispiel „Medien“ veranschaulicht. Auf der folgenden Abbildung sehen Sie, dass das Medienteam ähnlich wie bei den Instrumenten auch bei den Regeln einigen Handlungsbedarf erkannt hat. Dieser reicht von der Streichung bestehender Regeln bis hin zur Entwicklung neuer Regelwerke.

FALLBEISPIEL TEAM MEDIEN

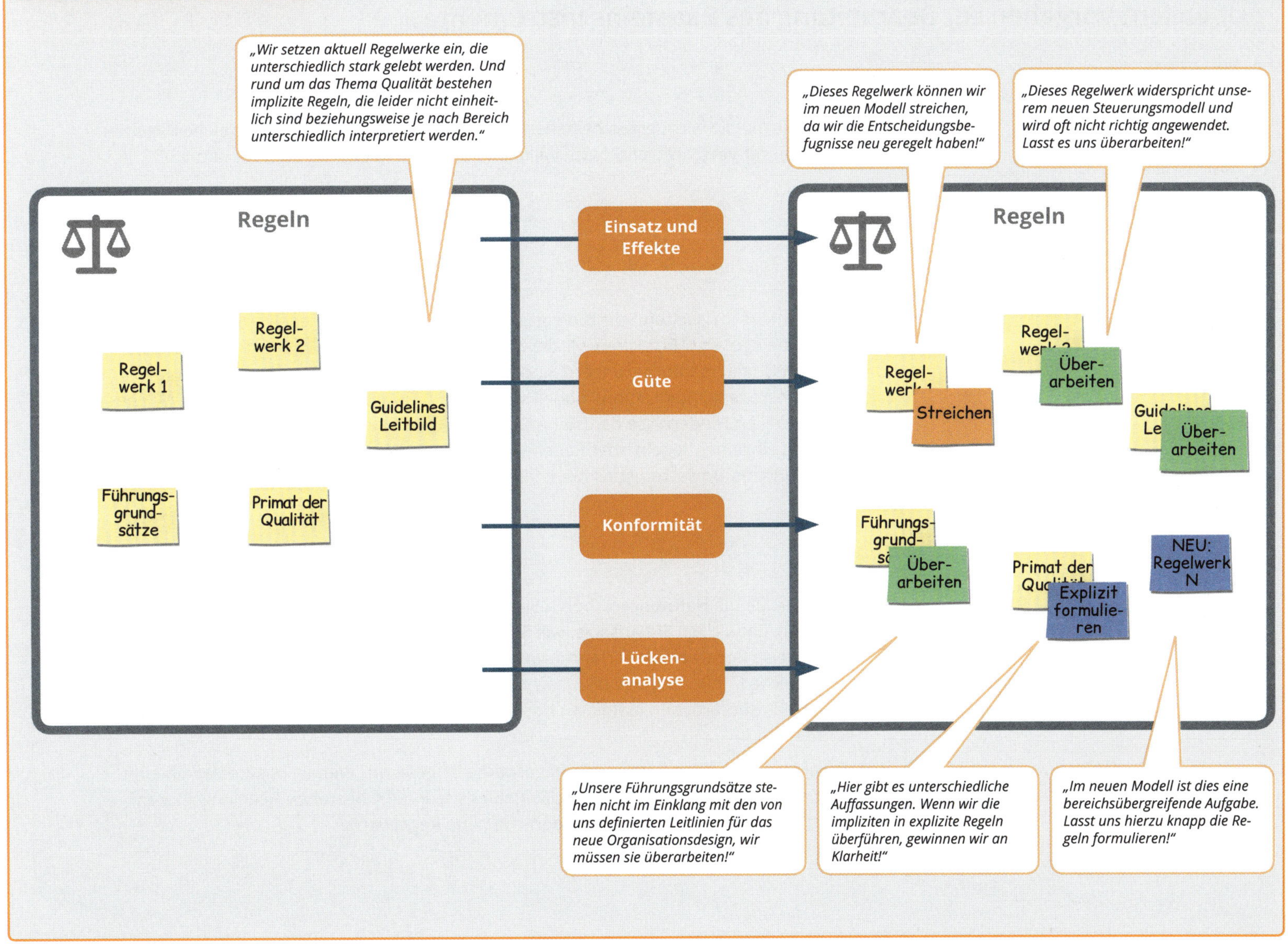

Übersicht Vorgehen zur Bearbeitung des Bausteins Instrumente

1

Sammeln Sie die wichtigsten bestehenden Regelsysteme und Regeln: „Welche Regelwerke haben wir verschriftlicht? Nach welchen impliziten Regeln agieren wir aktuell?“

2

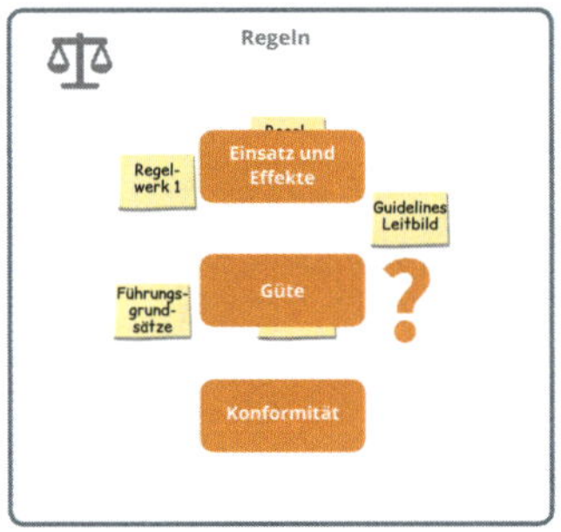

Bewerten Sie im zweiten Schritt die gesammelten Regeln und Regelwerke: „Werden diese adäquat eingesetzt? Erreichen wir die Ziele und die erwünschten Effekte? Entsprechen sie unseren Qualitätsanforderungen? Sind sie konform mit zukünftigen Anforderungen und unserem neuen Organisationsmodell sowie den zugrunde gelegten Leitlinien? Welche Regeln stellen Hindernisse dar (siehe Organizational Challenges Canvas)? Kann eine Anpassung einzelner Regeln oder Regelwerke einen Beitrag leisten, um Fördernisse zu realisieren und die Umsetzung des neuen Organisationsmodells zu unterstützen?“

3

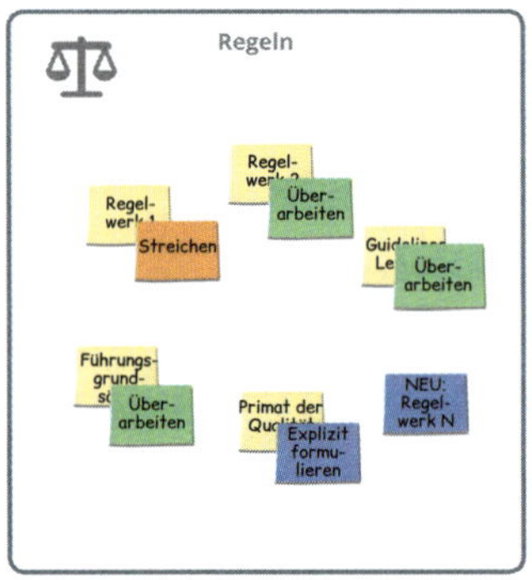

Sortieren Sie die Haftnotizen, indem Sie Regeln mit und ohne Änderungsbedarf unterscheiden. Entwickeln Sie Ansätze, wie Sie mit optimierungsbedürftigen Regeln beziehungsweise Regelwerken verfahren werden: „Welche Regeln sollten wir außer Kraft setzen? Welche impliziten Regeln sollten wir in explizite Regeln überführen? Welche Regeln sollten wir überarbeiten, damit wir das bestmögliche Organisationsdesign realisieren können?“

Bewerten Sie nun die Regeln und Regelwerke insgesamt: „Weisen unsere Regeln eine angemessene Regelungsdichte und Regelungstiefe auf?“ Bestehen Regelungslücken? Ergänzen Sie gegebenenfalls erforderliche neue Regelwerke.

3 Arbeitsgestaltung

Worum geht es beim Baustein Arbeitsgestaltung?

Im Baustein **Arbeitsgestaltung** werden Methoden zur Arbeitsorganisation sowie bei Bedarf die Arbeitsformen betrachtet. Methoden der Arbeitsorganisation unterstützen die Planung, Koordination und Durchführung operativer Tätigkeiten, sodass Tätigkeiten in Teams effektiv und effizient durchgeführt werden. Daher wird in diesem Baustein der Blick auf die aktuell eingesetzten Methoden zur Arbeitsorganisation gerichtet und wie in den Bausteinen **Instrumente** und **Regeln** geprüft, ob hier Optimierungspotenziale bestehen. Dies erfolgt weiterhin im Hinblick auf die eingesetzten Arbeitsformen, also die Art der Zusammenarbeit der Institution mit den Mitarbeitenden. Sie kann von der klassischen Vollzeitanstellung bis hin zu verschiedenen Formen der freien Mitarbeit unterschiedlich ausgestaltet sein – mit jeweils spezifischen Vor- und Nachteilen, zum Beispiel im Hinblick auf die Entwicklung von Kompetenzen, die Kosten und die Kapazitätssteuerung. Mithin kann das Organisationsdesign gegebenenfalls auch durch Veränderungen bei den Arbeitsformen verbessert werden.

Was ist beim Baustein Arbeitsgestaltung zu beachten?

Betrachten Sie in diesem Baustein zunächst die Arbeitsorganisation, also die Gestaltung der Zusammenarbeit auf der Arbeitsebene und die Sicherstellung der Durchführbarkeit von Leistungserstellungsprozessen. Zur Arbeitsorganisation werden mehr oder weniger stark formalisierte und mehr oder weniger gut geeignete Methoden eingesetzt, die die Ziel-Outputs planen und priorisieren sowie der Ressourcen- und Einsatzplanung dienen (siehe Abbildung „Funktionen von Methoden zur Arbeitsorganisation" auf der nächsten Seite). In bestimmten Umfeldern sind bei der Arbeitsorganisation zudem auch Aspekte des Risiko- und Qualitätsmanagements zu beachten. Und: Je nach Art der Outputs und Aufgaben sowie der Gestaltung des Prozesses kann dies für ganz unterschiedliche Zeiträume erfolgen, von ad hoc bis hin zu längeren Zeiträumen.

Eine methodische Arbeitsorganisation kann zum Beispiel mittels der Erstellung von Produktionsplänen erfolgen. Diese legen für bestimmte Rahmenbedingungen Zielgrößen zur Erstellung definierter Outputs fest. Aber auch Projektpläne, die Ziele für die Durchführung von Aufgaben oder Aufgabenpaketen festlegen, dienen der Arbeitsorganisation.

Funktionen von Methoden zur Arbeitsorganisation

Planungsgegenstand	**Festlegung und Priorisierung Ziel-Outputs** Zur Organisation der operativen Tätigkeit werden die voraussichtliche Arbeitslast beziehungsweise die voraussichtlich optimalen Output-Mengen geplant und gegebenenfalls priorisiert. Dies kann mit Hilfe einer fortlaufenden Abstimmung, Produktionsplänen, Projektplänen, Task Boards und weiteren Methoden erfolgen.	**Ressourcenplanung** Mittels Planung der Ressourcen soll sichergestellt werden, dass erforderliche Spezifikationen und Planungsunterlagen, Materialien, Werkzeuge, Maschinen, Lager-, Transport- und Versandkapazitäten sowie Kompetenzen und Arbeitskraft in der richtigen Menge, zur richtigen Zeit und am richtigen Ort zur Verfügung stehen.	**Einsatzplanung** Im Rahmen der Einsatzplanung werden die Abfolge und die Verteilung der Bearbeitungsschritte festgelegt, Ressourcen zugewiesen und bei Bedarf Arbeitsanweisungen erstellt. Mögliche Hilfsmittel zur Planung des Materialeinsatzes sind Laufkarten, Terminkarten etc. Die Planung des Personaleinsatzes erfolgt zum Beispiel mittels Arbeits-, Einsatz- und Schichtplänen.
Ausprägungen	**Durchführung** Die arbeitsvorbereitende Planung kann durch die ausführenden Mitarbeiter beziehungsweise Teams selbst, die Führungskräfte oder systemgestützt erfolgen.		
	Variabilität Die arbeitsvorbereitende Planung kann feste Größen vorgeben oder variable Größen umfassen.		
	Zuordnung Die Zuordnung der Aufgaben auf Basis der Arbeitsvorbereitung kann ebenfalls durch die ausführenden Mitarbeiter beziehungsweise Teams selbst, die Führungskräfte oder systemgestützt erfolgen.		

Die folgenden Disziplinen stellen Methoden zur Arbeitsorganisation zur Verfügung:

- Projektmanagement-Methoden und Frameworks wie zum Beispiel PRINCE2, den Project Management Body of Knowledge des Project Management Institute oder die IPMA-Projektmanagement-Baselines

- Prozessmanagement- und Qualitätsmanagement-Methoden, wie zum Beispiel die Zertifizierung nach ISO 9001 oder dem EFQM-Modell (Enterprise Quality Feedback Management), sowie weitere Ansätze wie Six Sigma oder Total Quality Management und branchenspezifische Modelle

- Methoden des Risiko- und Sicherheitsmanagements, die zum Teil branchenspezifisch (beispielsweise auf die Finanz- und Versicherungsbranche oder die Luftfahrtbranche), zum Teil aber auch auf Handlungsfelder ausgerichtet sind (beispielsweise Umweltrisiken und Risiken von Informationssystemen)

Die Arbeitsorganisation kann aber auch erfahrungsbasiert ohne feste Methode erfolgen, zum Beispiel im Rahmen einer fortlaufenden Abstimmung zwischen den Beteiligten.

Weiterhin können agile Rahmenwerke zur Arbeitsorganisation wie Scrum oder Kanban eingesetzt werden. Diese bieten mit ihrem Pull-Ansatz alternative Methoden der Arbeitsorganisation an und können ein sinnvolles Element eines neuen Organisationsdesigns sein. So sieht **Scrum** feste Rollen vor, die jeweils unterschiedliche Aufgaben hinsichtlich der Arbeitsvorbereitung wahrnehmen:

- Der **Product Owner** bestimmt die Eigenschaften des zu entwickelnden Produkts, priorisiert diese und legt die Reihenfolge der Entwicklung fest. Hierfür befüllt der Product Owner den Auftragsbestand für das Entwicklungsteam.

- Der **Scrum Master** hat unter anderem die Aufgabe, die besten Arbeitsbedingungen im Team herbeizuführen, Störungen und Hindernisse im Erstellungsprozess zu beseitigen und die Einhaltung der Scrum-Regeln zu sichern.

- Das **Entwicklungsteam** entscheidet eigenständig, wie und in welcher Reihenfolge es den Auftragsbestand bearbeitet. Hinsichtlich der Arbeitsorganisation ist es weiterhin Aufgabe des Entwicklungsteams, den Auftragsbestand in bearbeitbare Aufgaben herunterzubrechen, auf dieser Basis den Arbeitsaufwand je Arbeitsperiode (in Scrum als „Sprint“ bezeichnet, dieser umfasst üblicherweise zwei Wochen) zu schätzen und festzulegen, wie viele Elemente des Auftragsbestands es im jeweils folgenden Sprint bearbeiten wird.

In Scrum sind zudem rollenübergreifende, gemeinsame Aktivitäten zur Optimierung der Arbeit und somit der Arbeitsvorbereitung im weiteren Sinne vorgesehen. So wird im Rahmen von Sprint-Retrospektiven die Arbeitsweise geprüft, um Verbesserungen für größere Effektivität und Effizienz zu entwickeln.

Ziel ist es, dass das Entwicklungsteam möglichst ohne Hindernisse fokussiert und konzentriert die aktuell wichtigsten Aufgaben bestmöglich bearbeiten kann. So sollen bessere Produkte entwickelt und eine höhere Arbeitszufriedenheit bei den Beteiligten erreicht werden.

Kanban verfolgt ähnliche Prinzipien und setzt zum Teil die gleichen agilen Praktiken ein wie Scrum. In Scrum und bei Kanban wird eine kurze tägliche Abstimmungsrunde im Stehen durchgeführt und es wird großer Wert auf die Priorisierung der Tätigkeiten gelegt. So kann die Anzahl der zu bearbeitenden Aufgaben mittels sogenannter „Work-in-Progress-Limits“ zwecks Fokussierung gedeckelt werden. Das Kanban-Board stellt Transparenz über die aktuell bearbeiteten Aufgaben und deren Status her, Retrospektiven unterstützen die fortlaufende Verbesserung.

Kanban sieht jedoch keine festen Rollen vor und kann mit einem geringeren Abstimmungsaufwand betrieben werden. Kanban ist daher auch für den Einsatz in operativen Teams geeignet und unterstützt diese in ihrer Selbst- und Arbeitsorganisation.

Alternative Verfahren zur Arbeitsorganisation

„Klassisch“: Push-Prinzip

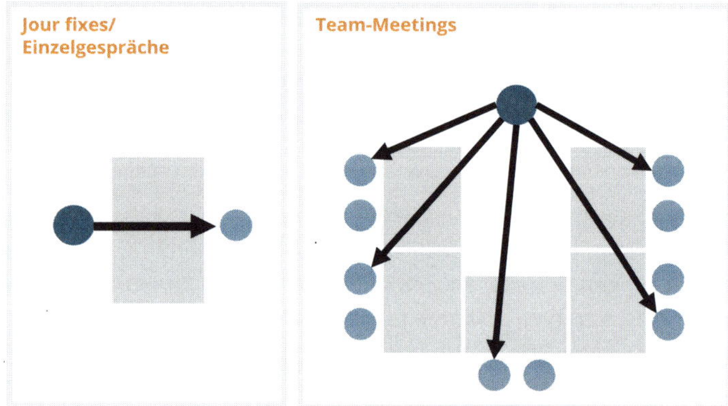

= Führungskraft
= Teammitglied

- Die Führungskraft zeichnet für die Priorisierung der Tätigkeiten verantwortlich
- Die Führungskraft kann Aufgaben der Arbeitsorganisation selbst durchführen oder diese ganz oder in Teilen delegieren
- Die Priorisierung der Tätigkeiten kann, muss aber nicht, in Abstimmung mit dem Team erfolgen
- Auch für die Aufgabenverteilung zeichnet die Führungskraft verantwortlich; sie erfolgt im Push-Verfahren im Rahmen von Jour fixes, Team-Meetings, Ad-hoc-Gesprächen
- Die einzelnen Teammitglieder stimmen sich im Team-Meeting und/oder in Ad-hoc-Gesprächen untereinander ab
- Das Vorgehen zur Arbeitsvorbereitung hängt somit vom Handeln der Führungskraft ab

„Agile Methoden“: Pull-Prinzip

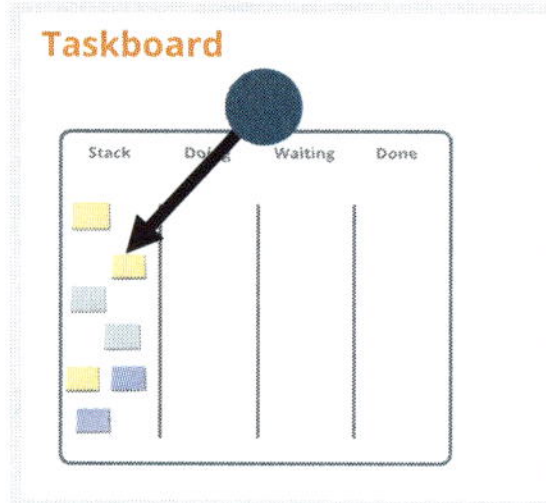

= Product Owner/ gemeinsam

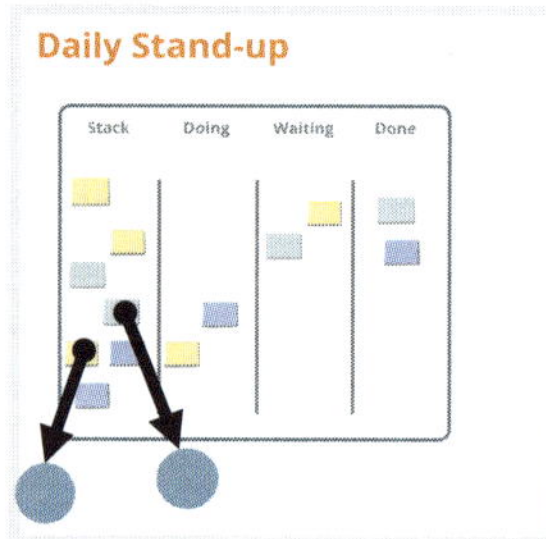

= Teammitglied

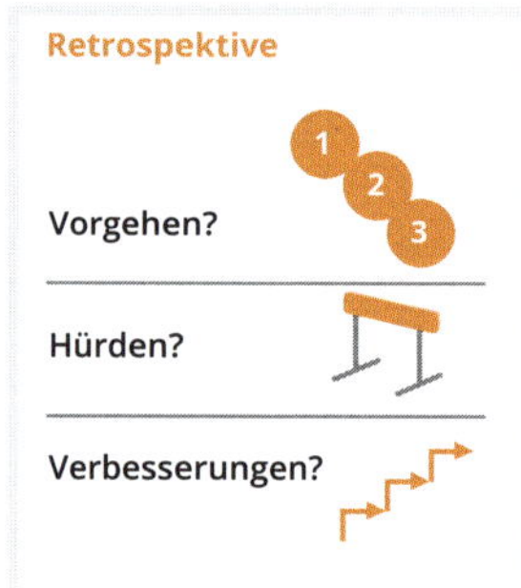

- Führungskräfte vermitteln den Teams den für sie relevanten Kontext
- Die Priorisierung der Themen erfolgt durch den Product Owner (Scrum) oder gemeinsam (Kanban)
- Aufgaben und deren Status werden auf einem Taskboard transparent für alle Beteiligten aufgeführt
- Die Priorisierung der einzelnen Aufgaben erfolgt durch das Team, Team-Mitglieder „ziehen“ sich ihre Aufgaben (Pull-Verfahren)
- Die Abstimmung erfolgt in täglichen Stand-up-Meetings sowie Besprechungen zur Priorisierung und zur Nachbetrachtung (Retrospektiven)
- Die agilen Methoden umfassen Praktiken zur stetigen Verbesserung der Arbeitsbedingungen
- Agile Methoden stellen somit feste Rahmenwerke für die Arbeitsorganisation von Teams zur Verfügung

Wie wird der Baustein Arbeitsgestaltung bearbeitet?

1 | Identifikation bestehender Verfahren der Arbeitsorganisation

Auch hinsichtlich der Arbeitsorganisation stellt sich die Frage, welches beziehungsweise welche Verfahren in der betrachteten Organisationseinheit eingesetzt werden und ob diese auch zukünftig die bestmöglichen Ergebnisse versprechen. Prüfen Sie daher zunächst, wie die Arbeitsorganisation in der betrachteten Organisationseinheit in der Regel durchgeführt wird:

LEITFRAGE

Wie erfolgt die Arbeitsorganisation in der betrachteten Organisationseinheit?

Beachten Sie hierbei, dass die Arbeitsorganisation systematisch und methodenbasiert oder auf Basis von Erfahrungswissen erfolgen kann. Gegebenenfalls erfolgt sie aber in nicht ausreichendem Maße.

2 | Bewertung der aktuell im Einsatz befindlichen Verfahren

Prüfen Sie daher, inwiefern das aktuelle Vorgehen der Arbeitsorganisation auch zukünftig zielführend ist:

LEITFRAGEN

Sind die angewendeten Verfahren zur Arbeitsorganisation sinnvoll und zielführend?

Sind sie sinnvoll ausgestaltet?

Sind die Verfahren der Arbeitsorganisation konform mit dem neuen Organisationsmodell sowie unseren Zielen und Leitlinien?

Zur Bewertung der eingesetzten Verfahren können Sie die in der Abbildung „Prüfung bestehender Verfahren zur Arbeitsorganisation“ aufgeführten Fragen (siehe nächste Seite) heranziehen und so die Effekte, die Güte und die Konformität der verwendeten Verfahren mit dem neuen Organisationsmodell prüfen.

Prüfung bestehender Verfahren zur Arbeitsorganisation

Einsatz und Effekte	**Werden die bestehenden Methoden zur Arbeitsorganisation sinnvoll und zweckbezogen eingesetzt?**	> Wird das Verfahren entsprechend seines **Zwecks** adäquat angewendet? > Erreichen wir unsere **Ziele** mit dem Einsatz dieses Verfahrens? > Führt das Verfahren zu den erwünschten **Ergebnissen**? > Ist das Verfahren frei von unerwünschten Effekten und Nebenwirkungen? > Stehen **Aufwand** und **Nutzen** in einem angemessenen Verhältnis?
		Wenn nein ... ↓ **Wenn ja ...** ↓
Güte	**Sind die Methoden sinnvoll ausgestaltet?**	> Ist der Einsatz des Verfahrens auf Prozesse ausgerichtet, bei denen eine Arbeitsvorbereitung **Mehrwert** generiert? > Nutzt das Verfahren geeignete **Quellen** zur Identifikation von Anforderungen an den Output und die Arbeitsleistung? > Nutzt das Verfahren geeignete **Bezugs-** und **Zielgrößen** zur Planung und zur Priorisierung? > Nutzen wir zur **Bewertung** von „Soll" und „Ist" geeignete Logiken, Indikatoren und Messverfahren? > Erlaubt das Verfahren ein angemessenes Maß an **Flexibilität**? > Ist das **Vorgehen** zum Beispiel zur Festlegung von Mengengerüsten und Prioritäten geeignet?
Konformität	**Sind die Methoden zur Arbeitsvorbereitung konform mit dem neuen Organisationsmodell und weiteren Anforderungen?**	> Welche Veränderungen des **Zuschnitts von Verantwortungsbereichen** müssen beim zukünftigen Einsatz des Verfahrens berücksichtigt werden? > Würde das Verfahren in seiner aktuellen Ausgestaltung unser neu entwickeltes Organisationsmodell und dessen **Umsetzung** fördern oder behindern? > Steht es im Einklang mit den formulierten **Leitlinien** für das neue Organisationsdesign? > Bestehen bessere **Alternativen** zur Erreichung unserer Ziele? > Ist das Vorgehen weiterhin geeignet, um die **Ziele** seines Einsatzes zu erreichen?

3 | Ableitung des Handlungsbedarfs
In diesem Schritt werden Entscheidungen darüber getroffen,

- welche Verfahren der Arbeitsorganisation weiterhin im Ist-Zustand eingesetzt werden sollen,
- welche Verfahren angepasst werden sollen und
- welche Verfahren nicht mehr angewendet werden sollen, zum Beispiel, weil der hierfür erforderliche Aufwand einen geringen oder keinen Mehrwert erzielt.

Vielleicht stoßen Sie auch auf nicht formalisierte Verfahren, die punktuell erfolgreich eingesetzt und auf weitere oder alle Verantwortungsbereiche übertragen werden sollen. Betrachten Sie hierzu die folgenden Fragen:

LEITFRAGEN

Welche Verfahren zur Arbeitsorganisation werden unverändert fortgeführt, welche angepasst und welche eingestellt?

Welche nicht formalisierten Verfahren sollten formalisiert werden?

Berücksichtigen Sie auch hier wieder, dass Lücken bestehen können – also Aufgabenfelder oder ganze Verantwortungsbereiche, bei denen keine Arbeitsorganisation erfolgt, es aber deshalb zu Problemen und Ineffizienzen kommt.

LEITFRAGE

Sollen zukünftig neue Verfahren und Methoden eingesetzt werden?

Betrachten Sie die Auswirkungen auf Ihr Organisationsmodell, um über Anpassungen an bestehenden und die Einführung neuer Methoden der Arbeitsorganisation zu entscheiden. Prüfen Sie, wie sich diese Veränderungen auf die Kommunikationsflüsse und das Steuerungsmodell auswirken würden:

LEITFRAGEN

Wie würden sich Veränderungen der Arbeitsorganisation auf die Kommunikationsflüsse auswirken?

Welche Auswirkungen auf das Steuerungssystem und die Zuordnung der Entscheidungstatbestände ergeben sich?

Können wir mit einer Veränderung und/oder der Einführung neuer Verfahren beziehungsweise Methoden unser Organisationsmodell insgesamt optimieren?

So erhalten Sie wertvolle Hinweise, ob das von Ihnen gestaltete Portfolio an Verfahren und Methoden zur Arbeitsorganisation insgesamt geeignet ist:

LEITFRAGE

Haben wir ein insgesamt zielführendes und stimmiges Portfolio an Verfahren und Methoden zur Arbeitsorganisation entwickelt?

Auch das Team Medien hat die eigenen Vorgehensweisen zur Arbeitsvorbereitung betrachtet. Es ist zu dem Ergebnis gelangt, die bereits bestehenden morgendlichen Abstimmungsrunden durch Taskboards und somit um eine agile Praktik zu ergänzen. Auch die Abstimmung im Managementteam soll verändert werden. Aufgaben der Arbeitsvorbereitung und der Koordination sollen vom Management in neu formierte Teams verlagert werden. Daher taucht auf dem Canvas des Teams das Stichwort „Management-Jour-fixe" auf – ein Thema, das auch im Baustein **Konferenzen** behandelt werden könnte.

Hinweis

Zuordnung
Die exakte Zuordnung der für Sie wichtigen Sachverhalte in den „richtigen" Baustein ist bei der Bearbeitung des Canvas nicht entscheidend. Wichtig ist, dass Sie die für Ihren Fall wichtigen Aspekte betrachten!

FALLBEISPIEL TEAM MEDIEN

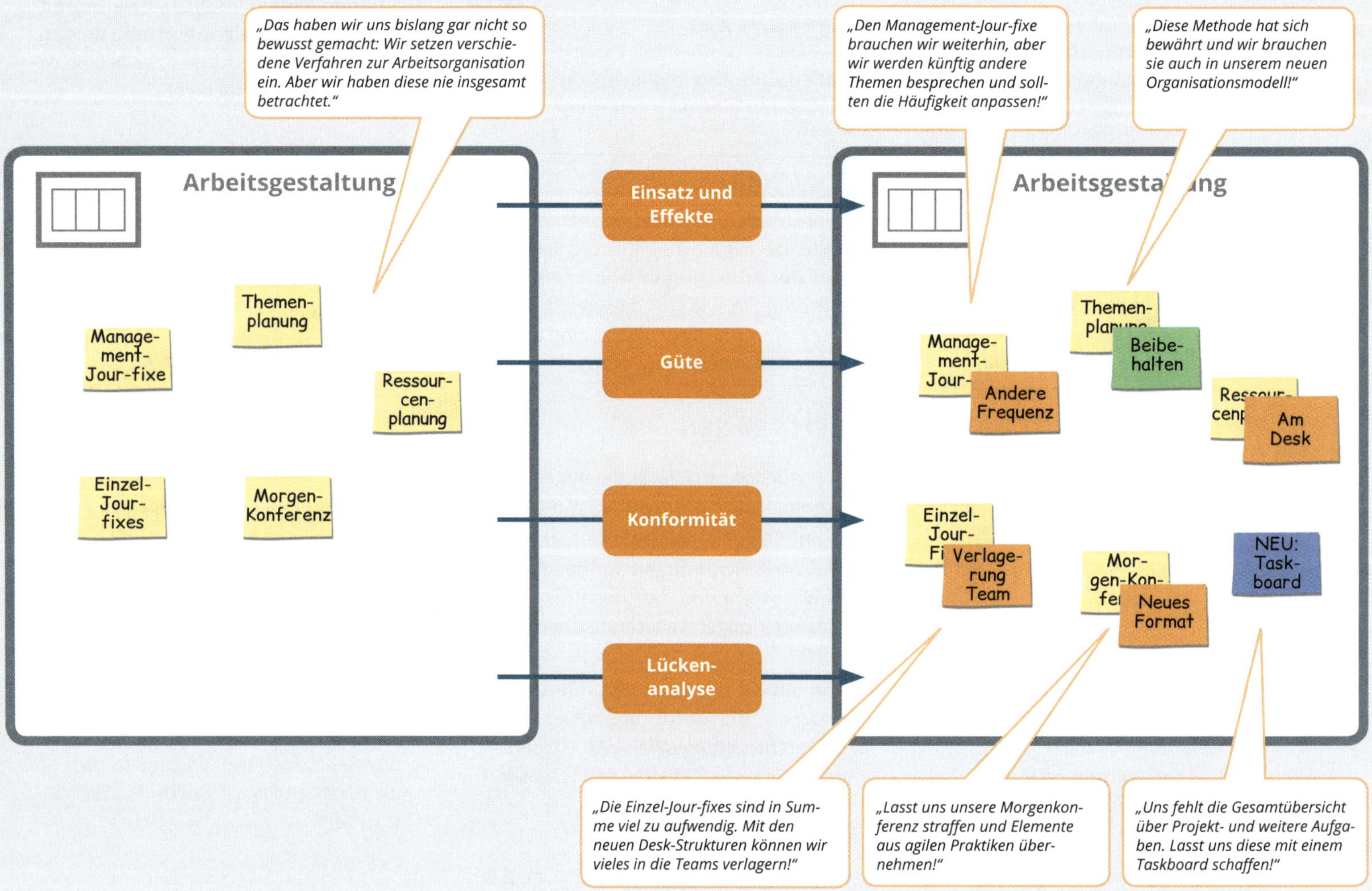

4 | Arbeitsformen
Neben der Arbeitsorganisation kann Ihre Arbeitsgestaltung gegebenenfalls durch einen weiteren Faktor optimiert werden: durch die eingesetzten Arbeitsformen, also die Art und die vertragliche Gestaltung der Zusammenarbeit zwischen der Institution und den Mitarbeitenden. Neben der Festanstellung in Vollzeit sind viele weitere Möglichkeiten der Zusammenarbeit denkbar, zum Bespiel:

> Arbeit in Teilzeit

> Aufteilung von Stellen auf mehrere Personen („Jobsharing“)

> Ehrenamtliche Mitarbeit: Dies kann auch auf Freiwilligkeit basierende Open-Source-Modelle, in denen Software durch viele unentgeltlich Tätige entwickelt wird, und Crowdsourcing-Ansätze umfassen

> Einsatz von Auszubildenden

> Einsatz von freien Mitarbeitern

> Einsatz von Werkstudenten und Praktikanten

> Einsatz von Zeitarbeit

> Flexible Arbeitszeitmodelle

> Mikrojobs: onlinebasierte Vergabe von kleinen Aufgaben mögliche Auftragnehmer gegen Entgelt

> Outsourcing an Drittunternehmen

> Telearbeits-/Homeoffice-Modelle

> Daten-Input durch User digitaler Anwendungen

Prüfen Sie daher im Baustein **Arbeitsgestaltung** bei Bedarf auch, ob Veränderungen des Einsatzes von Arbeitsformen Ihr künftiges Organisationsdesign noch verbessern können. Vielleicht können mittels eines geringeren Einsatzes einer bestimmten Arbeitsform und gleichzeitiger Intensivierung einer anderen Arbeitsform bestehende Probleme gelöst beziehungsweise gelindert werden? So können neue Arbeitsformen gegebenenfalls die Attraktivität der Institution als Arbeitgeber in bestimmten Zielgruppen erhöhen und es kann eine bessere Passung zwischen dem Organisationsdesign und der Umwelt, in diesem Fall dem Arbeitsmarkt, hergestellt werden. Auf der anderen Seite sollten die Auswirkungen von Veränderungen hinsichtlich der Arbeitsformen auf die Unternehmenskultur und die Akzeptanz des neuen Organisationsdesigns beachtet werden.

Neben den oben aufgeführten Faktoren spielen vor allem Kostenaspekte eine Rolle. Bei der Arbeit am Canvas sollten jedoch zunächst die organisatorischen Fragestellungen im Vordergrund stehen. Weitergehende Prüfungen können dann im Rahmen der Umsetzungsplanung erfolgen. Bearbeiten Sie hierzu die folgenden Fragen:

LEITFRAGEN

Welcher Mix an Arbeitsformen ist für welchen Verantwortungsbereich anzustreben?

Wie würden sich Veränderungen der von uns eingesetzten Arbeitsformen auf die Kommunikationsflüsse und die Steuerbarkeit auswirken?

Wie würden sich Veränderungen der von uns eingesetzten Arbeitsformen auf Fachkompetenzen und Flexibilität auswirken?

Sollten wir neue Arbeitsformen einführen?

Sollten wir in unserer Institution bislang wenig verbreitete Arbeitsformen ausbauen?

Sollten wir bestehende Arbeitsformen reduzieren oder auslaufen lassen?

Die Abbildung auf der folgenden Seite zeigt das Vorgehen im Baustein **Arbeitsgestaltung** in der Übersicht auf.

Übersicht Vorgehen zur Bearbeitung des Bausteins Arbeitsgestaltung

1

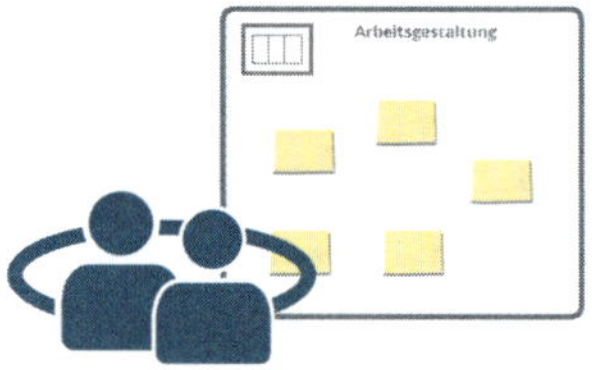

Sammeln Sie die wichtigsten aktuell im Einsatz befindlichen Verfahren zur Arbeitsorganisation: „Welche Verfahren zur Arbeitsvorbereitung setzen wir in welchem Verantwortungsbereich ein?“

2

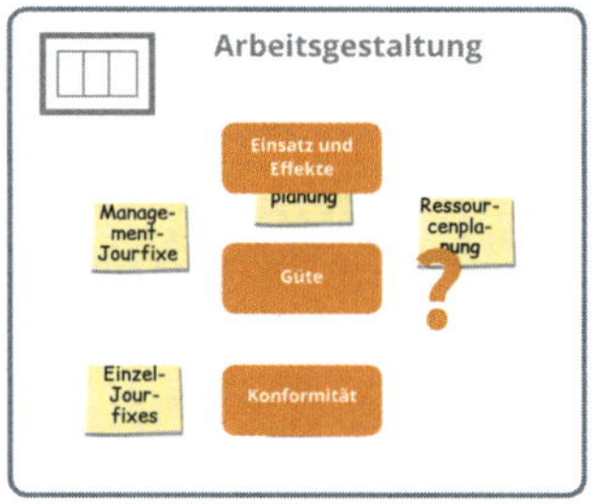

Bewerten Sie im zweiten Schritt die gesammelten Verfahren zur Arbeitsvorbereitung: „Werden diese adäquat eingesetzt? Erreichen wir die Ziele und die erwünschten Effekte? Stiften sie einen Mehrwert? Sind sie konform mit zukünftigen Anforderungen und unserem neuen Organisationsmodell sowie den zugrunde gelegten Leitlinien? Kann eine Anpassung einzelner Verfahren zur Arbeitsorganisation einen Beitrag leisten, um Förderniss zu realisieren und die Umsetzung des neuen Organisationsmodells zu unterstützen?“

3

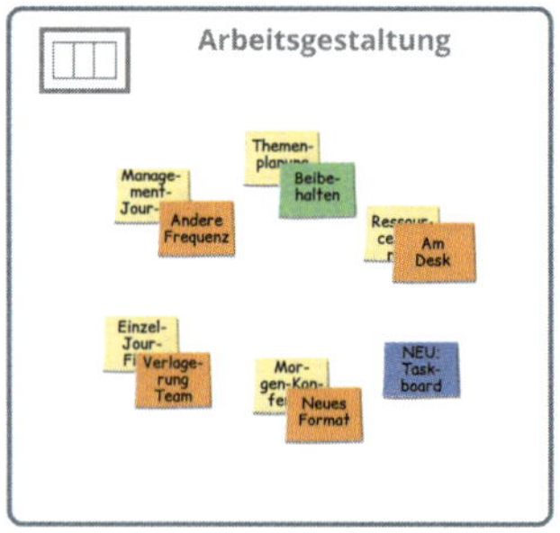

Sortieren Sie die Haftnotizen, indem Sie zwischen Verfahren der Arbeitsorganisation mit und ohne Änderungsbedarf unterscheiden. Entscheiden Sie, wie Sie mit optimierungsbedürftigen Verfahren umgehen werden: „Welche Verfahren sollten wir nicht weiter nutzen? Welche Verfahren sollten wir überarbeiten? Welche Verfahren sollten wir formalisieren?“

Bewerten Sie nun die Verfahren insgesamt: „Wirken diese optimal zusammen? Setzen wir zu viele Verfahren mit zu hohem Aufwand ein? Oder würden weitere Verfahren der Arbeitsorganisation das Organisationdesign verbessern?“ Ergänzen Sie gegebenenfalls neue Verfahren.

4

Entscheiden Sie bei Bedarf weiterhin, welche Arbeitsformen verstärkt oder neu eingesetzt und welche weniger oder nicht mehr eingesetzt werden sollten.

4 Arbeitsräume

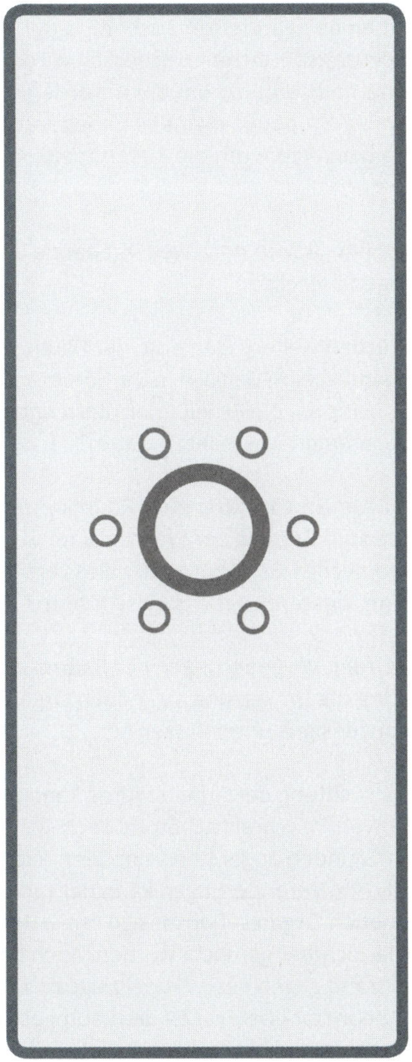

Worum geht es beim Baustein Arbeitsräume?

In den Bausteinen Instrumente, Regeln und Arbeitsgestaltung haben Sie die in der betrachteten Organisationseinheit angewendeten Managementpraktiken auf Ihr Organisationsmodell hin ausgerichtet. So haben Sie sichergestellt, dass Ihr Organisationsdesign „aus einem Guss" und möglichst frei von widersprüchlichen Signalen und Erwartungen ist. Nun ist es an der Zeit, Ihr Modell durch die Gestaltung geeigneter Arbeitsräume wirksam werden zu lassen.

Was ist bei der Bearbeitung des Bausteins Arbeitsräume zu beachten?

Die Gestaltung der realen und digitalen Arbeitsräume ist wichtig, da sie die in den Räumen handelnden Personen beeinflusst. So kommt eine Untersuchung über die Wahrscheinlichkeit der Zusammenarbeit von Mitarbeitern in Abhängigkeit von deren räumlicher Nähe zu folgenden Ergebnissen: Zwei Mitarbeiter einer Abteilung, die ihren Arbeitsplatz auf demselben Flur haben, weisen eine um 66 Prozent höhere Wahrscheinlichkeit auf zusammenzuarbeiten als zwei Mitarbeiter, deren Arbeitsplatz sich auf demselben Stockwerk, nicht aber demselben Flur, befindet. Bei Mitarbeitern aus unterschiedlichen Abteilungen liegt dieser Wert sogar bei 800 Prozent (Quelle: Fussel u. a., 2002; siehe Abbildung „Räumliche Nähe und Wahrscheinlichkeit der Zusammenarbeit" auf der nächsten Seite).

Die physische und die wahrgenommene Distanz von Mitarbeitern zueinander hat also nachweisbaren Einfluss auf deren Verhalten, aber auch auf die emotionale und die kognitive Ebene. Bereits eine Distanz von dreißig Metern reduziert den Austausch und die informelle Kommunikation zwischen Mitarbeitern deutlich und senkt die Wahrscheinlichkeit einer freiwilligen Zusammenarbeit drastisch (Kiesler & Cummings, 2002). Dies ist auf unterschiedliche Effekte informeller Gespräche zwischen Kollegen zurückzuführen:

- Die Identifikation gemeinsamer Interessen und Ziele fördert eine Zusammenarbeit;
- die Kenntnis des Arbeitsstands beziehungsweise des Projektstatus erleichtert die Koordination von Aktivitäten;
- soziale Bindungen werden gestärkt.

Eine räumliche Trennung stellt Gruppen daher mitunter vor Probleme: Sie erschwert die Zusammenarbeit und das Treffen gemeinsamer Entscheidungen.

Auf der anderen Seite fördert die räumliche Trennung eine störungsfreie Arbeit und kommt Mitarbeitern entgegen, die autonom arbeiten möchten. Auch fühlen sich Menschen in privaten Räumen tendenziell wohler als in öffentlichen Räumen.

Unsere Arbeitsräume beeinflussen mithin unser Verhalten und unser Wohlbefinden. Bei einigen Organisationskonzepten wie zum Beispiel dem bereits erwähnten Newsroom-Ansatz (siehe Seite 126) oder auch der Fertigung in „autarken Zellen“ ist die Raumgestaltung ein integraler Bestandteil des Konzepts und daher unbedingt zu berücksichtigen. Zudem sind Arbeitsräume ein Symbol für die Macht, die Einzelne innerhalb der Institution innehaben beziehungsweise in Anspruch nehmen.

Daher werden Diskussionen über die Raumgestaltung mitunter sehr intensiv geführt.

Im Rahmen des Orgazign-Prozesses erfolgt dies im Rahmen des Bausteins Arbeitsräume. Dieser dient der Gestaltung einer Arbeitsumgebung, in der Menschen optimal arbeiten können. Sie betrachten hierzu sowohl den physischen als auch den digitalen Raum. Im einfachsten Fall beschränkt sich die Konzeption auf die Erstellung eines neuen Belegungsplans, der zum Beispiel aufgrund eines geänderten Zuschnitts der Verantwortungsbereiche erforderlich wird; gegebenenfalls ergänzt um die Anforderung, zukünftig ein neues digitales Collaboration Tool einzusetzen, um die Zusammenarbeit zu fördern.

Räumliche Nähe und Wahrscheinlichkeit der Zusammenarbeit

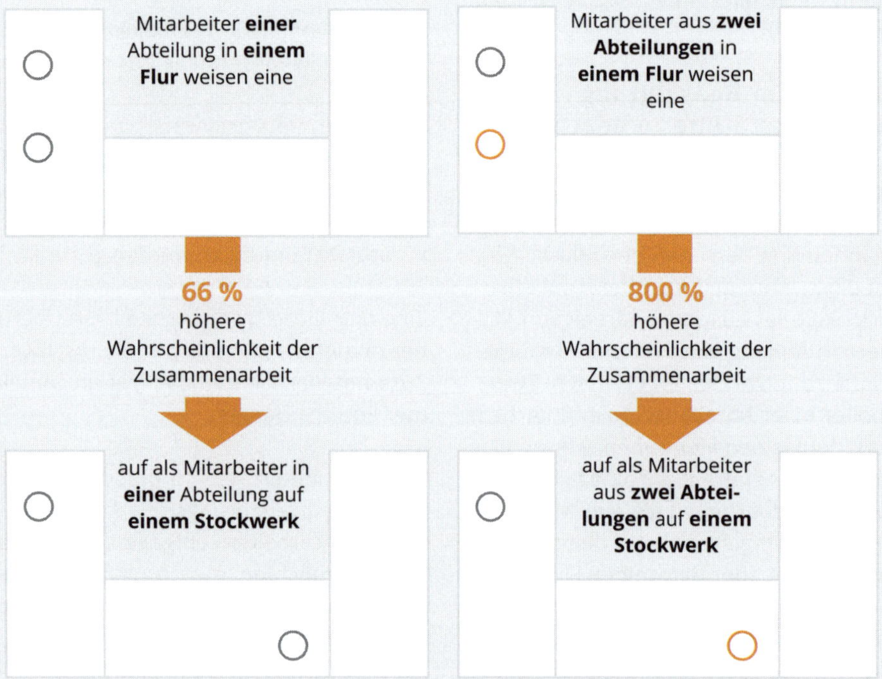

Quelle: Fussel u.a. (2002)

Sie können jedoch noch weitergehende Überlegungen anstellen:

- Würden weitere Elemente der Raumgestaltung, zum Beispiel mehr Kommunikationsinseln, die Arbeit erleichtern und die Zusammenarbeit unterstützen?
- Würde ein gänzlich neues Raumkonzept, wie zum Beispiel der Wechsel vom Großraum- zum Einzelbüro oder vice versa, zu einer besseren Arbeitsweise führen?
- Würden Veränderungen der Raumzuordnung die Umsetzung des neuen Organisationsdesigns unterstützen?

Die Betrachtung der Arbeitsräume kann also aus sowohl rein praktischen als auch symbolischen Gründen angeraten sein; denn mit räumlichen Veränderungen kann der mit einem neuen Organisationsdesign angestrebte Wandel sichtbar gemacht werden. Auch der Widerstand gegen den Wandel zeigt sich mitunter sehr stark bei Fragen der Raumgestaltung.

Um sich im Team zu vergegenwärtigen, wie die Gestaltung der Arbeitsräume zum Gelingen des Organisationsdesigns beitragen kann, werden in einem ersten Schritt die bislang erzielten Ergebnisse des Orgazign-Prozesses mit Blick auf die Raumgestaltung gesichtet.

TIPP

Wie bereits erwähnt, werden Diskussionen zu Bürokonzepten und der Zuordnung von Arbeitsräumen mitunter sehr intensiv geführt. Es ist daher wichtig zu klären, was warum und mit welchem Ziel geändert wird. Die symbolische Kraft der Arbeitsräume sollte hierbei nicht unterschätzt werden: „Ich bin gerade erst auf eine neue Hierarchieebene gelangt. Auf dieser Ebene nutzen alle ein Einzelbüro. Wenn ich mich jetzt in ein Großraumbüro setze, verliere ich sofort jede Anerkennung bei den Führungskräften." Ein neues Organisationsdesign kann an einer solchen Haltung scheitern. Prüfen Sie daher gegebenenfalls an dieser Stelle, ob und wann Sie weitere Stakeholder in die Planung einbeziehen sollten.

Wie wird der Baustein Arbeitsräume bearbeitet?

1 | Ergebnisse sichten

Starten Sie in die Bearbeitung des Bausteins **Arbeitsräume**, indem Sie die bislang erzielten Ergebnisse noch einmal rekapitulieren. Hieraus kann sich eine Reihe von Impulsen für eine optimierte Raumgestaltung ergeben, zum Beispiel:

- Neue Outputs erfordern neue Flächen
- Die bestehenden physischen oder digitalen Arbeitsräume werden als relevantes Hindernis wahrgenommen
- Die Neugestaltung der Arbeitsräume wird als wichtiges Fördernis eingeschätzt
- Die Leitlinien für Ihr neues Organisationsmodell sehen eine Verlagerung von Macht weg vom Management hin zu den Mitarbeitern vor und ein entsprechendes Bürokonzept wird als wichtiger symbolischer Schritt angesehen
- Ihr neues Organisationsmodell sieht einen neuen Zuschnitt der Verantwortungsbereiche vor, der den Umzug einzelner Mitarbeiter nahelegt
- Ihr neues Organisationsmodell sieht eine projektorientierte Arbeitsweise vor, den Mitarbeitern sollen entsprechend flexible Möglichkeiten der Zusammenarbeit zur Verfügung stehen
- Die Arbeitsgestaltung soll künftig stärker durch agile Praktiken wie tägliche Stand-up-Meetings und Taskboards unterstützt werden; die räumlichen Möglichkeiten hierfür sollen geschaffen werden

Auf den nachfolgenden Abbildungen „Fragen zur Raumgestaltung" führen Sie Fragen durch den Arbeitsschritt „Ergebnisse sichten". Zur schnellen Übersicht sind die Fragen den einzelnen Bausteinen des Organizational Challenges Canvas und des Organization Model Canvas zugeordnet.

Notieren Sie sich Impulse aus der Beantwortung der dort aufgeführten Fragen auf einem Flipchart oder auf Haftnotizen im Baustein **Arbeitsräume**. Dann können Sie Ihre Erkenntnisse für den zweiten Schritt, die Festlegung der Ziele hinsichtlich der Arbeitsräume, verwenden.

Fragen zur Raumgestaltung: Organizational Challenges Canvas

Outputs
Ergeben sich aus Relaunch-Outputs oder neuen Outputs Flächenbedarf und/oder neue Anforderungen an die Gestaltung der Arbeitsräume?

Outcomes
Kann eine neue Raumgestaltung die Erreichung von der von uns formulierten innen- oder außengerichteten Zielen fördern?

Leitlinien
Können wir die Umsetzung von Leitlinien mittels der Raumgestaltung fördern? Zum Beispiel, um Vernetzungsmöglichkeiten zu schaffen oder als wichtiges Symbol für ein neues Leitungsprinzip?

Fördernisse
Haben wir Fördernisse benannt, die sich direkt auf die Raumgestaltung beziehen? Gibt es Fördernisse, die wir mit einer neuen Raumgestaltung realisieren können?

Hindernisse
Haben wir funktionale oder kulturelle Hindernisse benannt, die sich auf die realen oder digitalen Arbeitsräume beziehen? Welche Hindernisse können wir mit der Raumgestaltung überwinden oder mindern?

Prozesse
Haben sich Hinweise ergeben, dass bestimmte Prozesse mittels einer neuen Raumgestaltung verbessert werden können?

Fragen zur Raumgestaltung: Organization Model Canvas

Designkriterien

Können wir die zur Entwicklung des Kommunikationsmodells verwendeten Designkriterien auch bei der Planung der Arbeitsräume verwenden?

Kommunikationsmodell

Welche Veränderungen gegenüber der Ist-Kommunikation sieht das neue Organisationsmodell vor?

Welche Auswirkungen auf die Gestaltung der Arbeitsräume ergeben sich auf Ebene der Organisationseinheit insgesamt? Wie können die Kommunikationsflüsse zwischen den Verantwortungsbereichen und zu den Schnittstellenbereichen durch eine geeignete Gestaltung der Arbeitsräume optimiert werden?

Welche Auswirkungen auf die Gestaltung der Arbeitsräume ergeben sich auf der Ebene der einzelnen Verantwortungsbereiche? Wie können die Kommunikationsflüsse innerhalb der einzelnen Verantwortungsbereiche unterstützt werden?

Steuerung

Können wir mittels geeigneter Gestaltung der Arbeitsräume schneller Entscheidungsbedarfe erkennen?

Können wir mittels geeigneter Gestaltung der Arbeitsräume die Abstimmungsprozesse auf dem Weg zur Entscheidung beschleunigen?

Können wir mittels geeigneter Gestaltung der Arbeitsräume unsere Entscheidungs- und Umsetzungsprozesse insgesamt beschleunigen?

Können wir mittels geeigneter Gestaltung der Arbeitsräume die Qualität der Abstimmungs- und Entscheidungsprozesse unterstützen sowie die Reflexion von Entscheidungen fördern?

Fragen zur Raumgestaltung: Organizational Design Canvas

Instrumente

Können wir die Arbeitsräume im Hinblick auf Feedbackmöglichkeiten verbessern?

Regeln

Sollten wir Regeln zur Nutzung der Arbeitsräume formulieren?

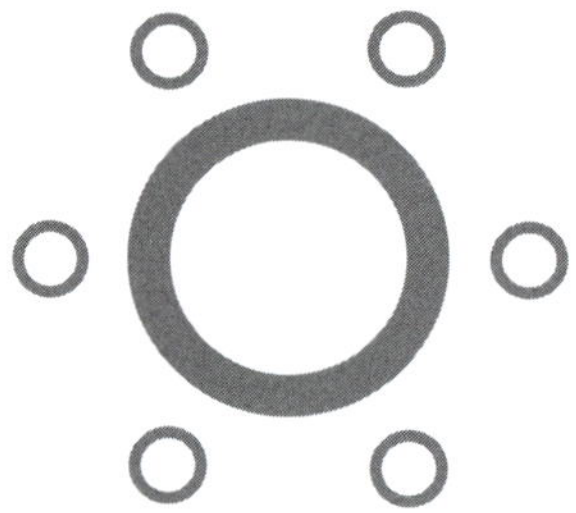

Arbeitsgestaltung

Ergeben sich aus neuen Arbeitsformen spezielle Anforderungen?

Konferenzen

Wie sollten die Arbeitsräume gestaltet sein, damit regelmäßige Konferenzen optimal durchgeführt werden können?

2 | Ziele festlegen
Auch wenn es Sie und das Team nun drängt, schnell konkrete Lösungen für die Gestaltung der Arbeitsräume zu entwickeln: Halten Sie noch kurz inne und reflektieren Sie zunächst Ihre Ziele der Raumgestaltung:

LEITFRAGE

Welche Ziele sollten uns bei der Raumgestaltung leiten?

Wie bereits ausgeführt, wirkt sich die Gestaltung der Arbeitsräume auf das Verhalten und das Wohlbefinden und somit letztlich die Arbeitsweise und die Leistung der in ihnen tätigen Menschen aus – ganz abgesehen davon, dass eine Neugestaltung der Arbeitsräume schnell nennenswerten Investitionsbedarf verursachen kann. Und: Arbeitnehmer in Deutschland verbringen im Durchschnitt immerhin rund 1.700 Stunden pro Jahr am Arbeitsplatz Durst, Hierlinger & Haas. Es kann sich also lohnen zu prüfen, welche Ziele der Raumgestaltung für Ihren Orgazign-Prozess relevant sind.

Mögliche Ziele der Raumgestaltung: Beispiele

Arbeitsweise

- Eigenverantwortliches Arbeiten fördern
- Innovationsprozesse fördern
- Selbstorganisation von Teams unterstützen

Image

- Differenzierung vom Wettbewerb (insbesondere für Dienstleister und Bereiche mit Kundenverkehr relevant)
- Repräsentativität der Räume steigern

Gesundheit und Wohlbefinden

- Ergonomie des Arbeitsumfelds verbessern
- Stressfaktoren wie Lärm, Unruhe, Störungen reduzieren

Produktivität

- Arbeitsleistung steigern
- Engagement und Motivation fördern
- Fehler reduzieren
- Kommunikation optimieren

Notieren Sie Ihre Ziele wiederum auf Haftnotizen. Sollten Sie sehr viele Ziele gesammelt haben, ist eine Priorisierung angeraten. Gleichen Sie Ihre Ziele hinsichtlich der Raumgestaltung daher mit der Zielkarte für den Orgazign-Prozess ab. Und bringen Sie die Ziele für die Raumgestaltung in eine Rangreihe, zum Beispiel entlang der Skala „Sehr wichtig zur Erreichung der Gesamtziele" bis „Weniger wichtig". Nun können Sie im Abgleich mit Ihren bestehenden Arbeitsräumen entscheiden, welche Grundoption der Raumplanung Ihr Organisationsdesign bestmöglich unterstützt:

LEITFRAGEN

Werden wir die bestehenden Flächen weiter nutzen?
Welche Vorteile hätten neue Flächen für uns und rechtfertigen die Vorteile einen Flächenwechsel?
Führen wir das bestehende Raumkonzept fort oder setzen wir ein neues Raumkonzept um?

So können Sie ein neues Raumkonzept wie zum Beispiel den Wechsel von Einzelbüros zu Teambüros oder gar zu sogenannten non-territorialen Konzepten, in denen der Arbeitsplatz frei wählbar ist, anstreben oder Ihr bestehendes Raumkonzept beibehalten. Weiterhin können Sie die bestehenden Flächen nutzen oder in neue Flächen umziehen – wobei die Nutzung neuer Flächen häufig keine realistische Option darstellt. Dennoch lohnt es sich gegebenenfalls, die hiermit verbundenen Aufwände den erzielbaren Effekten gegenüberzustellen. Mitunter können neue Arbeitsformen wie Jobsharing oder Telearbeit auch den Flächenbedarf und somit Raumkosten reduzieren – insbesondere im Verbund mit non-territorialen Raumkonzepten, die zur Kapazitätsbemessung nicht die Anzahl der maximal tätigen Mitarbeiter verwenden, sondern die Anzahl der maximal anwesenden Mitarbeiter. Aber auch in bestehenden Flächen können mitunter auf Basis einer neuen Raumaufteilung neue Raumkonzepte umgesetzt werden. Die verschiedenen Optionen sind in der Abbildung „Grundoptionen der Raumplanung" ersichtlich.

Grundoptionen der Raumplanung

	Bestehendes Raumkonzept	Neues Raumkonzept
Bestehende Flächen	**Bestehendes Raumkonzept in bestehenden Flächen** Beispiel: Es wird weiterhin in Kleinbüros gearbeitet, die Flächenaufteilung bleibt bestehen, gegebenenfalls werden Räume neu zugeordnet	**Neues Raumkonzept in bestehenden Flächen** Beispiel: Statt wie bislang in Einzelbüros soll zukünftig in Gemeinschaftsflächen gearbeitet werden; dies erfordert den Umbau der bestehenden Flächen
Neue Flächen	**Bestehendes Raumkonzept in neuen Flächen** Beispiel: Es wird weiterhin in Gemeinschaftsflächen gearbeitet, aber der Bezug neuer Flächen ist angeraten	**Neues Raumkonzept in neuen Flächen** Beispiel: Der Wechsel vom Raumkonzept „Gemeinschaftsfläche" zu „Teamflächen" erfordert den Bezug neuer Flächen

3 | Konzeption der Arbeitsräume
Auf dem Organizational Design Canvas können Sie nun eine Konzeption Ihrer Arbeitsräume erstellen. Hierbei ist noch keine Feinplanung gefordert. Wichtige Rahmenbedingungen, wie zum Beispiel ergonomische und

Sicherheitsvorschriften, werden zunächst ausgeblendet. Im Rahmen der Umsetzung wird das Konzept dann unter Einbindung von Experten in eine konkrete Planung überführt.

Wenn Sie Ihre Arbeitsräume in bestehenden Flächen planen (müssen), können Sie zu diesem Zweck einen Grundriss der verfügbaren Flächen in den Baustein **Arbeitsräume** kleben. Bestehen noch keine Vorgaben zu den Räumen, so starten Sie auf dem berühmten „weißen Blatt“.

Bevor Sie nun einzelne Arbeitsplätze verteilen, sollten Sie zunächst gemeinsam festlegen, welches grundlegende Raumkonzept im Hinblick auf die **Einzelarbeit** vorteilhaft ist. Zwei Faktoren spielen hierbei eine Rolle. Zum einen die Flächenaufteilung: Flächen können gemeinschaftlich genutzt oder zur Nutzung durch Einzelne oder Wenige separiert werden. Zum anderen die Zuordnung der Arbeitsplätze: Es kann eine feste Zuordnung oder keine Zuordnung der Arbeitsplätze zu Personen oder zu Teams geben. Mithin bestehen neben der Möglichkeit des Homeoffice, was klar geregelt sein sollte und die Schaffung der technischen Voraussetzungen erfordert, vier grundlegende Möglichkeiten (siehe Abbildung „Flächenkonzepte“):

- Feste Einzel- oder Kleinbüros
- Nicht zugeordnete Einzel- oder Kleinbüros
- Großraumbüros mit fester Zuordnung der Arbeitsplätze
- Open Space beziehungsweise non-territoriale Konzepte

Die Ansätze können auch miteinander kombiniert werden. So könnten einzelne Verantwortungsbereiche oder auch Mitarbeiter in festen Einzelbüros, andere in einem Open-Space-Konzept agieren.

Neben der Gestaltung der Arbeitsplätze für die Einzelarbeit ist die Konzeption der Raumgestaltung für die **gemeinsame Arbeit in Gruppen** wichtig. Hier gibt es neben dem klassischen Besprechungsraum eine Fülle von Möglichkeiten: von Arbeitszonen innerhalb von Großflächen mit spezifischer Ausstattung, zum Beispiel für die Bearbeitung bestimmter Themen, über Projekträume bis hin zu einzelnen, die Teamarbeit unterstützenden Raum- und Kommunikationselementen.

Flächenkonzepte

	Separierte Arbeitsflächen	Gemeinschaftliche Arbeitsfläche
Fest zugeordnet	**Feste Einzel-/Kleinbüros** Einzelne oder wenige Mitarbeiter arbeiten in räumlich getrennten, ihnen fest zugeordneten Büros	**Großraumbüro** Die Mitarbeiter haben einen festen Arbeitsplatz in einer gemeinschaftlich genutzten Großfläche
Non-territorial	**Nicht zugeordnete Einzel-/Kleinbüros** Einzelne oder wenige Mitarbeiter arbeiten in räumlich getrennten Büros, die den Mitarbeitern nicht fest zugeordnet sind, woraus eine täglich wechselnde Besetzung der Arbeitsplätze resultiert	**Open Space** In einer gemeinschaftlich genutzten Großfläche stehen Arbeitsplätze zur Verfügung, die unterschiedlich ausgestaltet sein können. Jeder Mitarbeiter wählt täglich oder mehrmals täglich, wo er arbeitet

Doch wie finden Sie in der Fülle der Möglichkeiten den für die betrachtete Organisationseinheit besten Weg? Zunächst ist es wichtig, sich die Anforderungen der Mitarbeiter an ihre Arbeitsräume auf individueller Ebene und hinsichtlich der Interaktionen mit Dritten zu vergegenwärtigen. Hierbei helfen Ihnen die folgenden Fragen:

LEITFRAGEN

Wie möchten die Mitarbeitenden arbeiten?

Welche Prozesse werden in welchen Verantwortungsbereichen bearbeitet?

Wie geht die Arbeit hierbei vonstatten?

Welche Arbeitsanforderungen und welche Arbeitsformen bestehen hierbei?

Wie wichtig sind an welcher Stelle welche Grundfaktoren zum Beispiel die schnelle Abarbeitung vieler Vorgänge, die Konzentration auf komplexe Vorgänge, die Organisation und Koordination von Vorgängen sowie die kreative Ideenfindung?

So können grundlegende Arbeitsformen wie zum Beispiel

- ruhige Tätigkeit, die konzentriertes Arbeiten erfordert;
- kommunikative Tätigkeit, die den häufigen Austausch mit anderen erfordert, und
- flexible Tätigkeit, die verschiedene Aufgabenarten umfasst und einen Wechsel zwischen ruhiger und kommunikativer Tätigkeit bedingt

unterschieden werden und in die Planung am Canvas einfließen. Weiterhin unterstützen Sie die folgenden Überlegungen bei der Entwicklung eines zum Organisationsdesign passenden Arbeitsraumkonzepts:

LEITFRAGEN

Wie können die Anforderungen der verschiedenen Arbeitsformen bestmöglich berücksichtigt werden?

Welche Kommunikationsflüsse zur Abstimmung und Entscheidungsfindung wollen wir fördern?

Welche Begegnungen wollen wir fördern, zum Beispiel Begegnungen zwischen Menschen aus verschiedenen Verantwortungsbereichen?

Wie schaffen wir den Rahmen für produktive Begegnungen?

Damit die verschiedenen Anforderungen an die Arbeitsräume bestmöglich erfüllt werden, empfehlen Experten Arbeitslandschaften, die den einzelnen Mitarbeitern und Teams vielfältige Optionen zur Verfügung stellen (siehe zum Beispiel Saval & Haas, 2016 und Osswald & Engelke, 2016; Hinweise zur Gestaltung von kreativen und Design-Thinking-Arbeitsräumen finden Sie zum Beispiel bei Uebernickel u.a., 2015, S. 216 ff.). So können diese für unterschiedliche Arbeitsarten und -phasen wie

- Priorisierung von Aufgaben
- Aufgabenverteilung und Teamplanung
- Austausch von Daten, Wissen, Kenntnissen
- Gemeinsame Entwicklung von Lösungsansätzen
- Entscheidungsfindung
- Einzelarbeit
- Projektarbeit
- Routinetätigkeiten
- Kontrolle, Koordinationsaufgaben und Abstimmung laufender Vorgänge
- Einzelgespräche
- Präsentationen
- Pausen
- etc.

die jeweils bestgeeignete Arbeitsumgebung nutzen. Vorteilhaft ist es, wenn Großraumkonzepte Rückzugsmöglichkeiten für konzentrierte Einzelarbeit ebenso wie Begegnungsräume und Räume für verschiedene Arten der Teamarbeit bieten. Prüfen Sie die Chancen und Vorteile einer vielfältigen Arbeitslandschaft und welche Elemente die Erreichung Ihrer Ziele unterstützen.

Nutzen Sie den Grundriss auf dem Canvas zur Erarbeitung einer Skizze Ihres Arbeitsraumkonzepts. Tragen Sie hierzu die einzelnen relevanten Elemente (eine beispielhafte Liste möglicher Elemente zeigt die Abbildung „Übersicht Elemente zur Raumgestaltung") auf Haftnotizen oder auf dem Grundriss ein. Sollte Ihr Raumkonzept die Zuordnung von Mitarbeitern zu festen Arbeitsplätzen vorsehen, entwickeln Sie einen die Kommunikationsflüsse und die Zusammenarbeit optimal unterstützenden Belegungsplan. Stellen Sie diesen ebenfalls mittels Haftnotizen auf dem Canvas dar. So können Sie auch hier verschiedene Ansätze durchspielen, bis Sie eine für Ihr Organisationsmodell gute Raumaufteilung entwickelt haben. Sie können hierbei auch Anmerkungen zu Ihrem präferierten Möblierungskonzept vornehmen.

Übersicht Elemente zur Raumgestaltung | Auswahl

Raum für Teamarbeit	Teamarbeit unterstützende Raum- und Kommunikationselemente	Infrastruktur
Arbeitszonen ohne spezifische Ausstattung	Arbeits- und Präsentationswände	Ablagen
Arbeitszonen mit spezifischer Ausstattung für Teams, Themenbearbeitung, Arbeitsweisen …	Digitale Arbeitsräume wie Kollaborationstools	Anschlüsse für technische Infrastruktur
Besprechungsräume	Infoscreens	Arbeitsmittel stationär/mobil
Gruppenarbeitsräume	Lounges/Sitzecken	Cubicles
Kreativräume	Kommunikationsinseln	Displays
Offene Besprechungszonen	Meetingpoints	Service Hubs mit zentraler Infrastruktur
Projekträume	Stehtische	Trennwände
Spiel-/Innovationszonen	Sozial- und Verpflegungsräume wie zum Beispiel Cafés, (Tee-)Küchen	Videokonferenztechnologie
Virtuelle Räume	Taskboards	

FALLBEISPIEL TEAM MEDIEN

Das Team Medien hat die Arbeitsschritte von der Sichtung der Ergebnisse über die Formulierung der Ziele bis zur Konzeption der Arbeitsräume durchlaufen. Bei der Sichtung der Ergebnisse des Orgazign-Prozesses fallen dem Team insbesondere die folgenden Punkte auf:

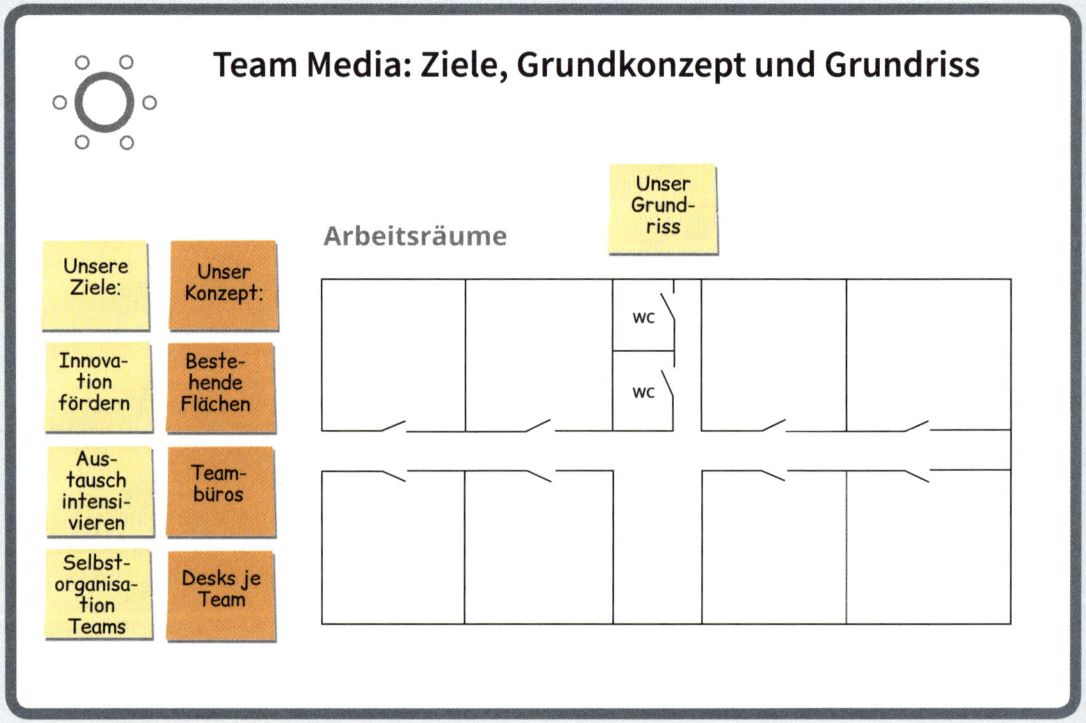

- Wichtiges Fördernis ist das Thema Innovation; nur mit einer deutlich größeren Innovationskraft wird das Team seine Ziele erreichen. Das Raumkonzept soll hierzu einen Beitrag leisten und sowohl geeignete Räume für Kreativarbeit bieten als auch den Austausch in und zwischen den Teams im Hinblick auf Innovation fördern. Dem Team ist es daher wichtig, dass alle Teammitglieder auf einem Flur tätig sind.
- Die Förderung des Austauschs ist dem Team auch aus einem anderen Grund wichtig: Im aktuellen Organisationsdesign stellen widersprüchliche Ziele ein Hindernis dar. Der regelmäßige Austausch soll einen Beitrag leisten, dieses Hindernis zu überwinden.
- Das Raumkonzept soll weiterhin die Umsetzung der Leitlinie „Desk-Prinzip" und eine stärkere Selbstorganisation der Teams fördern. Das Team ist überzeugt, dass hiermit die Attraktivität des Arbeitsumfelds für künftige Leistungsträger steigt.

Das Konzept des Teams sieht vor, bestehende Flächen zu nutzen und diese mit Teambüros inklusive Team-Desks zu belegen. So wird mit wenigen Umbaumaßnahmen eine deutlich bessere Zusammenarbeit ermöglicht als in der bisherigen Konstellation. Das Konzept bietet viele Möglichkeiten: auf die Arbeit der Teams zugeschnittene Arbeitsplätze, kürzestmögliche Wege in den Teams, Einzelarbeitsplätze für konzentriertes Arbeiten bei Bedarf, Taskboards zur Steigerung der Transparenz und einen flexibel nutzbaren, kombinierten Besprechungs- und Kreativraum.

Team Media: Konzept Arbeitsräume

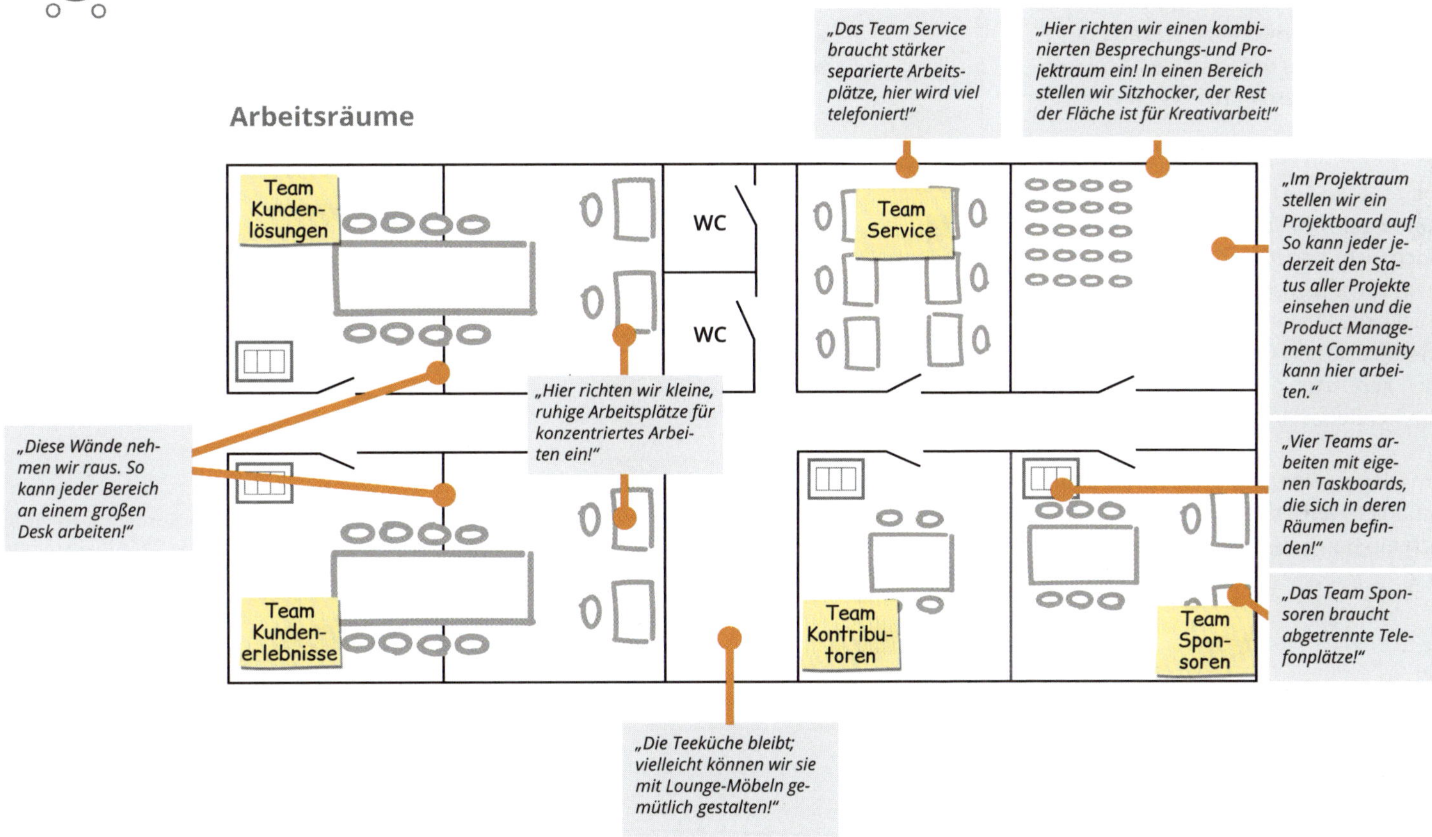

4 | Weiteres Vorgehen festlegen

Abschließender Schritt in diesem Baustein ist die Festlegung des weiteren Vorgehens. Wie bereits ausgeführt, wird auf dem Canvas ein Grobkonzept entwickelt, das im weiteren Verlauf in ein Detailkonzept zu überführen ist. Gegebenenfalls sind hierzu Experten für Facility Management und weitere Stakeholder einzubinden. Prüfen Sie auf Basis des Grobkonzepts, wer den weiteren Prozess unterstützen kann.

Weiterhin sollten Sie prüfen, ob die Formulierung von Regeln, die im entsprechenden Baustein noch nicht berücksichtigt sind, die erfolgreiche Umsetzung Ihres Raumkonzepts fördern würde. Sinnvoll könnten zum Beispiel konkrete Spielregeln für die Arbeit in gemeinschaftlich genutzten Flächen sein. Ergänzen Sie diese bei Bedarf im Baustein Regeln.

Auf dem Weg zu einem umfänglichen und erfolgreichen Organisationsdesign steht jetzt nur noch ein Baustein aus: Konferenzen

Übersicht Vorgehen zur Bearbeitung des Bausteins Arbeitsräume

1

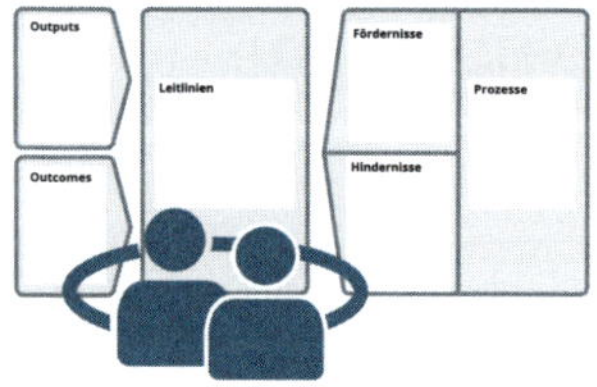

Sichten Sie Ihre bislang erzielten Ergebnisse zum neuen Organisationsdesign und prüfen Sie, welche allgemeinen Anforderungen an die Gestaltung der realen und der digitalen Arbeitsräume sich hieraus ableiten. Notieren Sie diese auf einem Flipchart oder auf Haftnotizen, um sich einen Überblick zu verschaffen.

2

Bevor Sie konkrete Lösungsansätze entwickeln: Stimmen Sie die wichtigsten Ziele der Gestaltung der Arbeitsräume ab. Was wollen Sie erreichen, welche Ziele sind wirklich wichtig? Leiten Sie hieraus ab, ob Sie ein neues Raumkonzept anstreben, zum Beispiel einen Wechsel von Einzelbüros in Gemeinschaftsflächen oder vice versa. Oder ob Sie das bestehende Raumkonzept fortführen und lediglich einen neuen Belegungsplan sowie Detailoptimierungen durchführen möchten. Sofern die Möglichkeit besteht, neue Flächen zu nutzen, prüfen Sie, ob diese das neue Organisationsdesign signifikant unterstützen und die erforderlichen Investitionen in einem gesunden Verhältnis zum Nutzen stehen würden.

3

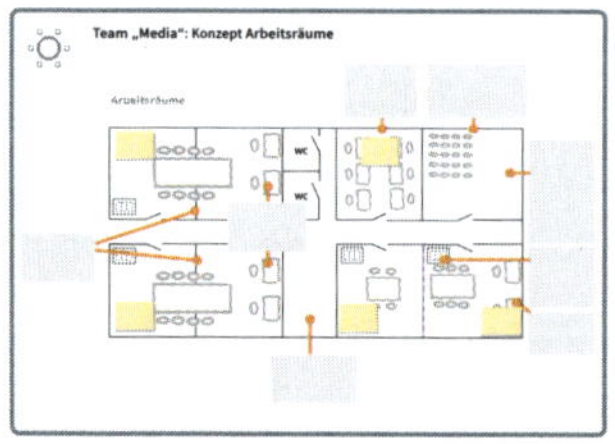

Vergegenwärtigen Sie sich, welche Anforderungen die einzelnen Tätigkeitsfelder an die Gestaltung der Arbeitsräume hinsichtlich der Einzel- und der Gruppenarbeit stellen: Wie geht die Arbeit in den einzelnen Verantwortungsbereichen vonstatten? Welche Tätigkeitsfelder erfordern konzentrierte Arbeit, welche viel Kommunikation, welche sowohl als auch? Wie können Sie die verschiedenen Anforderungen in den zur Verfügung stehenden Räumen bestmöglich umsetzen?

Erarbeiten Sie am Grundriss konkrete Ansätze: Welche räumliche Anordnung der Arbeitsplätze fördert die erwünschten Kommunikationsflüsse? Welche Infrastruktur und welche Gestaltungselemente unterstützen die Arbeit?

4

TO DO!

Am Canvas erarbeiten Sie ein Grobkonzept. Legen Sie daher abschließend am Flipchart das weitere Vorgehen fest.

5 Konferenzen

Worum geht es beim Baustein Konferenzen?

Konferenzen ist der abschließende Baustein für Ihr neues, besseres Organisationsdesign. Zweck dieses Bausteins ist es festzulegen, welche Zusammentreffen zukünftig regelmäßig erfolgen sollen. In aller Regel sind zumindest einige wenige regelmäßige Zusammentreffen für ein gut funktionierendes Organisationsdesign wichtig.

Was ist bei der Bearbeitung des Bausteins Konferenzen zu beachten?

Unterscheiden Sie bei der Bearbeitung des Bausteins Konferenzen die möglichen Arten von Zusammentreffen. Sie können sich zum Beispiel an diesem einfachen Schema orientieren: Zusammentreffen können

- dem Austausch von Informationen,
- der Koordination oder
- dem Experimentieren

dienen (siehe Abbildung „Arten von Zusammentreffen“ auf der nächsten Seite). Zusammentreffen zum Austausch von Informationen zielen darauf ab, den Teilnehmern für sie wichtige Informationen, Informationen über den Kontext, in dem sie agieren, oder Hintergrundwissen zu übermitteln. Die Präsentation der aktuellen Geschäftszahlen ist ein gängiges Beispiel für ein Informationsmeeting.

> **TIPP**
>
> Vielen fällt es schwer, Informationen knapp, präzise und exakt auf die Bedürfnisse der Teilnehmer zuzuschneiden. Informationsmeetings weisen daher mitunter eher den Charakter eines „Schaulaufens“ auf. Überschlagen Sie daher die Kosten für solche Zusammentreffen: Anzahl x durchschnittliche Dauer x durchschnittliche Kosten je Stunde der Teilnehmer ergibt mitunter erstaunlich hohe Summen.

Zusammentreffen zur Koordination zielen hingegen stärker darauf ab, dass die Beteiligten ihr Verhalten auf die im Meetingzu erzielen Ergebnisse ausrichten.

Bei Zusammentreffen mit dem Ziel des Experimentierens geht es um die Bearbeitung nicht oder kaum strukturierter Probleme. Dies ist zum Beispiel im Rahmen von Innovationsprozessen regelmäßig erforderlich.

Arten von Zusammentreffen

	Inhalte	Erwünschte Wirkung
Infotmieren	Den Teilnehmern werden für sie relevante Informationen und/oder Hintergrundwissen dargelegt	Die Teilnehmer verfügen über Daten und/oder Wissen, das sie bei Bedarf abrufen und einsetzen können
Koordinieren	Es erfolgt ein Austausch von Informationen, Wissen, Kenntnissen zwischen den Teilnehmern. Ziele des Austauschs können sein: > Finden von Lösungen für gut beschriebene Probleme > Entscheiden von Sachverhalten > Feststellen des Status eines Vorgangs > Abstimmen des Vorgehens zwischen den Beteiligten inklusive der Zuordnung von Aufgaben > Priorisieren von Sachverhalten	Die Teilnehmer richten ihr Verhalten auf die Ergebnisse des Meetings aus und agieren entsprechend der getroffenen Entscheidungen und der definierten Prioritäten
Experimentieren	Die Teilnehmer bearbeiten vage beschriebene und wenig strukturierte Aufgaben zur Entwicklung der eigenen Zukunft	Es entstehen innovative Strategien und Lösungsansätze

Wie wird der Baustein Konferenzen bearbeitet?

Hinweise, welche Konferenzen in Ihrem Organisationsdesign sinnvoll sind, erhalten Sie wiederum mittels Sichtung der bereits erzielten Ergebnisse.

1 | Ergebnisse sichten
Stellen Sie sich zunächst die Frage:

LEITFRAGE

Welche Hinweise auf sinnvolle Konferenzen können wir direkt aus unseren bisherigen Ergebnissen ableiten?

Zur Beantwortung dieser Frage können Sie einen Blick auf Ihre Ergebnisse des Bausteins **Arbeitsgestaltung** werfen. Gegebenenfalls haben Sie hier entschieden, zukünftig die agile Praktik der täglichen Stand-up-Meetings oder andere Methoden mit festen Strukturen zu verwenden. Diese können Sie dann direkt in den Baustein **Konferenzen** übernehmen. Dies gilt gegebenenfalls auch für Ergebnisse des Bausteins **Instrumente**. Vielleicht möchten Sie ein festes Format für die Übermittlung von Feedback ein- beziehungsweise fortführen?

Richten Sie Ihren Blick dann auf die Bausteine **Kommunikationsmodell, Steuerung und Arbeitsräume**. In diesen Bausteinen haben Sie den Kommunikationsbedarf innerhalb und zwischen den Verantwortungsbereichen diskutiert. Reflektieren Sie noch einmal die wichtigsten Erkenntnisse und prüfen Sie, ob Bedarf für regelmäßige Zusammentreffen besteht. So könnte ein von Ihnen im Baustein **Steuerung** definiertes Gremium regelmäßige Zusammenkünfte erfordern oder Koordinationsmeetings zur Abstimmung zwischen den Verantwortungsbereichen angeraten sein. Schließlich können die Fördernisse und die Hindernisse sowie die Prozesse konkrete Hinweise auf Abstimmungsbedarfe beinhalten.

2 | Festlegen der Konferenzen

Nachdem Sie Ihre Ergebnisse des Orgazign-Prozesses gesichtet und eine Übersicht der möglichen Konferenzen erstellt haben, gleichen Sie diese mit den bestehenden Konferenzen ab.

LEITFRAGE

Welche bestehenden Konferenzen wollen wir fortführen, wollen wir diese unverändert fortführen oder Anpassungen vornehmen?

Sofern die Fortführung bestehender Formate als sinnvoll angesehen wird, sollten Sie sich abstimmen, ob es Anpassungen geben soll. Sie könnten Veränderungen am Teilnehmerkreis, an der Art des Zusammentreffens, wie zum Beispiel persönlich, telefonisch oder als Videokonferenz, an den Inhalten, an den Verfahren zur Vorbereitung, Durchführung und Ergebnisdokumentation oder an der Frequenz vornehmen.

Nun gilt es, aus den möglichen Konferenzen die für eine zielgerichtete und produktive Tätigkeit der Beteiligten erforderlichen auszuwählen. Diese können der Übermittlung von Informationen dienen. Stellen Sie sich die folgenden Fragen:

LEITFRAGEN

Wer braucht in unserem zukünftigen Organisationsdesign wann welche Information von wem?

Hinsichtlich welcher Themen ist die Übermittlung der Informationen in Form eines Zusammentreffens am effektivsten und am effizientesten?

Wie sollte das Zusammentreffen durchgeführt werden – persönlich, telefonisch, per Videokonferenz, im Sitzen, im Stehen?

Oder gibt es eine bessere Art der Informationsübermittlung, zum Beispiel durch jederzeitige Transparenz der aktuellen Geschäftsentwicklung?

Ein zweiter Beweggrund für Konferenzen ist die **Koordination** zwischen den Beteiligten. „Koordination" umfasst verschiedene Aspekte wie zum Beispiel Entscheiden, Status feststellen, Vorgehen abstimmen und Priorisieren.

LEITFRAGEN

Welchen Koordinationsbedarf können wir am sinnvollsten durch regelmäßige Zusammentreffen decken?

Wo ist die Koordination in Form eines Zusammentreffens am effektivsten und am effizientesten?

Oder gibt es eine bessere Art der Koordination, zum Beispiel durch jederzeitige Transparenz der aktuell in Bearbeitung befindlichen Vorgänge?

TIPP

Auch Konferenzen zur Koordination sollten sich rechnen: Sie führen eine tägliche Stehrunde durch, die 15 Minuten Zeit in Anspruch nimmt? Dann sollte jeder Teilnehmer im Laufe des Tages aufgrund des hier erhaltenen Inputs mindestens 15 Minuten einsparen – zum Beispiel, weil Rückfragen und Abstimmungen nun nicht mehr erforderlich sind. Ein weiterer wichtiger Maßstab für die Güte von Koordinationsmeetings ist folgende Frage: Ist das Zusammentreffen dazu geeignet, das Verhalten der Teilnehmer zu beeinflussen? Zum Beispiel, weil sie auf Basis einer gemeinsamen Priorisierung andere Entscheidungen fällen würden als ohne den Input aus dem Meeting?

Der dritte wichtige Beweggrund für Meetings ist das Experimentieren, also die Entwicklung von Ideen und Ansätzen, wie nicht oder kaum strukturierte Probleme und Herausforderungen gemeistert werden könnten. Da im Alltag das Dringende das Wichtige sehr zuverlässig verdrängt, sollte die Beschäftigung mit Innovationen in eigenen Formaten erfolgen. Prüfen Sie, ob Sie in Ihr Organisationsdesign auch regelmäßige „Zukunftskonferenzen" integrieren möchten oder ob dies ad hoc oder im Rahmen von Projekten erfolgen soll.

Bewerten Sie die von Ihnen gesammelten möglichen Konferenzen auf Basis der oben aufgeführten Fragen und wählen Sie die wichtigsten und am besten geeigneten aus. Bewerten Sie sodann das von Ihnen gestaltete Konferenzportfolio:

LEITFRAGEN

Schließen wir mit dem Konferenzportfolio die Kommunikationslücken?

Ist das Konferenzportfolio für die Beteiligten machbar – wie viel Zeit werden einzelne Beteiligte in den Konferenzen verbringen?

Gibt es bessere Alternativen?

Bedenken Sie bei der Bewertung des Konferenzportfolios, dass es neben den regelmäßigen Konferenzen noch weitere Meetings und zum Beispiel Projektrunden geben wird. Auch diese werden die Zeit der Beteiligten beanspruchen. Und vielleicht ist für die betrachtete Organisationseinheit auch folgender Aspekt von besonderer Bedeutung:

LEITFRAGE

Sollten wir das Konferenzportfolio ergänzen um Zusammentreffen, die den Zusammenhalt in der betrachteten Organisationseinheit und/oder in einzelnen Verantwortungsbereichen fördern und die sozialen Aspekte der Zusammenarbeit in den Vordergrund stellen?

Als weiterer Punkt sollte beachtet werden, dass ein Organisationsdesign keine dauerhafte Lösung darstellt. Es treten beständig Entwicklungen auf, die das bestehende Organisationsdesign in Frage stellen können. Zum Beispiel:

- Neue gesetzliche Bestimmungen werden erlassen
- Es wird eine neue Version einer Software eingeführt, welche die Automatisierung bisher händisch bearbeiteter Vorgänge erlaubt
- Ein Schlüsselkunde fordert Anpassungen an einer Serviceleistung
- Das Produktportfolio wird weiterentwickelt
- Ein neuer Mitarbeiter, der bislang nicht verfügbare Fachkompetenzen einbringt, wird eingestellt
- Ein Wettbewerber führt einen neuen Service ein und zwingt zu neuen eigenen Aktivitäten
- Eine Führungskraft scheidet überraschend aus und kann kurzfristig nicht ersetzt werden
- Ein Dienstleister ändert sein Leistungsportfolio

Diese und viele andere Entwicklungen können eine Anpassung der Prozesse nach sich ziehen. Sie können die Aufgabenverteilung zwischen den Verantwortungsbereichen verlagern. Sie können bislang sinnvolle Vorgehensweisen infrage stellen und zu Unklarheiten hinsichtlich der Rollen der Beteiligten führen. In Institutionen gibt es mitunter eine große, oft als zu groß empfundene Anzahl an Koordinationsmeetings. Diese zielen jedoch zumeist auf die Abstimmung operativer Fragestellungen ab. Weniger verbreitet sind feste Formate zur fortlaufenden Überprüfung des eigenen Organisationsdesigns – was den Koordinationsbedarf und somit die Menge an Koordinationsmeetings weiter steigert. Mithin kann es sinnvoll sein, sich zu überlegen, in welchem Format Anpassungen am Organisationsdesign verhandelt werden können: Wohin wenden sich Mitarbeiter, wenn sie Hindernisse bei der Erbringung der bestmöglichen Leistung oder Fördernisse für ein besseres Organisationsdesign erkennen? Sollen Sie sich an eine Führungskraft oder ein Gremium wenden? Einen Vorschlag in das betriebliche Vorschlagswesen einbringen?

Eine Alternative ist die Durchführung von regelmäßigen Zusammentreffen zur Optimierung des Organisationsdesigns, zum Beispiel mittels Einführung sogenannter Governance-Meetings, also Steuerungstreffen. Diese sind fester Bestandteil von Holacracy, einer agilen Organisationsform (siehe hierzu und zu den folgenden Ausführungen Robertson, 2016, S. 61 ff. sowie die Erläuterungen zu Holacracy auf Seite 306 in diesem Buch). Je Kreis werden regelmäßig und nach Bedarf Steuerungstreffen durchgeführt – wobei jeder Mitarbeiter das Recht hat, ein solches einzuberufen. Es ist klar geregelt, welche Themen in Steuerungstreffen zugelassen sind. Diese sind:

> Rollen im Verantwortungsbereich einsetzen, verbessern oder abschaffen,

> Regeln, die im Verantwortungsbereich angewendet werden, schaffen, verbessern oder abschaffen,

> Subverantwortungsbereiche schaffen, verbessern oder auflösen.

Weiterhin werden in den Steuerungstreffen Personen gewählt, die spezifische, in Holacracy vorgesehene Rollen ausüben. Die Meetings folgen einer festen Agenda und verwenden einen konsentorientierten Entscheidungsprozess (siehe Abbildung zum Konsentverfahren auf Seite 104). Der immer gleiche Ablauf führt dazu, dass alle Beteiligten das Vorgehen kennen und einüben. So können Veränderungen am Organisationsdesign schnell abgestimmt und eingeführt werden (Robertson 2016, S. 60 ff.). Sollten sich diese Änderungen nicht bewähren, ist es ein kleiner Schritt, um Korrekturen durchzuführen – es muss lediglich ein erneutes Steuerungstreffen einberufen und durchgeführt werden.

3 | Planung je Konferenz

Letzter Schritt im Baustein **Konferenze**n und am Organizational Design Canvas ist die Planung je Konferenz. Hier geht es darum,

> Zweck und Themenspektrum je Konferenz festzulegen,

> den Teilnehmerkreis abzustimmen,

> die Frequenz der Durchführung der Konferenz zu bestimmen und

> festzulegen, wann die Konferenz jeweils durchgeführt werden soll.

Weiterhin sollten Sie prüfen, ob Sie Regeln zur Durchführung von Konferenzen festlegen möchten. Dies können zum Beispiel Regeln zur Vorbereitung und zur Nachbereitung von Konferenzen oder zum anzuwendenden Entscheidungsverfahren sein. Ergänzen Sie diese gegebenenfalls im Baustein **Regeln**.

FALLBEISPIEL TEAM MEDIEN

Das Team Medien hat sich die Formulierung von Regeln für die geplanten Steuerungs- und WOW!-Meetings vorgenommen und hat mit dem Abschluss des Bausteins **Konferenzen** seinen Organizational Design Canvas vollständig bearbeitet.

Team Media: Konferenzplanung

Konferenzen

I = Information
K = Koordination
E = Experimentieren

Bezeichnung	Zweck | Thema	Teilnehmer	Häufigkeit	Zeitpunkt
Stand-up	K: Gestern erledigt, für heute geplant, Hindernisse	Alle Teammitglieder	Täglich	15 Minuten, Termin je nach Team
Product Mgt. Community-Meeting	K: Priorisierung Projekte	Alle Produktmanager	2-wöchentlich	30 Minuten, Freitag nach Stand-ups
Leitungskreis-Meeting	K: Hindernisse aus dem Weg räumen	Alle Teamleiter	2-wöchentlich	30 Minuten, Freitag nach PMC-Meeting
KPI-Meeting	I: Infos zu aktuellen KPI	Alle	Monatlich	15 Minuten, erster Montag im Monat
Steuerungstreffen	K: Wie verbessern wir unser Organisationsdesign?	Leitungsteam & Freiwillige	Monatlich	90 Minuten, erster Montag im Monat
WOW!-Meeting	E: Wie begeistern wir die Stakeholder?	Alle	Quartalsweise	60 Minuten, erster Mittwoch im Quartal

Übersicht Vorgehen zur Bearbeitung des Bausteins Instrumente

1

Sichten Sie Ihre bislang erzielten Ergebnisse zum neuen Organisationsdesign und prüfen Sie, welche Anforderungen an regelmäßige Zusammentreffen in der Organisationseinheit bestehen: „Welche Zusammentreffen zur Information, welche zur Koordination und welche zum Experimentieren wären sinnvoll?“

2

Gleichen Sie die Anforderungen mit den bestehenden Konferenzen ab und bewerten Sie sowohl mögliche neue als auch die Ist-Konferenzen: „Welche regelmäßigen Zusammentreffen sind am besten geeignet, um die Abstimmung in der Organisationseinheit effizient zu bewältigen? Wie können wir Kommunikationslücken mit Hilfe von Konferenzen schließen und vermeiden? Welches ist das optimale Konferenzportfolio?“

Prüfen Sie hierbei auch, wie Sie Ihr Organisationsdesign an die beständigen Veränderungen der Rahmenbedingungen anpassen und weiterentwickeln möchten und ob Sie hierzu Steuerungstreffen etablieren möchten.

3

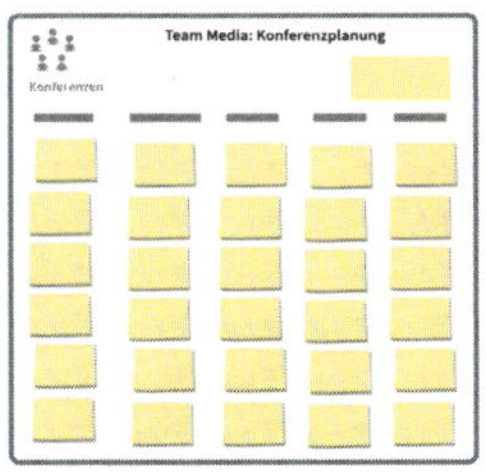

Planen Sie nun die von Ihnen ausgewählten Konferenzen und klären Sie: „Welches sind der Zweck und der Themenkreis der Konferenz? Wer nimmt wie teil? Wie häufig, wann und wie lange führen wir die Konferenz durch?“

Prüfen Sie auch, ob Sie für bestimmte Konferenzen das konkrete Vorgehen zur Vorbereitung, zur Durchführung, zur Entscheidungsfindung und zur Nachbereitung festlegen und gegebenenfalls entsprechende Regeln entwickeln sollten.

FALLBEISPIEL TEAM MEDIEN

Ergebnisse Organizational Design Canvas Team Medien

Instrumente. Das Team Medien hat seine Ziel-, Anreiz- und Feedbackinstrumente auf ihre Passung mit dem neuen Organisationsmodell geprüft und wird fast alle Instrumente anpassen beziehungsweise überarbeiten. Zudem soll ein stärkerer Fokus auf Erfolgskennziffern gelegt und ein entsprechendes Instrument entwickelt werden.

Regeln. Ähnliches gilt für die Regeln – auch hier gibt es Anpassungsbedarf. Ein Regelwerk soll gar außer Kraft gesetzt werden. Es sollen aber auch implizite in explizit formulierte Regeln überführt werden, um mehr Klarheit für die Teammitglieder zu schaffen.

Arbeitsgestaltung. Für das Team wesentliche Veränderungen sollen die Leitlinien „Mehr Entscheidungen durch die Teams" und „Agile Produktentwicklung" unterstützen. Daher werden weitere agile Praktiken eingeführt und die Koordination von Einzel-Jour-fixes auf Teammeetings verlagert.

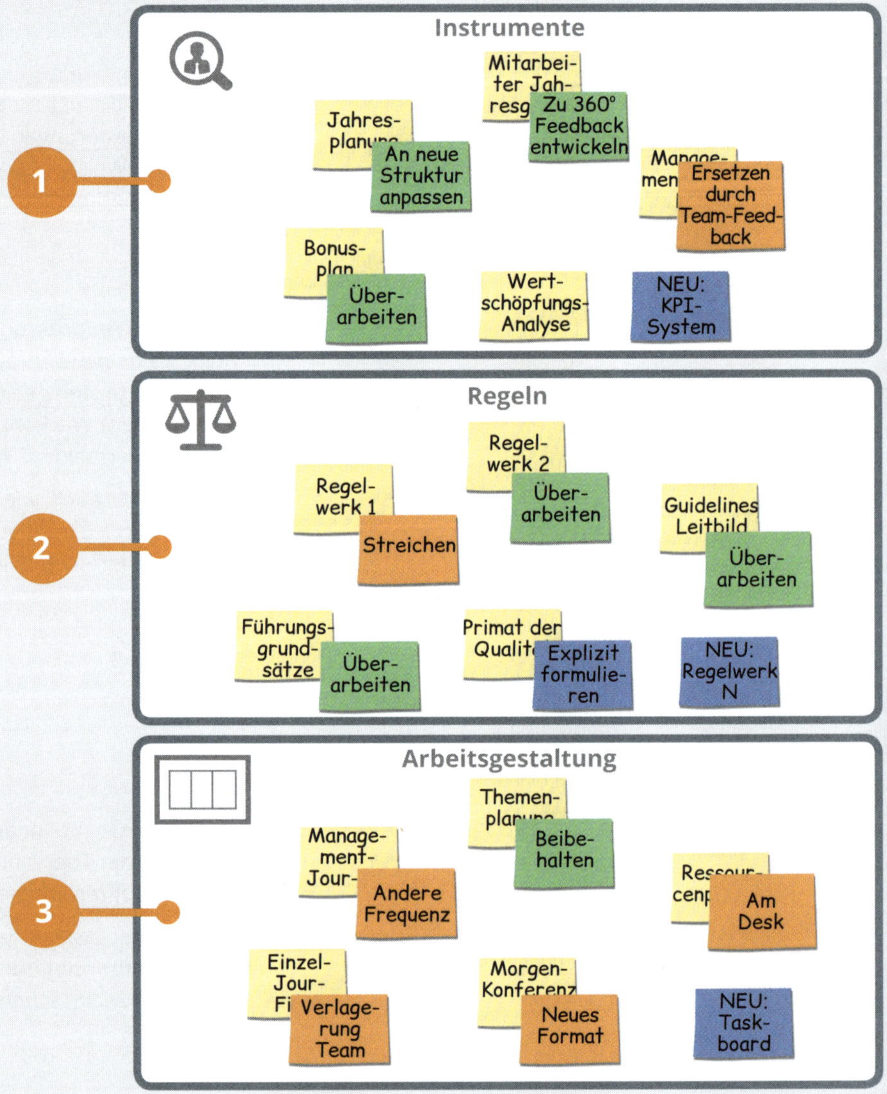

Arbeitsräume

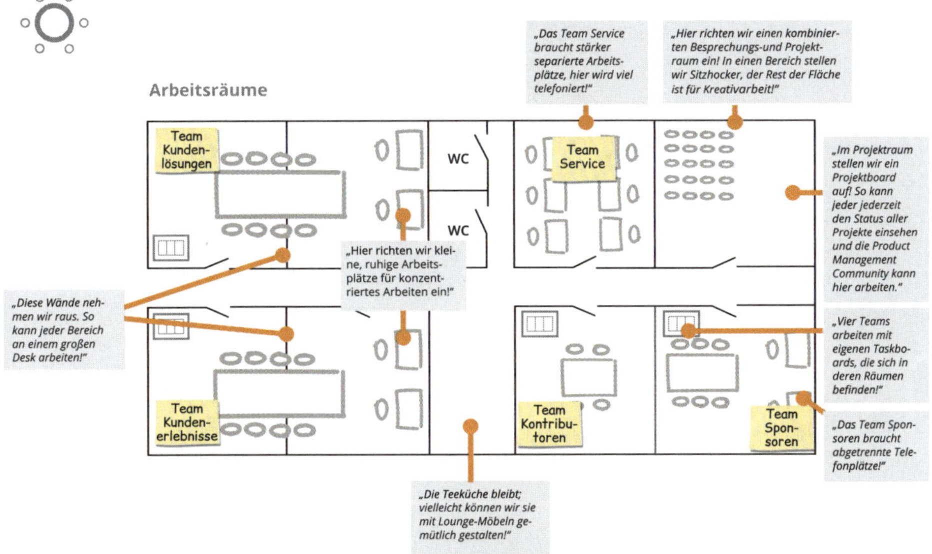

Arbeitsräume. Das Grobkonzept für die Arbeitsräume sieht einen Umbau der bestehenden Flächen vor. Mit wenigen Maßnahmen können wichtige Leitlinien des Organisationsdesigns, wie die Verlagerung von Entscheidungen auf die Teams und die verbesserte Zusammenarbeit in der Organisationseinheit, unterstützt werden.

4

Konferenzen

Bezeichnung	Zweck | Thema	Teilnehmer	Häufigkeit	Zeitpunkt
Stand-up	Gestern erledigt, für heute geplant, Hindernisse	Alle Teammitglieder	Täglich	15 Minuten, Termin je nach Team
Product-Mgt. Community Meeting	Priorisierung Projekte	Alle Produktmanager	2-wöchentlich	30 Minuten, Freitag nach Stand-ups
Leitungskreis Meeting	Hindernisse aus dem Weg räumen	Alle Teamleiter	2-wöchentlich	30 Minuten, Freitag nach PMC-Meeting
KPI-Meeting	Infos zu aktuellen KPI	Alle	Monatlich	15 Minuten, erster Montag im Monat
Steuerungs-treffen	Wie verbessern wir unser Organisations-design?	Leitungsteam & Freiwillige	Monatlich	90 Minuten, erster Montag im Monat
WOW!-Meeting	Wie begeistern wir die Stakeholder?	Alle	Quartals-weise	60 Minuten, erster Mittwoch im Quartal

Konferenzen. Das Team hat die verschiedenen Arten von Konferenzen, also Information, Koordination und Experimentieren, berücksichtigt und ein schlankes Set an regelmäßigen Meetings entwickelt. Im Vergleich zur Ist-Situation mit vielen Einzel-Jour-fixes wird sich die Abstimmungsqualität deutlich erhöhen.

3

03 Anwenden

Mit dem Vorgehen in Phase II des Orgazign-Prozesses „Designen und iterieren" sind Sie nun gut vertraut. Aber vielleicht sind Sie noch unsicher, wie Sie den Prozess konkret anwenden und durchführen können? Und wie Sie in Ihrem konkreten Fall am besten vorgehen? Hilfestellung zu diesen Fragen, aber auch Hinweise zu weiteren, den Prozess unterstützenden Methoden erhalten Sie in diesem Kapitel.

Zunächst erfolgt eine Übersicht über die typischen Anwendungsfälle für den Orgazign-Prozess. Weiterhin finden Sie für die wichtigsten Anwendungsfälle Hinweise, wie Sie konkret vorgehen und den Prozess gestalten können.

Schließlich finden Sie Tipps zur praktischen Anwendung der Methode und zu ergänzenden Methoden, die Ihnen an der einen oder anderen Stelle den Weg aus einer gedanklichen Sackgasse weisen können.

Anwendungsfälle

- In welchen Fällen kann ich den Orgazign-Prozess anwenden?
- Wann sollte ich auf andere Methoden zurückgreifen?

Vorgehen nach Anwendungsfällen

- Betrachtung einer kleinen Organisationseinheit
- Betrachtung einer mittleren Organisationseinheit
- Betrachtung einer großen Organisationseinheit
- Betrachtung einer Aufgabenstellung

Konkrete Tipps zur Anwendung

- Praktische Hinweise zur Handhabung der Methode
- Ergänzende Methoden und Wege aus Sackgassen

3.1
Die Möglichkeiten kennen: Anwendungsfälle

Was mit Orgazign erreicht werden kann
Naheliegende Anwendungsfälle zur Durchführung eines Orgazign-Prozesses sind alle Arten von angestrebten **strukturellen Veränderungen** in Unternehmen und anderen Institutionen. Aber auch **Verbesserungen einzelner Bausteine** des Organisationsdesigns können mit Hilfe des Orgazign-Prozesses konzipiert und herbeigeführt werden: zum Beispiel die Prüfung und Weiterentwicklung der Ziel-, Anreiz- und Feedbackinstrumente. Aber auch die Regeln, die Arbeitsgestaltung, die Arbeitsräume und die Konferenzen einer Organisationseinheit können unter Anwendung des Orgazign-Prozesses optimiert werden. Sie haben so den Vorteil, dass der Durchlauf des Prozesses ein insgesamt stimmiges Organisationsdesign sicherstellt und die Zusammenhänge zwischen den verschiedenen Elementen berücksichtigt werden.

Den Orgazign-Prozess können Sie also immer dann gewinnbringend einsetzen, wenn

> das bestehende Organisationsdesign insgesamt auf Optimierungspotenziale geprüft werden soll;

> ein neues Organisationsdesign entwickelt werden soll oder zum Beispiel aufgrund der Ausweitung der eigenen Aktivitäten entwickelt werden muss;

> einzelne oder mehrere Elemente des bestehenden Organisationsdesigns auf Optimierungspotenziale geprüft werden sollen;

> einzelne oder mehrere Elemente passgenau zum gesamten Organisationsdesign weiterentwickelt werden sollen.

Somit ergeben sich die beiden grundlegenden Anwendungsfälle

strukturelle Optimierung
einer Organisationseinheit

und

Teiloptimierung des Organisationsdesigns
einer Organisationseinheit.

Bezugspunkt dieser Anwendungsfälle ist jeweils eine Organisationseinheit (siehe Seite 52), die optimiert werden soll.

Ein weiterer möglicher Bezugspunkt sind Handlungsfelder, die verteilt über die Institution bearbeitet werden, wie zum Beispiel Produktmanagementaufgaben, das Management der fachlichen Anforderungen an die Systemunterstützung oder das Management von Kunden- und weiteren Daten. So sind die Verantwortlichkeiten für das Management von Kundendaten häufig auf verschiedene Bereiche verteilt: Im Vertrieb und im Kundenservice werden Kundendaten angelegt und editiert, weitere Kundendaten fallen im Bereich E-Commerce an. Im Marketing werden Selektionen durchgeführt und die Klassifikationslogiken gepflegt. Möchte das Unternehmen dies neu organisieren, so ist der Bezugspunkt nicht eine bestimmte Organisationseinheit, sondern das Handlungsfeld „Kundendaten".

Somit ist der dritte grundlegende Anwendungsfall für einen Orgazign-Prozess die

organisatorische Optimierung
eines Handlungsfelds.

Anwendungsfälle Orgazign

Was: Bezugspunkt

Strukturelle Optimierung einer Organisationseinheit
Entwicklung eines neuen Organisationsdesigns zur Verbesserung oder Schaffung von Strukturen in einer Organisationseinheit

Teiloptimierung des Organisationsdesigns einer Organisationseinheit
Neugestaltung von Elementen des Organisationsdesigns wie zum Beispiel der eingesetzten Ziel- und Anreizsysteme

Organisatorische Optimierung eines Handlungsfelds
Optimierung eines Handlungsfelds, das im aktuellen Organisationsdesign nicht oder über die Institution verteilt erbracht wird

Wo: Umfang

Gruppe
Betrachtet wird eine Gruppe zusammengehöriger Institutionen, zum Beispiel ein Konzern, eine Unternehmensgruppe, ein Dachverband

Institution
Betrachtet wird die gesamte Institution, die Teil einer Gruppe sein kann, zum Beispiel eine Ländergesellschaft, ein Unternehmen oder ein Verband

Bereich
Betrachtet wird ein Bereich innerhalb einer Institution, zum Beispiel ein Kreis, eine Division, eine Hauptabteilung oder eine Abteilung

Kleinste Einheit
Betrachtet wird die kleinste Organisationseinheit innerhalb einer Institution, zum Beispiel ein Team

Wie: Vorgehen

„Vom großen Ganzen zum Kleinen“
Initiiert vom Top-Management wird in einem Top-down-Verfahren eine umfassende Veränderung angestrebt

„Aus der Mitte heraus“
Initiiert vom Top- oder vom mittleren Management werden Veränderungen in einem Bereich angestrebt und gegebenenfalls auf andere Bereiche übertragen

„Im Kleinen“
Initiiert vom mittleren Management oder der operativen Ebene werden Veränderungen in einer kleinen Einheit angestrebt – als Selbstzweck, als Blaupause für andere oder als Experiment

„Quer“
Initiiert vom Top-, vom mittleren Management, einem Gremium oder Fachexperten werden Veränderungen eines Handlungsfelds quer über die Institution angestrebt

Wo Orgazign angewendet werden kann
Die Bandbreite des Einsatzes von Orgazign reicht von einer Gruppe verbundener Institutionen bis hin zu einem Team als kleinste Einheit innerhalb einer Institution „Zweiter Schritt in Phase I: Umfang des Prozesses", Seite 51). Betrachtet werden können

- zusammengehörige Gruppen von Institutionen, wie zum Beispiel ein Konzern, eine Unternehmensgruppe oder ein Dachverband
- Einzelinstitutionen wie zum Beispiel ein Unternehmen
- Bereiche innerhalb von Institutionen, die mehrere Organe umfassen, wie zum Beispiel eine Division, eine Hauptabteilung, eine Abteilung mit mehreren Teams oder ein Superkreis
- Die kleinsten Einheiten innerhalb einer Institution, also in der Regel das einzelne Team

Quelle: audiencestack.com; veröffentlicht unter Creative Commons Lizenz

Wie Orgazign zu Veränderungen beitragen kann
Veränderungen zu planen und zu konzipieren fällt meist relativ leicht. Veränderungen umzusetzen ist ungleich schwerer. Umso wichtiger ist es, den optimalen Ansatzpunkt zu finden. So können Veränderungen Top-down für die gesamte Institution vorangetrieben werden. Mit Blick auf ein neues Organisationsdesign oder neue Elemente des Organisationsdesigns bedeutet dies, dass die Veränderungen flächendeckend für die gesamte Institution gestaltet und eingeführt werden. Das Vorgehen erfolgt also „vom großen Ganzen zum Kleinen".

Ein anderer Weg ist der „aus der Mitte heraus". Hier werden ein neues Organisationsdesign oder Elemente des Organisationsdesigns in einem Bereich entwickelt und von dort aus auf die Institution ausgeweitet. So werden Veränderungen nicht zeitgleich in der gesamten Institution angegangen, sondern sie können sich in einem Teilbereich bewähren und – angereichert um Gelerntes – Schritt für Schritt übertragen werden.

Dies kann auch in Form von Experimenten erfolgen, wobei in einer Institution auch mehrere Experimente parallel durchgeführt werden können. Wichtig ist allerdings, dass man die Ursache-Wirkungs-Zusammenhänge jeweils klar erkennen kann, um positive und negative Auswirkungen zuordnen und bewerten zu können.

Eine weitere Option, um umfassende Veränderungen zu initiieren, ist die Neugründung von parallelen Institutionen, die ein gänzlich anderes Organisationsdesign aufweisen als die angestammte Institution.

Die Abbildung „Anwendungsfälle Orgazign" auf Seite 250 bietet Ihnen einen Überblick über die verschiedenen Anwendungsfälle. Nachfolgend wird das Vorgehen für die folgenden Anwendungsfälle des Orgazign-Prozesses näher betrachtet:

- Top-down-Anwendung in einer Gruppe
- Top-down-Anwendung in einer Institution
- Anwendung aus der Mitte heraus in einem Bereich
- Anwendung in einem Team
- Anwendung in einem Handlungsfeld
- Anwendung zur stetigen Optimierung des Organisationsdesigns

Die Anwendung der einzelnen Arbeitshilfen, also der Zielkarte und der drei Canvases, erfolgt unabhängig vom konkreten Anwendungsfall nach demselben Schema. Jedoch ist es sinnvoll, den Prozess insgesamt auf den jeweiligen Anwendungsfall hin zu planen und durchzuführen. So können unterschiedliche Startpunkte gewählt, Schwerpunkte gesetzt und gezielt ergänzende Methoden eingesetzt werden.

Vorgehen zur Herbeiführung von Veränderungen

Ein neues Organisationsdesign (oder Elemente daraus) wird für die gesamte Institution entworfen und eingeführt

Neue Ansätze werden in einem Bereich erarbeitet, eingeführt und gegebenenfalls mit oder ohne Adaption auf weitere Bereiche ausgeweitet

Verteilt über die Institution werden verschiedene Experimente durchgeführt, beobachtet und evaluiert – sowie gegebenenfalls dauerhaft implementiert

Ein in der Institution verteiltes Thema wird quer über die bestehende Organisation verändert

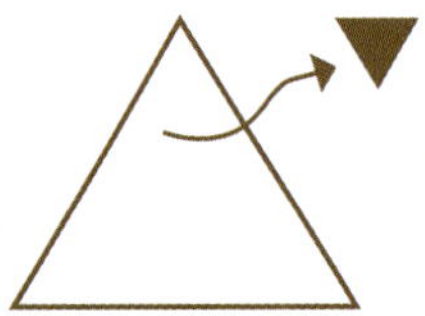

Eine parallele Einheit arbeitet in einem neuen Organisationsdesign, die Rückübertragung von Erkenntnissen wird angestrebt

In Anlehnung an Laloux,2017, S. 142 f.

3.2
Das richtige Vorgehen wählen: Vorgehen nach Anwendungsfällen

Anwendungsfall „Vom großen Ganzen zum Kleinen in einer Gruppe verbundener Institutionen"

Dieser Anwendungsfall ist für Sie relevant, wenn Sie vor der Herausforderung stehen, die Strukturen in einer **Gruppe** verbundener Institutionen zu optimieren. Die strukturelle Optimierung einer Gruppe, wie zum Beispiel eines Konzerns oder einer Unternehmensgruppe, ist mit besonderen Herausforderungen verbunden. Insbesondere müssen viele verschiedene Ebenen gestaltet werden. Startpunkt ist die Entwicklung einer geeigneten Grundstruktur der Gruppe. Diese sollte die Konzern- beziehungsweise Gruppenstrategie bestmöglich abbilden. Sodann muss eine Gestaltung auf Ebene der einzelnen Institutionen der Gruppe erfolgen, die viele Tochter- und Ländergesellschaften umfassen können. Innerhalb der Gesellschaften sind dann wiederum verschiedene Hierarchieebenen zu beachten.

Neben den verschiedenen Ebenen und den vielen zu gestaltenden Institutionen sind in der Regel viele Personen von strukturellen Veränderungen betroffen. Fehler skalieren daher ebenso wie positive Effekte, was hohe Anforderungen an den Prozess, den inhaltlichen Input in den Prozess und dessen Ergebnisse stellt. Zudem muss besonderes Augenmerk auf die zentral für alle Institutionen in der Gruppe erbrachten Leistungen gelegt werden. Hier gilt es zum Beispiel zu klären, ob die Zentralbereiche eine Rolle als dienstleistende oder als regelsetzende Organe einnehmen und welchen Beitrag zur horizontalen Koordination zwischen den Institutionen sie leisten sollen.

Entsprechend sorgfältig sollte ein Orgazign-Prozess zur strukturellen Optimierung von Gruppen geplant und durchgeführt werden. Kleinere Institutionen können bei Fehlentwicklungen schneller gegensteuern und daher stärker thesengeleitet agieren; in größeren Institutionen ist eine analytische Vorgehensweise angeraten.

Anwendungsfall „Vom großen Ganzen

Beschreibung	Wer initiiert?	Alternativen
	Aufsichtsgremien oder Top-Management	
	Wer ist involviert?	
> Die Gesamtstruktur einer Gruppe verbundener Institutionen soll optimiert werden > Dies erfolgt in einem Top-down-Ansatz, also inklusive der Prüfung und Optimierung der Gruppenstruktur > Mithin ist zumeist eine enge Verknüpfung des Orgazign-Prozesses mit der Entwicklung der Gruppen- bzw. Konzernstrategie angeraten	> Vorstand/Top-Management auf Gruppenebene > Strategie/Unternehmensentwicklung > Top-Management auf Ebene der einzelnen Institutionen > Weitere Führungskräfte	> Aufgabenbasierte Organisations-gestaltung > Organigramm-fokussierte Organisationsgestaltung > Einsatz eigener Methoden > Einsatz von Consultants und deren Methoden

Prozess	Besonderheiten
Vorgehen Die Optimierung des Organisationsdesigns in einer Gruppe erfordert ein stufenweises Vorgehen: Zunächst muss die Gruppenstruktur definiert werden, dann kann auf Ebene der einzelnen Institutionen deren jeweilige Binnenstruktur entwickelt werden. Dies kann auf Basis eines kaskadierenden Prozesses unter Einsatz der Orgazign-Methode und gemeinsamer Leitlinien erfolgen, die die Einhaltung wichtiger Grundmuster gewährleisten. **Planen und vorbereiten** Bereits die Formulierung der Ziele für den Orgazign-Prozess greift mit hoher Wahrscheinlichkeit in die bestehenden Interessen und Machtstrukturen in der Gruppe ein. Vor der Zielformulierung ist daher eine sorgfältige Auswahl der Beteiligten angeraten. Weiterhin sollte der Prozess sorgfältig geplant werden, inklusive der zur Durchführung des Prozesses erforderlichen Kapazitäten. **Organizational Challenges** Die Identifikation der organisatorischen Herausforderungen auf Gruppenebene sollte auf einem vorgelagerten Analyse- und Strategieprozess aufsetzen. So können die Outputs, Prozesse, Fördernisse und Hindernisse auf einem bearbeitbaren Abstraktionsniveau zusammengeführt werden und sich der Realität dennoch möglichst stark annähern – trotz blinder Flecken, Tabus und Einflussnahmen zur Vorteilswahrung Einzelner. Auf Basis entsprechender Analysen und strategischer Überlegungen kann im Rahmen des Orgazign-Prozesses der Blick auf die wichtigsten Outputs und Prozesse sowie gruppenweit relevante Fördernisse und Hindernisse gerichtet werden. **Organizational Model** Dieses ist zunächst für die Gruppenstruktur zu erarbeiten. In einem zweiten Schritt werden die Zentralfunktionen als Top-down-Vorgabe gestaltet; in diesem Fall entwickeln die einzelnen Institutionen ein anschlussfähiges Organisationsmodell. Alternativ kann die Gestaltung der Zentralfunktionen auf Basis der Planung je Institution erfolgen – mit dem Risiko heterogener Anforderungen an die Ausgestaltung der Zentralfunktionen. **Organizational Design** Die Bausteine Instrumente und Regeln müssen ebenfalls sowohl auf Ebene der Zentrale als auch auf Ebene der Einzelinstitutionen bearbeitet werden.	> Einbettung in Analyse- und Strategieprozess sinnvoll/erforderlich > Orgazign-Methode kann kaskadierend über die verschiedenen Ebenen eingesetzt werden > Auf Gruppenebene formulierte Leitlinien sichern Kohärenz des Designs > Abstimmung Gruppenebene – Ebene der einzelnen Institutionen hinsichtlich Zentralfunktionen und einzelner Bausteine des Organisationsdesigns erforderlich > Viele Stakeholder und Eigeninteressen

Anwendungsfall „Vom großen Ganzen zum Kleinen in einer Einzelinstitution“

Dieser Anwendungsfall ist für Sie relevant, wenn Sie das Organisationsdesign des Gesamtunternehmens optimieren möchten. Er behandelt die Anwendung des Orgazign-Prozesses in einer Einzelinstitution, also ohne Vorgaben aus einer Restrukturierung auf Gruppenebene mittels eines Top-down-Ansatzes. Je größer die Institution, desto eher lohnt sich die Durchführung vorgelagerter und/oder begleitender Analysen, zum Beispiel zur Aufdeckung von Fördernissen und Hindernissen in Tabuzonen und Bereichen mit blinden Flecken:

- Tabuzonen sind wissentlich gemiedene Felder, die ihren Ursprung zum Beispiel in Misserfolgen der Vergangenheit haben können: „Das haben wir schon probiert, das funktioniert nicht.“
- Blinde Flecken sind unwissentlich gemiedene Felder, die sich zum Beispiel aus fehlenden oder nicht ausreichend ausgeprägten Kompetenzen ergeben können.

Prüfen Sie daher auch hier vorab, inwieweit das Vorgehen thesengeleitet oder analytisch erfolgen soll und wen Sie wann und wie in den Prozess einbinden. Gestalten Sie diesen sorgfältig, um Ihr Ziel eines besseren und vor allem umsetzungsfähigen Organisationsdesigns zu erreichen.

Anwendungsfall „Vom großen Ganzen

Beschreibung	Wer initiiert?	Alternativen
> Das Organisationsdesign einer einzelnen Institution soll optimiert werden > Dies erfolgt in einem Top-down-Ansatz mit dem Fokus auf eine möglichst optimale Gesamtstruktur der Institution > Kann sich auf ein Einzelunternehmen beziehen > Kann sich ebenso auf ein Unternehmen in einer Gruppe beziehen, sofern dies nicht mit Veränderungen der Gruppenstruktur einhergeht	Aufsichtsgremien oder Top-Management	
	Wer ist involviert?	
	> Top-Management > Management zweite und gegebenenfalls weitere Ebenen > Mitarbeiter (Anteil der involvierten Mitarbeiter abhängig von der Größe der Institution und der Breite des Prozesses)	> Aufgabenbasierte Organisationsgestaltung > Organigramm-fokussierte Organisationsgestaltung > Einsatz eigener Methoden > Einsatz von Consultants und deren Methoden > Umsetzung einer rahmengebenden Organisationsform, wie zum Beispiel Holacracy

zum Kleinen in einer Einzelinstitution"

Möglichkeiten der Prozessgestaltung	Besonderheiten

Vorgehen

Das Vorgehen zur Optimierung des Organisationsdesigns in einer Einzelinstitution kann unterschiedlich gestaltet werden. Einige Beispiele:

- Ein interdisziplinäres Team führt den gesamten Prozess durch und zieht bei Bedarf Experten hinzu (siehe Prozessbeispiel „Projektteam")
- Das Management oder ein speziell zusammengestelltes Team entwickelt ein Grobkonzept, das in mehreren Iterationen durch weitere Teams ausgearbeitet und optimiert wird (siehe Prozessbeispiel „Gemeinschaftlich")
- Verschiedene Teams erarbeiten parallel zueinander Ansätze für ein neues Organisationsdesign (siehe Prozessbeispiel „Experimentell")

Planen und vorbereiten

Auch in der Einzelinstitution greift bereits die Formulierung der Ziele für den Orgazign-Prozess mit hoher Wahrscheinlichkeit in die bestehenden Interessen und Machtstrukturen ein. Die Zielformulierung kann, muss aber nicht, im Kreis des Top-Managements erfolgen. Vielleicht binden Sie gezielt auch kritische Köpfe ein?

Organizational Challenges

Das Ausmaß der vorzuschaltenden Analyseprozesse ist jeweils für den Einzelfall zu bestimmen. In kleineren Institutionen besteht oftmals ein ausreichender Überblick, um thesengeleitet zu agieren – wobei in großen und kleinen Institutionen Tabuthemen und blinde Flecken einem optimalen Ergebnis im Weg stehen können.

Prüfen Sie daher vorab, wie Sie ein möglichst realistisches Bild der Ist-Situation und der Herausforderungen erarbeiten können. Dies ist sowohl für die Gestaltung eines wirklich guten Organisationsdesigns als auch in der Umsetzungsphase von hohem Wert!

Organizational Model und Design

Das Organisationsmodell wird im Top-down-Ansatz zunächst für die Gesamtstruktur der Institution entwickelt, um nachfolgend die Struktur je Verantwortungsbereich auszuarbeiten. Dies umfasst die Klärung, welche Verantwortlichkeiten zentral oder dezentral wahrgenommen werden und wie das Zusammenspiel zwischen zentralen und dezentralen Bereichen aussehen soll unter Berücksichtigung der Bausteine Instrumente, Regeln und Arbeitsgestaltung.

Besonderheiten

- Es bestehen viele Möglichkeiten, den Prozess sinnvoll zu gestalten
- Vorgelagerte und/oder begleitende Analysen können insbesondere in großen Organisation wertvollen Input erbringen
- Die Orgazign-Methode kann kaskadierend über die verschiedenen Ebenen eingesetzt werden
- Auf Gesamtebene formulierte Leitlinien sichern die Kohärenz des Designs

Prozessbeispiel „Projektteam"
Der grundlegende Ablauf des Orgazign-Prozesses ist immer gleich. Der Prozess kann jedoch unterschiedlich ausgestaltet werden. Dies gilt sowohl für die Frage, wer wie am Prozess beteiligt ist, als auch für die Abfolge der Prozessschritte. Ein mögliches Prozessdesign zur strukturellen Optimierung einer Einzelinstitution basiert auf klassischen Projektstrukturen. In diesem Vorgehen bilden Sie ein Projektteam, das den gesamten Prozess des Designens und Iterierens durchläuft. Das Projektteam sollte möglichst interdisziplinär aufgestellt sein und in pyramidal-hierarchischen Institutionen nach Möglichkeit auch Vertreter verschiedener Hierarchieebenen umfassen. Die Flankierung durch einen Lenkungskreis und/oder eine Resonanzgruppe unterstützt das Team, indem die im Team entwickelten Ansätze hier reflektiert und um weitere Sichtweisen ergänzt werden.

Prozessbeispiel „Projektteam"

1 | Basismodell

Interdisziplinäres Projektteam

Organizational Challenges Canvas
a) Erarbeitung der Herausforderungen auf Ebene der Institution und der Leitlinien

Organization Model Canvas
b) Erarbeitung des Basisorganisationsmodells, also der Verantwortungsbereiche auf erster Ebene

2 | Organization Model Verantwortungsbereiche und gesamt

Interdisziplinäres Projektteam

Organizational Challenges Canvas
a) Erarbeitung der Herausforderungen je Verantwortungsbereich

Organization Model Canvas
b) Erarbeitung Organisationsmodell je Verantwortungsbereich
- Hierbei iterative Optimierung Zusammenspiel Zentralfunktionen – weitere Bereiche
- Hierbei ständiger Abgleich der Passung zum Basismodell und gegebenenfalls iterative Überarbeitung des Basismodells

3 | Organizational Design Verantwortungsbereiche und gesamt

Interdisziplinäres Projektteam

Organizational Design Canvas
a) Planung der Regeln, Arbeitsgestaltung gesamt und je Verantwortungsbereich
- Hierbei wiederum iterative Optimierung Zusammenspiel Zentralfunktionen – weitere Bereiche
- Hierbei wiederum ständiger Abgleich Passung einzelner Verantwortungsbereich – Gesamtmodell und iterative Optimierung

Übergang Phase III
b) Planung der Umsetzungsphase

Fortlaufende Abstimmung mit Lenkungskreis und/oder Resonanzgruppe zur Qualitätssicherung und Abstimmung offener Punkte

Dieses Vorgehen bietet eine Reihe von **Vorteilen:**

- Schneller Fortschritt erzielbar
- Relativ wenige Beteiligte bedeuten einen geringeren Ressourceneinsatz in der Konzeptionsphase
- Einfachere Koordination des Prozesses
- Weniger Beteiligte müssen mit der Methode vertraut gemacht werden
- Starke Beachtung der Zusammenhänge zwischen den einzelnen Bausteinen im gesamten Prozessverlauf
- Stetiger Austausch mit dem Lenkungskreis und/oder der Resonanzgruppe erlaubt eine fortlaufende Qualitätssicherung

Jedoch gehen die Vorteile mit einer Reihe von **Nachteilen** einher:

- Zunächst beschäftigt sich nur eine kleine Gruppe mit den erforderlichen und wünschenswerten Veränderungen; dies steigert die Wahrscheinlichkeit von Akzeptanzproblemen, zum Beispiel aufgrund von „Nicht von uns erfunden"-Effekten bei weiteren Beteiligten
- Alle weiteren Betroffenen müssen die kognitiven und emotionalen Prozesse des

Projektteams hinsichtlich der angestrebten Veränderungen und der Auswirkungen dieser Veränderungen auf die eigene Person mit einer Zeitverzögerung durchlaufen; dieser Zeitverzug führt häufig zu Problemen im Change Management

- Mit weniger Beteiligten werden in der Regel auch weniger Ideen in den Prozess eingebracht

- Ein schnellerer Durchlauf führt zu kürzeren gedanklichen Inkubationszeiten bei den Beteiligten und somit wiederum zu weniger in den Prozess eingebrachten Ideen

- Es wird weniger Know-how zum Thema Organisationsdesign aufgebaut; dies hemmt eine gegebenenfalls angestrebte agile Entwicklung des Organisationsdesigns

- Es fließen weniger Sichtweisen in die Lösungsfindung ein als bei den weiteren dargestellten Prozessbeispielen

Insgesamt ist dieses Vorgehen daher geeignet, wenn

- für die Entwicklung aufgrund gesetzter Rahmenbedingungen nur wenig Zeit und/oder Ressourcen zur Verfügung stehen;

- lediglich eine Prüfung des Ist-Organisationsdesigns vorgesehen ist und das Projektteam zunächst nur Alternativen aufzeigen soll, die gegebenenfalls in einem nachgelagerten Prozess weiter ausgearbeitet werden sollen;

- eine Teiloptimierung des Organisationsdesigns angestrebt wird, die ausgewählte Experten optimal ausarbeiten können (siehe den entsprechenden Anwendungsfall unten).

Prozessbeispiel „Gemeinschaftlich"
Ein weiteres mögliches Vorgehen stellt das Prozessbeispiel „Gemeinschaftlich" dar, das deutlich mehr Beteiligte in den Orgazign-Prozess einbindet.

In einem ersten Schritt wird ein Basismodell entwickelt. Dies kann durch ein kleineres Team, zum Beispiel das Managementteam, aber auch im Rahmen eines breit angelegten Workshops erfolgen. In solchen Großgruppen-Workshops werden in Arbeitsgruppen parallel mehrere Organisationsmodelle entwickelt. Die einzelnen Arbeitsgruppen präsentieren sich gegenseitig ihre Entwürfe und geben sich Feedback zu Vor- und Nachteilen, Chancen und Risiken sowie Verbesserungsansätzen. Anschließend überarbeiten die einzelnen Teams ihre Entwürfe, indem sie das Feedback, aber auch interessante Aspekte und Lösungsansätze anderer Arbeitsgruppen, in ihr Modell integrieren. Nach einem zweiten oder auf Wunsch auch dritten Durchlauf werden die Modelle auf Basis der Ansätze zur Qualitätssicherung bewertet (siehe Seite 186 ff.). Nun kann ein präferiertes Modell ausgewählt werden oder eine Zusammenführung verschiedener Modelle erfolgen.

In einem zweiten Schritt werden dann für die im Basismodell vorgesehenen Verantwortungsbereiche die organisatorischen Herausforderungen und das Organisationsmodell erarbeitet. Hierbei sollten Experten für die jeweils bearbeiteten Verantwortlichkeiten eingebunden werden, sodass verschiedene Teams parallel tätig sind. Bei der Entwicklung der Organisationsmodelle je Verantwortungsbereich sollte erneut eine Bewertung des Basismodells erfolgen, inklusive der Ableitung von Verbesserungsvorschlägen.

Diese können dann im dritten Schritt zusammengeführt werden, sodass eine Optimierung des Basismodells erfolgt. Hierbei werden in aller Regel Abgrenzungsfragen zwischen den Verantwortungsbereichen sowie zwischen zentralen und dezentralen Verantwortlichkeiten aufkommen. Daher sollten auch die ersten Bausteine des Organizational Design Canvas, also die **Instrumente**, die **Regeln** und die **Arbeitsgestaltung**, bearbeitet werden. So erhalten Sie ein umfassendes Bild auf mögliche Ansätze der Zusammenarbeit zwischen zentralen und dezentralen Einheiten.

Die Ergebnisse aus Schritt 3 werden im darauffolgenden Schritt wiederum auf Ebene der einzelnen, gegebenenfalls neu zugeschnittenen Verantwortungsbereiche weiterbearbeitet – mit dem Ziel, ein vollständiges Design je Verantwortungsbereich zu entwickeln. Die so erarbeiteten Ergebnisse werden dann im fünften und abschließenden Schritt in einem Gesamtmodell zusammengeführt.

Dieses Prozessdesign zeichnet sich durch die folgenden **Vorteile** aus:

- Die Einbindung vieler Beteiligter ermöglicht die aktive Auseinandersetzung mit Veränderungserfordernissen von Beginn an und baut Unterstützungspotenzial für die spätere Umsetzungsphase auf
- Die Einbindung vieler Beteiligter integriert verschiedene Sichtweisen, Ideen und Ansätze in den Prozess
- Die Einbindung vieler Personen schult diese im Hinblick auf ein gutes Organisationsdesign und unterstützt so die spätere agile Weiterentwicklung des Organisationsdesigns
- Der Wechsel der Betrachtungsebenen von der Gesamtinstitution zum einzelnen Verantwortungsbereich zurück zur Gesamtinstitution und so weiter führt zu wertvollen Reflexionsschleifen und einer stetigen Verbesserung des Organisationsdesigns
- Das Zusammenspiel der verschiedenen Verantwortungsbereiche wird Schritt für Schritt ausgestaltet, die Akzeptanz für eine Neuverteilung von Verantwortlichkeiten somit gefördert

TIPP

Bitte bedenken Sie auch: Die mehrfache Betrachtung der entwickelten Modelle führt Schritt für Schritt zu einem gleichen Verständnis des Modells. Dies ist ein wichtiger Aspekt, da die Teilnehmer an einem Orgazign-Workshop diesen zumeist mit recht unterschiedlichen Vorstellungen davon verlassen, wie das gemeinsam entwickelte Modell funktionieren soll. Die Sichtweisen der Beteiligten nähern sich erst im Laufe der Zeit an, da die konkreten Auswirkungen sich erst bei näherer Beschäftigung mit dem Modell offenbaren!

Aber auch dieses Vorgehen hat **Nachteile**:

- Der Ressourcenbedarf in der Konzeptionsphase ist höher
- Die Prozesskoordination ist aufwendiger
- Der Prozess nimmt mehr Zeit in Anspruch
- Probleme im Projektverlauf und wahrgenommene Sackgassen wirken sich auf mehr Beteiligte aus

Insgesamt eignet sich dieses Prozessdesign, wenn

- die Lösungsfindung von Anbeginn breit angelegt ist;
- möglichst viel Know-how zum Thema Organisationsdesign aufgebaut werden soll, um dessen agile Weiterentwicklung zu fördern;
- davon ausgegangen wird, dass größere Veränderungen erforderlich sein werden, sodass eine frühe Einbindung vieler Beteiligter die nachfolgende Umsetzungsphase erleichtert und beschleunigt;
- alle bestehenden Verantwortungsbereiche aktiv an einer Optimierung mitwirken sollen und die Verteilung der Verantwortlichkeiten neu verhandelt werden soll;
- die Umsetzung auf Basis eines breiten und tiefen Verständnisses über das Organisationsmodell und dessen Funktionsweise erfolgen soll.

Prozessbeispiel „Gemeinschaftlich“

1 | Basismodell	2 | Grobgestaltung Verantwortungsbereiche	3 | Optimierung Basismodell	4 | Gestaltung Verantwortungsbereiche	5 | Zusammenführung und Qualitätssicherung
Managementteam oder Großgruppen-Workshop	Teams je Verantwortungsbereich	Managementteam oder Großgruppen-Workshop	Teams je Verantwortungsbereich	Managementteam oder Großgruppen-Workshop
Organizational Challenges Canvas a) Erarbeitung der Herausforderungen gesamt und der Leitlinien **Organization Model Canvas** b) Erarbeitung des Basisorganisationsmodells, also der Verantwortungsbereiche auf erster Ebene c) Festlegung der Teams zur weiteren Bearbeitung je Verantwortungsbereich	**Organizational Challenges Canvas** a) Erarbeitung der Herausforderungen je Verantwortungsbereich **Organization Model Canvas** b) Erarbeitung Organisationsmodell je Verantwortungsbereich c) Bewertung des Basisorganisationsmodells aus Sicht des betrachteten Verantwortungsbereichs und Ableitung von Optimierungsvorschlägen	a) Zusammenführung der Erkenntnisse aus 2. **Organization Model Canvas** b) Optimierung Basismodell c) Planung des Zusammenspiels Zentralfunktionen – weitere Bereiche **Organizational Design Canvas** d) Planung der Instrumente, Regeln, Arbeitsgestaltung gesamt e) Ableitung der Implikationen je Verantwortungsbereich	**Organization Model Canvas** a) Optimierung der Gestaltung je Verantwortungsbereich unter Berücksichtigung der Erkenntnisse aus 3. **Organizational Design Canvas** b) Bearbeitung des Organizational Design Canvas c) Sammlung zu klärender Punkte hinsichtlich der Zusammenarbeit mit Schnittstellenbereichen	**Organization Model Canvas** a) Zusammenführung der Erkenntnisse aus 4. b) Abstimmung Gestaltung der Schnittstellen c) Qualitätssicherung Organisationsmodell **Organizational Design Canvas** d) Abstimmung offener Punkte zu den Bausteinen des Organizational Design Canvas **Übergang Phase III** e) Planung der Umsetzungsphase

Fortlaufende Koordination durch einen Prozessverantwortlichen

Prozessbeispiel „Experimentell"

1 | Basismodell	2 | Organization Model Verantwortungsbereiche und gesamt	3 | Organizational Design Verantwortungsbereiche und gesamt
Parallele Arbeit durch mehrere Teams	Großgruppen-Workshop	Großgruppen-Workshop oder Lenkungkreis
Organizational Challenges Canvas a) Erarbeitung der Herausforderungen gesamt und der Leitlinien **Organization Model Canvas** b) Erarbeitung von Basisorganisationsmodellen je Team (= Verantwortungsbereiche erste Ebene)	a) Präsentation der Ergebnisse aus 1. **Organizational Challenges Canvas** b) Zusammenführung und gemeinsame Priorisierung der organisatorischen Herausforderungen c) Gemeinsame Erarbeitung von Leitlinien auf Basis der Vorschläge aus den Teams **Organization Model Canvas** d) Zusammenführung der Ergebnisse zum Basismodell e) Gemeinsame Ausarbeitung eines Gesamtorganisationsmodells	a) Festlegung des weiteren Vorgehens auf Basis der erzielten Ergebnisse • Zum Beispiel: Fortsetzung entsprechend Projektbeispiel „Projektteam", Schritt 2 • Zum Beispiel: Fortsetzung entsprechend Prozessbeispiel „Gemeinschaftlich", Schritt 2 c) Festlegung der Teams und der Prozesssteuerung zur weiteren Bearbeitung

Prozessbeispiel „Experimentell"
Ein weiteres Prozessdesign ist experimentell angelegt. In diesem Prozess entwickeln mehrere Teams parallel die organisatorischen Herausforderungen, die Leitlinien und die möglichen Organisationsmodelle für die Gesamtinstitution. Die Teams können hierbei ganz unterschiedlich zusammengesetzt sein:

- Ein Team je Ist-Verantwortungsbereich oder aus ausgewählten Bereichen
- Interdisziplinäre Teams mit Mitgliedern aus verschiedenen Verantwortungsbereichen
- Hierarchieübergreifend besetzte Teams
- Ein Management- und ein oder mehrere Mitarbeiterteam(s)
- Teams, die externe Sichtweisen, zum Beispiel von Kunden oder Dienstleistern, einbinden
- Teams, die jeweils verschiedene Denkfertigkeiten wie zum Beispiel visionäres, diagnostisches, bewertendes Denken vereinen (siehe Rustler, 2016, S. 79 f.)

Im Rahmen eines Großgruppen-Workshops werden die in den Teams erzielten Ergebnisse zusammengeführt und anschließend bewertet.

Dieses Vorgehen ist insofern experimentell, als die Art und Güte der in den ersten Schritten erzielten Ergebnisse schwer vorhersagbar ist. Entsprechend kann das weiter Vorgehen erst auf Basis der in den ersten Schritten erzielten Ergebnisse geplant werden.

Der wesentliche Vorteil dieses Vorgehens ist die Möglichkeit der Integration ganz unterschiedlicher Sichtweisen und Ansätze in den Orgazign-Prozess. Die Anwendung der Methode schafft für die Beteiligten den erforderlichen Rahmen, um dezentral Ergebnisse zu erzielen, die nachfolgend gemeinsam weiterbearbeitet werden können.

Das Vorgehensmodell kann auch angewendet werden, wenn eine Teiloptimierung des Organisationsdesigns angestrebt wird.

Anwendungsfall „Aus der Mitte heraus"
Sie möchten einen Bereich in Ihrer Institution optimieren, der wiederum mehrere Organe umfasst, also zum Beispiel eine Hauptabteilung mit mehreren Abteilungen? Dann ist der Anwendungsfall „Aus der Mitte heraus" für Sie relevant. Das konkrete Vorgehen sollten Sie abhängig von der Größe der betrachteten Organisationseinheit gestalten. Daher werden zwei Prozessbeispiele vorgestellt: das Prozessbeispiel „Kleiner Bereich" und das Beispiel „Großer Bereich". Unabhängig von der Größe der betrachteten Organisationseinheit ist eine angemessene Einbindung der Schnittstellenbereiche wichtig. Denn in aller Regel haben Veränderungen des Organisationsdesigns in einer Organisationseinheit Auswirkungen auf andere Bereiche innerhalb und außerhalb der Institution, wie zum Beispiel angrenzende Verantwortungsbereiche, Zentralbereiche oder auch wichtige Zulieferer und Dienstleister.

Sofern Sie die Ergebnisse des Orgazign-Prozesses im Anschluss gegebenenfalls auf weitere Bereiche übertragen möchten, ist das Prozessbeispiel „Blaupause" für Sie relevant.

Anwendungsfall „Aus der Mitte heraus"

Beschreibung	Wer initiiert?	Alternativen
> Die Struktur eines Bereichs, der mehrere Unterbereiche umfasst, soll optimiert werden > Einzelelemente des Organisationsdesigns in einem Bereich sollen optimiert werden > Die hierbei entwickelten Optimierungsansätze sollen entweder nur in diesem Bereich umgesetzt oder nach ihrer Bewährung auf weitere Bereiche transferiert werden – gegebenenfalls nach Anpassung an die jeweiligen Rahmenbedingungen	Top-Management, mittleres Management oder operative Ebene **Wer ist involviert?** > Führungskraft des Bereichs > Mitarbeiter des Bereichs > Vertreter wichtiger Schnittstellenbereiche > Ggf. Top-Management	> Aufgabenbasierte Organisationsgestaltung > Organigramm-fokussierte Organisationsgestaltung > Einsatz eigener Methoden > Einsatz von Consultants und deren Methoden > Anlehnung an eine rahmengebende Organisationsform

Möglichkeiten der Prozessgestaltung	Besonderheiten
Vorgehen Das Vorgehen zur Optimierung des Organisationsdesigns „aus der Mitte heraus“ sollte entsprechend der Zielsetzung gestaltet werden. Ist es Ziel, die Ergebnisse auf weitere Bereiche zu übertragen, sollten Erfordernisse hieraus frühzeitig beachtet und gegebenenfalls weitere Beteiligte einbezogen werden. Aber auch wenn die Ergebnisse gekapselt für einen Bereich erarbeitet werden, können sich Auswirkungen auf und neue Anforderungen an Schnittstellenbereiche inklusive Gremien und die Managementebene ergeben. Die Berücksichtigung der Perspektive anderer Bereiche ist daher auch in diesem Fall ratsam. **Planen und vorbereiten** Bei der Festlegung des Umfangs des Orgazign-Prozesses in Phase I „Planen und vorbereiten“ sollte geklärt werden, wie und wann die Perspektive anderer Bereiche eingebracht werden kann. **Organizational Challenges** Die Identifikation der organisatorischen Herausforderungen sollte Einflussfaktoren der Gesamtorganisation berücksichtigen, aber mit Fokus auf den betrachteten Bereich erfolgen – in der Regel auch, wenn übertragbare Ergebnisse angestrebt werden. Denn der Versuch, die Belange weiterer Bereiche von Anbeginn an zu berücksichtigen, steigert die Komplexität, und mit hoher Wahrscheinlichkeit werden Kompromisslösungen erforderlich. Die für diesen einen Bereich am besten geeignete Lösung könnte dann nicht erzielt werden. **Organizational Model** Zunächst muss eine sinnvolle Bereichsstruktur entwickelt werden. Hieran schließt sich die Entwicklung des Organisationsmodells je gebildetem Verantwortungsbereich an. Weiterhin ist die Anschlussfähigkeit an für den Bereich wichtige Schnittstellenbereiche sicherzustellen. **Organizational Design** Bei der Planung der Bausteine Instrumente, Regeln und Arbeitsgestaltung sind in der Regel durch die Institution gesetzte Rahmenbedingungen zu beachten; es kann aber auch zielführend sein, einen Grüne-Wiese-Ansatz zu verfolgen, in dem das Team ohne Rücksicht auf das bestehende Organisationsdesign innovative Ansätze erarbeitet.	> Kann gekapselt für einen Bereich oder mit dem Ziel der Übertragung auf andere Bereiche erfolgen > Umfasst die Detailplanung bis auf Ebene der einzelnen Stelle oder Rolle > Prozessdesign und Beteiligung sind abhängig von der Zielsetzung und von voraussichtlichen Auswirkungen auf Schnittstellenbereiche > Eine Übertragung sämtlicher Ergebnisse oder einzelner Bausteine auf weitere Bereiche oder die gesamte Institution kann im Nachgang vorgenommen werden

Prozessbeispiel „Kleiner Bereich"
Sofern Sie eine relativ kleine Organisationseinheit betrachten, können gegebenenfalls alle Mitarbeiter dieser Einheit in den Prozess eingebunden werden. Bei Bedarf können zudem Vertreter aus Schnittstellenbereichen an den Workshops teilnehmen. So werden die Interessen der Nachbarbereiche bereits in die Gestaltungsphase eingebracht – was Vor- und Nachteile mit sich bringen kann. Ein Vorteil ist die Berücksichtigung verschiedener Sichtweisen von Anbeginn. Ein Nachteil entsteht, wenn die Drittbereiche ihre Eigeninteressen zu stark in den Vordergrund drängen.

Im ersten Schritt wird in diesem Prozessdesign wiederum ein Basismodell entwickelt. Es hat sich bewährt, auf diesen ersten Workshop in Schritt 2 einen Reflexions-Workshop folgen zu lassen. So können alle Beteiligten die Ergebnisse Revue passieren lassen und gegebenenfalls in der Zwischenzeit weitere, bessere Ideen zur Gestaltung des Bereichs entwickeln. Hierbei ergeben sich in aller Regel Fragen zu Details des zukünftigen Vorgehens. Nutzen Sie diese als Anregung, um Ihr Organisationsdesign weiter zu verbessern.

Bauen Sie auf dieser Basis Ihr Organisationsdesign weiter auf, indem Sie den Organizational Design Canvas bearbeiten.

Prozessbeispiel „Kleiner Bereich"

1 | Basismodell	2 | Reflexions-Workshop	3 | Organizational Design Verantwortungsbereiche und gesamt
Arbeit mit ausgewählten Vertretern oder allen Mitarbeitern des Bereichs	**Arbeit mit ausgewählten Vertretern oder allen Mitarbeitern des Bereichs**	**Arbeit mit ausgewählten Vertretern oder allen Mitarbeitern des Bereichs**
Organizational Challenges Canvas a) Erarbeitung der Herausforderungen und Leitlinien **Organization Model Canvas** b) Erarbeitung des Organisationsmodells, also der Binnen-/Teamstruktur des Bereichs inklusive der Verantwortlichkeiten je Verantwortungsbereich en détail	**Organization Model Canvas** a) Reflexion der unter 1. erarbeiteten Ergebnisse und Annäherung an ein gemeinsames Verständnis des Modells b) Klärung von zwischenzeitlich aufgekommenen Fragen und offenen Punkten c) Qualitätssicherung und iterative Optimierung der Binnenstruktur **Organization Design Canvas** d) Bearbeitung des Organizational Design Canvas	**Organizational Design Canvas** a) Reflexion der unter 2. erarbeiteten Ergebnisse und weitere Annäherung an ein gemeinsames Verständnis des Modells b) Klärung von zwischenzeitlich aufgekommenen Fragen und offenen Punkten c) Qualitätssicherung und iterative Optimierung inklusive bereichsübergreifender Schnittstellen **Übergang Phase III** b) Planung der Umsetzungsphase

Auch die im zweiten Schritt erarbeiteten Ergebnisse sollten einer Reflexion unterzogen werden. Dies ist wichtig, da die Beteiligten erst nach und nach ein wirklich gemeinsames Verständnis für das Organisationsdesign entwickeln. Wundern Sie sich also nicht, wenn auch im dritten Schritt noch Missverständnisse und Unklarheiten offenbar werden.

Prozessbeispiel „Großer Bereich“

1 | Basismodell	2 | Grobgestaltung Verantwortungsbereiche	3 | Optimierung Basismodell	4 | Gestaltung Verantwortungsbereiche	5 | Zusammenführung und Qualitätssicherung
Managementteam oder Großgruppen-Workshop	**Teams je Verantwortungsbereich**	**Managementteam oder Großgruppen-Workshop**	**Teams je Verantwortungsbereich**	**Managementteam oder Großgruppen-Workshop**
Organizational Challenges Canvas a) Erarbeitung Herausforderungen und Leitlinien **Organization Model Canvas** b) Erarbeitung des Basisorganisationsmodells (= Festlegung der Verantwortungsbereiche) c) Festlegung Vorgehen Bearbeitung je Verantwortungsbereich	**Organizational Challenges Canvas** a) Erarbeitung der Herausforderungen je Verantwortungsbereich **Organization Model Canvas** b) Erarbeitung des Organisationsmodells je Verantwortungsbereich c) Bewertung des Basisorganisationsmodells aus Sicht des betrachteten Verantwortungsbereichs d) Ableitung von Optimierungsvorschlägen	**Organization Model Canvas** a) Zusammenführung der Erkenntnisse aus 2. b) Optimierung Basismodell c) Planung Zusammenspiel der Verantwortungsbereiche innerhalb des Bereichs **Organizational Design Canvas** d) Planung der Instrumente, Regeln, Arbeitsgestaltung gesamt e) Ableitung der Implikationen je Verantwortungsbereich	**Organization Model Canvas** a) Optimierung der Gestaltung je Verantwortungsbereich unter Berücksichtigung der Erkenntnisse aus 3. **Organizational Design Canvas** b) Bearbeitung des Organizational Design Canvas je Verantwortungsbereich c) Qualitätssicherung je Verantwortungsbereich d) Sammlung offener Punkte	**Organization Model Canvas** a) Zusammenführung der Erkenntnisse aus 4. b) Abstimmung Gestaltung der Schnittstellen c) Qualitätssicherung des Organisationsmodells **Organizational Design Canvas** d) Abstimmung offener Punkte zu den Bausteinen des Organizational Design Canvas **Übergang Phase III** e) Planung der Umsetzungsphase

Fortlaufende Koordination durch einen Prozessverantwortlichen

Prozessbeispiel „Großer Bereich“

Das Vorgehen in einer großen Organisationseinheit mit vielen Verantwortungsbereichen und mehreren Hierarchieebenen, wie zum Beispiel einer Hauptabteilung, ähnelt dem in einer Gesamtinstitution. So wird in diesem Prozessbeispiel analog zum Prozessbeispiel „Gemeinschaftlich“ (siehe Seite 261) zunächst ein Basismodell für den Bereich entwickelt. Dies kann zum Beispiel durch ein ausgewähltes Projektteam oder im Rahmen eines Großgruppen-Workshops erfolgen. Arbeitet der betrachtete Bereich eng mit anderen Bereichen in der Institution zusammen, sollte auch hier die Teilnahme von Vertretern aus den Schnittstellenbereichen geprüft werden.

Im zweiten Schritt werden die im Basismodell definierten Verantwortungsbereiche ausgearbeitet. Es folgen auch hier Optimierungsphasen, iterierend zwischen dem Gesamtmodell und den einzelnen Verantwortungsbereichen. Auch die Vor- und Nachteile des Vorgehens entsprechen denen des Prozessbeispiels „Gemeinschaftlich“.

Prozessbeispiel „Blaupause“

Sie haben in einem Bereich eine Blaupause für ein neues Organisationsdesign entwickelt, das Sie nun auf andere Bereiche übertragen möchten? Dann bietet Ihnen das Prozessbeispiel „Blaupause“ Anhaltspunkte zur Gestaltung Ihres Prozesses.

Ausgangspunkt ist ein durch einen Bereich erarbeitetes neues Organisationsdesign. Nunmehr sollen weitere Bereiche dieses auf ihre spezifische Situation übertragen.

TIPP

Wichtig ist hierbei, dass die Beteiligten die im Pilotbereich erarbeiteten Ergebnisse kennen, verstehen und einordnen können. Neben der Kenntnis der Ergebnisse sind hierzu auch Hintergrundinformationen förderlich. Insbesondere ist es für die Beteiligten hilfreich zu wissen, welches die Argumente und die Beweggründe für die getroffenen Entscheidungen waren, welche Einwände vorgebracht wurden und wie diese letztlich bewertet wurden.

Im ersten Schritt erfolgt in diesem Prozessbeispiel ein umfassendes Briefing zur Blaupause. Auf dieser Basis prüfen die Beteiligten die Übertragbarkeit der Ergebnisse auf den eigenen Bereich. Hierzu werden die Ergebnisse der einzelnen Bausteine des Organizational Challenges Canvas gesichtet und gegebenenfalls adaptiert – durch Streichung der für den betrachteten Bereich nicht relevanten Faktoren, Ergänzung weiterer Faktoren oder eine andere Priorisierung. So entwickelt das Team das erforderliche Verständnis für die eigene Situation und die eigenen organisatorischen Herausforderungen. Gleichzeitig kann das Team bei der Arbeit am Organisationsmodell besser einschätzen, welche Aspekte übernommen werden können und wo Anpassungsbedarf besteht.

Hierzu wird zunächst ein Kommunikationsmodell auf Basis der in der Blaupause verwendeten Designkriterien entwickelt. Je nach Einschätzung durch das Team können dann alternative Designkriterien probiert und die entstandenen Modelle verglichen werden – oder aber das Blaupausenmodell, gegebenenfalls mit Modifikationen, übernommen werden. Für den Fall, dass ein vom Blaupausenmodell stark abweichendes Modell auf Basis anderer Designkriterien präferiert wird, sollte geprüft werden, ob eine ausreichende Anschlussfähigkeit zum Gesamtmodell besteht. So ist es vielleicht wichtig, dass bestimmte Grundstrukturen eingehalten werden, um eine effektive Zusammenarbeit mit Zentralbereichen zu ermöglichen.

Prozessbeispiel „Blaupause“

1 | Input zur Blaupause

a) Input zum **Organisationsdesign**:
- Welche Ziele liegen der Blaupause zugrunde?
- Welche Outputs wurden berücksichtigt?
- Welches waren die angestrebten Outcomes?
- Welche Fördernisse und Hindernisse wurden formuliert?
- Welche Leitlinien wurden warum formuliert?
- Welche Designkriterien wurden warum angewendet?
- Welches Organisationsmodell wurde aus welchen Gründen gewählt?
- Welche Nachteile und Risiken gehen mit dem Modell einher?
- etc.

b) Input zu den Konsequenzen für die **Institution insgesamt**:
- Was wird sich für die Institution insgesamt verändern, wenn die Blaupause Schritt für Schritt auf weitere Bereiche adaptiert wird?
- Welche Rahmenbedingungen für die Entwicklung des eigenen Organisationsdesigns ergeben sich?
- etc.

2 | Prüfung Blaupause und Entwicklung Basismodell

Arbeit mit ausgewählten Vertretern oder allen Mitarbeitern des Bereichs

a) Prüfung der Ziele und der Bausteine des Organizational Challenges Canvas; gegebenenfalls Ergänzung von für den Bereich wichtigen Aspekten
b) Prüfung der Leitlinien auf Übertragbarkeit und gegebenenfalls Vornahme von Anpassungen
c) Prüfung der Designkriterien auf Anwendbarkeit im eigenen Bereich
d) Anpassungen am Blaupausenmodell und Ableitung Basismodell

2 | Reflexions-Workshop

Arbeit mit ausgewählten Vertretern oder allen Mitarbeitern des Bereichs

Organization Model Canvas

a) Reflexion der unter 2. erarbeiteten Ergebnisse und Annäherung an ein gemeinsames Verständnis des Modells
b) Klärung von zwischenzeitlich aufgekommenen Fragen und offenen Punkten
c) Qualitätssicherung
d) Iterative Optimierung der Binnenstruktur

Organizational Design Canvas

e) Bearbeitung des Organizational Design Canvas

3 | Organizational Design Verantwortungsbereiche und gesamt

Arbeit mit ausgewählten Vertretern oder allen Mitarbeitern des Bereichs

Organizational Design Canvas

a) Bewertung der unter 3. erarbeiteten Ergebnisse mit Fokus auf den Organizational Design Canvas
b) Klärung von zwischenzeitlich aufgekommenen Fragen und offenen Punkten
c) Qualitätssicherung
d) Iterative Optimierung, inklusive bereichsübergreifender Schnittstellen

Übergang Phase III

e) Planung der Umsetzungsphase

Anwendungsfall „Im Kleinen"
Der Orgazign-Prozess hat sich auch zur Optimierung der Zusammenarbeit im Team, also der kleinsten organisatorischen Einheit einer Institution, bewährt. Im Fokus steht hierbei die Rollenklärung auf Ebene der einzelnen Handelnden, also die Festlegung der Verantwortlichkeiten, Rechte und Pflichten je Stelle oder Rolle. Ein Team kann den Prozess durchlaufen, um die Zusammenarbeit im Team und/oder die Zusammenarbeit mit den Schnittstellenbereichen zu verbessern.

Um die Zusammenarbeit in einem Team zu verbessern, bestehen viele Alternativen aus den verschiedensten Denkrichtungen (siehe Abbildung „Anwendungsfall ‚Im Kleinen' "). Wann also lohnt sich der Einsatz des Orgazign-Prozesses? Dies ist der Fall, wenn

1. neue Anforderungen in Form von neuen und/oder mehr Outputs an das Team gestellt werden;
2. neue Anforderungen an Qualität und/oder Kosten an das Team gestellt werden;
3. zum Beispiel aufgrund von Veränderungen bei den Schnittstellenbereichen oder einer neuen Teamzusammensetzung eine neue Zuordnung von Verantwortlichkeiten, Rechten und Pflichten im Team erforderlich ist;
4. die aktuelle Teamleistung aufgrund von unklaren Rollen und/oder weiteren ungünstig gestalteten Elementen des Organisationsdesigns nicht optimal ist.

Andere Ansätze als Orgazign sind insbesondere dann zu bevorzugen, wenn die Teamleistung aufgrund von persönlichen Blockaden nicht optimal ist.

Anwendungsfall „Im Kleinen"

Beschreibung

- Der Orgazign-Prozess wird singulär in einem Team durchlaufen
- Ziele können die Verbesserung der Zusammenarbeit im Team und der Zusammenarbeit mit den Schnittstellenbereichen sein
- Der Orgazign-Prozess kann weiterhin eingesetzt werden, um das Team zur Bewältigung neuer Anforderungen gut aufzustellen
- Der Orgazign-Prozess unterstützt das Team dabei, die Rollen im Team besser zu gestalten und klarer herauszuarbeiten

Wer initiiert?

Team, Teamleitung, mittleres Management

Wer ist involviert?

- Alle Teammitglieder
- Teamleitung

Alternativen

- Methoden zur Teamreflexion und zur Verbesserung der Teamarbeit – Dysfunktionen-Check, Gruppenfelder (siehe Hofert, 2016), Markt der Erwartungen (siehe Königswieser/Exner, 2006) und viele andere
- Business Models for Teams (Clark & Hazen, 2017)
- Methoden des Prozessmanagements
- Teamcoaching
- Methoden zur Konfliktauflösung (siehe zum Beispiel Königswieser/Exner, 2006)

Möglichkeiten der Prozessgestaltung	Besonderheiten
Vorgehen Bei der Anwendung des Orgazign-Prozesses auf Teamebene kann und soll die Gestaltung bis auf Ebene der einzelnen Stelle oder Rolle erfolgen. Entsprechend sollten Experten mit einem guten Überblick über die Anforderungen der Tätigkeiten im Detail eingebunden werden – optimalerweise kann der Orgazign-Prozess mit dem gesamten Team erfolgen. **Planen und vorbereiten** Je nach Anlass der Durchführung des Orgazign-Prozesses sollte die Zielformulierung im Team in Abstimmung mit zum Beispiel den Schnittstellenbereichen und/oder in pyramidal-hierarchischen Organisationen der übergeordneten Hierarchieebene erfolgen. Hilfreich ist es, wenn die Interessen der Beteiligten vorab offen ausgetauscht werden können. **Organizational Challenges** Die Identifikation der organisatorischen Herausforderungen durch das Team selbst und ohne vorgeschalteten Analyseprozess führt in aller Regel bereits zu guten Erfolgen. Hilfreich ist jedoch auch hier, den Blick soweit möglich auf Tabuthemen und blinde Flecken zu richten. **Organizational Model** Beim Einsatz auf Teamebene stellen je nach Organisationskonzept die einzelnen Stellen oder Rollen die Verantwortungsbereiche dar. Somit können die tätigkeits- und zielbezogenen Verantwortlichkeiten im Detail geklärt werden. **Organizational Design** Hinsichtlich der Bausteine Instrumente und Regeln agiert das Team gewöhnlich in einem durch die Institution vorgegebenen Rahmen. Dennoch können gegebenenfalls der Einsatz der Instrumente im Team verbessert und eigene Instrumente angewendet werden. Weiterhin kann das Team bei Bedarf eigene Regeln entwickeln, die Arbeitsgestaltung optimieren sowie die Arbeitsräume und die eigenen Konferenzen gestalten.	> Planung bis auf Ebene der einzelnen Stelle beziehungsweise Rolle > Optimalerweise gesamtes Team involviert > Schnelle Überführung der Ergebnisse in konkrete Rollenbeschreibungen für die Beteiligten wichtig (siehe Phase III Umsetzung)

Die Durchführung von Phase II „Designen und iterieren" in einem Team kann ähnlich wie in einem kleinen Bereich in einer Abfolge aus zum Beispiel drei Workshops erfolgen. Die Dauer der Workshops hängt vor allem von der Größe des Teams und der Anzahl der Teilnehmer ab. Vorteilhaft ist es, möglichst alle Teammitglieder in die Workshops einzubinden. So verfügen alle über denselben Informationsstand, können sich von Anfang an einbringen und das Team durchläuft den Veränderungsprozess gemeinsam.

Prozessbeispiel „Team“

1 | Basismodell	2 | Reflexions-Workshop	3 | Organizational Design Verantwortungsbereiche und gesamt
Arbeit nach Möglichkeit mit allen Mitgliedern des Teams	**Arbeit nach Möglichkeit mit allen Mitgliedern des Teams**	**Arbeit nach Möglichkeit mit allen Mitgliedern des Teams**
Organizational Challenges Canvas a) Erarbeitung der Herausforderungen und Leitlinien **Organization Model Canvas** b) Erarbeitung des Organisationsmodells, also Festlegung der Verantwortlichkeiten auf Ebene der einzelnen Stelle beziehungsweise Rolle	**Organization Model Canvas** a) Reflexion der unter 1. erarbeiteten Ergebnisse und Annäherung an ein gemeinsames Verständnis des Modells b) Klärung von zwischenzeitlich aufgekommenen Fragen und offenen Punkten c) Qualitätssicherung und iterative Optimierung der Teamstruktur **Organizational Design Canvas** d) Bearbeitung des Organizational Design Canvas	**Organizational Design Canvas** a) Reflexion der unter 2. erarbeiteten Ergebnisse und weitere Annäherung an ein gemeinsames Verständnis des Modells b) Klärung von zwischenzeitlich aufgekommenen Fragen und offenen Punkten c) Qualitätssicherung und iterative Optimierung inklusive Zusammenarbeit mit den Schnittstellenbereichen **Übergang Phase III** e) Planung der Umsetzungsphase

Anwendungsfall „Quer“

Anders als bei den oben dargestellten Anwendungsfällen ist der Bezugspunkt hier nicht eine Organisationseinheit, sondern ein bestimmtes Handlungsfeld, das über die Institution verteilt bearbeitet wird. Optimiert wird daher die Bearbeitung eines Handlungsfelds. Handlungsfelder, die in einer über die Organisation verteilten Verantwortlichkeit liegen können, sind zum Beispiel

- Produktmanagement und Management des Produktportfolios
- Innovationsmanagement und Management des Projektportfolios
- Produktdatenmanagement
- Kundendatenmanagement
- Das Management wichtiger regulativer Anforderungen
- Qualitätsmanagement
- Das Management von Anforderungen an die IT-Unterstützung
- Das Wissensmanagement und das Management von Kompetenzen

Für die erfolgreiche Durchführung des Prozesses in diesem Anwendungsfall ist die sorgfältige Auswahl der Beteiligten besonders wichtig. Denn nicht nur das Expertenwissen ist in der Organisation verteilt – auch die Festlegung der gewünschten Outcomes der Optimierung sollte in der Regel auf Input aus mehreren Bereichen fußen.

Ähnlich wie im Anwendungsfall „Im Kleinen“ bestehen andere Alternativen zur Optimierung eines Handlungsfelds, zum Beispiel aus dem Prozessmanagement. Und auch hier gilt: Insbesondere wenn neue Anforderungen zu erfüllen oder Rollen unklar sind oder das bestehende Organisationsdesign der Bestleistung im Wege steht, lohnt sich die Durchführung eines Orgazign-Prozesses.

Anwendungsfall „Quer“

Beschreibung	Wer initiiert?	Alternativen
	Top-Management, mittleres Management oder Fachexperten	
	Wer ist involviert?	
> Ein über die bestehende Organisation verteiltes Handlungsfeld soll optimiert werden > Ein neues Organisationsdesign führt somit zu Veränderungen in verschiedenen Bereichen der Institution > Die Durchführung des Orgazign-Prozesses erfordert die Einbindung von Mitarbeitern aus verschiedenen Bereichen	> Experten im betrachteten Handlungsfeld > Gegebenenfalls interne Kunden > Management/Koordinator des Handlungsfelds > Gegebenenfalls General Management	> Aufgabenbasierte Organisationsgestaltung > Methoden des Prozessmanagements > Methoden des Projektmanagements > Methoden zur Teamreflexion und zur Verbesserung der Teamarbeit > Methoden zur Konfliktlösung

Möglichkeiten der Prozessgestaltung	Besonderheiten
Vorgehen Da ein über die Institution verteiltes Handlungsfeld bearbeitet wird, ist dessen klare Eingrenzung wichtig. Fragen Sie sich zum Beispiel: Wollen wir das Datenmanagement insgesamt betrachten? Oder fokussieren wir uns auf das Management der Produktdaten? Hierzu ist eine Problem- und Nutzenanalyse vorteilhaft. **Planen und vorbereiten** Auf dieser Basis können die Beteiligten und die Stakeholder identifiziert werden – insbesondere die Einbindung der internen Kunden ist wichtig zur Entwicklung guter organisatorischer Lösungen für das Handlungsfeld. Klären Sie zum Beispiel: Wo entstehen Produktdaten, wer bearbeitet Produktdaten, wer verwendet Produktdaten? **Organizational Challenges** Die Identifikation der organisatorischen Herausforderungen folgt dem bekannten Schema: Die Outputs und die angestrebten Outcomes müssen geklärt, die Prozesse sowie die Fördernisse und Hindernisse identifiziert und gegebenenfalls priorisiert werden. Auch hier unterstützen Leitlinien die Entwicklung neuer, besserer Lösungen. **Organization Model** Zur Entwicklung des Organisationsmodells definieren Sie entsprechend der Ihnen bekannten Vorgehensweise Verantwortungsbereiche auf Basis geeigneter Designkriterien. Nach der Bearbeitung des Bausteins Steuerung können Sie diese Verantwortungsbereiche zentralen oder dezentralen Organisationseinheiten zuweisen. **Organizational Design** Gerade für die effektive und effiziente Wahrnehmung verteilter Verantwortlichkeiten können die Bausteine Instrumente und Regeln sehr wichtig sein. Die Planung der Arbeitsgestaltung ist ebenfalls relevant, da die involvierten Bereiche gegebenenfalls unterschiedlich agieren und hieraus Probleme resultieren können. Die Prüfung, wie die (digitalen) Arbeitsräume und die Konferenzen optimiert werden können, sollte ebenfalls erfolgen und stellt häufig einen wichtigen Hebel zur Optimierung bei verteilten Verantwortlichkeiten dar.	> Bezieht sich nicht auf eine Organisationseinheit, sondern ein Handlungsfeld > Erfordert die bereichsübergreifende Zusammenarbeit im Orgazign-Prozess > Umfasst über die Institution verteilte Verantwortlichkeiten – außer bei vollständiger Zentralisierung im neuen Organisationsdesign > Erfordert daher möglichst klare Absprachen über die künftigen Verantwortlichkeiten, Rechte und Pflichten aller Beteiligten

Anwendungsfall „Fortlaufende Optimierung“
Dieser Anwendungsfall ist für Sie interessant, wenn Sie mit Unterstützung des Orgazign-Prozesses bereits ein neues Organisationsdesign entwickelt haben und dieses nun weiterentwickeln möchten. Dazu dienen möglicherweise Steuerungstreffen, die Sie bei der Entwicklung des Organisationsdesigns fest verankert haben. Aber auch, wenn Sie aufgrund konkreter Hindernisse oder neu aufgekommener Verbesserungsideen eine Justierung Ihres aktuellen Designs prüfen und entwickeln möchten, ist dieser Anwendungsfall für Sie relevant.

Startpunkt ist die Formulierung des konkreten Anlasses (siehe Schritt 1 der Zielkarte). Sodann gilt es, die bereits formulierten Ziele, Outcomes und Leitlinien auf Aktualität zu prüfen und im Organizational Challenges Canvas neue Erkenntnisse hinsichtlich der Outputs, der Prozesse sowie der Fördernisse und Hindernisse zu ergänzen.

Auf dieser Basis können Sie Ihr bestehendes Organisationsmodell und/oder die Bausteine des Organizational Design Canvas bearbeiten.

Anwendungsfall „Fortlaufende Optimieru

Beschreibung	Wer initiiert?	Alternativen
> Ein umfassender Orgazign-Prozess wurde durchgeführt und umgesetzt > Nun soll im Rahmen eines fest vereinbarten Steuerungstreffens oder aufgrund eines aktuellen Anlasses eine Optimierung des Organisationsdesigns geprüft und gegebenenfalls durchgeführt werden > Hierzu wird auf die zuletzt formulierten Ziele und Canvas-Inhalte zurückgegriffen	Abhängig von den getroffenen Regelungen zur Weiterentwicklung des Organisationsdesigns **Wer ist involviert?** Abhängig vom konkreten Anlass	> Aufgabenbasierte Organisationsgestaltung > Methoden des Prozessmanagements > Methoden des Projektmanagements > Methoden zur Teamreflexion und zur Verbesserung der Teamarbeit > Methoden zur Konfliktlösung

Möglichkeiten der Prozessgestaltung	Besonderheiten
Planen und vorbereiten Basis sind die erzielten Ergebnisse des initialen Orgazign-Prozesses beziehungsweise die Ergebnisse des letzten Reviews. Formulieren Sie zur Vorbereitung den Anlass für die Betrachtung Ihres Organisationsdesigns und prüfen Sie, ob die auf der Zielkarte genannten Ziele weiterhin aktuell sind oder neu formuliert werden sollten. **Organizational Challenges** Prüfen Sie hier zunächst, ob die Outcomes und die Leitlinien weiterhin gültig sind. Bei Bedarf formulieren Sie diese neu. Aktualisieren Sie dann, wo immer angebracht, die Outputs, Prozesse, Fördernisse und Hindernisse. Vielleicht müssen Sie weitere Aspekte ergänzen, vielleicht sind bislang gültige Angaben nicht mehr zutreffend. So kann ein Output entfallen sein, ein weiterer neuer Output hinzukommen, ein neues Hindernis aufgekommen sein etc. **Organization Model** Prüfen Sie nun gemeinsam im Team, ob aufgrund der im Organizational Challenges Canvas dokumentierten Änderungen auch neue Entscheidungstatbestände zu beachten sind und ob Veränderungen am bestehenden Organisationsmodell zu einer Verbesserung Ihres Organisationsdesigns führen würden. Vielleicht macht es Sinn, die Verantwortlichkeiten oder Entscheidungsbefugnisse neu zu ordnen? **Organizational Design** Überprüfen Sie ebenso die Bausteine des Organizational Design Canvas. Sind Veränderungen in den Bausteinen Instrumente, Regeln oder Arbeitsgestaltung angeraten? Kann eine veränderte Raumplanung zu Verbesserungen führen? Sind Anpassungen der Konferenzen – sei es hinsichtlich des Teilnehmerkreises, der Taktung oder der Inhalte – angeraten? Ermitteln Sie nach dem Durchlauf durch den Canvas den Handlungsbedarf und legen Sie das konkrete Vorgehen zur Umsetzung der beschlossenen Veränderungen fest.	> Dient der regelmäßigen oder der anlassbezogenen Prüfung und Optimierung Ihres Organisationsdesigns > Kann im Rahmen einer regelmäßigen Prüfung des Organisationsdesigns oder ad hoc erfolgen > Kann sich auf eine Organisationseinheit oder ein Handlungsfeld beziehen > Basiert auf vorab mit dem Orgazign-Prozess erzielten Ergebnissen

3.3

Damit die praktische Anwendung reibungslos abläuft: Tipps zur Anwendung

Sie haben Ihren Orgazign-Prozess geplant und nun geht es in die Vorbereitung der Arbeit? Dann finden Sie hier konkrete Tipps für die Arbeit mit dem Orgazign-Prozess. Den einen oder anderen Hinweis werden Sie bereits im bisherigen Text entdeckt haben – hier finden Sie das Wichtigste über die praktische Anwendung der Methode kompakt an einer Stelle.

Machen Sie die Beteiligten vorab ein Stück schlauer

Da sich das Thema „Organisation" mit dem gesunden Menschenverstand ein gutes Stück weit erschließen lässt, ist es ein wenig wie mit der Werbung oder der Fußballnationalmannschaft: Jeder kann mitreden. „Das ist aber eine schlechte Werbung!" oder „Warum hat er nicht [setzen Sie hier Ihren aktuellen Lieblingsspieler ein] eingewechselt, dann hätten sie das Ding noch gewonnen!". Welche Zielgruppe die Werbung hat, ist nicht so wichtig. Und dass wir den Trainingsstand unseres Lieblingsspielers nicht kennen – geschenkt. Und doch steckt hinter guter Organisation ebenso wie hinter erfolgreicher Werbung oder einem Weltmeistertitel eine gehörige Portion Fachwissen.

Der Orgazign-Prozess nimmt den Teilnehmern die Mühe ab, sich dieses Fachwissen en détail aneignen zu müssen. Dennoch sollten Sie nicht vergessen, dass die wenigsten (oder gar keine) der Beteiligten gelernte Organisationsexperten sind.

Es hat sich daher bewährt, Teilnehmern an Orgazign-Prozessen vorab eine Einführung in das Thema „Organisationsdesign" anzubieten. Hier können Sie grundlegende Begriffe und Konzepte für eine gemeinsame Sprache ebenso wie in Ihrer Institution bislang nicht gebräuchliche organisatorische Ansätze für innovative Ideen vermitteln. Weiterhin erhalten die Teilnehmer vorab einen Überblick über den Orgazign-Prozess. Am besten schalten Sie die Einführung einige Wochen vor den ersten

Workshops mit den Beteiligten. So erhöhen Sie die Aufmerksamkeit für das Thema. Und die Beteiligten können sich bereits erste Gedanken machen oder sogar gezielt Input sammeln, zum Beispiel zu Fördernissen und Hindernissen.

Bereiten Sie die Teilnehmer auf wichtige Grundsätze vor

Im Orgazign-Prozess werden Lösungen so weit wie irgend möglich auf Basis sachlicher Erfordernisse und Vorteile entwickelt. Das Organisationsmodell wird nicht um Personen herum gestaltet. Die Teilnehmer an Orgazign-Workshops können jedoch nur schwer die handelnden Personen ausblenden. Allzu schnell gleicht man das gerade diskutierte Modell mit den (vermutlich) infrage kommenden Personen zur Besetzung der Stellen oder Rollen ab. Wer aber die Entwicklung und Bewertung von Lösungen von den aktuell handelnden Personen abhängig macht, blendet die vielen Nachteile einer personenzentrierten Organisationsgestaltung, wie zum Beispiel eine hohe Abhängigkeit von diesen Personen, aus. Und übersieht gegebenenfalls, dass

- man selbst zumeist nicht über ein vollumfängliches Bild seiner Kollegen und ihrer Entwicklungsfähigkeiten verfügt;
- die insgesamt zu besetzenden Stellen und Rollen erst am Ende des Prozesses feststehen;
- es jederzeit durch Fluktuation zu Veränderungen im Personalbestand kommen kann und
- die Umsetzung des neuen Organisationsdesigns verschiedenste Maßnahmen zur Personalentwicklung, Versetzung oder gar Auflösung von Vertragsverhältnissen mit sich bringen kann.

Daher sollten die Teilnehmer bereits vorab darauf aufmerksam gemacht werden, dass die Phase „Designen und iterieren" ohne Diskussion über Personen erfolgt. Die Besetzung von Stellen oder Rollen erfolgt erst in Phase III „Umsetzung". So werden erforderliche Kompromisse so spät wie möglich und auf Basis des nach gemeinsamer Einschätzung bestmöglichen Organisationsmodells gemacht – und sachlich gute Lösungen nicht schon mitten im Prozess vorzeitig ausgebremst.

Weiterhin sollten Sie die Teilnehmer vorab auf die Relevanz der Iteration im Prozess aufmerksam machen. So können Sie dem folgenden psychologischen Effekt entgegenwirken: Menschen neigen dazu, Dingen, in die sie etwas investiert haben, einen Wert zuzuweisen. Je länger wir an etwas arbeiten, desto schwerer fällt es uns, das Bessere als den Feind des Guten zu akzeptieren. Genau das sollten wir aber tun, wenn wir auf der Suche nach einer wirklich guten Lösung sind.

Der Orgazign-Prozess geht daher davon aus, dass die Entwicklung eines Modells vor allem dazu dient, etwas zu lernen. Indem wir das erste von uns entwickelte Modell beiseitelegen und uns erneut an die Entwicklung eines Modells machen, verursachen wir keine Kosten, sondern wir entwerfen auf Basis des Gelernten ein besseres Modell.

Dieser aus dem Design Thinking bekannte Ansatz hilft uns dabei, uns Schritt für Schritt einer wirklich guten Lösung anzunähern (zur Denk- und Arbeitsweise im Design Thinking siehe Uebernickel u. a., 2015).

Machen Sie Unsichtbares sichtbar

In Gruppen können Annahmen über die Absichten anderer einer offenen Diskussion und der Entwicklung wirklich guter Lösungen im Wege stehen. Zum Beispiel könnte Mitarbeiter M annehmen, dass sein Kollege K gern den Job von Teamleiter T hätte. In diesem Fall wird er Aussagen von K beständig vor diesem Hintergrund bewerten. Dies ist aber wenig hilfreich, insbesondere wenn K keine solchen Ambitionen hegt.

Prüfen Sie daher, ob Sie die Teilnehmer am Orgazign-Prozess einladen können, sich über ihre ganz persönlichen Ziele im Zusammenhang mit einem neuen Organisationsdesign auszutauschen. Wenn dies gelingt, werden Sie gemeinsam offenere und lösungsorientierte Diskussionen führen – auch über möglicherweise auftretende Konkurrenzsituationen zwischen den Beteiligten.

Schaffen Sie den bestmöglichen Rahmen für alle Orgazign-Workshops

Die Ausstattung für einen Orgazign-Workshop ist sehr wichtig. Es wäre doch zu schade, wenn Sie knapp an einem wirklich guten Modell vorbeischrammen, weil im entscheidenden Moment kein Material für eine weitere Iteration zur Verfügung steht. Stellen Sie daher sicher, dass ausreichend Canvases, Stellwände, Haftnotizen, Flipcharts und Stifte zur Verfügung stehen und dass die Räume geeignet sind. Wenn zum Beispiel mehrere Arbeitsgruppen parallel arbeiten sollen, wird es schnell sehr laut im Raum. Wenn möglich, sollten nicht mehr als zwei Gruppen in einem Raum arbeiten.

Wo immer möglich, sollten Sie sich auch nicht von den Platzlimitationen der Canvases einschränken lassen. Sie können die Bausteine der Canvases mit wenigen Strichen auf beschreibbare Wände übertragen und so alle aus Sicht der Teilnehmer relevanten Aspekte sichtbar werden lassen. Und ergänzen Sie bei Bedarf für Ihren Orgazign-Prozess wichtige Aspekte, die auf den Canvases nicht aufgeführt sind.

Schreiben sollte nicht nur einer, schreiben sollten alle

Die Arbeit mit Haftnotizen am Canvas hat mehrere Vorteile. So können Sie ganz schnell Korrekturen vornehmen, indem Sie einzelne Haftnotizen abhängen, umhängen oder neue Notizen schreiben. Zudem kann in einer Phase der sprudelnden Ideen vielfacher Input entstehen, wenn alle einen Stift und einen Block Haftnotizen nutzen. Es zeigt sich immer wieder, dass Arbeitsgruppen, in denen nur eine Person Notizen macht, langsamer vorankommen als Gruppen, in denen viele oder alle schreiben. Es entsteht einfach eine andere Dynamik, wenn sich alle aktiv in den Prozess einbringen.

Und Geschwindigkeit ist durchaus erwünscht. Es ist zumeist besser, schnell ein erstes Modell und ein zweites Alternativmodell zu entwickeln, als allzu lange die Details eines Modells zu diskutieren. Wie oben bereits ausgeführt: Verbessern durch Iteration ist erwünscht.

Vertrauen Sie auf die Lösungskompetenz der Teilnehmer – aber helfen Sie ihr auf die Sprünge

Sie haben im Vorfeld eine sorgfältige Auswahl der Teilnehmer getroffen oder das ganze Team nimmt teil? Dann werden mit Sicherheit neue Lösungen entstehen. Wenn Sie aber Lösungen mit hohem Innovationsgrad anstreben oder absehbar vor schwierigen Arbeitsrunden stehen, sollten Sie einen geeigneten Moderator einbinden. Der Moderator sollte

- die Arbeitsgruppen zu einer dynamischen Arbeitsweise motivieren und sicherstellen, dass sich diese nicht zu früh zu intensiv und zu lange in Detaildiskussionen begeben;
- über einen großen Erfahrungsschatz hinsichtlich möglicher Organisationsformen verfügen und dem Team bei Bedarf entsprechende Impulse anbieten;

- das Team und gegebenenfalls die Arbeitsgruppen motivieren, verschiedene Ansätze zu durchdenken, die entwickelten Modelle zu iterieren, ineinander zu integrieren und so fort;
- das Team bei Bedarf in Denkrichtungen mit hohem Innovationsgrad für die Institution bewegen und zum Beispiel für das Team gegebenenfalls abwegige Designkriterien einbringen – auch wenn sich herausstellt, dass ein Designkriterium nicht geeignet ist, trägt es zum Lerneffekt bei, und häufig können einzelne Facetten gewinnbringend in andere Modelle integriert werden;
- ein gutes Gespür für die Dynamik der Gruppe und der einzelnen Teilnehmer mitbringen – es kommt immer wieder vor, dass sich Teilnehmer von der Gruppe distanzieren, da die aktuell geführte Diskussion für sie problematisch ist; ein kurzes offenes Zwiegespräch mit dem Moderator hilft den Teilnehmern, sich wieder in den Prozess zu integrieren.

Denken Sie vom Ende her

Überlegen Sie sich vor den Workshops jeweils auch, wie Sie die Ergebnisse dokumentieren und kommunizieren möchten. Bereiten Sie dies entsprechend vor. Zum Beispiel, indem Sie vorab klären, ob Sie

- die in den Workshops bearbeiteten Canvases bis zur Durchführung eines geplanten Reflexions-Workshops an einer von den Teilnehmern häufig frequentierten Stelle aushängen können, damit sich diese weiterhin konstruktiv mit dem Thema beschäftigen;
- zur Vermittlung der Ergebnisse an Mitarbeiter, die nicht an einem Workshop teilgenommen haben, einen Informationsmarkt veranstalten oder eine andere Form der Informationsübermittlung durchführen möchten und welche Anforderungen an die Dokumentation sich hieraus ergeben;
- eine schriftliche Dokumentation der Ergebnisse vornehmen werden, zum Beispiel um wichtige Diskussionsstränge über Vor- und Nachteile einzelner Ansätze festzuhalten und Dritten zugänglich zu machen (was Fotoprotokolle nicht ausreichend gewährleisten);
- hierzu neben einem Moderator eine weitere Unterstützung zur Dokumentation einbinden möchten.

Im Rahmen von Orgazign-Workshops werden Sie wahrscheinlich auch Erkenntnisse gewinnen, die auf Haftnotizen auf den Canvases nicht gut dokumentiert werden können. Daher ist es hilfreich, ein Themenspeicher-Flipchart vorzuhalten.

3.4

Wenn es mal schwierig wird: Weitere Methoden

Der Orgazign-Prozess stellt Ihnen einen methodischen Rahmen zur Verfügung, der die Erfolgsfaktoren für ein gutes Organisationsdesign in eine durch Gruppen gut bearbeitbare Logik und Abfolge bringt. Dennoch sind mitunter weitergehende Methoden wichtig, um den Prozess insgesamt gut bewältigen zu können. Hier finden Sie eine Auswahl von Methoden, die Sie insbesondere zur Analyse der Ist-Situation Ihrer Organisation einsetzen können. Diese unterstützen bei Bedarf die Vorbereitung des Orgazign-Prozesses. Weiterhin finden Sie Methoden, die den Verlauf des Prozesses selbst unterstützen können – zum Beispiel zur Herbeiführung von Entscheidungen.

Methoden zur Analyse der Ist-Situation

Sie haben in Ihrer Institution die Erfahrung gemacht, dass kulturelle Faktoren einer erfolgreichen Veränderung immer wieder im Wege stehen? Dann kann es sich lohnen, sich diese vorab bewusst zu machen. So stehen sie nicht unausgesprochen bei jedem Workshop im Raum, sondern können besprochen und bearbeitet werden. Und es steigt die Wahrscheinlichkeit, dass Ihr Orgazign-Prozess einen Beitrag zur Überwindung negativ wirkender Muster leisten kann. Die folgenden Methoden dienen dem Aufdecken beziehungsweise der Bewusstmachung von Werten und Verhaltensmustern in der Institution.

Übersicht Analysemethoden zur Unterstützung der Phasen I und II

Name der Methode	Quelle der Methode	Mögliche Einsatzgebiete
Selbstdiagnose der Unternehmenskultur	R. Königswieser (Königswieser/Exner, 2006)	Aufdecken von für den Orgazign-Prozess wichtigen kulturellen Faktoren
Analyse der Kooperationsmuster und ihrer Blockaden	R. Nagel (Nagel, 2014)	Input zur bestmöglichen Förderung der zukünftigen bereichsübergreifenden Zusammenarbeit durch das zu erarbeitende Organisationsdesign
Prozessdurchläufe	M. Olavarria	Tiefere Kenntnis der Kernprozesse sowie der Fördernisse und Hindernisse zur Entwicklung eines die Prozesse optimal unterstützenden Organisationsdesigns
Offenlegung der eigenen Interessen	M. Olavarria	Herbeiführung von Transparenz zu Veränderungsbereitschaft und Veränderungswünschen der Beteiligten und Vermeidung falscher Zuweisungen

Selbstdiagnose der Unternehmenskultur

Ziel ist es, Kulturelemente als Basis für die Formulierung von Hypothesen sicht- und wahrnehmbar zu machen. Dies unterstützt den Orgazign-Prozess, indem die hierbei gewonnenen Erkenntnisse in die folgenden Elemente und Bausteine einfließen können:

- Formulierung der kulturellen Ziele in der Orgazign-Zielkarte
- Formulierung von Outcomes
- Bestimmung von kulturellen Fördernissen und Hindernissen
- Entwicklung der Leitlinien

Nehmen Sie sich hierzu zwei bis drei Stunden Zeit und arbeiten Sie in einem Kreis von drei bis 20 Teilnehmern (Königswieser/Exner, 2006, S. 164 f.). Sie benötigen lediglich Schreibwerkzeug und Flipcharts. Sollten sich bei der Selbstdiagnose der Unternehmenskultur oder aus anderer Quelle Hinweise ergeben, dass Tabuthemen die Institution stark prägen, können Sie diese mit Hilfe des Tabuzirkels ebenfalls in das Bewusstsein der Beteiligten rücken (Königswieser/Exner, 2006, S. 236 f.).

Vorgehen Selbstdiagnose der Unternehmenskultur

Wann einsetzen?	Sie haben die Erfahrung gemacht, dass kulturelle Faktoren der Entwicklung und Umsetzung guter Lösungen im Wege stehen können und möchten für den Orgazign-Prozess gegebenenfalls wichtige Kulturelemente aufdecken.
Wie vorgehen?	1 In Einzelarbeit bearbeitet jeder Teilnehmer die folgende Aufgabenstellung: *Notieren Sie drei konkrete Situationen beziehungsweise Erlebnisse, die sich im letzten Halbjahr im Unternehmen zugetragen haben.* 2 In der folgenden Gruppenarbeit bearbeiten jeweils drei Teilnehmer die Aufgabe: *Präsentieren Sie nacheinander Ihre Erlebnisse und tauschen Sie sich auf diese Weise untereinander aus. Fragen Sie nach!* *Versuchen Sie schließlich Gemeinsamkeiten zu finden, die sich wie ein roter Faden durch alle beobachteten Vorkommnisse ziehen.* 3 Die Ergebnisse der Arbeitsgruppen werden nacheinander im Plenum präsentiert. 4 Anschließend wird geprüft, welche Phänomene wiederkehrend in vielen oder gar allen Ergebnissen dargestellt werden. Diese Muster werden als gelebte Normen und Werte schriftlich festgehalten. Dies erfolgt, indem jeder Satz mit „Du sollst ...“ beginnt. 5 Es erfolgt eine Reflexion der Ergebnisse im Hinblick auf den Orgazign-Prozess: > Welche kulturellen Ziele sind für den Orgazign-Prozess relevant? > Was müssen wir im Orgazign-Prozess beachten, um den Einfluss hinderlicher Kulturfaktoren auf ein vertretbares Maß zu reduzieren? 6 Dokumentation der Ergebnisse zur Beachtung der Thesen im weiteren Verlauf des Prozesses

Analyse der Kooperationsmuster und ihrer Blockaden

Die Analyse der Kooperationsmuster und ihrer Blockaden unterstützt Sie dabei, Hindernisse und Fördernisse in der bereichsübergreifenden Zusammenarbeit zu identifizieren. Hierzu werden die impliziten Spielregeln der Zusammenarbeit zwischen den Bereichen, das Problemlösungsverhalten und Kooperationsblockaden betrachtet.

Dies hilft den Beteiligten, die Kooperationsbeziehung zwischen zwei Bereichen zu verstehen und Lösungsansätze für ein besseres Organisationsdesign zu entwickeln. Hierzu können Sie mit Beteiligten aus den jeweiligen Bereichen ohne besondere Hilfsmittel und auf Basis der Formulierung von Hypothesen Erkenntnisse gewinnen (siehe zu dieser Methode Nagel, 2014, S. 168 ff.).

Vorgehen Analyse der Kooperationsmuster und ihrer Blockaden

Wann einsetzen?

Sie möchten ein vertieftes Verständnis der bereichsübergreifenden Zusammenarbeit in Ihrer Institution gewinnen, die wahren Hindernisse für eine bessere Zusammenarbeit herausarbeiten und so die Entwicklung eines besseren Organisationsdesigns unterstützen.

Wie vorgehen?

1. Bilden Sie Gruppen, die aus einem Vertreter je Bereich bestehen. Erste Aufgabe der Gruppen ist es, die impliziten Spielregeln der Zusammenarbeit herauszuarbeiten:
   - Was würden Sie einem neuen Mitglied des Kooperationssystems raten, besser nicht zu tun oder besser nicht zu sagen?
   - Was würden Sie einem neuen Mitglied raten, was es tun oder machen sollte, wenn es schnell akzeptiert sein möchte?
   - Was wurde in unserer Kooperation schon entschieden, aber nicht oder nur zögerlich umgesetzt?
   - Was wurde in unserer Kooperation erfolgreich umgesetzt?
   - Welche Hypothesen zu den impliziten Regeln der Kooperation können wir ableiten?
2. Mischen Sie die Gruppen neu. Die neu entstandenen Gruppen bearbeiten nun die folgenden Fragen:
   - Welche Methoden der Problemlösung, wie zum Beispiel gemeinsame Arbeitsgruppen, Wissensmanagement, kollegiale Beratung oder Eskalation, setzen wir in unserer Zusammenarbeit ein?
   - Mit welchen Einstellungen gehen wir jeweils daran, Probleme zu lösen und neue Aufgaben wahrzunehmen? Wie unterscheiden sich diese zwischen den beteiligten Bereichen?
   - Welche Hypothesen zu unseren Problemlösungsmustern können wir ableiten?
3. Mischen Sie die Gruppen ein letztes Mal. Nun erfolgt eine gemeinsame Bewertung der Kooperationsblockaden (siehe Abbildung „Analyse der Kooperationsblockaden").
4. Tragen Sie in der Gesamtgruppe die wichtigsten Erkenntnisse zusammen: Was prägt die Zusammenarbeit auf den verschiedenen Ebenen?
5. Es erfolgt eine Reflexion der Ergebnisse im Hinblick auf den Orgazign-Prozess:
   - Welche Hindernisse und Fördernisse können wir ableiten?
   - Wie können wir in Zukunft bessere Ergebnisse erzielen und welchen Input für die verschiedenen Bausteine des Organisationsdesigns können wir ableiten?

Analyse der Kooperationsblockaden

Blockierung 1: Hohe Arbeitsteilung und „Kästchendenken“

Wenig Kontakt unter den Akteuren, hohe Spezialisierung von Kleingruppen, die in Geheimsprachen (Codes) kommunizieren.	1	2	3	4	Akteure arbeiten gleichzeitig in verschiedenen Gruppen, sind untereinander vernetzt und arbeiten an gemeinsamen Projekten.

Blockierung 2: Konfuse Innovationsarchitektur

Keine klar kommunizierten Innovationsthemen, Verzettelung in viele unkoordinierte Initiativen und Werkstätten mit Einzeltüftlern.	1	2	3	4	Klare Prioritätensetzung bei einer überschaubaren Anzahl von Innovationsthemen, Bündelung der Initiativen, alle ziehen mit.

Blockierung 3: Normative und ideologische Scheuklappen

Feste Glaubenssätze und mentale Modelle werden beständig wiederholt, abweichende Meinungen gelten als abwegig, Kritik ist riskant.	1	2	3	4	Einladung zum Widerspruch, Kritik wird eingefordert und belohnt, Akteure sind experimentierfreudig.

Blockierung 4: Hoher Handlungsdruck

Hohe Regeldichte frisst Zeit, Akteure leiden unter hohem Zeit- und Arbeitsdruck.	1	2	3	4	Akteure erledigen Routineaufgaben leichtfüßig, Freiräume werden geschaffen und genutzt für Beziehungspflege und neue Aufgaben.

Blockierung 5: Kommunikationsdefizite

Akteure sind schlecht informiert und nutzen Informationsdefizite als Machtressource, wenig Austauschmöglichkeiten.	1	2	3	4	Akteure sind gut informiert und kommunizieren aktiv.

Blockierung 6: Ungenutzte Erfahrungsschätze

Erfahrungsauswertung ist lästige Pflicht und Spezialaufgabe, niemand interessiert sich für Ergebnisse und Wirkungen.	1	2	3	4	Erfahrungsauswertung ist in die Leistungsprozesse eingebaut, Akteure werten Erfahrungen periodisch aus und nutzen sie.

Je Blockierung sollten Alltagsbeobachtungen die Bewertung veranschaulichen. | Quelle: Nagel, 2014, S. 169 f.

Prozessdurchläufe

Die Durchführung von Prozessdurchläufen erlaubt tiefe Einblicke in Kernprozesse der Institution. In einem Prozessdurchlauf beobachtet ein interdisziplinäres Team einen definierten Prozess „End-to-End". Ein Vorgang wird also vom üblichen Startpunkt, wie zum Beispiel einer Kundenanfrage, bis zur Endstation, wie der Abbildung des Prozessergebnisses in einem Report, gemeinsam durchlaufen. Wo immer möglich, erfolgt dies physisch vor Ort. Man durchschreitet die Institution von Prozessstation zu Prozessstation und nimmt die jeweiligen Bearbeitungsschritte und wichtigen Input durch den jeweiligen Bearbeitenden auf.

Den einzelnen Teammitgliedern werden vorab Beobachterrollen zugewiesen, sodass sie sich auf bestimmte Eigenschaften des Prozesses konzentrieren können. Ein Teammitglied nimmt zum Beispiel die Kundensicht ein, ein anderes könnte sich auf die Systemunterstützung fokussieren, das dritte Teammitglied aus Kostensicht auf den Prozess blicken und so weiter.

Nach dem eigentlichen Durchlauf werden die Ergebnisse zusammengetragen sowie Hindernisse und Fördernisse identifiziert. Diese und weitere Erkenntnisse können direkt in den Orgazign-Prozess einfließen.

Vorgehen Prozessdurchläufe

Wann einsetzen?

Sie möchten ein besonderes Augenmerk auf die Kernprozesse und deren Optimierung legen. Zum Beispiel, weil

- die Prozessoptimierung ein herausragend wichtiges Ziel für Ihren Orgazign-Prozess ist;
- die Kernprozesse klar verbesserungsbedürftig sind;
- die Ursachen für nicht optimal ablaufende Prozesse nicht ausreichend klar sind.

Wie vorgehen?

1. Legen Sie die mittels eines Prozessdurchlaufs zu analysierenden Prozesse fest und wählen Sie das Team zur Durchführung der Prozessdurchläufe aus.
2. Setzen Sie das Team in Kenntnis über die Ziele und den Umfang der Prozessdurchläufe. Schulen Sie das Team. Das Projektteam muss wissen,
   - welche Eigenschaften einen optimalen Prozess auszeichnen;
   - wie das Vorgehen ist und was jeder Einzelne konkret leisten und beachten soll.
   - wie das Zielbild aussieht.

   Weiterhin ist es hilfreich, das Team mit geeigneten Fragetechniken auszustatten.
3. Vergeben Sie im Team die Beobachterrollen und legen Sie gemeinsam das konkrete Vorgehen fest: Wo starten wir, wen müssen wir informieren, welche Ausstattung brauchen wir (Checkliste Qualitätsmerkmale Prozesse, Klemmbretter, Flipchart)?
4. Starten Sie Ihren Prozessdurchlauf und prüfen Sie:
   - Warum ist dieser Schritt wichtig?
   - Wie wird bei diesem Schritt ein Mehrwert geschaffen?
   - Wird dieser Schritt immer gleich durchgeführt?
   - Warum wird der Schritt so und nicht anders durchgeführt?
   - Was kann an dieser Stelle schiefgehen?
   - Welches sind kritische Ereignisse?
   - etc.
5. Tragen Sie die gewonnenen Erkenntnisse im Team zusammen und reflektieren Sie die Implikationen für den sich anschließenden Orgazign-Prozess:
   - Welche Hindernisse und Fördernisse gibt es?
   - Wie können wir in Zukunft bessere Ergebnisse erzielen und welchen Input für die verschiedenen Bausteine des Organisationsdesigns können wir ableiten?

Offenlegung der eigenen Interessen

Die an einem Orgazign-Prozess Beteiligten haben jeweils auch eigene Interessen. Leider werden diese häufig nicht offen kommuniziert und diskutiert, sodass die Beteiligten Annahmen über die Interessen der anderen treffen. Dies ist eine durchaus typische Situation, in der es jedoch zu ungerechtfertigten Zuweisungen von Interessen und in der Folge „politisch" geführten Diskussionen und Entscheidungen kommen kann.

Eine Offenlegung der Interessen aller Beteiligten im Zusammenhang mit einem geplanten Redesign wird häufig gescheut, kann den Orgazign-Prozess aber deutlich verbessern. Daher sollten Sie den Einsatz der Methode zumindest dann in Erwägung ziehen, wenn der Orgazign-Prozess nicht auf die Reduktion von Stellen und Personalkosten abzielt. Der strukturierte gemeinsame Austausch über die Einzelinteressen der Beteiligten gibt Ihnen nicht nur einen Eindruck über die Veränderungsbereitschaft im Team, sondern kann zu einem besseren Miteinander in der Planungs- und Umsetzungsphase führen – sofern die Beteiligten sich öffnen und ihre wahren Interessen zum Ausdruck bringen. Die Methode „Offenlegung der Interessen" möchte dies fördern.

Vorgehen Offenlegung der Interessen

Wann einsetzen?	Sie glauben, dass Zuweisungen aufgrund von unausgesprochenen Interessen den Orgazign-Prozess beeinträchtigen könnten und gehen davon aus, dass ein Austausch der Interessen mit den Schlüsselpersonen für den Prozess oder gar allen Beteiligten möglich ist. Sie möchten daher Transparenz herstellen, wer Interesse daran hat, > dass sich möglichst wenig/nichts ändert; > sich fachlich weiterzuentwickeln und andere Aufgaben zu übernehmen; > weitere Karriereschritte zu gehen.
Wie vorgehen?	1 Prüfen Sie zunächst, in welchem Kreis die Offenlegung der Einzelinteressen positive Effekte für den Orgazign-Prozess haben kann – tauschen Sie sich gegebenenfalls mit weiteren Beteiligten und Stakeholdern hierzu aus: Was spricht dafür, was dagegen? 2 Setzen Sie die Teilnehmer in Kenntnis über die Ziele einer Offenlegung der Interessen und warum und wie dies den anstehenden Orgazign-Prozesse fördert. Unterbreiten Sie den Teilnehmern auf einem Zettel konkrete Positionierungsangebote, zum Beispiel: > „Ich wünsche mir, dass ich meine jetzige Rolle auch in Zukunft beibehalten kann." > „Ich wünsche mir, dass ich mich zukünftig fachlich weiterentwickeln kann und würde gern andere/mehr Aufgaben übernehmen." > „Ich wünsche mir, dass sich für mich Chancen eröffnen, mehr Verantwortung zu übernehmen." > „Ich kann es noch nicht sagen." Jeder Teilnehmer kreuzt seinen Wunsch an und schreibt eine kurze Begründung. 3 Reihum lesen die Teilnehmer ihren Wunsch vor und erläutern kurz: „Aus welchen Gründen ist dies mein Wunsch" beziehungsweise „Aus welchen Gründen ich noch keinen Wunsch äußern kann". 4 Jeder Teilnehmer gibt Feedback zum Gehörten und beantwortet folgende Fragen: > Wie wirkt das Ergebnis auf mich? > Was überrascht mich? > Sehe ich mögliche Konflikte hinsichtlich meines Wunsches? 5 Das Team bespricht gemeinsam die folgenden Fragen: > Wie bewerten wir das Ergebnis im Hinblick auf den anstehenden Orgazign-Prozess? > Gibt es weiteren Gesprächsbedarf im Hinblick auf mögliche Konflikte? Wenn ja, werden entsprechende Aktivitäten vereinbart.

Methoden zur Qualitätssicherung und Entscheidungsfindung

Die oben dargestellten ergänzenden Methoden können Sie bei der Analyse der Ist-Situation unterstützen. Aber was ist, wenn Sie mitten im Prozess stecken und es nicht wie gewünscht vorangeht? Zum Beispiel, weil die Arbeitsgruppen in freien Diskussion nicht zu Entscheidungen gelangen oder sich immer wieder durch Einwände blockieren?

Dann helfen die im Nachfolgenden dargestellten Methoden. Sie unterstützen Sie bei der Qualitätssicherung, dem Umgang mit Einwänden und der Entscheidungsfindung.

Übersicht Qualitätssicherungs- und Entscheidungsmethoden zur Unterstützung der Phasen I und II

Name der Methode	Quelle der Methode	Mögliche Einsatzgebiete
Schnappschuss-Workshops	Knut N. Krause	Kenntnis der Ist-Aufgaben von Verantwortungsbereichen im Detail zur Qualitätssicherung. Auch zur Identifikation von Fördernissen und Hindernissen auf operativer Ebene geeignet
Kill your Darlings!	Entnommen aus Brandes u.a., 2014	Förderung des Chancendenkens und Verbesserung der eigenen Ansätze auf Basis von Einwänden und Kritik
Ziel-Scoring	Allgemein gebräuchlich	Bewertung und systematische Diskussion der Vor- und Nachteile von Alternativen auf Basis der eigenen Ziele sowie Entscheidungsfindung
Bewertungsmatrix	A. Jonas | M. Goold und A. Campbell	Bewertung und systematische Diskussion der Vor- und Nachteile von Alternativen auf Basis allgemeiner Kriterien sowie Entscheidungsfindung

Schnappschuss-Workshops

Die Durchführung von Schnappschuss-Workshops unterstützt Sie bei der Qualitätssicherung Ihres Organisationsmodells mittels Abgleich mit den Ist-Aufgaben (siehe Seite 187). Sie benötigen hierfür:

- Mehrere Menschen, die die Arbeit heute erledigen
- Einen Moderator
- Metaplan-Karten und Stellwände

Ziel ist es, die Ist-Aufgaben in einem Bereich mit möglichst geringem Aufwand und einer hohen Trefferquote zu erheben. Dies wird erreicht, indem jeweils mehrere Personen Input zu den Ist-Aufgaben geben.

Sie können diese Methode übrigens auch zur vorbereitenden Analyse einsetzen. Dies bietet sich immer dann an, wenn ohne entsprechenden Input aus der operativen Ebene keine ausreichende Kenntnis über die Prozesse sowie die Fördernisse und Hindernisse in den Orgazign-Prozess eingebracht werden kann.

Vorgehen Schnappschuss-Workshops

Wann einsetzen?	Sie möchten die Qualität eines Organisationsmodells mittels Abgleich mit den Ist-Aufgaben sichern und prüfen, inwiefern Ihr Entwurf bereits umfassend ist: > Können unsere heutigen Aufgaben einem der von uns gestalteten Verantwortungsbereiche eindeutig zugeordnet werden? > Welche Unklarheiten, welche Lücken sind erkennbar? > Wie können wir unseren Entwurf noch verbessern, um die heute bestehenden Aufgaben umfassend abzudecken?
Wie vorgehen?	1. Bereiten Sie den Workshop vor, indem Sie mehrere operativ tätige Personen als Inputgeber aus dem zu betrachtenden Bereich einladen und diesen Metaplan-Karten und Stifte zur Verfügung stellen. 2. Bitten Sie die Inputgeber um die Beantwortung folgender Fragen: > Welche Aufgaben erfüllen Sie typischerweise in Ihrem Arbeitsbereich? > Welche Aufgaben werden täglich, wöchentlich, monatlich ... in Ihrem Arbeitsbereich erledigt? > Was tun Sie regelmäßig und unregelmäßig in Ihrem Arbeitsbereich? 3. Die Teilnehmer notieren die Aufgaben (je Aufgabe eine Karte) in der Form [Objekt] [Verb] (zum Beispiel „Auftrag erfassen“); hierzu sind in der Regel 20 bis 30 Minuten ausreichend. 4. Die Inputgeber kehren an Ihre Arbeitsstelle zurück, der Moderator bringt die Aufgaben in eine logische Prozessabfolge; je nach Komplexität kann dies mehrere Stunden beanspruchen. 5. Die Inputgeber kehren in den Workshop-Raum zurück und prüfen die Prozessabfolge aus ihren Karten: > Fehlen noch Aufgaben? > Gibt es wichtige Anmerkungen zum Prozessablauf? > An welchen Stellen im Prozess bestehen Hindernisse und Verbesserungsmöglichkeiten? 6. Gleichen Sie den Input mit Ihren Ergebnissen im Orgzign-Prozess ab. Nutzen Sie diesen zur Verbesserung des Modells und ergänzen Sie hierzu gegebenenfalls neu gewonnene Einsichten zu Fördernissen und Hindernissen!

Chancendenken mit Kill your Darlings!

Rechnen Sie damit, dass jeder Ansatz, den Sie und das Team im Rahmen des Orgazign-Prozesses entwickeln, Einwände und Kritik hervorrufen wird; verständlicherweise, denn (fast) alles hat auch Nachteile. Entscheidend ist, wie Sie und die Beteiligten damit umgehen. Da Offenheit für die ständige Iteration und Weiterentwicklung einer der Erfolgsfaktoren für einen Orgazign-Prozess ist, ist ein Mindestmaß an Chancendenken erstrebenswert. Einwände und Kritik werden hierbei als Chance zur Verbesserung angesehen und angewendet:

- Es gibt Einwände – das ist gut, daraus können wir vielleicht neue Chancen ableiten!
- Es gibt Kritik an einem Ansatz – vielen Dank hierfür, wir schauen, was wir an diesem Ansatz verändern können, um das Ganze noch besser zu machen!

Es geht also um „Turning the B – From Bad to Best". „Kill your Darlings!" ist eine einfache Methode, die Sie dabei unterstützt. Sie können diese schnell durchführen und bei Bedarf jederzeit in den laufenden Prozess einbauen: zum Beispiel, wenn sich die Gruppe in einer Sackgasse befindet und Einwände oder unterschiedliche Einschätzungen der Qualität eines entwickelten Modells oder Ansatzes den Fortgang blockieren. Sie brauchen hierzu lediglich ein Flipchart und Haftnotizen.

Kill your Darlings!

Wann einsetzen?	Sie haben ein neues Modell oder einen neuen Ansatz in einem Baustein entwickelt und möchten: > diese Idee bewerten und den Ansatz weiter verbessern; > prüfen, welche Einwände vorgebracht werden und wie Sie damit umgehen können oder > prüfen, ob Sie bestehende Einwände und Kritikpunkte auflösen können.
Wie vorgehen?	1 Sammeln Sie im Team in rund fünf Minuten Einwände und Kritik am Ansatz: > Warum wird das nie und nimmer funktionieren? > Warum wird dem niemand zustimmen? > Woran wird der Ansatz scheitern? 2 Führen Sie die Einwände und Kritikpunkte zu Themenblöcken zusammen. 3 Gehen Sie nun gemeinsam die Themenblöcke durch und überlegen Sie: > Wie können wir die Schwächen in Stärken umwandeln? > Wie können wir den Ansatz so verbessern, dass die Einwände nicht mehr greifen? > Welche Einwände und Nachteile können wir nicht auflösen? 4 Bewerten Sie die erzielten Ergebnisse: > Wie gravierend sind die verbliebenen Einwände und Kritikpunkte? > Können wir aus der Diskussion einen neuen, besseren Ansatz ableiten? > Wie gehen wir weiter vor?

Ziel-Scoring

Scoringmodelle sind ein altbewährter Weg, um Entscheidungsvarianten in Gruppen zu beurteilen. Sie können auch im Verlauf des Orgazign-Prozesses eingesetzt werden, um verschiedene Alternativen zu bewerten und eine Entscheidung für eine Alternative herbeizuführen. Konkrete Fragestellungen können zum Beispiel sein:

- Welches der von uns entwickelten Modelle unterstützt die Zielerreichung am besten?
- Welcher von uns entwickelte Ansatz für zukünftige Instrumente (oder Regeln) setzt unsere Leitlinien am besten um?
- Welcher von uns entwickelte Ansatz für die zukünftige Arbeitsgestaltung (oder die Arbeitsräume) unterstützt unsere wichtigsten Outcomes am wirkungsvollsten?

Mit Hilfe von Haftnotizen können Sie schnell Ihr Scoringmodell erstellen und die verschiedenen Alternativen bewerten. Legen Sie hierzu fest, ob Sie die Kriterien gewichten wollen und welche Bewertungsskala Sie verwenden. Empfehlenswert ist eine Skala, die das Ist-Organisationsdesign als „Nullpunkt" verwendet. So können Sie gleichzeitig einschätzen, ob Sie mit dem neu entwickelten Modell oder Ansatz eine wesentliche Verbesserung gegenüber dem Status quo erreichen können.

Ziel-Scoring

Wann einsetzen?	Sie haben verschiedene neue Modelle oder Ansätze in einem der Bausteine entwickelt und möchten > die Güte der verschiedenen Möglichkeiten auf Basis von für Sie wichtigen Kriterien miteinander vergleichen; > bewerten, ob die von Ihnen entwickelten neuen Ansätze eine echte Verbesserung gegenüber dem Ist bedeuten; > eine Entscheidung für eine der Möglichkeiten herbeiführen.
Wie vorgehen?	1 Legen Sie gemeinsam fest, welche Alternativen Sie miteinander vergleichen wollen. 2 Legen Sie fest, welches Set an Bewertungskriterien Sie verwenden möchten und wie Sie die einzelnen Kriterien gewichten wollen: > Ihre Ziele für den Orgazign-Prozess; diese legen fest, was Sie erreichen wollen und sollten daher in der Regel verwendet werden, > Ihre Leitlinien, > die von Ihnen definierten Herausforderungen. 3 Bewerten Sie nun die einzelnen von Ihnen entwickelten Alternativen entlang der Kriterien und auf Basis einer Skala, zum Beispiel: > 0 = stellt im Vergleich zum Ist keine Verbesserung dar > 1 = stellt im Vergleich zum Ist eine leichte Verbesserung dar. Wie können wir den Ansatz so verbessern, dass die Einwände nicht mehr greifen? > 2 = stellt im Vergleich zum Ist eine spürbare Verbesserung dar > 3 = stellt im Vergleich zum Ist eine sehr große Verbesserung dar 4 Diskutieren Sie das Ergebnis des Scorings und entscheiden Sie, wie Sie weiter vorgehen werden: > Welche der Alternativen erhält den höchsten Gesamtpunktwert, und eignet sich diese am besten? > Gibt es Kriterien, die diese Alternative nicht gut erfüllt, und wie bewerten wir dies? > Können wir die am besten geeignete Alternative weiter verbessern, zum Beispiel indem wir Elemente aus den Alternativen zusammenführen?

FALLBEISPIEL TEAM MEDIEN

Beispielhafte Darstellung für ein Ziel-Scoring | Team Medien

	Gewichtung	Alternative A	Alternative B	Alternative C
Neues Produktportfolio zur Erlössteigerung umsetzen	2	1	3	0
Schneller neue Angebote entwickeln	1	0	2	1
Eigenes Handeln stärker auf Zielgruppenbedürfnisse ausrichten	1	1	2	2
Auf gemeinsame Ziele ausrichten	2	3	1	2
Agilität steigern	1	1	2	1
Prozesskosten senken	1	3	1	0
Umsatz steigern	2	1	2	1
Gesamtscore	-	**15**	**19**	**10**

Das Team Medien hat ein Ziel-Scoring für drei verschiedene Organisationsmodelle durchgeführt. Alternative B hat den höchsten Wert erzielt und kann daher als Favorit ausgemacht werden. Aber: Diese Variante stellt im Hinblick auf das wichtige Ziel „Auf gemeinsame Ziele ausrichten" nur eine leichte Verbesserung gegenüber dem Ist dar und erhält bei diesem Kriterium schlechtere Bewertungen als die beiden Alternativen A und C. Das Team sollte daher prüfen, ob Alternative B im Hinblick auf dieses Kriterium noch verbessert werden kann. Vielleicht können Elemente aus Alternative A sinnvoll in Alternative B integriert oder andere Verbesserungsansätze entwickelt werden?

Bewertungsmatrix

Das Vorgehen „Bewertungsmatrix" ähnelt dem Scoringverfahren. Auch hier werden die infrage kommenden Alternativen anhand von einzelnen Kriterien bewertet, um so systematisch Hinweise auf die Vor- und Nachteile der Alternativen zu erhalten und diese diskutieren zu können. Sie finden in der Abbildung „Mögliche Kriterien für eine Bewertungsmatrix" (s. Folgeseite) Hinweise, welche Kriterien Sie verwenden könnten. Nicht alle Kriterien sind in allen Fällen relevant, weshalb eine Vorauswahl angeraten ist.

Bewertungsmatrix

Wann einsetzen?	Sie haben verschiedene neue Modelle oder Ansätze in einem der Bausteine entwickelt und möchten > die Güte der verschiedenen Möglichkeiten auf Basis von allgemeinen Kriterien miteinander vergleichen; > eine systematische Diskussion über die Vor- und Nachteile der Alternativen führen; > eine Entscheidung für eine der Möglichkeiten herbeiführen.
Wie vorgehen?	1 Legen Sie gemeinsam fest, welche Alternativen Sie miteinander vergleichen wollen. 2 Wählen Sie die für Ihren Fall relevanten Kriterien aus (siehe Abbildung „Mögliche Kriterien für eine Bewertungsmatrix"). 3 Bewerten Sie nun die einzelnen von Ihnen entwickelten Alternativen entlang der Kriterien auf Basis einer Skala von 1 = niedrigster Erfüllungsgrad bis 4 = höchster Erfüllungsgrad. 4 Diskutieren Sie das Ergebnis des Scorings und entscheiden Sie, wie Sie weiter vorgehen werden: > Welche der Alternativen erhält den höchsten Gesamtpunktwert, und eignet sich diese am besten? > Gibt es Kriterien, die diese Alternative nicht gut erfüllt, und wie bewerten wir dies? > Können wir die am besten geeignete Alternative weiter verbessern, zum Beispiel indem wir Elemente aus den Alternativen zusammenführen?

Mögliche Kriterien für eine Bewertungsmatrix

Kriterien nach A. Jonas

- Effektivität/Grad der Strategiekonformität
- Effizienz
- Angemessenheit der Führungsspanne
- Effekte auf interne Schnittstellen
- Effekte auf externe Schnittstellen
- Organisatorische Machbarkeit

Kriterien des Organisations-Fit-Tests von Goold/Campell

Test zur Passung des Designs

- Nutzung des Marktvorteils: Fokussiert Ihr Organisationsdesign die Aufmerksamkeit des Managements auf die Wettbewerbsvorteile in Ihren Märkten?
- Nutzung des Konzernvorteils: Stiften die „Eltern" durch dieses Design einen deutlichen Mehrwert?
- Passung zu den Mitarbeitern: Mobilisiert dieses Design die Stärken und die Motivation der Mitarbeiter?
- Machbarkeit: Sind die wichtigsten Hindernisse berücksichtigt, die eine Implementierung des Designs behindern können?

Anwendung der Prinzipien eines guten Designs

- Schutz der Spezialisten: Schafft Ihr Design auch solchen Einheiten Spielräume, die eine besondere, eigenständige Kultur für ihre Leistungsfähigkeit benötigen?
- Problematische Abstimmungen zwischen Organisationseinheiten: Sichert Ihr Organisationsdesign die notwendige Koordination zwischen Organisationseinheiten in kritischen Fällen?
- Unnötige Hierarchien: Hat Ihr Organisationsdesign zu viele Steuerungsebenen und Steuerungseinheiten?
- Klare Verantwortlichkeiten: Unterstützt Ihr Organisationsdesign eine effektive Steuerung?
- Flexibilität: Unterstützt Ihr Organisationsdesign neue Impulse und ermöglicht es Anpassungen bei erforderlichen Veränderungen?

Mögliche weitere Kriterien

- Umsetzbarkeit
- Erforderliche Kapazitäten zur Leistungserbringung
- Unterstützung der bereichsübergreifenden Zusammenarbeit/Herstellung geeigneter Horizontalverbindungen
- Unterstützung der Entwicklung von Kernkompetenzen
- Kurze Kommunikationswege
- Kurze Entscheidungswege
- Hohe Rollenklarheit
- Klare Führungsstruktur
- Flexibilität/Anpassungsfähigkeit des Modells
- Fit zum Umfeld
- Fit zu Stakeholder-Anforderungen
- Strategie-Fit/Zukunftsfähigkeit des Modells
- Passung zu den eigenen Zielen und angestrebten Outcomes
- Geeignete Abbildung der Kernprozesse

Quelle: Nagel, 2014, S. 235 ff.

3.5
Für noch mehr Ideen: Inspiration für Ihr Organisationsdesign

Häufig wünschen sich Teilnehmer von Orgazign-Prozessen „Muster“ oder Beispiele, an denen sie sich orientieren können und die sie inspirieren; ein berechtigtes Ansinnen, gibt es doch die verschiedensten Ansätze zur Gestaltung von Organisationen. Im Laufe der Zeit sind mit neuen Herausforderungen immer wieder neue Ideen zur Gestaltung von Organisationen und neue Organisationsformen entstanden (Beck & Cowan, 2007). Die Abbildung „Evolution der Organisationsformen“ zeigt diese Entwicklung von „tribalen, impulsiven Organisationen“ bis hin zu „integralen evolutionären Organisationen“ in der Übersicht. Hierbei wird erkennbar, dass einer Organisation ganz unterschiedliche Gestaltungsansätze und -prinzipien zugrunde liegen können.

In diesem Abschnitt werfen wir daher einen Blick auf

- Möglichkeiten der Gestaltung einzelner Verantwortungsbereiche,
- Möglichkeiten zur Vernetzung verschiedener Verantwortungsbereiche und
- Impulse aus spezifischen Organisationsformen.

Dabei handelt es sich nicht um fertige Lösungen für Ihr Organisationsdesign. Aber vielleicht finden Sie hier Inspiration für eine noch bessere Gestaltung Ihres individuellen Organisationsdesigns.

Evolution der Organisationsformen

	Tribale impulsive Organisationen	Traditionelle konformistische Organisationen	Moderne leistungsorientierte Organisationen	Postmoderne pluralistische Organisationen	Systemische Organisationen	Integrale evolutionäre Organisationen
Leitbild	Macht	Wahrheit	Leistung	Gleichheit	Systemisch	Ganzheitlich
Eigenschaften	> Ständige Machtausübung durch den Anführer > Angst hält die Organisation zusammen > Sehr reaktiv, kurzfristiger Fokus > Sicherheit durch machtvolles Handeln	> Stark formalisierte Rollen in hierarchischer Pyramide > Anweisung und Kontrolle von oben nach unten > Stabilität wird durch exakte Prozesse gesichert > Sicherheit durch Gesetze	> Management durch Zielvorgaben > Ziele: besser sein als die Konkurrenz, Profite erwirtschaften, expandieren > Strebt führende Position durch Innovation an > Sicherheit durch Materialismus	> Fokus auf Kultur und Empowerment innerhalb klassischer Pyramidenstruktur > Ziel: herausragende Motivation der Mitarbeiter erreichen > Sicherheit durch soziale Beziehungen	> Integration verschiedener Organisationsprinzipien > Führung durch kooperative Eigenermächtigungen > Orientiert an gemeinsamen Prinzipien > Sicherheit durch evolutionäre Entwicklung	> Organisation versteht sich als Teil eines größeren Ganzen > Orientierung an gemeinsamen übergreifenden Werten > Ausbalancieren von Widersprüchen > Sicherheit durch Achtsamkeit
Leitziel	Überleben	Stabilität und Effizienz	Leistung erbringen	Wissen	Ko-Kreationen	Möglichkeiten
Protagonist	Held: Intuition, Befehle	Prozessexperte, fachliche Kooperation	Macher: Ziele, Strategien	Fachexperte, fachliche Autorität	Entrepreneur: Evolutionäres Entwickeln	Soziale Architektur: Werte, Sinn, Paradoxien
Fokus auf ...	Individuen	Gemeinschaft	Individuen	Gemeinschaft	Individuen	Gemeinschaft

Quellen: Laloux, Reinventing Organizations, 2014, S. 36 f., Oesterreich & Schröder, 2017, S. 16 ff.
Die Abbildung enthält Zitate aus beiden Quellen.

Möglichkeiten der Gestaltung einzelner Verantwortungsbereiche

In vielen Institutionen bilden Stellen, Gruppen und Abteilungen die Basis für die Zuordnung von Verantwortlichkeiten. Doch es gibt auch andere Lösungen. Vielleicht finden Sie in der Übersicht „Verantwortungsbereiche gestalten“ inspirierende Impulse, die Ihre Arbeit am Organisatzion Model Canvas unterstützen.

Verantwortungsbereiche gestalten

Stelle
In einer Stelle werden Verantwortlichkeiten beziehungsweise Aufgaben **auf Dauer** gebündelt. Sie wird von einer Person oder von mehreren Personen per Jobsharing eingenommen.

Gruppe/Team
Eine Gruppe oder ein Team besteht aus **mehreren Stellen**. Der Gruppe wird ein auf Dauer angelegtes Bündel an Verantwortlichkeiten respektive Aufgaben zugewiesen.

Abteilung
Eine Abteilung umfasst ebenfalls mehrere Stellen, kann aber auch aus verschiedenen Teams bestehen. Ihre Verantwortlichkeiten/Aufgaben sind auf Dauer angelegt. Eine Abteilung hat einen **Leiter**, der zum Beispiel an einen Hauptabteilungsleiter, einen Bereichsleiter oder einen Centerleiter berichtet, auf dessen Ebene wiederum mehrere Abteilungen zusammengeführt werden.

Stab
Stäbe nehmen **unterstützende Funktionen** insbesondere zur Entscheidungsvorbereitung und fachlichen Beratung wahr. Sie haben keine Entscheidungs- und Weisungskompetenz.

Pool
Ein Pool umfasst mehrere Mitarbeiter und hält bestimmte Kompetenzen und Kapazitäten bereit, **die von anderen Unternehmensteilen flexibel** in Anspruch genommen werden können.

Modul
In sich weitgehend geschlossene Arbeitseinheiten, die **miteinander kombinierbar**, aber nur **lose gekoppelt** sind. Module verfügen mithin über ein hohes Maß an Autonomie.

Schreyögg/Geiger, 2016, S. 171 f.

Center
Einem Center werden sowohl tätigkeitsbezogene Verantwortlichkeiten als auch eine **übergeordnete Zielverantwortlichkeit** zugewiesen:

- Das Cost Center: Das Center soll seine Aufgaben zu möglichst geringen Kosten erledigen
- Das Output Center: Das Center zeichnet für die Erzielung eines definierten Outputs in einer definierten Output-Kosten-Relation verantwortlich; der Output kann sich auch auf den Umsatz beziehen (= Revenue Center)
- Das **Profit Center**: Das Center ist für das wirtschaftliche Ergebnis seines Handelns verantwortlich
- Das **Service Center**: Das Center soll den bestmöglichen Service für interne oder externe Kunden erbringen
- **Investment-Center** tragen neben der Ergebnisverantwortung auch die Verantwortung für die durch das Center getätigten Investitionen; Investment Center verfügen somit innerhalb der verschiedenen Arten von Centern über die weitreichendsten Entscheidungsrechte

Division
Objektorientiert gebildeter Unternehmensbereich, der beispielsweise für bestimmte P**rodukte, Kundengruppen oder Absatzgebiete** verantwortlich zeichnet.

Verantwortungsbereiche gestalten

Strategische Geschäftseinheit

Bezeichnet einen Bereich des Unternehmens, der ebenso wie die Division entlang von Objekten, nicht Funktionen, gebildet wird und **eigenständig Strategien entwickelt und umsetzt**; weist mithin eine höhere Entscheidungsautarkie auf als eine Division.

Strategisches Geschäftsfeld

Ein zu **Planungszwecken** gebildeter Ausschnitt des Unternehmens, der möglichst homogene Produkt/Markt-Kombinationen zusammenfasst. Aufgrund des Fokus auf die Planung muss ein strategisches Geschäftsfeld nicht mit den organisatorischen Verantwortungsbereichen übereinstimmen.

Rolle

In agilen Organisationsformen bezeichnen Rollen eine Verantwortlichkeit oder ein Bündel von Verantwortlichkeiten, die einem oder mehreren in der Institution Mitarbeitenden zugewiesen werden. Die einzelnen Personen können eine oder mehrere Rollen wahrnehmen und diese **flexibel wechseln**. Es besteht, anders als bei Stellen, mithin kein auf Dauer angelegtes Set an Verantwortlichkeiten, das einer Person übertragen wird.

Robertson, 2016, S. 36 ff.

Kreis

Kreise bezeichnen Gruppen von Mitarbeitenden, die ihnen zugeordnete **Rollen selbstorganisiert wahrnehmen**. Sie werden im Unterschied zu Abteilungen nicht von einem Leiter geführt, sondern verteilen Führungsaufgaben wie zum Beispiel die Schaffung geeigneter Rahmenbedingungen, das Fällen von Fachentscheidungen, die Optimierung der ökonomischen Leistung oder die Förderung der Weiterentwicklung der Kreismitglieder auf verschiedene Rollen. Sie sind in hierarchischen Kreisstrukturen zudem mit ihren übergeordneten Kreisen durch einen Repräsentanten verbunden. Nachbarkreise sind mittels Koordinatoren (auch als Links bezeichnet) verbunden (siehe Übersicht „Vernetzung gestalten"). Die Mitarbeitenden können in mehreren Kreisen tätig sein. Es gibt verschiedene Arten von Kreisen:

- Geschäftskreise: direkt wertschöpfend tätige Kreise
- Unterstützungskreise: erbringen für die Geschäftskreise unterstützende kaufmännische, technische und weitere Leistungen, zum Beispiel im Hinblick auf Forschung, Innovation und Vermarktung
- Koordinationskreise: Dies können zum Beispiel ein Topkreis oder ein Strategiekreis sein; Ziele können beispielsweise ein abgestimmter Marktauftritt oder das institutionsweite Lernen sein

Oestereich, 2015, S. 232 f.
Oesterreich/Schröder, 2017

Squads	Kleines (in der Regel weniger als acht Mitglieder), **selbstorganisiertes, crossfunktionales Team mit voller Verantwortlichkeit für ein (Teil-)Produkt.** Dies kann zum Beispiel eine abgrenzbare Funktion eines digitalen Angebots sein, wie zum Beispiel die Suche. Ein Squad ist für alle Aspekte seines (Teil-) Produkts verantwortlich, wie zum Beispiel das Design, die Entwicklung und die Wartung.	Kniberg, 2014
Geschäftsbereich	Menge von **Kreisen**, die **gemeinsam in einem definierten geschäftlichen Bereich** agieren. Geschäftsbereiche in einer Kreisorganisation können durch einen eigenen Topkreis organisatorisch verankert werden. Sie können jedoch auch mit dem Ziel der Identitätsstiftung und einer besonders engen Koordination lediglich ausgewiesen werden. Bei Spotify werden Geschäftsbereiche als Tribes bezeichnet (siehe auch die Abbildung „Verantwortungsbereiche vernetzen" auf der nächsten Seite).	Oestereich/ Schröder, 2017, S. 96
Zellen	Geschäftskreise, die die **wesentlichen Kompetenzen zum eigenständigen Agieren am Markt vereinen**; auch als Business-Zellen bezeichnet.	Pfläging, 2015

Möglichkeiten der Vernetzung von Verantwortungsbereichen und Mitarbeitenden
Neben der Festlegung einzelner Verantwortungsbereiche ist die Vernetzung der so gebildeten Bereiche und der in der Institution tätigen Personen wichtig. Auch zur Herstellung entsprechender „Horizontalverbindungen" zwischen verschiedenen Bereichen gibt es ganz unterschiedliche Ansätze. Einige finden Sie, wiederum als mögliche Quelle der Inspiration gedacht und ohne Anspruch auf Vollständigkeit, in der folgenden Übersicht.

Verantwortungsbereiche vernetzen

Mehrfache Berichtslinien		
Matrixorganisation	In einer Matrixorganisation bestehen **zwei Autoritätslinien**, die sich entweder mit den gleichen Rechten hinsichtlich Entscheidungen, Weisungen und Berichtsrechten (auch als „starke Matrix" bezeichnet) oder nicht gleichberechtigt (auch als „schwache Matrix" bezeichnet) gegenüberstehen. Mithin sind in einer Matrix den Verantwortungsbereichen jeweils zwei hierarchisch übergeordnete Instanzen zugeordnet. Diese sind nach abweichenden Designkriterien gebildet, zum Beispiel zum einen nach Funktionen und zum anderen nach Produktbereichen.	Schreyögg/Geiger, 2016, S. 85 ff.
Tensororganisation	In einer Tensororganisation bestehen **drei Autoritätslinien**. So könnte neben einer nach Funktionen und einer nach Produktgruppen gebildeten Linie noch eine nach Regionen gebildete Linie bestehen.	
Dotted-Line-Prinzip	Im Dotted-Line-Prinzip fallen die **fachliche und die disziplinarische Weisungsbefugnis** gegenüber einer Stelle oder einem Verantwortungsbereich auseinander. Nach diesem Prinzip berichtet ein Mitarbeiter an einen Fach- und einen disziplinarischen Vorgesetzten.	
Integrative Rollen		
Ansprechpartner	In einem Verantwortungsbereich können **feste Ansprechpartner für andere Verantwortungsbereiche oder bestimmte Kompetenz- oder Aufgabengebiete** festgelegt werden. Dies erfolgt zum Beispiel mithilfe von Super-User-Konzepten für Aufgaben der IT. So kann in einem Verantwortungsbereich ein Super User für ein System benannt werden, der Anfragen an die IT annimmt, bewertet, priorisiert und diese mit der IT abstimmt.	
Repräsentanten	Eine Person kann **verschiedenen Verantwortungsbereichen** auf der gleichen Hierarchieebene angehören und den einen Bereich beim jeweils anderen Bereich vertreten. Bei einer solchen Konstellation sollte geklärt sein, welche Verantwortlichkeit hiermit verbunden ist und wie weit die Vertretungsrechte jeweils gelten: Soll lediglich eine gegenseitige Information erfolgen, sollen Interessen gegenseitig vertreten werden oder verfügt der Repräsentant über bestimmte Entscheidungsbefugnisse?	

Doppelmitgliedschaft	Eine Person kann **verschiedenen Verantwortungsbereichen angehören**, ohne eine gegenseitige Vertretung der Interessen und ohne, dass hiermit besondere Verantwortlichkeiten einhergehen. In diesem Fall entfaltet sich eine verbindende Wirkung vor allem über die informelle Kommunikation.
Beauftragte/ Koordinatoren/ Owner	Personen oder Teams übernehmen Querschnittsaufgaben und **koordinieren und steuern über die Institution verteilte Aufgaben** im Hinblick auf ein Themen- oder Aufgabenfeld. Dies kann auf Basis von gesetzlichen Regelungen erfolgen, wie zum Beispiel dem Datenschutz. Die hierzu jeweils zugewiesenen Rechte können mehr oder weniger umfänglich ausgeprägt sein, die entsprechenden Rollen als Beauftragte oder Koordinatoren bezeichnet werden. Weiterhin kann der Begriff „Owner“ verwendet werden. Im Rahmen einer „Ownership“ erhalten die Handelnden weitgehende Rechte, zum Beispiel um durch die Institution laufende Prozesse (= Process Owner) zu koordinieren und zu steuern.
Verbinder	Die **Koordination zwischen Verantwortungsbereichen durch Repräsentanten**, auch als Verbinder, Linking Pin oder Links bezeichnet, ist ein übliches Element in Kreisorganisationen (siehe „Verantwortungsbereiche gestalten“). Sie kann in verschiedenen Ausprägungen erfolgen: > Einfachverbindung: Eine Person ist Mitglied in beiden zu verbindenden Kreisen, vertritt die Interessen des jeweils anderen Kreises und übernimmt die Rolle des Koordinators zwischen den Kreisen. > Doppelverbindung: Hierbei sind zwei Kreise durch zwei Personen miteinander verbunden. Jeder der beiden Kreise entsendet eine Person in den jeweils anderen Kreis. Dies erfolgt in Kreisorganisationen unabhängig davon, ob eine hierarchische Über-/Unterordnung zwischen den Kreisen besteht oder es sich um Nachbarkreise handelt.

Oestereich/Schröder, 2017, S. 110 ff.
Robertson, 2016, S. 46 ff.
Schreyögg/Geiger, 2016, S. 158 ff.

Teams und Netzwerke

Anwendergruppe	In einer Anwendergruppe (in Kreisorganisationen als „Beteiligungskreis“ bezeichnet) finden **Vertreter aus verschiedenen Verantwortungsbereichen** zusammen, die von Zentralbereichen zur Verfügung gestellte **interne Dienstleistungen nutzen**. Anwendergruppen können dem **Informationsaustausch** zwischen einem Zentralbereich und seinen internen Kunden dienen, ihnen können aber auch **weitergehende Rechte** zugewiesen werden. Dies kann zum Beispiel Entscheidungen zu Budgets und Projekten betreffen. Die konkrete Rolle von Anwendergruppen sollte daher mittels Festlegung der Verantwortlichkeiten, der Rechte und der Pflichten definiert werden.

Verantwortungsbereiche vernetzen

Arbeitsgruppe	Eine Arbeitsgruppe ist eine Gruppe von **Mitarbeitenden aus verschiedenen Verantwortungsbereichen** der Institution, die dauerhaft oder zeitlich begrenzt (dann häufig als Taskforce bezeichnet) ein **Themenfeld bearbeitet**. Die Mitarbeit in der Arbeitsgruppe kann mit oder ohne Freistellung von der angestammten Rolle der Beteiligten erfolgen. Die konkrete Rolle von Arbeitsgruppen sollte jeweils mittels Festlegung der Verantwortlichkeiten, der Rechte und der Pflichten definiert werden.	
Gremium	Eine Gruppe von **Mitarbeitenden aus verschiedenen Verantwortungsbereichen** der Institution, die in der Regel dauerhaft die **Koordination zwischen verschiedenen Verantwortungsbereichen** gewährleisten oder unterstützten soll. Gegebenenfalls soll das Gremium **Entscheidungen zu bereichsübergreifend relevanten Themen** herbeiführen sowie deren Umsetzung steuern. Die konkrete Rolle eines Gremiums sollte jeweils mittels Festlegung der Verantwortlichkeiten, der Rechte und der Pflichten definiert werden. Alternative Bezeichnungen sind: Ausschuss, Kollegium, Komitee, Steering Committee, Zirkel.	
Lenkende Koalition	Im Rahmen von großen Changeprozessen eingesetztes **Team aus Mitarbeitenden aller Bereiche und verschiedener Hierarchieebenen** der Institution, das den **Wandel aktiv vorantreibt**.	Kotter, 2015
Communities of Interest	Communities of Interest sind Netzwerke innerhalb der Institution, in der sich **Mitarbeitende mit ähnlichen Aufgaben, Kompetenzen und/oder Interessen informell austauschen**. Die Mitglieder nehmen freiwillig teil, können jederzeit in die Community ein- beziehungsweise austreten und organisieren sich selbst. Im Fokus stehen der Wissens- und Erfahrungsaustausch und das gemeinsame Lernen.	Scheller, 2017, S. 199 ff., Oesterreich/Schröder, 2017, S. 97 f.
Communities of Practice	Communities of Practice vereinen teamübergreifend Mitarbeitende einer Organisationseinheit oder der gesamten Institution, die in ihren jeweiligen Teams **gleiche beziehungsweise ähnliche Aufgaben** wahrnehmen. Wie bei Communities of Interest erfolgt hier ein Wissens- und Erfahrungsaustausch. Darüber hinaus werden in Feldern, in denen ein abgestimmtes beziehungsweise standardisiertes Vorgehen vorteilhaft ist, **gemeinsame Vorgehensweisen oder Praktiken vereinbart**. Die Mitglieder der Community of Practice zeichnen dann auch für die **Umsetzung und Einhaltung** der gemeinsam vereinbarten Praktiken verantwortlich. In Kreisorganisationen werden sie auch als Koordinationskreis bezeichnet.	Scheller, 2017, S. 199 ff., Oesterreich/Schröder, 2017, S. 97 f., S. 113

Impulse aus spezifischen Organisationsformen

Pyramidal-hierarchische Organisationsformen stellen bei aller organisatorischen Innovation wohl noch den Alltag für die allermeisten Arbeitnehmer dar. Immer mehr Institutionen stellen jedoch fest, dass sie gleichzeitig sowohl effizient als auch flexibel und innovativ agieren müssen. Dies ist erforderlich, wenn sich verschiedene Bereiche in unterschiedlichen Geschwindigkeiten und mit unterschiedlichen Strategien entwickeln. So kann die digitale Transformation zu dem Erfordernis führen, das angestammte Geschäft auf Basis sehr robuster und effizienter Prozesse zu betreiben, um wettbewerbsfähig zu sein und zu bleiben. Ziel ist es hier, so lange wie möglich eine positive Rendite zu erwirtschaften, um so Investitionen in neue Geschäftsmodelle zu finanzieren. Zudem müssen Einheiten in derselben Institution mit hoher Agilität neue, digitale Geschäftsmodelle entwickeln, optimieren, verwerfen und neu denken. In dieser und anderen Situationen sind Alternativen zur klassischen Linienorganisation gefragt. Daher hier noch einige Anregungen, die den Grundgedanken moderner Organisationsformen entstammen. Vielleicht kann die eine oder andere Idee auch Ihr Organisationsdesign verbessern?

Impulse aus spezifischen Organisationsformen

Duales Betriebs-system	Der von Kotter entwickelte Ansatz des dualen Betriebssystems **vereint eine hierarchische und eine Netzwerkstruktur** in einer Institution. Grundgedanken hierbei sind: > Das Netzwerksystem agiert wie erfolgreiche Unternehmen in der Gründungsphase: dynamisch, flexibel, unbürokratisch > Es entlastet das hierarchische System, indem es einen Großteil der Innovationsarbeit und jener Arbeit wahrnimmt, die Veränderung, Flexibilität und die schnelle Umsetzung strategischer Initiativen erfordern > Das hierarchische System kann sich so auf seine Stärken fokussieren: das Herbeiführen von Effizienz und die Optimierung lang bewährter Geschäftsmodelle > Zwischen beiden Systemen findet ein beständiger Austausch von Informationen statt; dies wird insbesondere dadurch gesichert, dass sich im hierarchischen System angesiedelte Personen „quasi ehrenamtlich" (Kotter, 2015, S. 20) im Netzwerksystem engagieren > Wichtige Komponenten eines dualen Betriebssystems sind daher eine lenkende Koalition (siehe Übersicht „Verantwortungsbereiche vernetzen"), viele freiwillige Helfer und die Sicherstellung eines stetigen Austauschs zwischen beiden Systemen	Kotter, 2015, Kotter, 2012
Evolutorische Steuerung	Unternehmen, die sich im Modus **permanenter Veränderung** befinden (werden), sollten sich mit Ansätzen der evolutorischen Steuerung beschäftigen. Grundidee ist es, **ständig neue Ideen für Angebote zu entwickeln, diese schnell umzusetzen und am Markt einzuführen**. Wichtige Grundideen hierzu sind: > Agieren auf Basis von **einfachen Regeln** beziehungsweise Heuristiken und minimalen Strukturen > Fortlaufende **experimentelle** Variation > **Selektion** und **Steuerung durch den Markt** > Hohes Maß an **Selbstführung** und Selbstorganisation > **Verteilte Autorität**	Schreyögg/Geiger, 2016, S. 422 ff., Laloux, 2014, Laloux, 2017

Holacracy

Holacracy möchte Institutionen ein **umfängliches „Betriebssystem"** zur Verfügung stellen, das eine evolutionäre Entwicklung ermöglicht. Wichtige Elemente dieses Betriebssystems, das sehr stark auf der in den 1940er-Jahren entwickelten Soziokratie (Oestereich/Schröder, 2017, S. 73ff.) fußt, sind:

Robertson, 2016

- Die Holacracy-**Verfassung**: Sie bestimmt wie die Spielregeln für das Zusammenwirken der Mitarbeitenden und weist diesen Pflichten wie „Verpflichtung zur Transparenz" und die „Verpflichtung zum Priorisieren" zu. Weiterhin bestimmt die Verfassung die Verteilung der Macht in der Institution; sie weist diese nicht Personen, sondern dem Prozess und den Rollen zu.
- Die **strukturgebenden Elemente**: In Holacracy nehmen die Mitarbeitenden flexibel möglichst gut definierte **Rollen** ein. Sie sind in einem oder mehreren **selbstorganisierten Kreisen** tätig, die durch Doppelverbinder (siehe Übersicht „Verantwortungsbereiche vernetzen") koordiniert werden, **und verfügen über weitreichende Entscheidungskompetenzen**.
- Die **Governance Meetings**: Mitarbeitende sollen „Spannungen" (tensions), also wahrgenommene Verbesserungspotenziale oder Störungen, jederzeit einbringen können. Diese sollen schnell und effektiv einer gemeinsamen Bewertung unterzogen und Entscheidungen zu Veränderungen am Organisationsdesign oder den Prozessen getroffen werden. Hierzu unterscheidet Holacracy zwischen operativen und Governance Meetings. Letztere werden regelmäßig sowie auf Initiative eines Mitarbeitenden durchgeführt, folgen einem klar definierten Ablauf und dienen der kontinuierlichen Weiterentwicklung des Organisationsdesigns.
- Die Meetings und **Entscheidungsprozess**e: Holacracy setzt für die gemeinsame Entscheidungsfindung und die operativen Meetings auf einen klar festgelegten Ablauf, der durch definierte Rollen gewährleistet wird.
- Die **Software**: Mit Hilfe einer Software wird das aktuelle Organisationsdesign inklusive der Organisationsstruktur und der Beschreibung aller Rollen sowie der ihnen zugewiesenen Verantwortlichkeiten und Entscheidungsfelder **beständig dokumentiert**.

Impulse aus spezifischen Organisationsformen

Exponentielle Organisationen	Exponentielle Organisationen streben nach **extremem Wachstum**, indem sie exponentielle Entwicklungen nutzen. Sie zielen hierzu auf eine **radikale Transformation** ab und setzen zum Beispiel auf folgende Organisationsprinzipien: > Umfassende **Beteiligung der Kunden und Communities** zum Beispiel an der Entwicklung von Produkten, Lösungen und Funktionen > **Nutzung externer Ressourcen** (inklusive „Staff on Demand") zur Erreichung der eigenen Ziele für größtmögliche Flexibilität; so stehen bei positiver Marktentwicklung mehr Ressourcen für eigenes Wachstum zur Verfügung > Generierung von **Daten, Automatisierung der Schnittstellen** zu Marktpartnern und Einsatz von **Algorithmen**; so steigen mit wachsender Nutzer- und Kundenbasis die Menge sowie der Wert der verfügbaren Daten und Informationen > **Nutzung bestehender und neu entstehender Infrastruktur**; so kann die größtmögliche Schlagkraft entfaltet werden (siehe das Modell der Vermittlung von Ferienwohnungen durch Airbnb)	Ismail u.a., 2017
Demokratie im Unternehmen: Swarming	Es gibt vielfältige Wege, die **Mitarbeiter in Unternehmen als Gestalter** und nicht nur als Umsetzer wirksam werden zu lassen. Einer dieser Wege ist die **Anwendung demokratischer Verfahren.** Mitarbeiter können über verschiedenste Belange demokratisch entscheiden. Sie können ihren Vorgesetzten wählen, ihre Delegierten zur Koordination mit weiteren Organen der Institution selbst bestimmen und die Ausrichtung des Unternehmens aktiv beeinflussen. Im Ansatz des Swarming wählen die Mitarbeiter alle drei Monate, in welchen Projekten sie „aktuell den größten Beitrag zur Wertschöpfung und zum gemeinsamen Erfolg leisten" (Stoffel, 2015, S. 279) und **bestimmen so ihren eigenen Einsatz**.	Zur Demokratie in Unternehmen: Sattelberger/Welpe/Boes, 2015 Zum Swarming: Stoffel, 2015

Umsetzen

04

Der Orgazign-Prozess: Phase III

Sie haben Ihr Organisationsdesign entwickelt, qualitätsgesichert, iteriert und eine hoffentlich sehr breit getragene Entscheidung für das Modell herbeigeführt? Dann ist es an der Zeit, die Phase der Umsetzung einzuläuten.

In dieser Phase gibt es eine ganze Reihe von Aufgaben zu erledigen, während andere Mitarbeiter häufig bereits auf die Umsetzung warten. Der eine oder andere an der Konzeptionsphase beteiligte Mitarbeiter agiert vielleicht sogar schon so, wie es das neue, noch nicht offiziell eingeführte neue Modell vorsieht. Daher ist in dieser Phase Sorgfalt ebenso gefragt wie Geschwindigkeit. Wer bereits vorab Ressourcen zur Bearbeitung der nachfolgend aufgeführten Aufgaben eingeplant hat, kann diese Anforderungen besser bewältigen.

Wichtig ist auch eine gute Kommunikation in die Institution – zu den erzielten Ergebnissen, dem geplanten weiteren Vorgehen und den konkreten nächsten Schritten.

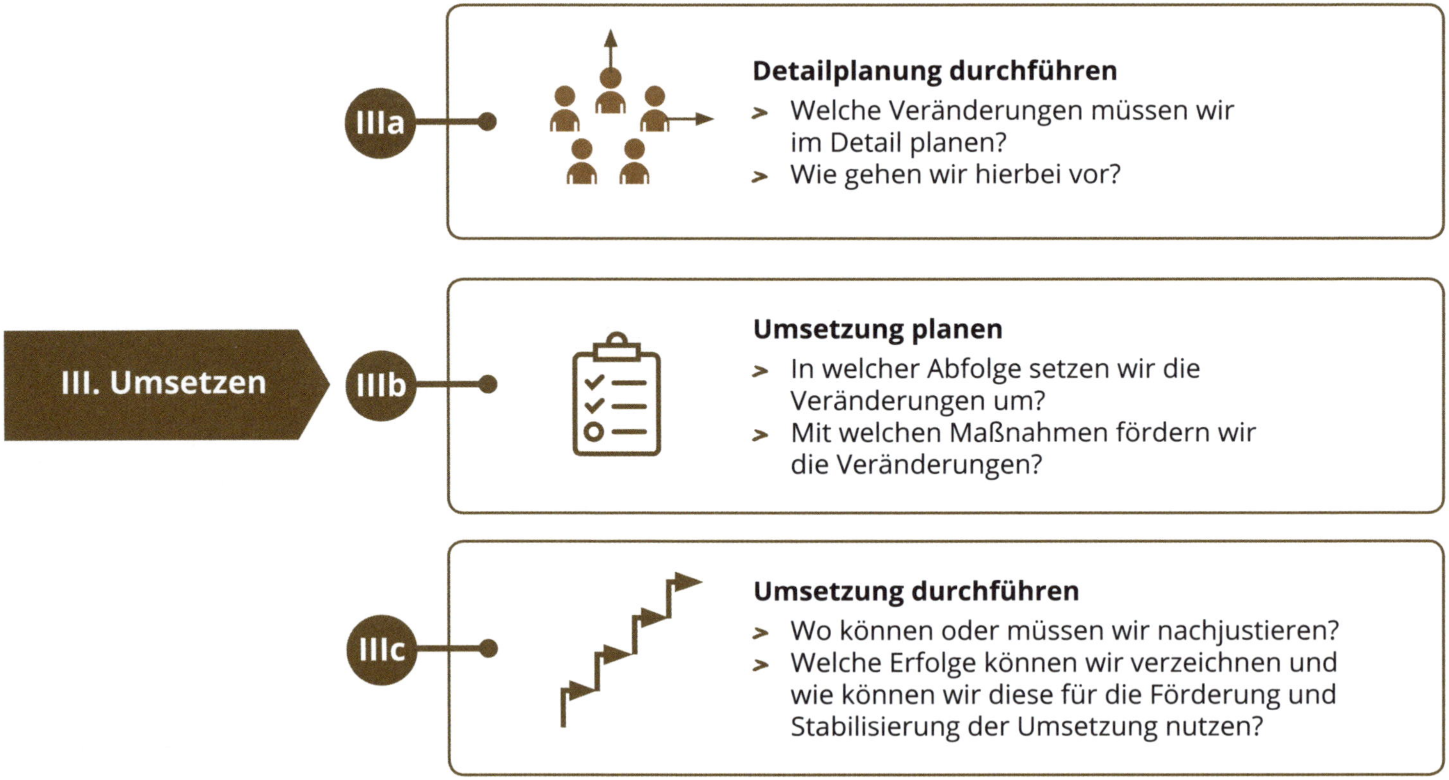
III. Umsetzen
IIIa
Detailplanung durchführen
> Welche Veränderungen müssen wir im Detail planen?
> Wie gehen wir hierbei vor?
IIIb
Umsetzung planen
> In welcher Abfolge setzen wir die Veränderungen um?
> Mit welchen Maßnahmen fördern wir die Veränderungen?
IIIc
Umsetzung durchführen
> Wo können oder müssen wir nachjustieren?
> Welche Erfolge können wir verzeichnen und wie können wir diese für die Förderung und Stabilisierung der Umsetzung nutzen?

4.1
Detailplanung durchführen

Die Detailplanung nach der Entwicklung eines neuen Organisationsdesigns umfasst im Normalfall fünf Aufgabenbereiche:

> Rollendefinition: Festlegung der Verantwortlichkeiten, der Rechte und der Pflichten je Stelle, Rolle oder Gremium inklusive Zeichnungsregelung

> Namensgebung: Erarbeitung von Stellen- beziehungsweise Rollenbezeichnungen

> Schnittstellen: Klärung der Zusammenarbeit an neu gestalteten Schnittstellen

> Besetzung und Entwicklung: Erarbeitung einer Transfermatrix zur Festlegung der zukünftigen Besetzung der Stellen beziehungsweise Rollen und Festlegung von Maßnahmen zum Auf- und Ausbau von Kompetenzen und Fertigkeiten

> Detailplanung Bausteine: wo erforderlich, Detailplanung einzelner Bausteine des Organisationsdesigns, insbesondere von Instrumenten, Regeln und Arbeitsräumen

Rollendefinition

Bei der Erarbeitung des Organisationsmodells im Organization Model Canvas haben Sie bereits die tätigkeits- und zielbezogenen Verantwortlichkeiten je Verantwortungsbereich festgelegt. Weiterhin haben Sie Erkenntnisse zu erwünschten Kommunikationsflüssen und Entscheidungswegen erarbeitet. Diese Ergebnisse werden im Aufgabenblock „Rollendefinition" in Rollenbeschreibungen überführt, weiter ausgearbeitet und auf Konsistenz geprüft.

Zur Erinnerung und zur Schaffung begrifflicher Klarheit vorab noch ein wichtiger Hinweis: In pyramidal-hierarchischen Organisationsformen sind Stellen die kleinsten Organisationseinheiten. Ein Mitarbeiter „besetzt" eine Stelle. In agilen Organisationsformen werden jedoch keine Stellen, sondern Rollen festgelegt; ein Mitarbeiter übernimmt eine oder mehrere Rollen, die flexibel wechseln können. Um beide Ansätze abzudecken, wird nachfolgend einheitlich der Begriff „Rollenbeschreibung" verwendet. Eine Rollenbeschreibung legt also die Verantwortlichkeiten, die Rechte und die Pflichten für eine Stelle oder eine Rolle fest. Weiterhin wird der Begriff auch verwendet für die Beschreibung der Verantwortlichkeiten, Rechte und Pflichten von Organen, inklusive Organen der Sekundärorganisation, wie zum Beispiel einem Gremium oder einer wichtigen Konferenz.

Rollenbeschreibungen werden also erarbeitet für die im Organisationsdesign vorgesehenen

Beispiel für eine Rollenbeschreibung

Rollenbeschreibung „Entwickler" [Auszug]		
Verantwortlichkeiten	**Rechte**	**Pflichten**
• Aktive Mitwirkung als Mitglied des Scrum-Teams im Rahmen der definierten Prinzipien • Umsetzung von User Stories im Rahmen der jeweiligen Product Vision sowie der vereinbarten Praktiken • Qualität der eigenen Entwicklungsleistungen entsprechend der durch die Community of Practice „Quality" festgelegten Standards • Unterstützung des Innovation Lab durch Einbringen von Impulsen aus neuen technologischen Entwicklungen und Mitwirkung in Innovationsprojekten	• Beteiligung an der Sprint-Planung • Beteiligung an der Abschätzung der Arbeitswerte je User Story • Eigenständige Priorisierung der eigenen Aktivitäten auf Basis der Sprint-Planung • Jederzeitige Transparenz über den aktuellen Arbeitsstand im Scrum-Team • Aktive Unterstützung durch den Scrum Master bei Auftreten von Hindernissen	• Entwicklung der aus Anwendersicht bestmöglichen Lösungen je User Story • Beständige Qualitätssicherung und frühzeitige Behebung von Bugs • Transparente Information über den eigenen Arbeitsstand im Rahmen der täglichen Teamabstimmung • Einhaltung der durch die Communities of Practice entwickelten Richtlinien für die Arbeit des Entwicklungsteams und der Scrum-Praktiken • Regelmäßige Fortbildung entsprechend der jährlich gemeinsam festgelegten Entwicklungsziele

- Stellen,
- Rollen und
- Organe.

Die Erstellung der Rollenbeschreibungen verfolgt nicht das Ziel, einzelne Aufgaben festzulegen. Vielmehr sollen die Rollenbeschreibungen den Stellen- beziehungsweise Rolleninhabern sowie den weiteren Beteiligten vermitteln,

- in Bezug auf welche Tätigkeitsbereiche und in welchen Fällen sie Aktivitäten mit welchem Ziel einleiten, durchführen und/oder koordinieren sollen;

- welche Rechte ihnen hierzu eingeräumt werden und

- welche Pflichten mit der Wahrnehmung der Rolle einhergehen.

Weiterhin stellen die Erarbeitung und Abstimmung der Rollenbeschreibungen sicher, dass ein gemeinsames Verständnis über die Verteilung von Verantwortlichkeiten, Rechten und Pflichten sowie die Funktionsweise des Organisationsmodells besteht. Auf Basis der Rollenbeschreibungen kann den Beteiligten die Funktionsweise des neuen Modells konkret und im Detail vermittelt werden.

Sie können die Erstellung der Rollenbeschreibungen zudem für eine weitere Qualitätssicherung und gegebenenfalls Optimierung des Organisationsdesigns verwenden. Denn bei der Erstellung der Rollenbeschreibungen kann geprüft werden, ob die jeweils zugewiesenen Verantwortlichkeiten, Rechte und Pflichten kongruent sind und eine ausreichende Rollenklarheit besteht. Stellen Sie dies bei der Erstellung jeder Rollenbeschreibung sicher, indem Sie die folgende Leitfrage prüfen:

LEITFRAGE

Sind dieser Stelle/Rolle die zur Wahrnehmung ihrer tätigkeits- und ihrer zielbezogenen Verantwortlichkeiten erforderlichen Rechte zugewiesen worden?

Prüfen Sie darüber hinaus, ob Ihr Organisationsdesign auch bei der Betrachtung im Detail zu möglichst klar abgrenzbaren und überschneidungsfreien Bereichen führt. Die Rechte einer Rolle sollten die Rechte einer anderen Rolle möglichst nicht tangieren. Stellen Sie sich hierzu die folgende Frage:

LEITFRAGE

Sind die Verantwortlichkeiten und die Rechte überschneidungs- und konfliktfrei auf die einzelnen Organe, Stellen und Rollen verteilt?

So leisten die Erstellung und die Prüfung der Rollenbeschreibungen einen wichtigen Beitrag zur Arbeitsfähigkeit der Verantwortungsbereiche sowie der einzelnen Stellen beziehungsweise Rollen. Zudem kann auf Basis der Erstellung und Abstimmung der Rollenbeschreibungen häufig eine weitere Optimierung des Organisationsdesigns erfolgen, da die Betrachtung der Details neue Erkenntnisse mit sich bringt.

Schließlich stellen die Rollenbeschreibungen einen wichtigen Input für die weiteren Schritte der Detailplanung, wie die Erarbeitung von Anforderungsprofilen, dar.

Tipps zur Erstellung von Rollenbeschreibungen

- Berücksichtigen Sie bei der Erstellung der Rollenbeschreibungen sowohl bestehende Outputs und Prozesse als auch neue Anforderungen

- Neue Anforderungen können sich aus neuen Outputs, aber auch aus dem neuen Organisationsdesign selbst ergeben; zum Beispiel, weil ein neues Instrument angewendet und gepflegt werden muss oder weil neue Methoden der Arbeitsorganisation eingesetzt werden sollen

- Berücksichtigen Sie die verschiedenen Arten von Rechten, wie zum Beispiel
  - Entscheidungsrecht: Räumt der Rolle das Recht ein, Entscheidungen zu fällen
  - Weisungsrecht: Räumt der Rolle das Recht ein, Anordnungen zu treffen
  - Anhörungs- oder Mitspracherecht: Räumt der Rolle das Recht ein, bei Entscheidungen eingebunden zu sein

- Eskalationsrecht: Räumt der Rolle das Recht ein, Einwände gegen Entscheidungen anderer Rollen vorzubringen
- Ausführungsrecht: Erlaubt der Rolle die Ausführung von Tätigkeiten und den Einsatz der hierzu erforderlichen Sachmittel
- Informationsrecht: Weist der Rolle das Recht auf Informationen zu; hierbei kann es sich um eine Hol- oder eine Bringschuld handeln
- Delegationsrecht: Erlaubt der Rolle, Aufgaben an Rollen der gleichen Hierarchieebene zu delegieren – gegebenenfalls nach Abstimmung
- Vetorecht: Räumt der Rolle das Recht ein, Einspruch gegen eine getroffene Entscheidung einzulegen und damit aufzuschieben oder zu blockieren

> Berücksichtigen Sie ebenfalls die verschiedenen Arten von Pflichten; zum Beispiel
- die Pflicht, bestimmte Sachverhalte zu beobachten und auf Handlungsbedarf zu prüfen,
- die Pflicht, zu entscheiden und zu handeln,
- die Pflicht, die Auswirkungen der Handlungen zu prüfen und Erkenntnisse hieraus abzuleiten,
- die Pflicht, andere zu informieren und so weiter

> Bei diesen Schritten können Sie zum Beispiel das IBZEDU-Schema verwenden (siehe Seite 168)

> Sie können auch allgemeine Verantwortlichkeiten, Rechte und Pflichten formulieren, die für alle in der Institution oder in einer Organisationseinheit Tätigen gelten

> Auch können Sie allgemeine Verantwortlichkeiten, Rechte und Pflichten für zum Beispiel alle Führungskräfte oder andere übergeordnete Rollen wie zum Beispiel „alle in den Zentralbereichen Tätigen" oder „alle in der Forschung Tätigen" entwickeln

> Bei Bedarf können Sie die Rollenbeschreibungen anreichern um weitere Angaben, wie zum Beispiel Vertretungsregelungen, die Teilnahme an Konferenzen oder für die Ausführung der Rolle besonders wichtige Schnittstellen

Namensgebung

Sicherlich haben Sie den Verantwortungsbereichen bereits Namen gegeben. Jedoch liegt der Fokus der Arbeit mit den Canvases nicht auf einer möglichst treffenden Bezeichnung der Verantwortungsbereiche und Stellen. Daher ist in aller Regel auch hier eine Nacharbeit erforderlich. Es liegt auf der Hand, dass die Bezeichnungen von Bereichen, Stellen oder Rollen möglichst treffend, klar, leicht verständlich und nachvollziehbar sein sollten; wenn möglich aber auch sinnstiftend und motivierend. Zu berücksichtigen ist auch, dass die Stelleninhaber Interesse an einer wohlklingenden Stellen- oder Funktionsbezeichnung haben.

Schnittstellen

Auf Basis der Rollenbeschreibungen können aber nicht nur treffende Stellen- und Funktionsbezeichnungen erarbeitet werden, sondern auch die wichtigsten Schnittstellen zwischen den Verantwortungsbereichen betrachtet und im Detail geplant werden. Ziel ist es, möglichst bereits vor Inkrafttreten des neuen Organisationsmodells wichtige Verabredungen zwischen den Schnittstellenbereichen zu treffen, um einen möglichst geschmeidigen Übergang vom Ist-Modell zum neuen Modell zu ermöglichen.

Gleichen Sie hierzu die Rollenbeschreibungen der involvierten Verantwortungsbereiche ab und stimmen Sie das zukünftige Vorgehen im Detail ab. Wenn Sie in Vorbereitung auf den Orgazign-Prozess bereits eine Analyse der Kooperationsmuster und ihrer Blockaden (siehe Seite 286) durchgeführt haben, können Sie auf diesen Ergebnissen aufsetzen. Sollte noch keine entsprechende Analyse erfolgt sein, aber mit Blockaden zu rechnen sein, können Sie die Methode zu diesem Zeitpunkt anwenden.

Eine weitere bewährte Methode zur Abstimmung zwischen Schnittstellenbereichen ist der „Markt der Erwartungen". Ziel dieser Methode ist es, wechselseitige Erwartungen der Verantwortungsbereiche zu klären, Konfliktpotenziale abzubauen und eine erfolgreiche Kooperation zu ermöglichen (Königswieser/Exner, 2006, S. 292f.).

Vorgehen Markt der Erwartungen

Wann einsetzen?	Sie möchten die zukünftige Zusammenarbeit zwischen zwei oder mehr Schnittstellenbereichen bereits vor der Umsetzung des neuen Organisationsdesigns abstimmen und so > einen möglichst reibungslosen Übergang vom bestehenden zum neuen Modell unterstützen; > Enttäuschungen von vornherein vermeiden; > die Kooperation zwischen neu entstehenden Verantwortungsbereichen fördern.
Wie vorgehen?	1 Die Mitglieder je Verantwortungsbereich werden an Tischen zusammengeführt; jeder Bereich hat eine Pinnwand, Karten und Stifte zur Verfügung. Sofern nicht alle Teilnehmer bereits über das neue Organisationsdesign informiert sind, erfolgt eine Darstellung und Erläuterung des Ziel-Organisationsmodells. 2 Jede Gruppe schreibt ihre jeweiligen Erwartungen an die anderen Gruppen auf je ein Kärtchen; wichtig ist, dass Erwartungen an den Verantwortungsbereich, nicht an einzelne Personen formuliert werden. Folgende Fragen werden durch die Gruppen bearbeitet: > Was sollen die anderen so weitermachen wie bisher? > Was sollen die anderen anders machen, als sie es bisher getan haben? > Was sollen die anderen zusätzlich zu dem, was bislang gemacht wurde, tun? > Was bieten wir im Gegenzug an? 3 Jede Gruppe erläutert den anderen, wie die Karten zu verstehen sind. 4 Nun folgt die Diskussion und Aushandlung der Erwartungen. Die Ergebnisse werden durch den Moderator schriftlich festgehalten. 5 Gemeinsame Reflexion der für die teilnehmenden Verantwortungsbereiche relevanten Aspekte des Organisationsdesigns vor dem Hintergrund der Diskussion und der erzielten Ergebnisse: > Erlaubt das Organisationsdesign eine gute Zusammenarbeit zwischen den vertretenen Schnittstellenbereichen? > Kann das Organisationsdesign weiter verbessert werden? Wie? > Wie lassen wir die erzielten Ergebnisse in die Rollenbeschreibungen einfließen?

Tipps zur Klärung von Schnittstellen

- Nehmen Sie die Ergebnisse der Abstimmung zwischen Schnittstellenbereichen in die Rollenbeschreibungen auf.

- Stellen Sie sicher, dass in entsprechenden Arbeitsrunden aufkommende Einwände gegen oder Verbesserungsansätze für das Organisationsdesign anschließend bearbeitet werden können; hierzu sollte zum Beispiel eine Lenkungsgruppe den Prozess der Detailplanung begleiten.

Besetzung und Entwicklung

Nachdem die Rollenbeschreibungen für das künftige Organisationsdesign erstellt wurden, kann die Besetzung der Stellen beziehungsweise Rollen erfolgen. Hierzu kann eine Transfermatrix erstellt werden, die aufzeigt, welche Personen von welcher Ist- zu welcher neuen Stelle beziehungsweise zu welchen neuen Rollen wechseln. Dies geht mit drei Kernherausforderungen einher:

- **Ressourcen:** Für die einzelnen Verantwortungsbereiche ist eine Abschätzung beziehungsweise Analyse der angemessenen Ressourcenzuordnung erforderlich; dies kann bei neu zugeschnittenen Verantwortungsbereichen nur bedingt auf Basis von Ist- und Erfahrungswerten erfolgen.

- **Kompetenzen:** Die je Stelle beziehungsweise Rolle erforderlichen Kompetenzen müssen mit den Kompetenzen und den Entwicklungsmöglichkeiten der Mitarbeiter bestmöglich in Einklang gebracht werden. Eventuell sind Entwicklungsmaßnahmen angeraten und aufzusetzen.

- **Motivation:** Eine neue Stelle oder ein neues Set an Rollen kann den Interessen und Wünschen des einzelnen Mitarbeiters entsprechen und seine Motivation fördern. Die Veränderung kann aber auch aufgrund des Verlusts wertgeschätzter Arbeitsbeziehungen und anderer Faktoren auf starke Ablehnung treffen und zu einer, im schlimmsten Fall nachhaltigen, Verringerung der Motivation und zu einem Vertrauensverlust führen.

Zur Bestimmung der für neu gebildete oder umgeformte Verantwortungsbereiche optimalen **Ressourcen** können verschiedene Ansätze verwendet werden. In einigen Umfeldern denkbar ist der Einsatz von Messverfahren, also die Messung der zur Bearbeitung von Vorgängen erforderlichen durchschnittlichen Zeit. Ergänzt um die Planung oder die Bildung von Annahmen zu den künftig zu erwartenden Mengengerüsten können die angemessenen Personalressourcen festgelegt werden. Andere Verfahren basieren auf der Angabe der Bearbeitungsdauer durch die Mitarbeiter oder die Einschätzung durch die Führungskräfte. Mitunter sind jedoch viele weitere Faktoren, wie zum Beispiel die Arbeitslast durch Projekte und Nicht-Routineaufgaben, die Ausstattung mit Sachressourcen wie Maschinen, Geräten, Fahrzeugen oder saisonale Schwankungen und nicht zuletzt Kostenrestriktionen, zu beachten.

Welche **Kompetenze**n im neuen Organisationsdesign in welchen Verantwortungsbereichen anzusiedeln sind, kann aus den Rollenbeschreibungen abgeleitet werden. Um eine gute Zuordnung zu erreichen, muss dies mit den Ist-Kompetenzen der Mitarbeiter abgeglichen werden. Hierbei spielen die Entwicklungsperspektiven der Mitarbeiter eine wichtige Rolle, da im neuen Organisationsdesign neue Stellen oder Rollen mit neuen Kompetenzanforderungen entstehen können, die die Mitarbeiter aktuell nicht abdecken. Je nach Grad der Veränderung und Anzahl der betroffenen Personen kann ein systematischer Abgleich der erforderlichen mit den Ist-Kompetenzen notwendig beziehungsweise hilfreich sein. Neben der Einschätzung durch Führungskräfte oder Kollegen können viele verschiedene Methoden wie Assessment Center, Management Audits oder auch Persönlichkeitstests eingesetzt werden – wobei es verschiedenste Ausprägungen dieser methodischen Ansätze gibt.

Ziel des Einsatzes entsprechender Evaluationsverfahren ist die Einschätzung, welche Mitarbeiter

- weiterhin im bisherigen Tätigkeitsspektrum tätig sein sollten;

- im Hinblick auf welche persönlichen, sozialen, methodischen, technologischen oder fachlichen Kompetenzen weiterentwickelt werden könnten/sollten;

- mit ihren bereits bestehenden Kompetenzen neue Verantwortlichkeiten übernehmen könnten.

Auf dieser Basis kann eine Ziel-Transfermatrix erstellt werden, die aufzeigt, wer in Zukunft welche Stelle besetzen beziehungsweise welche Rolle(n) wahrnehmen soll.

Hinweis

Personaldiagnostische Verfahren
In Deutschland haben nur etwa 15 bis 20 Prozent der Arbeitnehmer an personaldiagnostischen Verfahren teilgenommen; in den Niederlanden hingegen mehr als ca. 86 Prozent (Neubauer, 2016). Vielleicht stellen Sie bei der Erstellung Ihrer Transfermatrix fest, dass ein intensiverer Einsatz solcher Instrumente oder die Implementierung eines systematischen Talentmanagements in Ihrer Institution zielführend wäre? Dann könnten Sie dies im Baustein Instrumente oder in einem separaten Prozess bearbeiten. Vielleicht haben Sie im Verlauf des bisherigen Orgazign-Prozesses auch weitere Optimierungsansätze identifiziert, die am Rande oder (knapp) außerhalb des Umfangs des Orgazign-Prozesses liegen? Dann klären Sie möglichst schnell, ob dieses Thema behandelt werden soll oder nicht. Einige Autoren, so zum Beispiel Nagel (2014), sehen das Talentmanagement, aber auch die Strategieentwicklungsprozesse als Bestandteil des Organisationsdesigns an. Die Integration dieser und weiterer Themen in Ihren Prozess kann jedoch schnell zu einer Verzettelung führen.

Um einen nachhaltigen Verlust der **Motivation** zu vermeiden, ist die Einschätzung aus Arbeitgebersicht mit den Vorstellungen des Mitarbeiters abzugleichen. Entsprechend sind im Rahmen der Detailplanung zumeist viele Personalgespräche zu führen. Ergebnis dieser Gespräche kann sein, dass einzelne Mitarbeiter die Institution verlassen möchten und werden, da sie den eingeschlagenen Weg nicht mitgehen wollen. Daher besteht erst nach der Abstimmung mit den einzelnen Mitarbeitern Klarheit über die tatsächlichen Veränderungserfordernisse:

- Welche Maßnahmen der Personalentwicklung sind durchzuführen?
- Ist die Einstellung neuer Mitarbeiter zur Integration neuer Kompetenzen und/oder zur Abdeckung von Ressourcenlücken erforderlich?
- Wenn ja, welches Profil sollen diese neuen Mitarbeiter aufweisen?
- Welche Veränderungen in der Zuordnung der Mitarbeiter zu Verantwortungsbereichen werden vorgenommen?
- Wird auch eine Freisetzung von Mitarbeitern angestrebt und wie kann dies realisiert werden?

Auf Basis der Ergebnisse müssen noch formale Anforderungen beachtet und umgesetzt werden. Vielleicht sind bei einzelnen Mitarbeitern Änderungskündigungen, tarifliche Umgruppierungen oder andere Maßnahmen erforderlich. Und noch ein wichtiger Hinweis: Der Arbeitsschritt „Besetzung und Entwicklung“ sollte unter Berücksichtigung der Ergebnisse des Bausteins **Arbeitsgestaltung** erfolgen. In diesem Baustein haben Sie eventuell beschlossen, bestimmte Arbeitsformen zu reduzieren, auslaufen zu lassen, andere hingegen zu forcieren oder neu einzuführen.

Die „Checkliste Detailplanung durchführen“ zeigt die erforderlichen Arbeitsschritte in der Gesamtübersicht auf.

Checkliste Detailplanung durchführen

Rollendefinition

Bedarf für neue Rollenbeschreibungen klären: ☐
- Wo entstehen neue oder veränderte Organe, Stellen und Rollen?
- Für welche Gremien und Konferenzen sollten wir Rollenbeschreibungen erstellen?
- Welche allgemeinen Rollenbeschreibungen sollten wir erstellen?

Qualitätssicherung: ☐
- Sind die einzelnen Rollenbeschreibungen in sich schlüssig, können die Beteiligten den ihnen zugewiesenen Verantwortlichkeiten nachkommen?
- Führen die definierten Verantwortungsbereiche und Rechte zu klar abgegrenzten Rollen?
- Welche Verbesserungsansätze für das Organisationsdesign können wir ableiten und wie setzen wir diese um?

Namensgebung

Festlegung geeigneter Bezeichnungen für alle im Organisationsdesign vorgesehenen Verantwortungsbereiche und Stellen beziehungsweise Rollen ☐

Schnittstellen

Identifikation der wichtigsten, konfliktträchtigsten, am stärksten blockierten Schnittstellen im neuen Organisationsdesign ☐

Abgleich der zukünftigen Rollen der involvierten Bereiche auf Basis der Rollenbeschreibungen ☐

Abstimmung des zukünftigen Vorgehens an den Schnittstellen und gegebenenfalls Integration der Erkenntnisse in die Rollenbeschreibungen ☐

Besetzung und Entwicklung

Ermittlung des Ressourcenbedarfs je Verantwortungsbereich ☐

Ableitung der erforderlichen Kompetenzen je Verantwortungsbereich aus den Rollenbeschreibungen ☐

Abgleich mit den verfügbaren und entwickelbaren Kompetenzen der Mitarbeitenden ☐

Erstellung einer Ziel-Transfermatrix ☐

Abstimmung mit den Mitarbeitenden ☐

Ableitung erforderlicher Maßnahmen der Personalentwicklung ☐

Ableitung Bedarf Neueinstellungen und Erstellung Anforderungsprofile ☐

Klärung erforderlicher Personalmaßnahmen, formaler Maßnahmen und Neueingruppierungen ☐

Detailplanung Bausteine Ziel-, Anreiz- und Feedbackinstrumente, Regeln und Arbeitsräume

Bei der Bearbeitung des Organizational Design Canvas sind Sie zu dem Schluss gelangt, dass neue Ziel-, Anreiz- und Feedbackinstrumente und/oder Regeln entwickelt und eingeführt werden sollen? Oder bestehende Instrumente und/oder Regeln verändert werden sollen? Sofern dies mit dem Inkrafttreten des neuen Organisationsdesigns erfolgen soll, müssen nun entsprechende Konzepte entwickelt, abgestimmt und entschieden werden.

Zur Erinnerung: Bei der Entwicklung neuer **Ziel-, Anreiz- und Feedbackinstrumente** geht es um die Vermittlung von Erwartungen einer Person oder einer Gruppe an eine andere Person oder Gruppe innerhalb einer Institution. Ziel-, Anreiz- und Feedbackinstrumente können aber auch dem Transport von Erwartungen von außen nach innen dienen, zum Beispiel von den Kunden zu den Mitarbeitern. In welchen Schritten Sie neue Instrumente entwickeln können, zeigt die Abbildung „Gestaltung von Ziel-, Anreiz- und Feedbackinstrumenten“ (s. Folgeseite). Sie können aber auch entlang der dort aufgeführten Schritte bestehende Instrumente anpassen und optimieren.

Das Vorgehen zur Entwicklung neuer und zur Optimierung bereits bestehender **Regeln** hängt hingegen von der Art der Regel ab. Sie können sich bei der Entwicklung und Optimierung von Regeln an den Prüffragen zur Bewertung der bestehenden Regelwerke orientieren. Auch hinsichtlich des Bausteins **Arbeitsräume** kann eine Detailplanung erforderlich sein. Der Umfang der Planung hängt ebenfalls stark von den erzielten Ergebnissen im entsprechenden Baustein ab. Durchaus denkbar ist, dass keine Veränderungen der realen und digitalen Arbeitsräume erforderlich sind. Wahrscheinlicher ist, dass zumindest eine neue Belegungsplanung erfolgen muss. Auf Basis der Ressourcenplanung und der Transfermatrix können Sie diese im Detail durchführen. Vielleicht ist aber auch die Umsetzung eines völlig neuen Raumkonzepts gefordert. In diesem Falle sind, wie bereits beim entsprechenden Baustein ausgeführt, geeignete Experten wie Architekten und Facility Manager einzubinden, damit die Details bis hin zur Möblierung geklärt werden können.

Gestaltung von Ziel-, Anreiz- und Feedbackinstrumenten

1 Zweck und Zielgruppe

Erläuterung

Das zu entwickelnde Instrument sollte einen klaren und bedeutenden Zweck bei einer definierten Zielgruppe verfolgen

Kernfragen

- Welchen Zweck soll das Instrument erfüllen?
- Was soll das Instrument bei wem bewirken?

Beispiele

- Intrinsische Motivation fördern
- Erwünschtes Verhalten fördern
- Koordiniertes Vorgehen fördern
- Bewertung zum Beispiel der Arbeitsleistung ermöglichen
- Erfolgsbeteiligung ermöglichen

2 Quelle der Erwartungen

Erläuterung

Die Quelle(n) der mit dem Instrument zu übermittelnden Erwartungen ist/sind festzulegen

Kernfragen

- Wessen Erwartungen werden zugrunde gelegt?
- Wessen Erwartungen entfalten eine sinnvoll steuernde Wirkung?

Beispiele

- Outside-in: Erwartungen der Kunden oder Stakeholder
- Top-down: Erwartungen einer übergeordneten an eine untergeordnete Hierarchieebene
- Bottom-up: Erwartungen einer untergeordneten an eine übergeordnete Hierarchieebene
- Kollegial: Erwartungen an Kollegen auf derselben Hierarchieebene

3 Zielgrößen

Erläuterung

Das Setzen von Zielen und Anreizen, aber auch systematisches Feedback erfordert Zielgrößen

Kernfragen

- Welches ist der/sind die Bezugspunkt(e)?
- Welche Zielwerte werden formuliert?

Beispiele

- Fixe oder variable Zielwerte auf Basis quantitativer, direkt messbarer Größen (zum Beispiel Kosten oder Zeit pro Einheit)
- Fixe oder variable Zielwerte auf Basis qualitativer Größen (erfordern eine Einschätzung durch die Beteiligten)

4 Konsequenzen

Erläuterung

Es können, müssen aber nicht, konkrete Anreize in Form von Belohnungen oder Sanktionen gesetzt werden

Kernfragen

- Soll erwünschtes Verhalten durch Belohnung gefördert werden?
- Soll unerwünschtes Verhalten sanktioniert werden?

Beispiele

- Keine expliziten Anreize
- Statusbezogene Anreize
- Wertschätzung/kommunikative Anreize
- Monetäre Anreize
- Zeitliche Anreize (verkürzte Arbeitszeit, mehr Urlaub)
- Tätigkeitsbezogene Anreize (Einnahme neuer Rolle, Projektteilnahme, Weiterbildung)

5 Bewertung

Erläuterung

Die Logiken zur Bewertung und zur Anwendung von Belohnungs- und Sanktionierungsmechaniken müssen festgelegt werden

Kernfragen

- Wie messen wir die Zielerreichung?
- Wie legen wir auf dieser Basis Konsequenzen fest?

Beispiele

- Selbstevaluation
- Zahlenbasierte Bewertung
- Bewertung durch eine Stelle
- Top-down oder Bottom-up
- Bewertung durch ein Gremium/eine Gruppe
- Bewertung durch eine Jury
- Bewertung auf Basis von Befragungen, z.B. von Kunden
- Eintritt eines Ereignisses (zum Beispiel Jubiläum)

6 Feedback

Erläuterung

Es ist festzulegen, wie und auf welcher Basis Feedback erfolgen soll

Kernfragen

- Wie und durch wen erfolgt Feedback?
- Wie gestalten wir Lernprozesse auf Basis des Feedbacks?

Beispiele

- Spontan
- Feste Rhythmen
- Unidirektional
- Dialogisch
- Persönlich
- Unpersönlich
- Eins-zu-eins
- Im Team
- Strukturiert, zum Beispiel mittels Retrospektiven
- Ad hoc

7 Verfahren

Erläuterung

Das Verfahren zur Anwendung des Instruments muss festgelegt werden

Kernfragen

- Wie gehen wir bei der Anwendung des Instruments vor?
- Wer macht was, wann, wo und in welchem Setting?

Beispiele

- Verfahren zur Findung von Zielgrößen
- Verfahren zur Festlegung von Zielgrößen
- Verfahren bei der Anwendung der Bewertungslogik
- Verfahren zur Herbeiführung von Entscheidungen über Belohnungen und Sanktionen
- Verfahren zur Übermittlung und Verarbeitung von Feedback

4.2
Umsetzung planen und durchführen

Nach Durchführung der Detailplanung sind die insgesamt angestrebten Veränderungen bekannt. Auf dieser Basis kann die Umsetzung geplant werden. Diese umfasst zum einen die Sachebene:

LEITFRAGE

Welche Umsetzungsmaßnahmen sind erforderlich, um das neue Organisationsdesign in die Realität zu überführen?

Diese Frage muss auch bei „kleinen" Veränderungen, wie zum Beispiel der Einführung eines neuen Instruments oder einer leichten Justierung der Aufgabenverteilung im Team beantwortet werden. Die Einschätzung des Ausmaßes einer Veränderung kann jedoch von Person zu Person sehr stark abweichen. Vielleicht ist die geplante neue Aufgabenverteilung für die meisten im Team nicht wesentlich – aber für ein Teammitglied doch erheblich und mit größeren Verwerfungen verbunden. Dieses Teammitglied mag starke Ängste, Sorgen oder gar Wut empfinden. Zum Beispiel, weil dieses Teammitglied

- einen deutlichen Rückgang der wahrgenommenen eigenen Kompetenz erlebt und sich um sein Wohlbefinden oder gar seinen Arbeitsplatz sorgt;
- stark wertgeschätzte Beziehungen zu anderen Teammitgliedern oder handelnden Personen in anderen Bereichen der Institution als gefährdet ansieht;
- als ähnlich wahrgenommene Entwicklungen in der Vergangenheit als hochgradig nachteilig erlebt hat oder
- findet, dass mit der neuen Lösung Vereinbarungen der Vergangenheit gebrochen werden.

All diese Reaktionen sind dazu angetan, die Umsetzung des neuen Organisationsdesigns nicht zu unterstützen oder gar zu stören. Für eine möglichst reibungslose Umsetzung des neuen Organisationsdesigns ist es daher sinnvoll, sich zudem die folgende Frage zu stellen:

LEITFRAGE

Welche Maßnahmen unterstützen die Beteiligten im sachlichen und emotionalen Umgang mit den Veränderungen?

Die Frage meidet bewusst den Begriff des „Change Managements" und zielt auch nicht darauf ab, dass alle Beteiligten die Veränderung akzeptieren sollen. Bei der Umsetzung eines neuen Organisationsdesigns ist immer damit zu rechnen, dass einige Beteiligte kein Einverständnis entwickeln werden. Dies können latent unzufriedene Mitarbeiter ebenso wie bislang hoch engagierte Mitarbeiter sein. Sie werden dies in aller Regel nicht vollständig vermeiden können. Aber Sie können darauf hinwirken, dass

- der Umsetzungsprozess von einer geeigneten Kommunikation über die Beweggründe und die Ziele begleitet wird;
- die an der Entwicklung des neuen Organisationsdesigns Beteiligten sich mit vielen weiteren Mitgliedern Ihrer Institution offen über ihre Erfahrungen austauschen können – inklusive der diskutierten Vorbehalte und auch der absehbaren Risiken und Nachteile des neuen Designs;
- der Umsetzungsprozess Raum gibt für den Austausch über Ängste, Sorgen, Wut und Ablehnung;
- die Beteiligten Unterstützung erhalten bei der Bewältigung der Veränderungen, sowohl auf emotionaler Ebene als auch hinsichtlich der Entwicklung neuer Kompetenzen.

So fördern Sie Unterstützungspotenziale und die Aufrechterhaltung einer vertrauensvollen Beziehung zwischen den Beteiligten, insbesondere der Mitarbeiter zu den Führungskräften.

Je nach Umfang der angestrebten Veränderungen beinhaltet die Umsetzungsplanung somit Aussagen zu den folgenden Punkten:

- Welche Projektstrukturen zur Umsetzung des Organisationsdesigns aufgesetzt werden (Steuerung, Projektteam, Einbindung von Gremien etc.)

- Welcher Umsetzungsgrad zu welchem Zeitpunkt erreicht werden soll

- Welche Umsetzungsmaßnahmen wann und in welcher Abfolge implementiert beziehungsweise bearbeitet werden sollen; dies betrifft zum Beispiel:

  - das Inkrafttreten neuer Stellen- und Rollenbeschreibungen und somit neuer Stellen- und Rollenbezeichnungen;
  - das Inkrafttreten neuer Vorgehensweisen an den Schnittstellen und hinsichtlich der Entscheidungswege;
  - Zieltermine für die Umsetzung von Personalmaßnahmen, wie die Einstellung neuer Mitarbeiter;
  - den Starttermin für die Anwendung neuer oder veränderter Instrumente;
  - das Inkrafttreten neuer oder veränderter Regeln sowie das Außerkrafttreten von bisherigen Regeln und Regelwerken;
  - die Anwendung neuer Methoden zur Arbeitsorganisation;
  - die Umsetzung räumlicher Veränderungen und den Umzug von Mitarbeitern und/oder ganzen Verantwortungsbereichen;
  - die Planung und Einführung neuer digitaler Arbeitsräume;
  - den Startzeitpunkt für eine neue Konferenzstruktur;
  - die Umsetzung erforderlicher formaler Maßnahmen;
  - die Abbildung der neuen Struktur im Finanz- und Rechnungswesen sowie im Controlling (Kostenstellen, Planung, Reports und so weiter).

- Welche Kommunikationsmaßnahmen und welche Formate für den dialogischen Austausch mit welcher Zielgruppe in welchem Zeitraum durchgeführt werden sollen

- Welche Maßnahmen zur Entwicklung wichtiger Kompetenzen bei welcher Zielgruppe wann und wie durchgeführt werden sollen

- Wie der Fortgang koordiniert werden soll und welche Formate zur weiteren Verbesserung des Organisationsdesigns vorgesehen sind

TIPP

Prüfen Sie an dieser Stelle auch, ob das Ausmaß der geplanten Veränderung von der betroffenen Organisationseinheit zu bewältigen sein wird. Denn es gibt nach Luhmann „vielleicht nur ein einziges unausweichliches Organisationsgesetz": Es kann in einer Organisation nicht alles gleichzeitig verändert werden (siehe N. Luhmann, 1964: Funktionen und Folgen formaler Organisation. Zitiert aus Kühl & Muster, 2016, S. 56).

Umsetzung durchführen

Nun gilt es, den Umsetzungsprozess auf Basis der Planung aktiv voranzutreiben! Dazu gehört auch, diese Planung immer wieder zu überprüfen und bei ausbleibendem Erfolg auf Basis des Gelernten zu verbessern sowie erzielte Erfolge zur Förderung weiteren Fortschritts zu kommunizieren und zu stabilisieren. Sofern die agile Weiterentwicklung des Organisationsdesigns Teil Ihres Zielkanons ist, kann dies bereits in der Implementierungsphase eingeübt und weitere Optimierungs-/Reflexions-Workshops können durchgeführt werden. So begleitet Sie Orgazign vom Start der Überlegungen bis zur Umsetzung Ihres neuen Designs für eine lebenswerte Organisation!

Danksagung

Ich weiß, das haben Sie schon oft gelesen. Aber es ist deswegen nicht weniger wahr. Ganz besonders danken möchte ich meiner Frau Sabine. Ohne deine aktive Unterstützung und dein oft überstrapaziertes Verständnis wäre dieses Buch nicht entstanden! Danke, dass ich diese Herzensangelegenheit in die Tat umsetzen konnte.

Dank aber auch den vielen Menschen, die mich inspiriert und mich durch Input unterstützt haben:

Jens Löbbe, der mich mit dem Ansatz von Osterwalder vertraut gemacht hat und schon vor Jahren die Idee hatte, den Canvas-Ansatz auf das Thema Organisationsentwicklung anzuwenden.

Dr. Rainer Heueis, mit dem ich unzählige Canvas-Varianten durchgearbeitet habe.

Sabine Schubert, die mein Manuskript bearbeitet und deutlich verbessert hat.

Felicitas von Kyaw und Julia Borggräfe, die die Methode mit wertvollen inhaltlichen Hinweisen bereichert haben.

Den vielen Kunden, die mir ihr Vertrauen geschenkt haben und mit denen ich in den letzten 20 Beraterjahren beständig lernen durfte.

Dem Team von Handelsblatt Fachmedien, das von Anbeginn an das Projekt geglaubt hat.

Und nochmal meiner Frau Sabine, die in vielen Gesprächen meine Gedanken geschärft, mir über Blockaden hinweggeholfen und mir beständig Feedback gegeben hat.

Literaturverzeichnis

Beck, D. E. & Cowan, C. C. (2007). *Spiral Dynamics: Leadership, Werte und Wandel.* Bielefeld: Kamphausen.

Brandes, U., Gemmer, P., Koschek, H., Schültken, L. (2014). *Management Y – Agile, Scrum, Design Thinking & Co.: So gelingt der Wandel zur attraktiven und zukunftsfähigen Organisation.* Frankfurt am Main: Campus Verlag.

Clark, T. & Hazen, B. (2017). *Business Models for Teams - See How Your Organization Really Works and How Each Person Fits In.* New York: Portfolio Penguin.

De Smet, A., Lackey, G., Weiss, L.M. (2017). *Untangling your organization's decision making. McKinsey Quarterly,* Juni 2017.

Durst, C., Hierlinger, S. & Haas, O. (Nr. 2 2016). *Arbeitsplatzgestaltung: Der Mensch im Mittelpunkt.* OrganisationsEntwicklung 2/16, S. 32-36.

Fussel, S. R., Kraut, R. E., Brennan, S. E. & Siegel, J. (2002). *A Framework for Understanding Effects of Proximity on Collaboration: Implications for Technologies to Support Remote Collaborative Work.*

Hofert, S. (2016). *Agiler führen - Einfache Maßnahmen für bessere Teamarbeit, mehr Leistung und höhere Kreativität.* Wiesbaden: Springer Gabler.

Ismail, S., Malone, M.S., van Geest, Y. (2017). *Exponentielle Organisationen – Das Konstruktionsprinzip für die Transformation von Unternehmen im Informationszeitalter.* München: Verlag Franz Vahlen.

Kiesler, S. & Cummings, J. (2002). *What Do We Know about Proximity and Distance in Work Groups?* In P. Hinds & S. Kiesler, Distributed Work (S.57-80). Cambridge: MIT Press.

Kniberg, H. (2014). *Spotify Engineering Culture. https://labs.spotify.com/2014/03/27/spotify-engineering-culture-part-1/.*

Königswieser, R. & Exner, A. (2006). *Systemische Intervention - Architekturen und Designs für Berater und Veränderungsmanager.* Stuttgart: Klett-Cotta.

Kotter, J.P. (2012): *Die Kraft der zwei Systeme.* In: Harvard Business manager, Dezember 2012.

Kotter, J.P. (2015). *Accelerate – Strategischen Herausforderungen schnell, agil und kreativ begegnen.* München: Verlag Franz Vahlen.

Kraut, R., Egido, C. & Galegher, J. (1990). *Patterns of contact and communication in scientific research collaboration.* In J. Galegher, R. Kraut & E.C., Intellectual teamwork: Social and technological bases of cooperative work (S. 149-171). Hillsdale, NJ: Lawrence Erlbaum Associates.

Kühl, S. & Muster, J. (2016). *Organisationen gestalten.* Wiesbaden: Springer VS.

Laloux, F. (2014). *Reinventing Organizations.* München: Vahlen.

Laloux, F. (2017). *Reinventing Organizations visuell.* München: Vahlen.

Lovallo, D., Sibony, O. (2010). *The case for behavioral strategy. McKinsey Quarterly,* März 2010.

Mark, G. (2015). *Multitasking in the Digital Age.* Sacramento: UCCS Speaker Series 2015.

Mark, G., Gudith, D. & Klocke, U. (2008). *The Cost of Interrupted Work: More Speed and Stress.* https://www.ics.uci.edu/~gmark/chi08-mark.pdf.

Nink, M. (2017). *Engagement Index Deutschland 2016.* In M. Nink. Berlin: Gallup Inc.

Nagel, R. (2014). *Organisationsdesign – Modelle und Methoden für Berater und Entscheider.* Stuttgart: Schäffer-Poeschel Verlag.

Neubauer, B. (2016). *Erfolg gezielt steuern – Competence Profiling im Personalmanagement.* https://www.haufe-akademie.de/blog/themen/personalentwicklung/competence-profiling-im-personalmanagement-neue-instrumente-zur-analyse-und-selbstreflektion/.

Oestereich, B. (2015). *Praktiken und Prinzipien der Selbstorganisation: Führungsarbeit statt Führungskräfte.* In: Sattelberger, T., Welpe, I., Boes, A.: Das demokratische Unternehmen – Neue Arbeits- und Führungskulturen im Zeitalter digitaler Wirtschaft, S. 231 - 245. Freiburg, München: Haufe Gruppe.

Oestereich, B. & Schröder, C. (2017). *Das kollegial geführte Unternehmen.* München: Vahlen.

Osswald, A. & Engelke, L. (Nr. 2 2016). *Design Works! Sieben Thesen zum Verhältnis von Raum und Innovation. OrganisationsEntwicklung, S. 10-16.*

Osterwalder, A. & Pigneur, Y. (2011). *Business Model Generation* Frankfurt/New York: Campus Verlag.

Osterwalder, A., Pigneur, Y., Bernarda, G. & Smith, A. (2014). *Value Proposition Design.* Hoboken, New Jersey: Wiley.

Pfläging, N. (2015). *Organisation für Komplexität: Wie Arbeit wieder lebendig wird – und Höchstleistung entsteht.* München: Redline Verlag.

Robertson, B. J. (2016). *Holacracy: Ein revolutionäres Management-System für eine volatile Welt.* München: Verlag Franz Vahlen.

Rustler, F. (2016). *Denkwergzeuge der Kreativität und Innovation - Das kleine Handbuch der Innovationsmethoden.* St. Gallen - Zürich: Midas Management Verlag.

Saval, N. & Haas, O. (Nr. 2 2016). *Faszination Büro – Die geheime Geschichte des Arbeitsplatzes.* OrganisationsEntwicklung 2/16, S. 4-8.

Sattelberger, T., Welpe, I., Boes, A. (2015). *Das demokratische Unternehmen – Neue Arbeits- und Führungskulturen im Zeitalter digitaler Wirtschaft. Freiburg,* München: Haufe Gruppe.

Scheller, T. (2017). *Auf dem Weg zur agilen Organisation – Wie Sie Ihr Unternehmen dynamischer, flexibler und leistungsfähiger gestalten.* München: Verlag Franz Vahlen.

Schreyögg, G. & Geiger, D. (2016). *Organisation – Grundlagen moderner Organisationsgestaltung.* Wiesbaden: Springer Gabler.

Stanford, N. (2015). *Guide to Organisation Design – Creating high-performing and adaptable enterprises.* In N. Stanford. London: The Economist

Stoffel, M. (2015). *Mitarbeiter führen Unternehmen – Demokratie und Agilität bei der Haufe-umantis AG.* In: Sattelberger, T., Welpe, I., Boes, A.: Das demokratische Unternehmen – Neue Arbeits- und Führungskulturen im Zeitalter digitaler Wirtschaft, S. 263 - 283. Freiburg, München: Haufe Gruppe.

Sutherland, J. (2015). *Die Scrum Revolution - Management mit der bahnbrechenden Methode der erfolgreichsten Unternehmen.* In J. Sutherland. Frankfurt am Main: Campus Verlag.

Uebernickel, F., Brenner, W., Pukall, B., Naef, T., Schindlholzer, B. (2015). *Design Thinking – Das Handbuch.* Frankfurt am Main: Frankfurter Allgemeine Buch.

Autor: Dr. Marco Olavarria
Dr. Marco Olavarria berät nach dem Studium der Betriebswirtschaftslehre mit Schwerpunkt Management und der Promotion an der Freien Universität Berlin seit über 20 Jahren Unternehmen. Die Herausforderungen und Errungenschaften der digitalen Transformation haben ihn zur Entwicklung der Orgazign-Methode und zur Gründung von Berlin Consulting, einer teamgeführten Beratung, inspiriert.